Lucas Amiras

Protogeometrie

Theorie – Historie – Didaktik

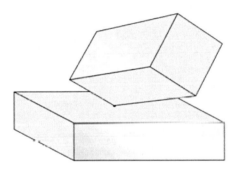

Bibliografische Information der Deutschen Nationalbibliothek

Die Deutsche Nationalbibliothek verzeichnet diese Publikation in der
Deutschen Nationalbibliografie; detaillierte bibliografische Daten sind
im Internet über http://dnb.d-nb.de abrufbar.

ISBN 978-3-8325-3791-3

Logos Verlag Berlin GmbH
Comeniushof, Gubener Str. 47,
10243 Berlin
Tel.: +49 (0)30 42 85 10 90
Fax: +49 (0)30 42 85 10 92
INTERNET: http://www.logos-verlag.de

Für Patrick

Inhaltsverzeichnis

VORWORT

Das Buch stellt meine umfangreichen Studien zu den Grundlagen der Geometrie als Theorie räumlicher Figuren („Protogeometrie"), die 2006 als Habilitationsschrift vorgelegt wurden, in einer zusammenhängenden, aktualisierten Form vor. Vorangegangen war eine sehr eingehende, kritische Vorarbeit, deren Ergebnisse in meiner Dissertation („Protogeometrica. Systematisch-kritische Untersuchungen zur protophysikalischen Geometriebegründung", Konstanz 1998) und in einigen Aufsätzen veröffentlicht wurden. Darin waren überwiegend negative Ergebnisse hinsichtlich der protophysikalischen Geometriebegründung zu vernehmen. Doch bereits in der Dissertation wurde ein Forschungsprogramm vorgestellt, in welchem der kritischen, eine konstruktive Etappe, mit dem Ziel eines Aufbaus der Elementargeometrie als Figurentheorie folgen sollte. Genau diese Etappe wurde mit meiner Habilitationsschrift begangen.

Im Buch ist die Thematik so weit geöffnet, wie sie auch meinen Untersuchungen seit Langem zugrunde lag. Meine ursprüngliche Absicht bestand darin, einen einwandfreien Entwurf zu einem methodischen Aufbau der Geometrie als Figurentheorie im Anschluss an Hugo Dingler und Paul Lorenzen zu erreichen. Dabei ergab sich jedoch die Notwendigkeit einer systematisch-kritischen Diskussion der weit zerstreuten Beiträge zur protophysikalischen Geometriebegründung, sowie ergänzender historisch-kritischer Studien, die nur teilweise veröffentlicht werden konnten. Zuvor war auch die Frage nach der didaktischen Relevanz eines solchen Entwurfs, besonders im Hinblick auf die Verbesserung der unterrichtlichen Behandlung geometrischer Grundbegriffe, hinzugekommen. Die umfangreiche und anspruchsvolle Arbeit hat Zeit gebraucht.

Mit den folgenden Untersuchungen wird nun sowohl die wissenschaftstheoretische als auch die wissenschaftshistorische Perspektive, die auch in der Dissertation zu finden waren, systematisch weiter ausgebaut und wesentlich vertieft. Durch die Erörterung der didaktischen Dimension der Thematik, die nachweisbar schon immer die Geometrie (insb. die Elementargeometrie, um die es hier geht) begleitet hat, werden zusätzliche, wertvolle Aspekte einer umfassenden Behandlung des Grundlagenproblems der Geometrie als Figurentheorie gewonnen.

Ich möchte Spiros Goussis (Athen) für die Erstellung der Forscher-Portraits und Vasiliki Makrogiannoudi (Athen) für ihre Mitwirkung bei der Illustration des Buches und den Entwurf der begleitenden Website hier auch öffentlich danken. Diese Website zur Protogeometrie (www.protogeometrie.de) ist als Begleitung zur Buchpublikation gedacht, darin wird eine kurze Orientierung und Aktuelles über die weitere Forschung zu finden sein.

Konstanz, Oktober 2014   Lucas Amiras

Einleitung

Die vorliegende Arbeit setzt ein Programm kritisch fort, welches im Rahmen der „operativen" oder „protophysikalischen" Begründung der Geometrie, zuletzt (ab Lorenzen 1977) unter dem Namen „Protogeometrie", geführt worden ist. Damit wurden Bemühungen bezeichnet, welche die Grundlagen der Geometrie aus der technischen Rede im Umgang mit Körpern heraus zu rekonstruieren versuchten. Es ging dabei vor allem um den Sinn der geometrischen Grundobjekte (z.B. Gerade, Ebene) bzw. Grundrelationen (z.B. Inzidenz, Kongruenz). Systematisch wurden diese Bemühungen fortgesetzt durch Entwürfe eines Aufbaus der euklidischen Elementargeometrie als Formentheorie (Inhetveen 1983, Lorenzen 1984), genauer als Konstruktionen-Geometrie mithilfe eines „Formprinzips", einer Forderung über die Formgleichheit von Ergebnissen grundlegender geometrischer Konstruktionen. Diese Entwürfe sind nicht Gegenstand der folgenden Untersuchungen, obgleich sie gelegentlich gestreift werden.

Die protophysikalische Geometriebegründung ist von mir bereits eingehend kritisch untersucht worden (Amiras 1998, 2003). Es ist daher ratsam, an die bereits erreichten Einsichten und Ergebnisse anzuknüpfen, da nunmehr wesentliche Veränderungen der Perspektive, unter der die Protogeometrie hier weiter betrieben wird, vorgenommen werden. Diese Veränderungen betreffen sowohl die im engeren Sinne systematische Seite der durch die Protogeometrie bearbeiteten Problematik, als auch ihre im weiteren Sinne wissenschaftstheoretische, sowie ihre wissenschaftshistorische Seite.

Als Initiator der operativen Geometriebegründung gilt der Wissenschaftstheoretiker Hugo Dingler (1881-1954), der sich zeitlebens intensiv damit befasst hat. Dinglers erste Ansätze zu einer operativen Geometriebegründung wurden leider von ihm selbst später durch eine nur anschaulich begründete und methodisch angreifbare allgemeine Figurentheorie abgelöst, die dem Anliegen nach als erster Versuch einer umfangreichen „Protogeometrie" gelten kann. In der Folge versuchten besonders Paul Lorenzen, Peter Janich und Rüdiger Inhetveen das Dinglersche Programm mit unterschiedlichen Ansätzen und Zielsetzungen weiter zu verfolgen. Zwei Positionen lassen sich hierbei unterscheiden: Die eine Seite vertritt die Ansicht, dass die Protogeometrie als echte Vortheorie der Geometrie die Elemente zu explizieren hat, auf deren Basis eine logische Ableitung der Axiome der (absoluten) Geometrie erfolgen kann (Janich, ab 1976). Inhetveen (Inhetveen 1983) sieht, wenn auch mit anderer Zielsetzung, in der Protogeometrie ebenfalls eine echte Vortheorie der Geometrie. Die andere Seite (Lorenzen ab 1977, zuletzt 1984) sieht in der Protogeometrie eine bloß propädeutische Bemühung, die nicht einmal auf einer scharfen Begriffsbildung erfolgen muss und die Aufgabe hat, einen inhaltlichen Anschluss der Geometrie an die Praxis des Umgangs mit Körpern beizusteuern.

Neben der Zielsetzung der protogeometrischen Bemühungen werfen auch die (meist nur angeblich erzielten) Ergebnisse viele kritische Fragen auf, wie dies in meiner Dissertation (Amiras 1998) ausgeführt wurde. Daher waren nicht nur eine Revision der Zielsetzung der Protogeometrie, sondern auch wesentlich umfangreichere analytische, systematisch-konstruktive und historisch-kritische Bemühungen nötig, um den enormen Defiziten zu begegnen und das Programm nicht in der Sackgasse, in der es sich befand, zu belassen. Das protophysikalische Programm war schon im Hinblick auf die Rezeption der eigenen Entwicklung mit großen Mängeln behaftet (z.B. waren lange Zeit nicht einmal Dinglers Beiträge aufgearbeitet worden), die inzwischen durch mehrere Arbeiten weitgehend behoben wurden (Amiras 1998, sowie Amiras 2002, 2003, 2003a). Auch eine kritische Auseinandersetzung mit der Axiomatik der Geometrie hätte neben der pauschalen Kritik erfolgen müssen.

Doch nicht nur in systematischer und historisch-kritischer Sicht war eine ganze Menge zu leisten, sondern zusätzlich im Hinblick auf die Wirkung der Protogeometrie auf den Geometrieunterricht. Das protophysikalische Programm hat es bis zuletzt nicht geschafft (Ausnahme: Inhetveen 1979b), kritische Beiträge dazu und die didaktische Perspektive im erforderlichen Umfang einzubeziehen. So wurden die Arbeiten von Peter Bender und Alfred Schreiber (1978, 1985), die ausgehend von Dinglers operativem Ansatz ein didaktisches Prinzip zur Operativen Begriffsbildung formulieren und sich auch wissenschaftstheoretisch ausgiebig mit der protophysikalischen Geometrie befassen, nicht einmal wahrgenommen. Die vollauf berechtigte Kritik von Bender und Schreiber am Programm der protophysikalischen Geometrie führte zur Einschränkung des operativen Ansatzes auf didaktische Zwecke bei Schreiber, was für die Protophysik wie eine Provokation hätte wirken müssen. Doch darauf ist ebenfalls keine angemessene Antwort erfolgt. (In konstruktiver Weise wäre sie auch keineswegs leicht zu liefern!).

Angesichts dieser Situation soll nun allen genannten Aspekten, zumindest ist dies das Anliegen der folgenden Studien, begegnet werden. Bevor nun die Ziele und Inhalte der drei Teile der Arbeit erläutert werden, soll die systematische Perspektive der darin vorgetragenen, revidieren Protogeometrie erläutert werden.

Es geht nun nicht mehr darum, aus der Explikation und Rekonstruktion von protogeometrischen „Elementen" (Phänomenen, Handlungen, Unterscheidungen, Forderungen) eine logische Ableitung von geometrischen Axiomen anzustreben (so die Absicht von Dingler und Janich); und auch nicht darum, vorschnell eine Axiomatik der Geometrie durch protogeometrische Elemente direkt zu interpretieren (so in der Protogeometrie Inhetveens und Lorenzens). Diese Versuche haben nachweislich zu keinem Erfolg geführt bzw. methodisch kaum zu überzeugen vermocht. Das Ziel ist jetzt, relevante Elemente einer Grundlegung der Geometrie als Figurentheorie zu rekonstruieren und in einen methodischen Zusammenhang mit einer passenden Axiomatik der Geometrie zu bringen. Die Gründe für den Wandel der Zielsetzung sind an dieser Stelle kaum angemessen zu vermitteln, sie werden sich aber im Folgenden (Teil I, Kap. 7) aus der Sache selbst ergeben.

Die Defizite aller früheren Entwürfe zur Protogeometrie lassen es auch als notwendig erscheinen, radikaler und gründlicher als bisher vorzugehen. Betrieben wird daher eine möglichst umfassende „geometrische Phänomenologie" (ich spreche von „**operativer**

Phänomenologie") in systematischer Absicht, also die Erfassung und Analyse der Handlungen und Phänomene der geometrischen Praxis, welche der Begriffs- und Theoriebildung der Geometrie (zunächst der Inzidenz, Anordnung und Kongruenz) zugrunde liegen. Es geht dabei um eine Rekonstruktion der geometrisch relevanten Handlungszusammenhänge, einschließlich der damit einhergehenden Rede, kurz gesagt um die **pragmatischen Grundlagen** der Geometrie.

Woher kommt aber die Perspektive zu einem solchen Unternehmen? Nun, sie entstand zunächst aus der kritischen Arbeit an der protophysikalischen Geometriebegründung; vor allem aber aus weitergehenden, systematischen und historisch-kritischen Studien zu zentralen Fragen der Grundlagen der Geometrie als Figurentheorie, die im Folgenden ebenfalls vor- bzw. dargestellt werden.

Das Ziel der vorliegenden Schrift ist es, das Figuren-Gebilde (Modell) zu rekonstruieren, welches unsere Praxis des Umgangs mit Figuren als Bezug der Geometrie bietet. Damit soll insbesondere eine Terminologie bereitgestellt werden, die eine Interpretation der Grundrelationen der Inzidenz, Anordnung und Kongruenz ermöglicht. Auf dieser Grundlage soll dann ein methodischer Zusammenhang mit der axiomatischen Geometrie hergestellt werden.

Die **drei Teile** der Arbeit orientieren sich an den Aspekten, die meine Untersuchungen leiteten. Die Orientierung am ontologischen Problem der geometrischen Grundgegenstände, welches als methodisches Konstitutionsproblem verstanden wird, liegt dem ersten Teil als systematischer Kern zugrunde. Daran schließen sich die Untersuchungen des zweiten Teils an, mit der Erörterung von Beiträgen aus der Tradition der Geometrie, die sich um die gleiche Sache (natürlich aus meiner Sicht) bemühen. Der dritte, didaktische Teil liegt dem systematischen Teil näher als man zunächst denkt. Das hängt mit der Absicht der ganzen Schrift zusammen: Wenn methodische Defizite beim Aufbau geometrischen Wissens vorliegen, und diese sind in der Geometrie in der Tat vorhanden, so hat das sicherlich auch didaktische Konsequenzen. Doch allein schon die Beschäftigung mit der geometrischen Pragmatik und den betreffenden Phänomenen der technischen Praxis eröffnet wertvolle Anknüpfungspunkte für die Didaktik. Die Didaktik nutzt ja auch einschlägige Phänomene, aber vielleicht nicht umfassend genug oder kann diese eventuell systematisch nicht richtig einordnen.

Bereits das **erste Kapitel** von **Teil I** führt auf direkte Weise zu den systematischen Fragestellungen der Grundlagen der Elementargeometrie. Die anschließenden Untersuchungen machen zum großen Teil von praktischen Erfahrungen Gebrauch, die jeder von uns mit Körpern gemacht hat (oder machen kann), sodass nur eine Vergegenwärtigung nötig ist bzw. ein Nachvollzug mit verfügbaren Körpern und Figuren leicht möglich ist. Entsprechende Hinweise sind im Text zu finden, Bilder und Skizzen zur Veranschaulichung begleiten die Ausführungen.

Die nächsten **drei Kapitel** haben die Bereiche zum Gegenstand, welche den Bezug der Grundfiguren (Punkt, Linie, Fläche) und der Relationen der Inzidenz, Anordnung und

Kongruenz auf Verhältnisse an Körpern vermitteln. Mit Hilfe von elementaren Begriffen aus dem technischen Reden über Körper und ihren Berührrelationen sowie aus der Praxis gerechtfertigten Postulaten wird schrittweise eine Terminologie aufgebaut, welche schließlich zu solchen Begriffen führt, die als praxis-angemessene Interpretationen geometrischer Relationen verstanden werden können.

In **Kapitel 5** werden dann mithilfe der zuvor eingeführten Terminologie Funktionseigenschaften, welche die geometrischen Grundformen der Ebene und Geraden in der technischen Praxis aufweisen, begrifflich rekonstruiert, um deren terminologische Bestimmung im Rahmen der Protogeometrie zu erreichen.

In **Kapitel 6** wird die Praxis des Umgangs mit Figuren im Hinblick auf ihre Bedeutung für die Grundlagen der Geometrie genauer untersucht. Der Herstellung von Grundformen wird ausführlich erörtert. Hier wird auch die in früheren protophysikalischen Entwürfen (vgl. auch Amiras 2003, 2003a) nicht befriedigende Unterscheidung zwischen der **Herstellung** und der **Verwendung** von Figuren angesprochen und deren methodische Rolle für das Grundlagenproblem der Geometrie als Figurentheorie dargelegt. Diese Ausführungen haben neben der systematischen (im Hinblick auf die Diskussion der Operativitätskonzeption) auch eine gewisse didaktische Relevanz.

In **Kapitel 7** erfolgt zunächst ein Rückblick auf die Explikationen der vorangegangenen Kapitel in der Absicht, die Rolle des bis dahin entwickelten Gebildes aus Grundfiguren, Grundformen und ihren Beziehungen bei der Konstitution der Theorie genauer zu bestimmen. Dabei werden die <u>Beschränkungen der protogeometrischen Theorie</u> hervorgehoben und die Frage aufgeworfen, welche methodischen Orientierungen zur Axiomatisierung bzw. Systematisierung führen, angesichts der Aufgaben, die von der Geometrie theoretisch und praktisch zu erfüllt werden. Die Funktionseigenschaften, die Ebene und Gerade untereinander aufweisen, sind in Kap. 5 bereits protogeometrisch formuliert worden. Nun wird gezeigt, wie sich diese Eigenschaften im Rahmen der geometrischen Theorie (re)formulieren und beweisen lassen.

Die Studien in **Teil II** sind Ergebnisse einer intensiven Auseinandersetzung mit der Geschichte der Geometrie im Hinblick auf die systematischen Fragestellungen, die im ersten Teil verfolgt werden. Sie erwuchsen aus dem Wissen um die lange Tradition der Grundlagen der Geometrie und waren durch den Wunsch motiviert, daraus zu lernen und die eigenen Entwürfe daran zu überprüfen. So haben ausgewählte Aspekte bzw. Beiträge, die in dieser Tradition behandelt werden, die systematische Arbeit beeinflusst, und diese umgekehrt deren Sicht. Natürlich ergibt sich dadurch auch die Gefahr, dass alles durch die eigene systematische Brille gesehen wird. Andererseits wäre es verwunderlich, wenn ein Beitrag dieser Tragweite nicht auch einen neuen Blick auf die die Entwicklung der Grundlagen der Geometrie ermöglichen würde. Dass frühere Entwürfe dabei als Vorstufen der eigenen Vorschläge erscheinen, sollte einem solchen Beitrag zugestanden werden, weil eine ernsthafte Arbeit kaum anders ihre Bewährung erhalten kann. Es handelt es sich aber zumeist ebenfalls um Sachbeiträge, auf die Bezug genommen wird, bei denen der Interpretationsspielraum im Einzelnen denkbar gering ist. Eine problemorientierte Auseinandersetzung mit der Tradition (das ist die Absicht des II. Teils) bietet vor allem eine hervorragende Möglichkeit, nicht nur die geschichtliche Entwicklung neu zu sehen, sondern auch aus ihr wirklichen Profit zu ziehen.

Auf der Grundlage der Studien dieses zweiten Teils lässt sich der historische Hintergrund der hier betriebenen Protogeometrie ebenfalls neu bestimmen. Die Geschichte der relevanten Bemühungen beginnt demnach nicht bei Dingler, sondern bei den alten Griechen, speziell bei Aristoteles, und führt über Lobatschewski, Clifford, Mach und Poincaré zu Dingler und zur protophysikalischen Geometrie. Manche der untersuchten Beiträge stehen nicht in einem echten Traditionszusammenhang, können aber nun in die Tradition des Problems der Grundlagen der Geometrie als Figurentheorie eingeordnet werden. Auf diese Weise entsteht mit Studien zur antiken Geometrie und Philosophie, die einige vertiefte Einsichten zu bieten haben (Kapitel 8), zu Lobatschewskis und Cliffords Ansätzen (Kapitel 9), zur neueren Axiomatik und ihrem Verhältnis zur Tradition (Kapitel 10) und schließlich zur protophysikalischen Geometrie (Kapitel 11) eine neue Sicht dieser Problemtradition.

Teil III schließlich (last, but not least) verfolgt das Anliegen, aus der Protogeometrie didaktische Einsichten bzw. direkten Nutzen für den Unterricht zu ziehen. Es geht in erster Linie um die Behandlung geometrischer Grundbegriffe im Unterricht, wozu bereits ausgearbeitete Entwürfe auf dem Hintergrund der Protogeometrie und mit Blick auf die Operative Geometriedidaktik nach Bender/Schreiber vorliegen. Sie sind leider kaum bekannt und haben daher auch keine durchschlagende Wirkung entfalten können. Sie beruhen zudem auf älteren Versionen der Protogeometrie, sodass auf jeden Fall ihre kritische Diskussion angezeigt erscheint, bevor Vorschläge zu ihrer Weiterentwicklung überlegt werden. Am Ende sollen jedenfalls Kursvorschläge zur Behandlung der hier relevanten Fragen im Unterricht, u.a. auch ein Minimalvorschlag zur Einführung der Geraden in der Orientierungsstufe in Form einer kleinen Ergänzung von Schulbüchern unterbreitet werden. Zuvor gilt es themenbezogen die ganze Problematik des geometrischen Unterrichts im historischen und didaktischen Kontext zu erörtern und einiges auszuwerten und zusammenzuführen, was bisher nicht ausreichend Berücksichtigung fand. Diesem Teil ist aber eine eigene Einleitung vorangestellt, sodass hier auf eine Inhaltangabe verzichtet werden kann.

Das letzte Kapitel von Teil III versucht, eine integrative Sicht von Geometrie und ihrer Philosophie und Didaktik zu vermitteln. Die Philosophie und die Didaktik der Geometrie werden darin als Bemühungen verstanden, die mit der Geometrie eng verbunden sind und mit spezifischen Perspektiven und Aufgaben zur kritischen Durchdringung und Vermittlung der Geometrie als Kulturwissen beitragen.-

TEIL I

PROTOGEOMETRIE

Es gibt eine eigentliche Geometrie, die nicht, wie die im Texte besprochenen Untersuchungen nur eine veranschaulichte Form abstrakter Untersuchungen sein will. In ihr gilt es, die räumlichen Figuren nach ihrer vollen gestaltlichen Wirklichkeit aufzufassen und (was die mathematische Seite ist) die für sie geltenden Beziehungen als evidente Folgen der Grundsätze räumlicher Anschauung zu verstehen. Ein Modell- mag es nun ausgeführt und angeschaut oder nur lebhaft vorgestellt sein - ist für diese Geometrie nicht Mittel zum Zwecke, sondern die Sache selbst.

(F. Klein: Vergleichende Betrachtungen über neuere geometrische Forschungen, "Erlanger Programm", Noten No.III)

Die B e r ü h r u n g bildet das unterscheidende Merkmal der Körper, und ihr verdanken sie den Namen: g e o m e t r i s c h e K ö r p e r, sobald wir an ihnen diese Eigenschaft festhalten, während wir alle andern, mögen sie nun wesentlich sein oder zufällig, nicht in Betracht ziehen. .... Diese einfache Vorstellung, die wir unmittelbar in der Natur durch die Sinne empfangen haben, geht nicht aus anderen hervor und unterliegt deshalb keiner Erklärung mehr. (N. Lobatschewski)

1. Ein philosophischer Blick auf die Grundlagen der Geometrie

ΤΑΣ ΑΡΧΑΣ ΤΗΣ ΓΕΩΜΕΤΡΙΑΣ ΟΘΕΝ ΤΥΓΧΑΝΟΥΣΙΝ
ΕΣΤΙΝ ΕΚ ΦΙΛΟΣΟΦΙΑΣ ΔΕΙΞΑΙ
Wo die Grundlagen der Geometrie herstammen,
lässt sich durch die Philosophie zeigen.

Heron, Geometrica

1.1 Verständnisdefizite

Körper mit ebenen Flächen und geraden Linien begegnen uns im alltäglichen Leben so häufig und sind für uns so selbstverständlich verfügbar, dass leicht zweierlei verdrängt wird: Einmal, dass die Begriffe **gerade** und **eben** zwar praktisch ohne Probleme verwendet werden, aber bis heute unklar geblieben ist, wie sie terminologisch zu bestimmen sind; und zum Zweiten, dass die übliche Herstellung von Geraden und Ebenen an Körpern durch die Verwendung von Mustern (z.B. Linealen zur Geraden- und Ebenenherstellung) sich zwar erfolgreich gestalten lässt, aber eine reine Reproduktionspraxis darstellt, wobei es doch möglich sein muss, und es tatsächlich auch möglich ist, diese geometrischen Grundformen auch ohne andere Muster (sogar mit steigender Genauigkeit) zu erzeugen. Käufliche Fertigteile, Mess- und Zeicheninstrumente begünstigen sicher nicht ein Nachdenken über diese Umstände. Überall lässt sich z.B. ein Geodreieck und ein Lineal bzw. ein Zeichenbrett kaufen, da braucht man sich doch um die Bedeutung von „eben" und „gerade" kaum Gedanken zu machen; es geht nur darum, diese Gegenstände zum Zeichnen zu verwenden. Ähnlich verhält man sich zu allen technischen Produkten, die geometrische Grundformen realisieren.

Ich möchte im Folgenden jedoch einen genaueren Blick auf die Verhältnisse werfen, und philosophisch radikal weiterfragen. Die Frage nach der terminologischen Bestimmung der geometrischen Grundformen wird uns so auf das Problem des Bezuges der Geometrie, und insbesondere der geometrischen Terminologie auf unsere technische Praxis und unser Reden darüber führen.

Fangen wir doch im Sinne des obigen Einwurfs mit der Frage an, was eine Gerade sei. Wir kommen mit unseren Erklärungsversuchen ziemlich schnell in Verlegenheit; denn, auch nach längerem Nachdenken lassen sich hier kaum befriedigende Bestimmungen angeben. Diese Frage wird auch sonst häufig durch den Hinweis auf Realisierungen von Geraden an Körpern der Umgebung und durch die lapidare Auskunft „das ist anschaulich klar" als erledigt angesehen. Zuweilen wird auch die von der theoretischen Geometrie her unterstützte Ansicht vertreten, dieses Objekt sei doch ein Grundbegriff, somit nicht durch andere Begriffe zu erklären bzw. zu definieren. Ist nun die Gerade als Objekt ein Grundphänomen, als Begriff ein Grundbegriff, bei denen nur eine Beschreibung, aber keine Erklärung oder gar Definition möglich ist?

Betrachtet man gerade Linien an technischen Produkten, so kann man davon ausgehen, dass sie gezielt hergestellt werden. Bei der Suche nach einer Bestimmung der Geraden ist daher die weitergehende Frage naheliegend, wie man solche herstellt. Die Hersteller von Geraden müssten doch irgendwie wissen, welche Eigenschaften sie Werkstücken aufprägen wollen. Sicher können diese auch Werkzeugmaschinen und Muster für ihre Produktion benutzen, genauso wie Zeichner käufliche Lineale. Aber weiter zurück in dieser Entstehungsgeschichte muss es doch möglich sein, ausgehend von ungeformten Werkstücken Geraden herzustellen, und zwar offenbar auch so, dass eine Genauigkeitssteigerung möglich ist.

So weitgehend wollen wir im Moment[1] gar nicht fragen! Unsere Ausgangsfrage „Was ist eine Gerade?" transformiert sich nach unseren Überlegungen jedenfalls in lehrreicher Weise zur Frage: „Wie macht man Geraden?" Bei deren Beantwortung hilft die Ansicht, Geraden seien Grundbegriffe der Geometrie wohl kaum weiter. Woher wissen aber tatsächlich die Techniker, wie man solche macht? Schaut man etwas genauer hin, so kann man zunächst feststellen, dass es verschiedene praktische Möglichkeiten gibt, Geraden herzustellen. Bereits aus der Schule kennt man die Herstellung von Geraden außer durch Lineale auch durch gespannte Schnüre, durch Falten von Papier und durch Visieren. Aber welche Eigenschaft die Produkten dieser Verfahren gemeinsam haben, die mit dem Wort „gerade" bezeichnet wird, erfährt man in keinem Schulbuch.[2] Im besten Fall vermitteln diese Verfahren mehrere Anschauungen von Geraden. Aber, was haben diese alle gemeinsam, sodass sie mit einem einzigen Begriff belegt werden? Gibt es da etwa eine konstitutive Grundanschauung? Ohne weitere logische Anstrengungen gelingt es wohl nicht, eine solche Grundanschauung in einfacher Weise begrifflich herauszustellen. Man verbleibt bisweilen in einem diffusen, psychologisierenden Reden stecken. Über diese begriffliche Schwierigkeit hilft uns allerdings das technische Handeln wirksam hinweg: Das Problem wird dabei praktisch gelöst, indem die Gleichwertigkeit von Geraden im Hinblick auf technische Funktionen bei ihrer Verwendung unterstellt und auch hinreichend gut erfüllt wird.

Dem eigentlichen Problem entkommen wir freilich auf diese Weise nicht. Denn, weit wichtiger für unser Verständnis wird damit folgender Umstand: Geraden haben in der Praxis viele verschiedene technische Funktionen zu erfüllen.

Man erwartet von technischen Geraden u.a. folgende Eigenschaften: Sie sollen aufeinander <u>universell passen</u>, z.B. zwei Lineale sollen in jeder Stellung (mit zwei Berührpunkten) mit ihren Kanten so aneinander passen, dass ganze Teilkanten sich überall <u>berühren</u>. Sie sollen aneinander <u>gleiten</u> können, genauso wie Kanten von Schlitten an Werkzeugmaschinen. Sie sollen <u>fortsetzbar</u> sein, d.h., mit ihnen sollen Geraden an Körpern und auch zeichnerisch fortgesetzt werden können. Schließlich erwartet man, dass sich ein Lineal aus einem anderen Erdteil, im Hinblick auf diese Eigenschaften, genauso wie ein Lineal hierzulande verhält. (Mit den Erwartungen der Technik an ebene Flächen sieht es nicht anders aus.) Was haben aber diese Eigenschaften mit dem geometrischen Begriff der Geraden zu tun?

---

[1] In Kap. 6 wird uns diese Frage noch eingehender beschäftigen.

[2] Vgl. Teil III, Kap. 12.

Allein schon aus der Formulierung der obigen Eigenschaften erkennt man, dass die benutzte technische Terminologie nicht die geometrische Terminologie ist. In der geometrischen Sprache, die am besten in den Axiomensystemen der Geometrie hervortritt, treten ganz andere Termini auf, welche von Inzidenz, Anordnung, Kongruenz, Bewegung usw. von Objekten handeln. Fragt man nun umgekehrt nach dem Sinn dieser Termini, so wird einem gesagt, dass dies nicht Sache der Mathematik sei. (Zumindest ist dies eine Auskunft, die seit Langem seitens der Mathematik zu vernehmen ist.) Auf welche konkreten Objekte bezieht sich aber die Geometrie mit ihren Termini und vor allem, durch welche konkreten Eigenschaften lassen sie sich interpretieren? Die grundsätzliche Frage, die sich uns hier also aufdrängt, ist, wie die obigen praktischen Eigenschaften der Geraden (und Ebene) mit den entsprechenden geometrischen Termini zusammenhängen.

Es ist schon merkwürdig, dass diese Eigenschaften, die für den Begriff der Geraden praktisch konstitutiv zu sein scheinen, in der Geometrie nicht formuliert werden können, da das Vokabular von Geometrie und Technik hier verschieden ist. Der Bezug dieser Eigenschaften zur geometrischen Terminologie wird leider nirgendwo geklärt. Wir haben es hierbei offenbar mit zwei Welten zu tun, zwischen welchen unsere Anschauung als (nicht durchschaute) Schnittstelle zu vermitteln imstande ist.

In dieser Situation, gekennzeichnet durch eine gewisse Sprachnot, die Indiz für eine weitergehende theoretische Unzulänglichkeit ist, hilft uns wie gesagt die heutige wissenschaftliche Geometrie als eine **formal-axiomatisch** aufgebaute geometrische Theorie, die üblicherweise auf eine Bestimmung ihrer Grundbegriffe bewusst verzichtet, nicht weiter. Die formalistische Auffassung der Geometrie produziert durch diesen Verzicht ein "Anwendungsproblem der Geometrie auf räumliche Gegenstände", welches eine **empiristische Geometrie** innerhalb der Wissenschaftstheorie der Physik seit Langem zu beantworten sucht, ohne ein überzeugendes Ergebnis, jedenfalls keines, das auch unser Paradox auflöste.

Blickt man auf die fünf Jahrtausende lange Tradition der Geometrie zurück, so stellt man fest, dass es Bemühungen zur Definition der geometrischen Grundbegriffe gegeben hat, die seit der Entstehung der Geometrie als Wissenschaft bis zum Anfang des 20.Jahrhunderts in Gang und partiell erfolgreich waren.[3] Diese Bemühungen wurden ziemlich bald nach der Aufstellung vollständiger Axiomatisierungen für die Geometrie aufgegeben, da der von fast allen Geometern eingenommene formal-axiomatische Standpunkt dieses Problem nicht mehr als eine mathematische Aufgabe ansieht. Es gibt nämlich eine Reihe von Axiomatisierungen der Geometrie, worin unsere bekannten geometrischen Grundbegriffe definierbar aus anderen Begriffen sind, und somit vor anderen Begriffen logisch nicht auszuzeichnen sind.

---

[3] Vgl. Teil II..

Seit der Antike existiert aber nicht nur eine Bemühung zur Bestimmung der Grundformen (wie Ebene und Gerade), sondern sogar der **Grundfiguren** (so bezeichne ich
Punkte, Linien und Flächen). Bis zur Schöpfung der modernen Axiomatik war es jedoch nicht gelungen, die einschlägige Begrifflichkeit zu explizieren, in eine methodische Reihenfolge zu bringen und zum Aufbau der elementaren geometrischen Terminologie zu nutzen. Es wurde aber auch danach nicht ernsthaft versucht, sie in Beziehung zur Axiomatik zu bringen.[4] Es gibt zwar verstreute Bruchstücke, doch fehlt es an
einem tragfähigen Fundament, um sie geordnet zusammenzubringen.

Wir befinden uns also, so lautet mein Fazit, was das Verständnis der geometrischen
Grundformen betrifft, in folgender paradoxen Situation: Wir können etwas an Körpern
herstellen, es verwenden, benennen und in der Geometrie darüber sprechen, ohne dass
der Bezug solcher Rede zu diesen konkreten Artefakten und ihren technischen Funktionen klargestellt oder gar begriffen (d.h. im Hinblick auf Zwecke und Bedingungen
geklärt) worden wäre.

Dass diese Situation Konsequenzen hat, soll hier nur angedeutet werden: Die Unklar-
heit über den Sinn der geometrischen Grundbegriffe in der Geometrie als Hintergrundtheorie der Schulgeometrie scheint die Formulierung der naheliegenden technischen
Funktionen von Geraden, die sogar ausreichend sind, um gerade Linien von anderen
Linien zu unterscheiden, zu verhindern.[5]

Wir haben es hier mit einem echten Grundlagenproblem zu tun, das unser Verständnis
des Bezuges der Geometrie auf konkrete Figuren berührt, weshalb auch hier ein philosophischer Blick darauf geworfen wird. Ein solcher Blick wird radikal insofern, als er
zugleich nach dem pragmatischen, lebensweltlichen Fundament der Geometrie fragt.
Auch insofern, als es dabei offenbar auch darum geht, die traditionelle Kategorie der
Anschauung ein Stück weit rational zu rekonstruieren. (Diese Erwartung an die Philosophie ist alt, wie das Anfangszitat von Heron und das Motto von Klein, das diesem
Teil I vorangestellt ist, in Verbindung miteinander bezeugen.)

Angesichts dieser Umstände kommt für eine Rekonstruktion der Geometrie als Figurentheorie wohl nur dies infrage: der Weg zurück zu den Phänomenen, welche der Geometrie zugrunde liegen und die begriffliche Rekonstruktion der einschlägigen Unterscheidungen und ihres Zusammenspiels. Der philosophische Blick soll uns nun von
der herausgestellten Aporie und der damit einhergehenden Sprachlosigkeit zum Programm der (hilfreichen) Aufklärung eines Teils unserer Anschauung führen, der zwischen geometrischen Phänomenen und Begriffen der Geometrie vermittelt.

---

[4] Dabei ist gerade die erste Axiomatisierung von Pasch frei vom Formalismus Hilberts und hätte gut als Basis
dazu dienen können.

[5] Vgl. III, Kapitel 12..

1.2 Vom Sinn eines geometrischen Grundbegriffs

Bevor diese Rekonstruktion beginnt, möchte ich zunächst versuchen, direkt an die Rekonstruktionsziele des Vorhabens heranzuführen. Dazu will ich unsere ursprüngliche Frage nach dem Sinn eines geometrischen Grundbegriffs im Kontext unserer Praxis explikativ weiter verfolgen, und damit einsichtig zu machen versuchen, was hier erfolgen soll und wie man mit einem frischen Blick auf den Aufbau unserer Handlungen zu diesem Vorhaben gelangen kann. Es geht also um eine Motivierung aus einfachen Überlegungen zur Einordnung geometrischer Grundtermini in unseren Sprachgebrauch. Das möchte ich jetzt am Beispiel der **Ebene** ausführen. (Man kann mit geringen Abänderungen auch von Geraden in gleicher Weise reden.) Dazu erinnere ich an das alltägliche Reden über Ebenen und die damit zusammenhängende Praxis.

Ebenen sind nach unserem Verständnis spezielle **Flächen**. Flächen wiederum sind uns, wie **Linien**, zunächst als **Figuren** an Körpern zugänglich. Statt von „Flächen" spricht man auch von **Oberflächenstücken** und **Gebieten** (durch **Linien** bzw. **Kanten** abgegrenzte **Flächen**). Hinsichtlich welcher Eigenschaft werden nun Flächen in ebene und nichtebene unterschieden? Offenbar hinsichtlich ihrer räumlichen **Gestalt** oder **Form**. Nun ist aber die Gestalt einer Fläche nicht eine Eigenschaft, die (in erster Linie, in der Regel) einfach nur an ihr durch Wahrnehmung festgestellt wird, wie z.B. ihre Farbe. Wie steht uns aber dann die Rede von der Gestalt einer Fläche zur Verfügung? Mit welcher Praxis, welchen technischen Handlungen hängt sie zusammen, mit welchen praktischen Kriterien wird sie uns vermittelt?

Eine grundlegende Rolle in der technischen (Handwerk, Industrie), aber auch schon in der häuslichen Praxis (Backen), spielt die Reproduktion der Gestalt von Oberflächenstücken oder ganzen Körpern durch die Herstellung von **Kopien** mit Hilfe von **Matrizen** (Einzelteile von baugleichen Körpern, Maschinen und Apparaten gießen, pressen, formen, tiefziehen usw.). Kopiertes und Kopie haben dann, nach unserem Sprachgebrauch, **gleiche Form** bzw. **Gestalt**. Will man diese Rede terminologisch erfassen, so hat man zuerst diese Verhältnisse zu formulieren. Dazu kann man auf Relationen der Praxis zurückgreifen, die sich auf Berührungen und Passungen von Figuren beziehen. Genauso verfährt aber auch die Technik, wenn es um die Beurteilung von Kopien geht. Von ihnen wird vielfach gleiches Verhalten im Hinblick auf **Berührrelationen** zu anderen Figuren verlangt, z.B. bei Ersatzschlüsseln oder allgemein bei Ersatzteilen. Die Formulierung dieser Eigenschaften macht jedoch von den noch elementareren Handlungsmöglichkeiten des Markierens und Begrenzens von Figuren Gebrauch, die uns die Unterscheidungen von Grundfiguren (Punkten, Linien, Flächen) überhaupt ermöglichen. Es ist also eine Menge an begrifflichen Rekonstruktionen nötig, um schließlich über die Gestalt und **Gestaltgleichheit** von Flächen terminologisch reden zu können.

Daher komme ich jetzt zurück zu unserer Ausgangsfrage, was eine Ebene sei, und deute an, wie es weitergehen kann: Über die Rede von der Gestalt von Flächen verfügend weiß man natürlich noch nichts über die ebene Gestalt, sie bleibt noch völlig unbestimmt. Bei der Bemühung, sie elementar zu bestimmen, werden uns die Funktionseigenschaften weiterhelfen, die ebene Flächen bei ihrer Verwendung aufweisen, über die wir schon am Beispiel der Geraden zuvor gesprochen haben. Was eine Ebene ist, werde ich also später mit Hilfe von Eigenschaften zu bestimmen versuchen, die Ebenen in der Praxis haben sollen, also **Normen**, die sie zu erfüllen haben und auch tatsächlich erfüllen. Natürlich soll dies zuvor für die Gerade auf gleiche Weise erfolgen. Auf dieser Basis kann dann später das Verhältnis dieser Termini zur geometrischen Terminologie untersucht werden.

Damit ist der Hintergrund des Fahrplans der folgenden Untersuchungen im Ansatz (mehr war nicht zu erwarten) hoffentlich verständlich geworden.

1.3 Grundphänomene und Grundbegriffe der Geometrie

Die Untersuchungen in den folgenden Kapiteln versuchen Grundphänomene, Handlungen, Erfahrungen und Unterscheidungen aus der technischen Praxis des Umgangs mit Körpern herauszustellen, an welchen zur Rekonstruktion geometrischer Grundunterscheidungen durch technisch verankerte vorgeometrische bzw. „protogeometrische" Begriffe angesetzt werden kann. Das dabei verfolgte Ziel ist, eine Interpretation der geometrischen Relationen der Inzidenz, Anordnung und Kongruenz durch protogeometrische Begriffe zu leisten und zugleich eine Einsicht in die Handlungszusammenhänge, in die Pragmatik dieser Bezugspraxis der Geometrie zu gewinnen.

Natürlich sind die entsprechenden Begriffe, wie auch die manuellen bzw. technischen Handlungen, die damit verbunden sind, immer im Zusammenhang miteinander gegeben und in diesem Zusammenhang miteinander sinnvoll, doch sie lassen sich sehr wohl gut voneinander unterscheiden und ordnen. In der technischen Praxis gibt es durchaus eine pragmatische Schichtung von Handlungszusammenhängen in dem Sinne, dass gewisse, miteinander zusammenhängende Handlungsweisen Bedingungen für andere Handlungsweisen darstellen und in deren Aufbau eingehen. Diese Schichtung wird hier genutzt zur Ordnung der für die geometrische Rede einschlägigen Unterscheidungen. Eine solche Ordnung ist jedoch, wenn man genau hinsieht, auch in der Praxis in Form von sprachlich formulierten praktischen Kriterien vorhanden, sodass deren Analyse und Explikation sich auch vorzüglich dazu eignen, den faktischen Sprachgebrauch in seinem Aufbau und seinen Bezügen durchsichtiger zu machen.

Die Betrachtungen im Folgenden verlassen daher nie den Horizont der technischen Praxis, damit also auch den normalen, darauf bezogenen Sprachgebrauch. Mehr noch: Es wird hierbei nur bei Redeteilen angesetzt, die nicht vage oder problematisch sind, sondern sofort zugänglich und völlig unstrittig und zudem relevant für die verfolgte Zielsetzung. Dabei wird auf Praxisteile zurückgegriffen, die leicht nachvollziehbar sind, zumindest ist dies meine Absicht. (Ob und wie weit das schließlich gelingt, wird sich zeigen.)

Auf der Suche nach elementaren Eigenschaften zum Aufbau der Terminologie über Figuren zum Zwecke der Rekonstruktion geometrischen Wissens ergeben sich zunächst folgende Praxisausschnitte und damit verbundene Grundtechniken, die mit elementaren technischen Begriffen verbunden sind: die **Markierungspraxis** von Körpern mit dem Begriff der Inzidenz und Anordnung, die Herstellung von Berührungen von Körpern untereinander und die darin verankerten Berührbegriffe, und die Möglichkeit Körper in vielfältiger Weise relativ zueinander zu bewegen, welche uns die Unterscheidungen der Bewegungsbegriffe vermittelt. Die **Formungspraxis** von Figuren beruht auf der Herstellbarkeit von bestimmten Passungen, die Berührungen und Bewegungen, oft auch Markierungen von Figuren voraussetzt. Sie ist daher auch in ihren Unterscheidungen und Normen erst mit Hilfe von Berührtermini begrifflich zu fassen.

Die folgende Tabelle gibt einen kleinen Überblick über den Zusammenhang der protogeometrischen Begriffe und den geometrischen Termini, deren Bezüge sie darstellen. Sie soll zur Orientierung über das, was in den folgenden Untersuchungen versucht wird, dienen, indem sie gewisse Zusammenhänge einprägsam, übersichtlich darstellt. Damit wird jedoch in keiner Weise den Anspruch erhoben, auch nur annähernd vollständige Informationen darüber zu liefern.

Geometrische Begriffe, Konzepte, Ideen	Praxisbegriffe, Grundphänomene	Praxisbereiche, Bezugsbereiche, Erfahrungsbereiche
Inzidenz Anordnung	Aufliegen, Aufeinander fallen, Zusammenfallen von Figuren-Marken, Innen-Außen von Figuren, Rand, Ende usw. Anordnung (Zwischen)	Markieren von Orten auf Körpern, Grenzziehungen
Berührung	Berühren, Passen von Figuren, Schnitte	Bearbeiten von Körpern, Formen, Bauen
Bewegung	Bewegung, Bewegen von Figuren, geführte Bewegungen, Anordnung (vorangehen), Berührbarkeit, Passung von Figuren	

Kongruenz, Gestaltprinzip	Gestalt, Gestaltreproduktion, Gestaltkonstanz	
Ideale geometrische Grundformen und ihre Eigenschaften	Elementare Funktionseigenschaften geometrischer Grundformen: universelle Passung, Glattheit, Verschiebbarkeit usw.	Technische Praxis des Umgangs mit geometrischen Formen
Geometrische Größen	Messen	
Formgleichheit	Bilder, Formen, Modelle	Zeichnen, Abbilden, Modellieren

Sowohl die eigentliche Formgleichheit (bzw. Ähnlichkeit) wie auch die Stetigkeit und weitere Grundphänomene der Geometrie werden in den folgenden Untersuchungen nicht erörtert. Sie stellen teilweise umfangreichere Anschlussaufgaben dar, die jedenfalls auf ein Fundament der Geometrie als Figurentheorie unbedingt angewiesen sind. Auch die Bezüge der Geometrie auf unsere Praxis mit Figuren (im Hinblick auf die technische Praxis) werden hier ebenfalls keineswegs erschöpfend behandelt. Es geht mir in erster Linie um die Grundfiguren und ihre fundamentalen Relationen, um die geometrisch relevanten Grundphänomene und um die damit verbundenen räumlichen Unterscheidungen.

Der Inhalt ersten Teils kann auf dem Hintergrund dieser Hinführung, wie folgt umrissen werden:

In den nächsten drei Kapiteln (2-4) werden die protogeometrischen Elemente (Grundphänomene, Grundbegriffe) expliziert, auf welchen die geometrischen Grundbegriffe der Inzidenz, Anordnung und Kongruenz gegründet sind, welche somit als Interpretation dieser geometrischen Relationen verstanden werden können. Die darin entwickelte protogeometrische Terminologie wird in Kapitel 5 dazu genutzt, um Funktionseigenschaften von Ebene und Gerade zu formulieren.

In Kapitel 6 wird auf die Praxis der Herstellung und Verwendung von Ebenen und Geraden eingegangen, wobei die Herstellungsverfahren dieser Formen und ihre Rolle für die Grundlagen der Geometrie erörtert werden. Damit werden die protogeometrischen Untersuchungen zunächst abgeschlossen.

In Kapitel 7 werden in einem kritischen Rückblick die Zielsetzungen der Protogeometrie und die Notwendigkeit eines methodischen Übergangs zur theoretischen Geometrie
erörtert. Die dabei wirksamen Prinzipien der Theoriebildung begründen das Interesse
an der Transformation der Protogeometrie zur Geometrie. Am Beispiel der Ebene und
Geraden wird schließlich gezeigt, in welcher Form ihre charakteristischen protogeometrischen Eigenschaften innerhalb der geometrischen Theorie hervortreten. In einem
letzten Abschnitt wird auf die erreichten Einsichten zurückgeblickt und auf die noch
anzugehenden Aufgaben der Protogeometrie eingegangen.-

2. Körperliche Figuren

2.1 Das Problem einer Bestimmung der Grundfiguren

In der Tradition Euklids beginnt die Darstellung der Geometrie mit Erklärungen der Grundfiguren **Punkt**, **Linie** und **Fläche**, die in ihrer Funktion kaum jemals haben überzeugen können. Die formale Geometrie würde, wenn sie könnte, auf dieses Problem wahrscheinlich gerne mit einer ähnlichen Antwort aufwarten, wie anlässlich der Bestimmung von Ebene und Gerade, also nicht mit Erklärungen, sondern mit der Angabe eines Axiomensystems, das den geometrischen Gebrauch der Grundfiguren festlegt. Jedoch abgesehen davon, dass sich noch kein Weg dazu anbietet, hätte man dafür allerdings zuvor die konkrete Interpretation, das Figurenmodell, zu konstruieren bzw. den Bezug dieses Systems zur Praxis und unserem Sprachgebrauch herzustellen.

Ich möchte dieses Grundproblem im Folgenden grundsätzlich angehen und zunächst fragen, ob es überhaupt vernünftig gestellt ist. Wenn die Grundfiguren Grundobjekte darstellen, ist es dann überhaupt möglich etwas anderes zu tun als ein System von Eigenschaften anzuführen, die ihren geometrischen Gebrauch regeln? Oder handelt es sich dabei tatsächlich um die Aufgabe, grundlegendere Begriffe ausfindig zu machen und mit ihrer Hilfe diese Objekte zu definieren, wie es die antike Geometrie und die Tradition im Anschluss daran versucht haben?

Begriffe wie „Körper", „Punkt", „Linie", „Fläche" usw. sind inhaltlich bestimmt, durch das, was in der Praxis in Verbindung mit ihnen manuell und sprachlich getan wird. Unsere Ausgangsfrage ist daher, wie die Grundfiguren gegeben (vermittelt) sind, und welche elementaren Eigenschaften sie haben. Wir stoßen dabei auf eine Vielfältigkeit ihres Gegeben-seins bzw. ihrer Erzeugung, die sich in einer Fülle von Phänomenen und darauf bezogenen Unterscheidungen zeigt. Figuren sind z.B. gegeben als Schnitte oder auch als Grenzen von anderen Figuren. Linien begrenzen Flächen, Flächen Körper und Punkte Linien. Sie sind uns gegeben über Markierungen, so z.B. Linien, die als Bewegungsspuren von Punkten erzeugt werden, etwa zum Zwecke der Grenzziehung. Bei der Herstellung von Drehkörpern entstehen Flächen durch die Bewegung von Linien. Mechanischen Kurven entstehen durch geführte Bewegungen usw.

Welche von diesen Gegebenheitsweisen sind aber fundamental, und wie lässt sich hier eine vernünftige Ordnung für unsere Zwecke herstellen? Mit unserer Fragestellung stoßen wir auf ein traditionelles Problem der Grundlagen der Geometrie, dem auch die Erklärungen Euklids gegolten haben. Denn bereits in der Antike sah man sich mit dem Problem konfrontiert, die Bestimmungen von Grundfiguren (und Grundformen) zu explizieren und sie zum Zwecke des systematischen Aufbaus geometrischen Wissens in eine methodische Ordnung zu bringen.[6]

Um Missverständnisse zu vermeiden, sei jetzt ausdrücklich festgestellt, dass ich hier die Grundfiguren nicht zu definieren beabsichtige. Das würde ja bekanntlich erst innerhalb einer Theorie Sinn machen, in der sie nicht als Grundobjekte fungierten, und hier geht es ja erst um die Konstitution einer solchen Theorie, in der sie, im Anschluss an unseren Sprachgebrauch, gewiss Grundobjekte darstellen. Die Grundfiguren sind keine sinnvoll reduzierbaren Gegenstände. Es ist zumindest kaum zu erkennen, wie man die entsprechenden Begriffe auf elementarere Begriffe zurückführen könnte, zumal die diesbezüglichen Versuche der Tradition, wie gesagt, gescheitert sind.[7]

Es kann hier daher kaum darum gehen, die Grundfiguren als geometrische Objekte auf elementarere Begriffe zurückzuführen, sondern nur darum, die geometrische Rede über sie mit Bezug auf die mit ihnen gängige Praxis durch aufeinander aufbauende Bestimmungen schrittweise einzuführen. Um diese Aufgabe anzugehen, hat man zuerst den Sprachgebrauch, der sich auf sie bezieht, zu analysieren, systematisch zu explizieren und zu ordnen. Wir haben bereits gesehen, dass ein Schlüssel dazu die pragmatische Ordnung der relevanten Handlungszusammenhänge sein kann, zumindest möchte ich es hier so versuchen. Was von den Grundfiguren gebraucht wird, ist m.E. ein Verständnis des Gebrauchs der damit verbundenen Begriffe in der elementaren, manuellen technischen Praxis, der über Markierungen, Berührungen und Bewegungen gegeben ist. Den praktischen Gebrauch von Figuren zu vergegenwärtigen und das Reden darüber logisch zu ordnen, das ist die Aufgabe der folgenden Ausführungen.

2.2 Elementarer technischer Umgang mit Körpern

Die Terminologie, die in diesem ersten Kapitel entwickelt wird, betrifft unseren elementaren technischen Sprachgebrauch, der sich auf Folgendes bezieht:

1. Auf körperliche Figuren (Figuren auf Körpern), die sich in der Markierungspraxis von Körpern zum Zwecke einer Grenzziehung oder auch einer bloßen Markierung auf deren Oberflächen ergeben.
2. Auf die Berühreigenschaften von körperlichen Figuren.
3. Auf die Bewegungseigenschaften von körperlichen Figuren, die zur Präzisierung einiger Berühreigenschaften derselben erforderlich sind.

Ausgegangen wird von der elementaren technischen Praxis des Umgangs mit Körpern. Ich versuche zunächst am Begriff des Körpers, durch den wir eine Unterscheidung von

---

[6] Wichtige Überlegungen dazu und auch partielle Erfolge, vor allem bei der Explikation und Analyse dieser Bestimmungen, gibt es bei Aristoteles (leider in philosophischen Untersuchungen etwas versteckt, bisher jedenfalls nicht richtig gesehen) und bei Lobatschewski (explizit in Verbindung mit den Grundlagen der Geometrie, was aber im Endeffekt auch nicht viel genutzt hat, weil bisher deren kritische Aufnahme oder gar Würdigung fehlte.) Vgl. dazu Teil II, Kap. 8 und 9.

[7] Vgl. dazu II. Kap.8 und 9.

konkreten Dingen treffen, die Art und Weise herauszustellen, bzw. zu vergegenwärtigen helfen, auf der wir über diese Terminologie verfügen. Wenn wir Körper von anderen Gegenständen unterscheiden, so tun wir es über eine Reihe von Kriterien, die Bestimmungen von Körpern enthalten. Wir haben es gleichsam mit praktischen Forderungen zu tun, die an Gegenstände gestellt werden, wenn sie als Körper angesprochen werden. Man würde einen Gegenstand nicht als Körper im alltäglichen Sinn ansehen, wenn er nicht ein Gewicht oder Ausdehnung hätte, oder wenn er nicht bearbeitbar wäre oder wenn er mit einem anderen Gegenstand den gleichen Raum einnehmen würde, ohne mit ihm identisch zu sein usw. Doch diese Bestimmungen sind nicht allgemein festgelegt und, da sie oft nicht elementar sind (manche setzen Begriffe voraus, die ohne einen ersten Körperbegriff bzw. eine solche Unterscheidung, nicht verfügbar wären), sind sie auch kaum geeignet, um den Begriff "Körper" etwa über Definitionen zu erklären. Was unsere Zielsetzung betrifft, ist das aber auch gar nicht nötig.

In Verbindung mit Körpern werden elementare Eigenschaften wie fest, hart, plastisch, flüssig, gasförmig u.a. zur weiteren Unterscheidung von Körpern verwendet.[8] Alle diese Unterscheidungen sind uns in der alltäglichen handwerklichen Praxis des Umgangs mit Körpern durch manuelle Handlungsmöglichkeiten (Operationen) vermittelt. -Es wird daher im Folgenden von der (oder metaphorisch von der operativen Verankerung) von Unterscheidungen, Begriffen und Redezusammenhängen gesprochen.[9]

Es sind also hier nicht die physikalisch-technischen Begriffe "fest", "plastisch" usw. gemeint, sondern alltägliche Begriffe, die nicht durch Instrumente und Apparate vermittelt werden, oder auch durch Wissen, das erst durch solche verfügbar ist. Die durch sie getroffenen Unterscheidungen sind gewinnbar vor aller Physik und geometrischer Theorie im handelnden Umgang mit Körpern.[10] Wir verfügen damit aber auch nicht etwa bloß über Unterscheidungen individueller Körper, sondern vor allem über solche von Materialien oder Werkstoffen für die verschiedensten Bearbeitungs- und Verwendungszwecke.[11]

Feste Körper kann man auf verschiedene Art und Weise bearbeiten, zerteilen, bemalen, markieren, an den einen oder anderen Ort hinstellen, also bewegen, miteinander zur Berührung bringen, und vieles andere mehr. Bei der Bearbeitung können sie unter-

---

[8] Man unterscheidet bei Körpern Stoff bzw. Material und Stoffzustand („Aggregatzustand" in der Physik).

[9] "Vermittelt durch x" heißt "wesentlich durch x zur Verfügung stehend", z.B. indem x als Kriterium fungiert, in diesem Fall eine technische Handlung.

[10] Das Argument soll heißen: Wir brauchen keine physikalische Theorie, um erste Unterscheidungen zu gewinnen. Das bedeutet gewiss nicht Ignoranz der Erkenntnisse der Physik. Hier geht es vielmehr um das Einsehen der prinzipiellen Unabhängigkeit der elementaren technischen Praxis vom physikalischen Wissen. Die Physik ist ja auch auf diesem Boden gewachsen, und dieser bildet weiterhin ihr Fundament.

[11] Prädikate wie "plastisch" usw. bilden natürlich eine elementare Terminologie aus qualitativen, klassifikatorischen Begriffen. Wörter wie "Raum" sind im hier verwendeten Sinne unproblematisch (Platz, Medium, potenzieller Platz; auch "ist im Raum", "ist räumlich", "ist eine Figur" sind auf das Unterscheidungssystem bezogene Angaben).

einander auch bezüglich ihrer Härte unterschieden werden, was für die Herstellung von Werkzeugen von Interesse ist.

Plastische Körper können durch feste Körper bearbeitet werden. Mit ihnen, wie mit Flüssigkeiten, die in Behältern bzw. Gefäßen gehalten werden müssen, kann man auch gewisse räumliche Verhältnisse zu festen Körpern (Passungen, Ausfüllen von Hohlräumen u.a.m.) leichter herstellen als durch Bearbeitung von anderen festen Körpern. Praktisch von immenser Bedeutung wird dieser Umstand nun dadurch, dass es auch plastische und flüssige Körper gibt, die sich nach einer gewissen Zeit (in geeigneten Verfahren) verfestigen, was zur Reproduktion von Figuren in großem Umfang genutzt wird. Darauf wird später im Kapitel 4 eingegangen.

In dieser Schrift werden wir meist nur feste Körper betrachten, da nur sie sämtliche Verhältnisse, die hier exakt festgelegt werden sollen, unter normalen alltäglichen Bedingungen beständig realisieren.[12] Immer wenn im weiteren einfach von Körpern die Rede ist, sind also feste Körper gemeint. Diese Hinweise zum Umgang mit Körpern sind als Vorbereitung zum Einstieg in die Betrachtung der genannten Praxisausschnitte zu sehen.

An festen Körpern (auch an plastischen und flüssigen) unterscheiden wir ihre Oberfläche, ihr stofferfülltes Innere und den umliegenden Raum (im umgangssprachlichen Sinn von Platz für andere Körper).[13] Auch diese Unterscheidungen sind uns operativ vermittelt: Die Oberfläche eines Körpers kann man im Normalfall mit anderen Körpern zur Berührung bringen, z.B. um sie zu bearbeiten, zu bemalen, oder um darauf zu zeichnen. Das Innere eines Körpers ist uns zumeist erst nach Zerteilung des Körpers durch Schnitte gegeben. Im Raum um einen Körper herum (das Innere von Gefäßen und Behältern gehört dabei zum Raum und nicht zum Inneren des Körpers, welches das Gefäß oder den Behälter darstellt), kann man andere Körper bewegen oder z.B. mit dem Körper zur Berührung bringen.

Die Rede vom Inneren eines Körpers und vom Raum ist aber oft auch mit der Ansicht von Körpern als Teilen eines sie umfassenden Körpers verbunden. Diese Auffassung wird erst im nächsten Kapitel rekonstruiert. Dabei wird auch eine exakte, operativ verankerte, erste, aber methodisch erweiterungsfähige Redeweise vom Raum eingeführt.

2.3 Inzidenz

Ich beziehe mich nun die uns allen geläufigen Markierungsmöglichkeiten von Figuren auf Körperoberflächen an, um darin verankerte Redeweisen zu rekonstruieren.

---

[12] Das bedeutet aber nicht, dass diese Verhältnisse auf feste Körper beschränkt sind.

[13] Man beachte, daß diese Unterscheidungen bei flüssigen Körpern aufgrund anderer Handlungsweisen operativ verankert sind als bei den hier betrachteten festen Körpern.

Durch Marken werden auf Oberflächen Figuren ausgezeichnet, die im üblichen Sprachgebrauch undifferenziert als Stellen angesprochen werden. Durch Punktmarken werden **Punkte** ausgezeichnet. Punktmarken sind bereits an Spitzen gegeben, können aber auch durch Berührung von Oberflächen mit spitzen Markierungskörpern an diesen markiert werden. Durch Strichmarken werden auf Oberflächen **Linien** ausgezeichnet. In diesem Zusammenhang sind uns auch die Begriffe Kante und Ecke geläufig. Durch Kanten sind Linien auf Körpern gegeben, an die Seiten (Oberflächenteile) angrenzen, durch Ecken Punktmarken, an die mindestens drei Kanten angrenzen. Kanten werden zumeist durch mechanische Eigenschaften (z.B. scharfe Kanten) von einfachen Linien, die auf Oberflächen markiert sind, unterschieden. Die Begriffe Ecke und Kante betreffen aber meist geometrisch geformte Körper, Quader, Würfel usw., daher sind sie auch, in diesen Fällen, nicht so elementar.

An Oberflächen können wir Stücke auszeichnen, sei es durch Bemalung oder auch nur durch Abgrenzung mittels geschlossener Strichmarken. Einfache Strichmarken nennen wir solche, bei denen während des Markierungsvorgangs keine Berührung des Markierungskörpers mit dem schon gezeichneten Teil der Strichmarke stattfindet. Oberflächenstücke, die von solchen Strichmarken begrenzt werden, sollen **Gebiete** heißen. Wir können natürlich auch leicht geschlossene, doppeltpunktfreie usw. Strichmarken unterscheiden.

Um unnötige Komplikationen zu vermeiden, werden nur solche Körper betrachtet, deren Oberfläche durch jede einfach geschlossene Linie in zwei Gebiete geteilt wird. Die Körper sollen also keine Löcher oder Einschnürungen aufweisen. Unzugängliche Hohlräume seien ebenfalls ausgeschlossen. Es sei nochmals darauf hingewiesen, dass hier eine Vergegenwärtigung erfolgt und keine eindeutige Bestimmung der betrachteten Gegenstände (vgl. davor: Werkstücke).

Die Begriffe "Punkt", "Linie", "Oberflächenstück" und "Gebiet" sind, wie "Körper" zuvor, **ideale** (Norm-)Begriffe. Es ist immer so, dass man sie nicht absolut realisiert vorfindet. Sie werden immer in Bezug auf eine bestimmte Praxis hinreichend realisiert, was in anderer Hinsicht kaum als hinreichend gelten mag. Das ist die Essenz der üblichen Rede, dass ein gezeichneter Punkt "in Wirklichkeit" doch ein Gebiet sei. Für die Zeichenanforderungen ist ein Punkt auf einer korrekten Zeichnung hinreichend realisiert, aber nicht für Markierungen unter dem Mikroskop. Was den geometrischen Gebrauch der Grundfiguren in solchen Markierungssituationen betrifft, so sind sie als abstrakte Gegenstände aufzufassen, in einem genau festgelegten, eingeschränkten Sprachgebrauch, der nur die bei der Markierung verfolgten Intentionen (hier zunächst eine Orts- oder Positionsbestimmung) berücksichtigt. Die der Abstraktion zugrundeliegende Äquivalenzrelation ist die durch den Begriff ist zusammenfallend mit gegebene Relation, für Marken, die in voneinander unabhängigen Markierungsprozessen entstehen. Fallen also zwei oder mehrere Marken zusammen, so wird man in bezüglich dieses Begriffs invarianter Rede von gleichen Punkten, Linien, Gebieten und Oberflächenstücken reden können.

Dieser Begriff des Zusammenfallens soll hier jedoch nicht als Grundbegriff eingeführt, sondern über einen Begriff des Aufeinander-fallens von Figuren definiert werden.

Dazu gehen wir von einer Reihe von Begriffen und Aussagen aus, die uns zunächst aufgrund der Markierungspraxis zur Verfügung stehen und sogenannte Inzidenzverhältnisse ausdrücken. Diese Begriffe seien auch in einer symbolischen Schreibweise notiert.

Seien also:
K, K_1, K_2, ... Mitteilungsvariable für Körper,
O, O_1, O_2, ... // // Oberflächenstücksmarken,
L, L_1, L_2, ... // // Linienmarken,
P, P_1, P_2, ... // // Punktmarken,
G, G_1, G_2, ... // // Gebietsmarken.

Dann kann man symbolisch schreiben:

PiK für P liegt auf K [14]
LiK // L liegt auf K
OiK // O liegt auf K
PiL // P liegt auf L
LiO // L liegt auf O
PiO // P liegt auf O
......und so fort.

Es ergeben sich so die in der Praxis geläufigen Inzidenzbeziehungen, wobei manche von ihnen sich durch andere definieren lassen. In der Praxis interessieren jedoch in erster Linie die Verhältnisse von Oberflächenstücken (insb. Gebieten), Linien und Punkten untereinander, sodass man nur diese zu berücksichtigen braucht. Im Folgenden werden ausgehend von drei als Grundrelationen gesetzten Begriffen die anderen Verhältnisse zwischen Grundfiguren definiert. Bei den Grundbegriffen wird natürlich bloß eine symbolische Notation eingeführt.

2.1 DEFINITIONEN

1. P_1 i P_2 $\rightleftharpoons$ P_1 liegt auf P_2

2. P i L $\rightleftharpoons$ P liegt auf L

3. P i G $\rightleftharpoons$ P liegt auf G

---

[14] K ist etwas anderes als die Oberfläche von K. Liegt jedoch eine Figur auf K, so liegt sie auf der Oberfläche von K, und umgekehrt. Dies gilt auch bei Berühr- und Gestaltaussagen, aber z.B. nicht bei allen Teilungsaussagen (die Teile der Oberfläche sind Gebiete oder Oberflächenstücke, jedoch keine Oberflächen, des Körpers hingegen wieder Körper).

4. $L_1 \, i \, L_2 \;\rightleftharpoons\; L_1 \; \underline{\text{liegt auf}} \; L_2 \;\rightleftharpoons\; \bigwedge_{P} (P \, i \, L_1 \rightarrow P \, i \, L_2)$

5. $L \, i \, G \;\rightleftharpoons\; L \; \underline{\text{liegt auf}} \; G \;\rightleftharpoons\; \bigwedge_{P} (P \, i \, L \rightarrow P \, i \, G)$

6. $G_1 \, i \, G_2 \;\rightleftharpoons\; G_1 \; \underline{\text{liegt auf}} \; G_2 \;\rightleftharpoons\; \bigwedge_{P} (P \, i \, G_1 \rightarrow P \, i \, G_2)$

Nun werden zwei Forderungen aufgestellt, die aufgrund der Markierungspraxis gelten.

2.2 POSTULATE DER INZIDENZ

1. Für alle Punkte P_1, P_2 gelte: $P_1 \, i \, P_2 \rightarrow P_2 \, i \, P_1$

2. Für alle Figuren x, y, z gelte:
$x \, i \, y \wedge y \, i \, z \rightarrow x \, i \, z$ (Transitivität)
($x \, i \, y$, $y \, i \, z$, $x \, i \, z$ sind dabei Grundformeln nach 2.1, Nr. 1.bis 3.)

2.3 SATZ: Für alle Figuren x, y, z gilt: $x \, i \, y \wedge y \, i \, z \rightarrow x \, i \, z$ (Transitivität der Inzidenz)

BEWEIS:

1. Sind die Atomformeln der Aussage allesamt Grundformeln, so gilt die Behauptung nach Forderung 2.2.2

2. Sei nun mindestens eine der Formeln im Antezedens keine Grundformel. Bewiesen werden exemplarisch zwei Teilbehauptungen. Die restlichen Teilbehauptungen lassen sich völlig entsprechend begründen.

(a) $P \, i \, L \wedge L \, i \, G \rightarrow P \, i \, G$ (eine Grundformel)
(b) $L \, i \, G_1 \wedge G_1 \, i \, G_2 \rightarrow L \, i \, G_2$ (keine Grundformel)

BEWEIS von (a): $P \, i \, L \wedge L \, i \, G$

$\Leftrightarrow P \, i \, L \wedge \bigwedge_{P'} (P' \, i \, L \rightarrow P' \, i \, G)$ (nach Definition 2.1.5)

$\Rightarrow P \, i \, G$ (logisch) .

BEWEIS von (b): $L \, i \, G_1 \wedge G_1 \, i \, G_2$

$\Leftrightarrow \bigwedge_{P} (P \, i \, L \rightarrow P \, i \, G_1) \wedge \bigwedge_{P'} (P' \, i \, G_1 \rightarrow P' \, i \, G_2)$ (nach Definitionen 2.1.5, 2.1.6)

$$\Rightarrow \bigwedge_{P} (P \, i \, L \; \rightarrow \; P \, i \, G_2)$$

$\Leftrightarrow L \, i \, G_2$ (Definition 2.1.5).

2.4 SATZ: Für alle Figuren x gilt: x i x .

BEWEIS:

Nach 2.2 gilt P i P für alle P. Die Behauptungen L i L und G i G sind nach den Definitionen dieser Relationen trivial.

2.5 SATZ

Für Figuren auf einem Körper ist "i" eine Quasiordnung.
(Figuren auf einem Körper sind bzgl. "i" quasigeordnet)

BEWEIS:

Direkt mit den Sätzen 2.3, 2.4.

2.6 DEFINITION

1. P_1 ii P_2 $\rightleftharpoons$ P_1 <u>fällt zusammen mit</u> P_2 $\rightleftharpoons$ $P_1 \, i \, P_2$

2. L_1 ii L_2 $\rightleftharpoons$ L_1 <u>fällt zusammen mit</u> L_2 $\rightleftharpoons$ $L_1 \, i \, L_2 \; \wedge \; L_2 \, i \, L_1$

3. G_1 ii G_2 $\rightleftharpoons$ G_1 <u>fällt zusammen mit</u> G_2 $\rightleftharpoons$ $G_1 \, i \, G_2 \; \wedge \; G_2 \, i \, G_1$

2.7 SATZ

Die Relationen 2.6.1 bis 2.6.3 sind Äquivalenzrelationen.

Zum BEWEIS:

1. Reflexivität: Satz 2.4.
2. Symmetrie: offensichtlich und 3. Transitivität: Satz 2.3.
(vgl. dazu Gericke 1967, S. 29, 33).

Aufgrund des Satzes 2.7 kann man also nun eine (erste) Abstraktion vollziehen und statt von Punkt-, Linien-, Gebiets- und Oberflächenstücksmarken in jeder bezüglich "ii" invarianten Rede entsprechend von Punkten, Linien, Gebieten und Oberflächenstücken sprechen, und anstatt "ii" dann das Gleichheitszeichen verwenden. Man beachte, dass hier nicht die Grundfiguren eingeführt wurden, sondern ein Teil des Sprachgebrauchs darüber logisch geordnet wurde auf dem Weg zur Rekonstruktion der geometrischen Rede.

Punkte, Linien, Gebiete und Oberflächenstücke auf Körperoberflächen nennen wir „körperliche Figuren i.e.S." (im engeren Sinn) oder schlicht körperliche Figuren.[15] Im Folgenden werden aber auch Körper und deren Oberflächen als körperliche Figuren (im weiteren Sinne) bezeichnet.

2.8 SATZ

1. "i" und "ii" sind bzgl. "ii" in allen Fällen invariant.

2. Es gilt:

$x \, i \, y \, \wedge \, y \, i \, x \, \rightarrow \, x = y$ (Antisymmetrie).

Zum BEWEIS:

1. und 2. sind einfach zu zeigen, obgleich die Überprüfung aller Fälle etwas mühselig ist.-

Im Hinblick auf Figuren im obigen abstrakten Sinne stellt „i" also eine Ordnungsrelation (oder Halbordnung) dar. Schließlich werden Inzidenzbeziehungen von Figuren betrachtet, die eine Inzidenz von mehreren „Elementen", also Figuren auf anderen Figuren, ausdrücken. Eine Figurengruppe ist eine Menge von Figuren, die auf einer Figur (als Träger) liegen. Figurengruppen werden im Folgenden mit F, F_1 usw. bezeichnet.

2.9 DEFINITIONEN

1. $F \, i \, x \, \rightleftharpoons \, F \, \underline{\text{liegt auf}} \, x \, \rightleftharpoons \, \bigwedge\limits_{f} (f \in F \rightarrow f \, i \, x)$

2. $x \, i \, F \rightleftharpoons x \, \underline{\text{liegt auf}} \, F \rightleftharpoons \bigvee\limits_{f} x \, i \, f \wedge f \in F$

3. $F_1 \, i \, F_2 \, \rightleftharpoons \, F_1 \, \underline{\text{liegt auf}} \, F_2 \, \rightleftharpoons \, \bigwedge\limits_{z} \bigwedge\limits_{f} \bigvee\limits_{f'} (z \, i \, f \in F_1 \rightarrow z \, i \, f' \in F_2)$

2.10 ANMERKUNG

Diese Definitionen dienen dazu, Inzidenzbeziehungen etwas allgemeiner zu fassen.

---

[15] Dabei ist es gleichgültig, ob die Figuren durch uns markiert werden oder sich die Markierungen von selbst anbieten. Solche Marken können sogar unter Umständen durch Körper gegeben sein (man denke etwa an Einzäunungen als Linien mit Stützen als Punkten). Es genügt in ihnen Figuren zu erkennen, über die zunächst so geredet wird wie oben präzisiert.

Außer den zuvor eingeführten Begriffen stehen uns aufgrund der Markierungspraxis noch einige andere geläufige (topologische) Begriffe zur Verfügung: So kann man die Enden und die inneren Punkte einer Linie unterscheiden; entsprechend Rand und Inneres eines Gebietes (im Folgenden mit I(G) bzw. R(G) notiert); bei einer Linie, die auf einer andern Linie oder einem Gebiet liegt, kann man zusätzlich noch äußere Punkte unterscheiden (entsprechend bei einem Gebiet). Statt von den Enden einer Linie und ihren inneren Punkten zu reden, also „P ist innerer Punkt der Linie L mit den Enden Q und R", kann man auch davon reden, dass „P auf der Linie L zwischen Q und R liegt". Zusätzlich spricht man auch von den Seiten, in die ein Gebiet durch eine Linie von Rand zu Rand eingeteilt wird. Zuweilen spricht man auch bei einer einfachen Linie von ihren Seiten auf einer anderen Linie, die durch einen auf ihr liegenden Punkt entstehen. Diese Unterscheidungen hängen bekanntlich mit der Begrifflichkeit der Anordnung zusammen. Bereits angesichts von einfachen Linien lässt sich hier eine elementare Axiomatik der Zwischenrelation (Anordnung) betreiben.[16] Diese Zwischenrelation fungiert dabei als Grundbegriff.

2.11 DEFINITION

$PQR \rightleftharpoons Q$ liegt zwischen P und R auf L

2.12 AXIOME DER ZWISCHENRELATION

B_1: $PQR \rightarrow P \neq Q \neq R \neq P$

B_2: $PQR \rightarrow RQP$

B_3: $PQR \rightarrow \neg PRQ \wedge \neg QPR$

B_4: $P \neq Q \neq R \neq P \rightarrow PQR \vee PRQ \vee QPR$

B_5: $PQR \wedge S \neq P, Q, R \rightarrow PQS \vee SQR$

Alle zuvor aufgeführten Unterscheidungen beziehen sich direkt auf individuelle Objekte (hier eine bestimmte Linie L), es lässt sich daher mit ihnen schwerlich weiter Theorie treiben (zumindest liegt dies nicht im Fokus der hier verfolgten Zielsetzung). Erst mit den universellen geometrischen Grundformen eröffnet sich die Möglichkeit der Loslösung von individuellen Figuren. Der Bezug der geometrischen Inzidenz und Anordnung auf die Verhältnisse von körperlichen Figuren, der hier herausgestellt wurde, bleibt aber weiterhin grundlegend für ihre Interpretation. Mir kommt es vorläufig eigentlich nur auf das Zusammenspiel dieser (räumlichen) Relationen mit der praktisch sehr wichtigen, aber in der Geometrie selbst nicht geläufigen Terminologie an, die jetzt schrittweise eingeführt wird.

---

[16] Das war bereits Pasch vollkommen klar (siehe hier II, Kap. 10). Vgl. dazu auch die phänomenologischen Betrachtungen in Freudenthal/Baur 1967.

2.4 Berührung

Bereits zur Markierung von Körpern muss man andere Körper bewegen. Daneben sind viele Körper auch ohne unsere Einwirkung oft (relativ zu anderen Körpern) in Bewegung oder bewegt. Durch Bewegung kann man Körper zur Berührung bringen. Körper sind aber ebenfalls ohne unsere Einwirkung oft miteinander (in gewissen Figuren) in Berührung. An diesen Redeweisen erkennt man den zweifachen Sinn von Berührung im Sinne des Vorliegens einer noch zu kennzeichnenden Berührlage und der Berührbarkeit in bestimmten Elementen, welche als körperliche Figuren angegeben werden können.

Sowohl bei der (relativen) Bewegung als auch bei der Berührung von <u>zwei Körpern</u> werden hier nur Verhältnisse der Figuren auf den Körpern betrachtet. Daher wird die bisher verwendete Symbolik weiterhin benutzt. Zuerst wird eine präzise Fassung einiger Relationen von Figuren gegeben, welche die Berührung zweier Figuren auf zwei verschiedenen Körpern ausdrücken. (Die Bilder sollen die geläufigen Verhältnisse zur Anschauung bringen.)

2.13 DEFINITIONEN

x, y bezeichnen Grundfiguren, mit F werden Figurengruppen bezeichnet.

1. $B(P_1, P_2) \rightleftharpoons P_1$ <u>berührt</u> P_2 [17]

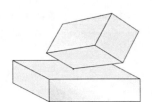

2. P_1 <u>ist Berührpunkt</u> $\rightleftharpoons \bigvee\limits_{P} B(P_1, P)$

3. (P_1, P_2) <u>ist Berührpunktepaar</u> $\rightleftharpoons B(P_1, P_2)$

4. $B(x, y) \rightleftharpoons x$ <u>ist in Berühung mit</u> y

$\rightleftharpoons \bigvee\limits_{P} \bigvee\limits_{P'} (P \text{ i } x \wedge P' \text{ i } y \wedge B(P, P'))$

---

[17] In der Praxis heißt es oft, zwei Körper „berührten sich an Punkten". Die zwei Körper können durchaus einen einzigen Körper bilden, doch sie sollen getrennt, geschieden sein (Beispiel: Oberkiefer, Unterkiefer). Hier werden nicht alle üblichen Redeweisen terminologisch gefasst (z.B. „Zwei Körper berühren sich an ihren Oberflächen" oder „zwei Oberflächen berühren sich in Figuren"). Es werden nur die Berührbeziehungen von Grundfiguren zueinander betrachtet.

5. $P(L_1,L_2) \rightleftharpoons L_1$ <u>ist in</u> Passung <u>mit</u> L_2

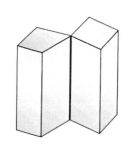

$$\rightleftharpoons \bigwedge_P \bigvee_{P'}^1 (P \ i \ L_1 \rightarrow P' \ i \ L_2 \wedge B(P,P'))$$

$$\wedge \bigwedge_{P'} \bigvee_{P}^1 (P' \ i \ L_2 \rightarrow P \ i \ L_1 \wedge B(P,P'))^{18}$$

6. $P(G_1,G_2) \rightleftharpoons G_1$ <u>ist in Passung mit</u> G_2

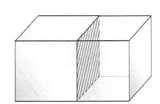

$$\rightleftharpoons \bigwedge_P \bigvee_{P'}^1 (P \ i \ G_1 \rightarrow P' \ i \ G_2 \wedge B(P,P'))$$

$$\wedge \bigwedge_{P'} \bigvee_{P}^1 (P' \ i \ G_2 \rightarrow P \ i \ G_1 \wedge B(P,P'))$$

7. x, y sind Linien bzw. Gebiete.

$Pa(x,y) \rightleftharpoons x$ <u>ist in Passung auf</u> $y \rightleftharpoons \bigvee_{y'} y' \ i \ y \wedge P(x,y')$

7.1. P <u>ist Berührpunkt von</u> x, y $\rightleftharpoons \bigvee_{P'}^1 (P \ i \ x \wedge P' \ i \ y \wedge$

B(P,P'))

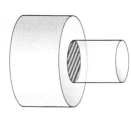

7.2. L <u>ist Passlinie von</u> x, y $\rightleftharpoons \bigvee_{L'}^1 (L \ i \ x \wedge L' \ i \ y \wedge$

P(L,L'))

7.3. G <u>ist Passgebiet von</u> x, y $\rightleftharpoons \bigvee_{G'}^1 (G \ i \ x \wedge G' \ i \ y \wedge$

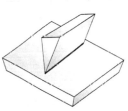

P(G,G'))

7.4. x' <u>ist Berührelement von</u> x, y
$\rightleftharpoons$ x' ist Berührpunkt von x, y $\vee$ x' ist Passlinie von x, y
$\vee$ x' ist Passgebiet von x, y

---

[18] Existenzquantoren mit hochgestellter Eins bedeuten eindeutige Existenz.

7.5 Entsprechende Relationen können mit Figurengruppen statt Grundfiguren formuliert werden. Dabei wird statt der Inzidenz die Elementbeziehung für Mengen geeignet verwendet.

8. $P(F_1,F_2) \rightleftharpoons F_1$ ist in Passung mit F_2

$\rightleftharpoons \bigwedge_{x\in F_1} \bigwedge_{y\in F_1}$ (x ist Berührelement von F_1, F_2

$\wedge$ y ist Berührelement von F_1, F_2)

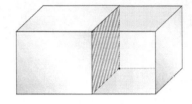

9. $P(x,y; F_1,F_2)$

$\rightleftharpoons$ x ist in Passung mit y in der (Berühr-)Lage F_1,F_2

$\rightleftharpoons F_1\,i\,x \wedge F_2\,i\,y \wedge P(F_1,F_2) \rightarrow P(x,y)$

2.14 ANMERKUNG

Die Berührlage nach Definition 9. ist in der Abbildung etwa durch zwei Ecken der schraffierten Fläche gegeben. Statt "berührt" heißt es oft "ist in Berührung mit". Im normalen Sprachgebrauch heißt es manchmal auch: "K_1 und K_2 berühren sich an (bzw. sind in Passung an) x (auf K_1) und y (auf K_2)" statt „x berührt (bzw. ist in Passung mit) y".-

Die nachfolgenden Forderungen werden im technischen Umgang mit Grundfiguren direkt unterstellt und erfüllt. Sie sollten hier nur explizit gemacht werden.

2.15 POSTULATE DER BERÜHRUNG

1. Die Relationen der Berührung (für Punkte) sowie der Passung für Linien sind nicht reflexiv, aber symmetrisch und transitiv.

2. Für die Passung von Gebieten gilt: $Pa(G_1,G_2) \wedge Pa(G_2,G_3) \rightarrow G_1\,i\,G_3$. Daraus folgt insbesondere: $P(G_1,G_2) \wedge P(G_2,G_3) \rightarrow G_1 = G_3$.

3. Passungsprädikate sind invariant bezüglich Koinzidenz, d.h. für ein Prädikat $B(x)$, das aus den bisherigen Berühr- und Passrelationen mit Hilfe logischer Operationen gebildet wird, gilt: $(B(x) \wedge x\,ii\,y) \rightarrow B(y)$. (x, y können auch Figurengruppen darstellen.)

4. Inzidenzprädikate sind invariant bezüglich der Berührung (bei Punkten) und der Passung, d.h. für ein Prädikat $I(F_1)$ (F_1 Figurengruppe auf einem Körper) das aus den eingeführten Inzidenzrelationen mit Hilfe logischer Operationen gebildet wird, gilt: $I(F_1) \wedge P(F_1,F_2) \rightarrow I(F_2)$. (Man beachte, dass die Passung von Figurengruppen als Zuordnung von Elementen aus F_1,F_2 eineindeutig ist.)

5. Für die (partiellen) Passungsrelationen soll gelten:

    a) $Pa(x,y) \wedge y\ i\ z \rightarrow Pa(x,z)$

    b) $x\ i\ y \wedge Pa(y,z) \rightarrow Pa(x,z)$

ANMERKUNG: Postulat 2. ist eigentlich selbstverständlich. Postulat 3. kann als Seiteninvarianz der Inzidenz (und bei geeigneter Erweiterung der gemachten Vorschläge auch der Anordnung) bezeichnet werden. Sie ist zentral für die Auffassung der Grundfiguren als Schnitte, die in Kapitel 3 expliziert wird. Postulat 5a) ist eigentlich mit Definition 2.13.7. und der Transitivität der Inzidenz beweisbar, Postulat 5b) zunächst nicht.[19]

Wir zeigen: $Pa(x,y) \wedge y\ i\ z \rightarrow Pa(x,z)$.

Nach Def. 2.13.7. folgt aus $Pa(x,y)$ die Existenz eines y', so dass $y'\ i\ y$ und $P(x,y')$ gilt. Aus $y'\ i\ y$ und $y\ i\ z$ folgt mit der Transitivität der i-Inzidenz $y'\ i\ z$. Es gibt also y' mit $y'\ i\ z$ und $P(x,y')$, nach Def. 2.13.7. folgt also $Pa(x,z)$.-

Es wurde bereits erwähnt, dass neben den oben eingeführten Begriffen es im technischen Sprachgebrauch noch eine Reihe von Begriffen gibt, die nicht die Berührung oder Passung von Figuren ausdrücken, sondern eben die erwähnte Möglichkeit durch Bewegung der Figuren eine solche wiederholt zu erzeugen. Uns allen geläufig ist der Begriff passen, z.B. für Gebiete und Linien. Aus der Tatsache, dass zwei Gebiete in Passung sind, lässt sich unter Umständen schließen, dass sie passen. Aus der Tatsache, dass sie passen, folgt jedoch nicht, dass sie aktuell in Passung sind.[20] Es handelt sich hierbei also um einen neuen Begriff, der im Übrigen zentral ist für die weiteren Untersuchungen, womit sich zunächst die Aufgabe stellt, ihn nebst einer Reihe weiterer verwandter Begriffe terminologisch zu bestimmen. Die Diskussion der operativen Verankerung der durch diese Begriffe gegebenen und der obigen Berühreigenschaften wird im Anschluss daran geführt.[21]

2.5 Bewegung – Berührbarkeit - Passung

Nun werden die Relationen der Berührbarkeit zwischen zwei Figuren auf zwei Körpern rekonstruiert. Zuvor sollte jedoch das Phänomen der Bewegung (eines der elementarsten und grundlegendsten Phänomene, das unsere Praxis durchzieht) terminologisch erfasst werden, soweit es in diese Relation eingeht. Die Bewegung beschäftigt uns hier also soweit, wie es unsere Zwecke im Kontext der technischen Praxis betrifft. Die Terminologie der Prozesslehre, auf die ich im Folgenden eingehe, ist bis heute leider nicht genauer systematisch betrachtet worden. Erste und weitreichende Ansätze

---

[19] Man könnte diese Forderung beweisen, wenn man die Definition 2.13.7 geeignet "symmetrisieren" würde, also Entsprechendes für die Figur x wie für y fordern würde.

[20] Im Gegensatz zu berühren wird passen im Sinne von „in Passung gebracht werden können" gebraucht.

[21] In allen Arbeiten zur protophysikalischen Geometrie hat man die beiden Arten von Berührrelationen überhaupt nicht voneinander unterschieden. (Vgl. Amiras 1998, Kap. 5, 6)

gibt es bei Aristoteles. Janich hat (in Janich 1969 bzw. Janich 1980) Teile dieser Terminologie erörtert.

Die elementaren Unterscheidungen, die Bewegungen betreffen, sind leicht in unserer
Umgangssprache zu finden. Als Ausgangspunkt der Terminologie nehme ich den Begriff Geschehen. Die sprachliche Beschreibung von Geschehen erfolgt durch deskriptive Sätze, die nach unserem Verständnis, einen Zustand oder Ereignis (Sachverhalt,
der keine Veränderung anzeigt) oder ein Geschehen (Sachverhalt, der Veränderung
anzeigt) beschreiben. Als Geschehen bezeichnet man weiter ein Tun (Handlung) bzw.
einen Vorgang oder Prozess. Vorgänge werden durch Zustände, die dabei durchlaufen
werden, charakterisiert. Eine Situation wird durch deskriptive Äußerungen beschrieben; dieser Begriff betont den örtlichen, zeitlichen sowie Bedingungs- Zusammenhang
von Ereignissen und/oder Zuständen (und wesentlichen Umständen). Er ist bereits gebrauchssprachlich für die Beschreibung von Veränderungen in einem komplexen Ge-
samtgeschehen (worin Handlungen, Ereignisse, Prozesse zusammenhängen) einschlägig, wird aber nicht bei der Beschreibung physikalischen Geschehens gebraucht, da
hier der Begriff des Zustands bei der Betrachtung von exakt beschreibbaren Vorgängen ausreicht.

Bewegungen sind (gleichgültig ob künstlich erzeugt oder natürlich auftretend) Ge-
schehnisse, und zwar eine Art von Veränderungen[22]. Wir sprechen oft synonym zu
"Veränderung" von einem „Vorgang" ("Prozess"), bei Bewegungen von einem Bewegungsvorgang, und unterscheiden dabei Teilvorgänge (auch Phasen genannt) durch
typische Ereignisse oder Zustände (Anfangs- und Endereignis, sowie Ereignisse, die
während des Vorgangs eintreten oder durchlaufen werden).

Es gibt zwei Möglichkeiten über Bewegungen zu reden. Einmal kann man sich für den
Verlauf der Bewegung interessieren, also für Anfang und Ende, sowie den Ablauf der
Bewegung, und dann z.B. für die Bewegungsform (kinematisch) bzw. die Form und
Lage des Weges (geometrisch). Daher wird manchmal auch terminologisch im ersten
Fall vom "Bewegungsvorgang" im zweiten von der "Bewegung" gesprochen. Diese
Unterscheidung soll hier nicht streng erfolgen.

Alle diese Unterscheidungen sind uns in der Praxis durch manuelle und sprachliche
Handlungsmöglichkeiten vermittelt (so etwa auch, dass Veränderungen keine Körper
sind und umgekehrt, dass kein Körper eine Veränderung ist). Bei Bewegungsvorgängen von Körpern oder Figuren zueinander, die hier zunächst interessieren, z.B. von
Stellen (Punkten) oder von Stellen und Gebieten auf zwei Körpern, spricht man von
Stellungen oder von relativen Lagen. Bewegungen sind also demnach (relative) Lage-
veränderungen von Körpern oder Figuren.

---

[22] Genauer: „Ortsveränderungen". Jedoch ist die Rede vom Ort zuvor terminologisch zu klären.

Die Charakterisierung von Stellungen erfolgt durch Elemente von Figuren. Wir haben nun auf jeden Fall die Fähigkeit, diese als Inzidenz und Berührung der Figuren zu überprüfen. Die <u>Stellung</u> oder <u>Lage</u>[23] einer Figur, soweit sie nicht durch bloße Inzidenzaussagen gegeben ist (Position von Marken), ist also über Berühraussagen bestimmt, wobei man die Berührelemente anzugeben hätte. Entsprechend zur Unterscheidung zwischen „passen" und „in Passung sein" sollte man auch zwischen der aktuellen <u>Bewegung von Dingen</u> (<u>ist bewegt relativ zu</u>) und ihrer in bestimmter Hinsicht vorhandenen <u>Beweglichkeit</u> bzw. der Möglichkeit einen Bewegungsvorgang zu durchlaufen.[24]

Beim Ziehen von Strichmarken auf Körperoberflächen liegt ein solcher (relativer) Bewegungsvorgang vor. Dabei bewegt sich ein Punkt P des Markierungskörpers (z.B. die Bleistiftspitze) relativ zur Körperoberfläche so, dass er während der Bewegung mit ihr ständig in Berührung gehalten wird. Solche Bewegungen heißen <u>(relative) Verschiebungen</u> (in unserem Fall liegt eine Verschiebung einer Stelle relativ zur Körperoberfläche vor). Bei ihrer Ausführung entstehen durch die Markierung andere Figuren als sogenannte <u>Spuren</u>.[25] Später im Kapitel 5 wird auf relative Bewegungsvorgänge von Figuren genauer eingegangen. Sie werden dort zur Formulierung von Funktionseigenschaften von Ebene und Gerade gebraucht.

Bewegungsvorgänge von Körpern relativ zueinander und relativ zu unserem Körper sind uns seit frühester Kindheit vertraut. Dieses Grundphänomen vermittelt uns mit den bereits verfügbaren Grundfiguren neue Grundgegenstände für unsere protogeometrische Terminologie, die wir <u>relative Bewegungen (Bewegungsvorgänge) von Figuren</u> nennen wollen.

Zum Ausgangsproblem zurückgekehrt betrachte man im einfachsten Fall zwei Punkte P_1 und P_2 auf zwei Körpern K_1 und K_2. Bringt man diese Punkte, falls möglich, zur Berührung so liegt damit ein Bewegungsvorgang von P_1 bzgl. P_2 oder auch von P_2 bzgl. P_1 vor (Symmetrie von „ist bewegt zu" bzw. auch „Relativität der Bewegung"). Für bewegte Figuren gelten praktisch folgende Regeln (Postulate).

2.16 POSTULATE DER Bewegung

x, y seien Figuren auf zwei Körpern.[26]

---

[23] „Lage" hängt mit dem „Legen" bzw. „Liegen", „Stellung" mit dem „Stellen" bzw. „gestellt sein" zusammen.

[24] Auch diese Unterscheidung ist, wie zuvor die zwischen „Berührung" und „Berührbarkeit", in der protophysikalischen Geometrie nicht getroffen worden.

[25] Spuren sind Linien, die in der Angabe von Wegen, also in der Angabe der Stellungen eines Vorgangs, vorkommen.

[26] Entsprechend zu "B" braucht man nur das Getrennt-Sein der beiden Körper, d.h. die Forderung: bewegt(x,y) $\rightarrow$ (xiK $\rightarrow \neg$yiK). Beispiel: Bei der Bewegung unserer Arme bewegt sich jeweils der eine Arm relativ zum anderen.

1. t ist Bewegungsvorgang von x bzgl. y → t ist Bewegungsvorgang von y bzgl. x

2. Bei Ersetzung von Figuren durch koinzidierende Figuren ändert sich der Bewegungsvorgang nicht. Inzidenzverhältnisse bewegter Figuren bleiben invariant während der Bewegung.-

Zur Charakterisierung von Stellungen bei der Bewegung eines Punktes in Bezug auf einen anderen Punkt stehen uns bisher nur die Aussage $B(P_1,P_2)$ und ihre Negation zur Verfügung. Entsprechendes gilt auch von relativen Bewegungen zwischen anderen Figuren. Auch hierbei besteht vorerst keine andere Möglichkeit weitere exakte Angaben über Stellungen zu machen, außer durch Aussagen über die Berührung oder Passung von Figuren auf ihnen.[27] Daher nennen wir so angegebene Stellungen auch Berühr- oder Passstellungen (bzw.-Lagen) der beteiligten Figuren. Im weiteren werden Bewegungsvorgänge durch das Paar der bewegten Figuren sowie ihren Weg, also Anfangsstellung (A.S.) und Endstellung (E.S.), sowie (falls sinnvoll) Durchlaufstellungen (D.S.), die als Berühr- und Passstellungen von Elementen der Figuren angegeben werden.

Die Bewegungsvorgänge, die hier betrachtet werden, sollen wiederholbar sein. Weiter wird für die folgenden Definitionen vorausgesetzt, dass die betrachteten Körper immer in eine Nichtberührstellung gebracht werden können, dass also keine sogenannten Hinterschneidungen vorhanden sind, welche dies, ausgehend von einer Berührstellung der betrachteten Figuren, verhindern.

2.17 DEFINITIONEN

1. $b(P_1, P_2) \rightleftharpoons P_1$ ist berührbar mit $P_2 \rightleftharpoons \bigvee_t$ (t ∈ e Bewegungsvorgang von P_1, P_2

mit: A.S.: $\neg B(P_1, P_2)$
                         E.S.: $B(P_1, P_2)$)

2. $p(L_1,L_2) \rightleftharpoons L_1$ passt an $L_2 \rightleftharpoons \bigvee_t$ (t ∈ Bewegungsvorgang von L_1 , L_2 mit:

                         A.S.: $\neg B(L_1,L_2)$
                         E.S.: $P(L_1,L_2)$)

---

[27] Die Verfügung über Inzidenz und Berühraussagen ist der Grund für die methodische Priorität der Bewegungen ("Ortsveränderung" heißt also zunächst „Positions-„ bzw. „Berührungssituationsveränderung") gegenüber anderen Veränderungsprozessen in der Naturwissenschaft und Technik.

3. $p(G_1, G_2) \rightleftharpoons G_1$ passt an G_2

$\rightleftharpoons \underset{t}{\bigvee}$ (t $\in$ Bewegungsvorgang von G_1, G_2 mit:

A.S.: $\neg B(G_1,G_2)$
E.S.: $P(G_1,G_2)$)

Im Folgenden seien x, y Figuren auf zwei Körpern K_1, K_2 oder zwei Körper K_1 und K_2.

4. $b(x, y) \rightleftharpoons x$ ist berührbar mit y $\rightleftharpoons \underset{t}{\bigvee}$ (t $\in$ Bewegungsvorgang von x, y mit:

A.S.: $\neg B(x,y)$
E.S.: $B(x,y)$)

5. $p(F_1,F_2) \rightleftharpoons F_1$ passt an F_2

$\rightleftharpoons \underset{t}{\bigvee}$ (t $\in$ Bewegungsvorgang von F_1,F_2 mit: E.S.: $P(F_1,F_2)$)

6. x,y seien zwei Figuren oder Figurengruppen auf zwei Körpern.
$p(x, y; F_1, F_2) \rightleftharpoons x$ passt an y in der (Berühr-)Lage F_1, F_2 [28]

$\rightleftharpoons \underset{t}{\bigvee}$ (t $\in$ Bewegungsvorgang von F_1,F_2 mit: E.S.: $P(F_1,F_2) \wedge P(x,y; F_1,F_2)$

7. $p(x, y, F_1,F_2; F_1, F_2)$
$\rightleftharpoons$ x, y sind passend genau in F_1,F_2 in der (Berühr-)Lage F_1,F_2 [29]
$\rightleftharpoons F_1 \, i \, F_1 \, i \, x \wedge F_2 \, i \, F_2 \, i \, y \wedge p(F_1, F_2; F_1, F_2)$

$\wedge \underset{P_1}{\bigwedge} \underset{P_2}{\bigwedge} (b(P_1, P_2, F_1,F_2) \rightarrow P_1 \, i \, F_1 \wedge P_2 \, i \, F_2))$

2.18 ANMERKUNGEN

1. F_1, F_2 werden im Folgenden Punktepaare oder gar nur einzelne Punkte enthalten.

2. Alle definierten Begriffe sind symmetrisch wegen der Symmetrie der zur ihrer Definition benutzten Begriffe.

---

[28] Das ist das "passen in einer bestimmten Lage". Natürlich wird diese Lage als eindeutig herstellbar vorausgesetzt, übrigens auch für alle Berührtermini. Sind x,y Punkte, so spricht man von Berührung statt von Passung.

[29] Dies ist das partielle Passen in einer bestimmten Lage, also eine Verallgemeinerung von 6.

3. Die Angabe der Anfangsstellung ist hier überall nicht erforderlich, aber im Hinblick auf die inhaltliche Interpretation sicher gerechtfertigt. Wenn diese Angabe weggelassen würde, dann entsprächen diese Begriffe den geläufigen Begriffen.

4. Die Invarianz der Begriffe bzgl. "ii" ergibt sich aus der von "B" und Postulat 1.16.2.

5. Die Passungsrelationen vermitteln mittels Markierungstechniken auf den passenden Figuren eine 1-1-Zuordnung von Elementen der Figuren. Durch die Auszeichnung einer Figurengruppe auf der ersten Figur kann eine passende Figur auf der zweiten Figur markiert werden und umgekehrt. Ich spreche im Folgenden daher gelegentlich von homologen Berührteilen passender Figuren.

Mit der Verfügung über Verschiebungen von Punkten auf Linien können wir nochmals auf die Axiomatik der Anordnung blicken. Die eingeführte Zwischenrelation ist jetzt auf die Ordnung zwischen Punkten zurückführbar. Diese Ordnung wird durch das Durchlaufen von Berührungen mit Punkten auf der Linie induziert bzw. uns vermittelt und hat die für Ordnungen bekannten Eigenschaften, die man auch als Axiome kennt.

2.19 AXIOME DER ANORDNUNG

O_1: $\neg P < P$

O_1: $P < Q \land Q < R \to P < R$

O_1: $P = Q \lor P < Q \lor Q < P$

Die Zwischenrelation lässt sich damit so definieren: B (P, Q, R) $\rightleftharpoons P < Q < R \lor R < Q < P$

Die Eigenschaften der Zwischenrelation folgen dann aus den Axiomen für die Anordnung. Umgekehrt kann man von der Zwischenrelation ausgehend eine Ordnung einführen, die gemäß der Definition zuvor wieder auf die Zwischenrelation zurückführt. Dazu werden auf einer Linie zwei Punkte O und E ausgezeichnet und festgelegt:

2.20 DEFINITIONEN

OZ_1: $O < E$

OZ_2: $P < O \rightleftharpoons POE$

OZ_3: $O < P \rightleftharpoons P \neq O \land \neg P < O$

OZ_4: $P < Q \rightleftharpoons (OPQ \land O < P) \lor (PQO \land P < O) \lor (POQ \land O < Q)$[30]

---

[30] Vgl. Steiner 1966 für alle Details.

2.21 ANMERKUNG

Die Axiomatik der Anordnung war in grundlagentheoretischer Hinsicht von Anfang an (Pasch) nie ein Streitpunkt gewesen. Sie wird hier eingeordnet in bekannte Unterscheidungen. Im Übrigen lässt hier von hier aus auch eine Verbindung zu verwandten phänomenologischen Bemühungen herstellen.[31] -

Noch zu erörtern ist die operative Verfügbarkeit der durch die Berühr- und Berühbarkeitsbegriffe getroffenen Unterscheidungen.[32] Für die Berührbegriffe wurde diese Frage nicht früher erörtert, da es in den wenigsten (und elementar oft nicht zugänglichen) Fällen möglich ist, ohne Trennung der Figuren, die aneinander passen oder sich berühren, die Erfüllung oder Nichterfüllung der in den entsprechenden Festlegungen benutzten Bedingungen zu kontrollieren. Meistens erfolgt diese Kontrolle durch Markierungen (Farben), die sich von der einen auf die andere Figur (oder beide, wie beim Zahnarzt) übertragen. Zur Markierung wird man die beteiligten Figuren in eine Stellung bringen, in der sie sich nicht berühren. Nach Herstellung der Berührung oder Passung werden sie wieder getrennt, und es wird kontrolliert, ob sich die Markierung von der einen auf die andere Figur übertragen hat. Diese Kontrollen sind daher eigentlich Kontrollen für die Berührbarkeit bzw. Passung, aber da diese Beziehungen formulieren, die eine zeitliche Beständigkeit haben (wiederholbare Vorgänge !), so ist es weder praktisch noch für die Einsicht in die operative Verfügung der Berührbegriffe ein Problem zu unterstellen, dass die Figuren in eine Berührstellung gebracht, unter normalen Umständen dort weiterhin in Berührung verbleiben werden. Dabei wird natürlich ein technisches Kausalwissen über die Ursachen der Färbung vorausgesetzt.-

---

[31] Vgl. auch hier Freudenthal/Baur 1967, sowie III, Kapitel 16.

[32] Ich meine nicht, dass (Prüf-)Verfahren für sich allein die Unterscheidungen vermitteln, sondern, dass sie in diesem Umfeld der anderen Unterscheidungen wesentlich durch Verfahren vermittelt sind, wobei erst durch die Einordnung in den Zusammenhang der technischen Praxis ihr praktisches Funktionieren uns verständlich wird.

3. Räumliche Figuren

3.1 Schnitte

Im ersten Kapitel wurden Figuren durchweg als durch Markierungsprozesse auf Oberflächen gegebene (erzeugte oder im Prinzip erzeugbare) Gegenstände betrachtet und durch die entsprechenden technischen Handlungsweisen vermittelte (Inzidenz-) Termini zur Verfügung gestellt. Bei den darauf eingeführten Berührtermini stand deren konkrete Interpretation, insbesondere das Interesse an der Kontrollierbarkeit, der operativen Verfügbarkeit der Berühreigenschaften im Vordergrund, daher die ausdrückliche Unterscheidung zweier Körper als Träger der Figuren. Dieser Bezug auf zwei verschiedene Körper ging jedoch in die Festlegung der Terminologie nicht explizit ein, da die präzisierten Berührverhältnisse im Folgenden nur als Relationen von Grundfiguren, also Punkten, Linien und Gebieten interessieren, und im Übrigen gebrauchssprachlich unabhängig davon, ob die Figuren auf einem einzigen Körper liegen, angewendet werden (was, wie es scheint für, aber sicher nicht gegen die gegebene Fassung der Berührterminologie spricht).[33]

Jetzt sollen weiter die Redeweisen rekonstruiert werden, bei denen Figuren als trennende Schnitte bzw. als gemeinsame Grenzen anderer Figuren betrachtet werden. In der Praxis erfolgt dies in Verbindung mit dem Teilen, Zerlegen, Zusammenfügen und Ergänzen oder Einteilen und Abgrenzen von Figuren in andere (bzw. zu anderen) Figuren in Körper- bzw. Figurenkomplexen. Meiner Meinung nach ist diese Auffassung der Figuren sogar konstitutiv für die geometrische Rede über Figuren, was aber in der Diskussion der Grundlagen der Geometrie in der Protophysik völlig übersehen worden ist. In der Tradition der geometrischen Grundlagendiskussion seit der Antike war diese Auffassung immer wieder Gegenstand von Erörterungen und gelegentlich auch von systematischen Entwürfen, konnte aber nie richtig auf den Begriff gebracht werden. Diese Auffassung zu explizieren und im Anschluss an die Terminologie des ersten Kapitels zu präzisieren ist die Aufgabe, die sich in diesem Kapitel stellt.

Ich beginne mit Explikationen dieser Auffassung aus dem normalen Sprachgebrauch und der geometrischen Theorie und will dabei auch Ziele und Zweck der Rekonstruktion genauer bestimmen. Angeknüpft wird zunächst an die Berührterminologie aus dem ersten Kapitel.

Charakteristisch für das Ansehen von Figuren als gemeinsame <u>Grenzen</u> oder <u>Schnitte</u> von anderen Figuren bzw. Körpern ist vor allem, dass sie, obwohl sie auf zwei verschiedenen Körpern liegen, in den entsprechenden Redeweisen gleichwohl als <u>eine einzige Figur</u> angesprochen werden. Dies ist schon in einer alternativen Formulierung der eingeführten Berührtermini über die Berührung von Punkten, Linien und Gebieten,

---

[33] Die Unterscheidung von zwei Körpern soll im Prinzip machbar sein. Diese Relationen machen nämlich auch auf einem Körper Sinn, insofern als die Unterscheidung von Teilkörpern, auf denen die betreffenden Figuren liegen, immer möglich ist, zumal diese oft gegeneinander beweglich sind (z.B. Kiefer, Oberkiefer, Unterkiefer beim Menschen). Wichtig ist nur, dass die Figuren selbst keine gemeinsamen Teile haben.

im Sprachgebrauch präsent: Wenn auf zwei Körpern K_1, K_2 genau zwei Gebiete G_1 (auf K_1), G_2 (auf K_2) aneinander passen, so sagt man auch, sie "passten an einem Gebiet G" aneinander, wobei dieses Gebiet G sowohl durch G_1 als auch G_2 repräsentiert sein kann. Jedes der beiden Gebiete, die, wieder unterschieden, auch als Seiten von G angesprochen werden, wird also dabei als Grenze von K_1 und K_2 im von beiden Körpern gebildeten Körperkomplex betrachtet; G_1 und G_2 werden in dieser Rede nicht mehr voneinander unterschieden. (Worin diese Ununterscheidbarkeit besteht, wird im Folgenden noch zu präzisieren sein.) Entsprechendes lässt sich auch von der Berührung von Linien und Punkten sagen. Man hat hier analog die Rede von der Passung an einer Linie oder der Berührung an einem Punkt. Die Seiten einer Linie kann man jedoch nur auf einer Fläche sinnvoll angeben, beim Punkt ist die Angabe sinnlos, da keine weiteren Unterscheidungen daran geknüpft werden können (bei Linien und Gebieten ist weiter die „Gestalt" der Seiten von Belang).

Aussagen, welche die Berührung von Figuren betreffen, werden also auf drei Arten formuliert: Wenn nur die Figuren, die in Berührung bzw. Passung sind, interessieren, so werden die üblichen Berührtermini benutzt. Gilt das Interesse jedoch der Berührung von Figuren in gewissen Elementen, so ist die Rede von der Berührung bzw. Passung in Elementen (z.B. zwei Gebiete oder Körper passen an Kanten aneinander). Diese Redemöglichkeiten wurden im ersten Kapitel terminologisch gefasst. Die dritte Möglichkeit, die hier zur Verfügung gestellt werden soll, ist eine Erweiterung der zweiten Redemöglichkeit; es werden nun Berührpunkte, Passlinien und -gebiete jeweils als eine einzige Figur angesehen. Das Interesse gilt hierbei der Funktion der Figuren als Grenzen anderer Figuren in Figurenkomplexen, die sich durch Berührungen von Körpern ergeben oder zumindest als solchermaßen aufgebaut gedacht werden.

Diese Auffassung der Figuren ist, wie gesagt, vor allem gängig und wirksam in Verbindung mit Teilungen und Begrenzungen von Figuren durch andere Figuren. Ich betrachte daher zuerst die Figurenverhältnisse bei Teilungen und Begrenzungen.

Ist ein einfacher[34] Körpers K durch einen Schnitt in zwei Körper K_1 und K_2 geteilt, so wird dieser Schnitt durch ein Paar von Gebieten (G_1,G_2) realisiert, die in Passung sind. Man nennt einen solchen Schnitt **Trennfläche**[35] der beiden Körper, behält aber weiterhin daneben, vor allem dann, wenn man die Körper getrennt hat oder getrennt betrach-

---

[34] Einfache Körper sind solche ohne Löcher, Einschnürungen und unzugängliche Höhlen; vgl. dazu die Erklärungen in Kap.2.

[35] Der Begriff "Fläche" wird umgangssprachlich vieldeutig gebraucht. So sind oft eine Oberfläche oder auch ein Stück einer solchen, bzw. zwei oder mehrere nicht zusammenhängende Stücke gemeint, die aus bestimmten Gründen in ihrer Größe etwa zusammengefasst werden (wie die "Bebauungsfläche" einer Stadt). Als Trennflächen betrachtet man zumeist konkrete dünne Körper, sogenannte Schichten, (Blatt Papier, Folie) oder auch solche, deren Dicke vernachlässigt wird (Drahtzaun, Mauer) also körperliche Realisierungen von Schnitten. Schnitte sind in der Praxis zumeist Ebenen oder die Körper, die geschnitten werden müssen natürlich i.a. nicht einfach sein. Dadurch sind die Figuren, die den Schnitt realisieren i.a. Oberflächenstücke, die nicht unbedingt zusammenhängen müssen. Da das Ziel der ganzen Erörterungen aber die Einführung der Grundformen ist, ist die Betrachtung solcher Verhältnisse obzwar möglich, so m.E. doch völlig unzweckmäßig, da sie schlicht nicht gebraucht werden.

tet, die Rede von den <u>Schnittflächen</u> bzw. von den <u>Seiten</u> der Trennfläche (G_1, G_2) bei.[36] Entsprechend spricht man bei Linien, die Gebiete teilen, von **Trennlinien** und bei Punkten, die Linien teilen, von **Trennpunkten**.

Praktisch ist die Teilung von Körpern natürlich immer mit dem Abtragen von Material verbunden (z.B. beim Brotschneiden). Auch dann, wenn sich die Teile durch Anpassung an den Schnittflächen wieder zusammensetzen lassen, wird daher der so entstandene Gesamtkörper, trotz ausgefeilter Schnitttechniken mit wenig oder kaum Materialverbrauch, nicht den ursprünglichen Körper wieder ergeben, da er verändert wurde. Wenn hier also von "Teilung" gesprochen wird, so ist natürlich nicht das Teilen selbst, sondern das Geteilt-sein, nicht die Zusammensetzung, sondern das Zusammengesetzt-sein gemeint. Entsprechend wurden früher "in Bewegung" und "in Berührung sein" als Zustände von den Handlungsweisen "bewegen" und "zur Berührung bringen" unterschieden. Genau wie dort die Herstellung von Berührungen und Bewegungen ist in diesem Zusammenhang die Frage, wie eine bestimmte Teilung oder Zusammensetzung konkret erfolgt, ebenfalls unerheblich. Was uns hier interessiert, sind nicht diese Handlungsweisen selbst, sondern über Berührtermini beschreibbare Zustände, die ihre Ergebnisse darstellen. Die Körper werden hier also als geteilt bzw. zusammengesetzt unterstellt. In der technischen Praxis, die von der Geometrie unterstützt wird, geschieht indes die Unterscheidung von Teilen oft mit Hilfe von Figuren, welche diese Teile eindeutig festlegen, ohne dass eine wirkliche Teilung der betreffenden Körper erfolgen muss. Die Zwecke, die hierbei verfolgt werden, sind etwa die vorteilhafte Berechnung von Volumen, Oberfläche und anderen Größen durch geschickte fiktive Teilung oder auch die Planung einer wirklichen Zusammensetzung von Figuren in der Produktion. Die Eröffnung dieser Möglichkeiten ist gerade eine der wesentlichen Leistungen der Geometrie. Die spezifisch praktischen und somit variablen Aspekte der Realisierung von bestimmten Figurenverhältnissen in einem Komplex sind jedoch nicht Sache der Geometrie, sondern natürlich Gegenstand der Technik, die auf der Herstellung geometrischer Verhältnisse an Körpern basiert. Diese Herstellung differiert in den verschiedenen Bereichen umso stärker, je konkreter die Bezüge werden. Man denke etwa an die gewaltigen Unterschiede zwischen der Feinmechanik (z.B. der Uhrenherstellung) und dem Bauwesen.

In der Praxis ergeben sich solche Teilungen also primär aufgrund des Aufbaus von Körpern aus anderen Körpern als Bausteinen in vielfältigen Zusammensetzungsprozessen.[37] Doch auch diese Prozesse sind nicht das, was uns hier interessiert. Wollte man solche Prozesse vergleichen, so müsste man zumindest eine Möglichkeit haben,

---

[36] Daran erkennt man schon, dass die beiden Redeweisen nur einen (freilich logisch nicht expliziten) Abstraktionsschritt voneinander entfernt sind.

[37] Die Vorstellung der Teilung ohne Veränderung der Körper, die mit der Rede von den Schnitten von geometrischen Körpern einhergeht, wurzelt also nicht in erster Linie in einer Idealisierung der konkreten Schnitterzeugung zu einer solchen, die ohne die Abtragung von Materie erfolgt, sondern in der Rede über die Möglichkeiten des Aufbaus von Figurenkomplexen. Diese Vorstellung der Abtragung von Material usw. ist nicht weiter fragwürdig, solange man sie nicht systematisch als konstitutiv betrachtet, sondern sinnvoll einordnet und damit sie als Hilfsmittel einzuschätzen vermag (das kann man auch als prinzipielle Äußerung über "Vorstellungen" lesen).

um die durchlaufenen Situationen eindeutig zu beschreiben. Eine solche Möglichkeit jedoch ist bis jetzt in praktisch sinnvoller Form kaum vorhanden. Erst nach der Einführung von Gestaltaussagen (nach Kap. 4) wird es möglich werden, die Ergebnisse solcher Prozesse und diese selbst als Konstruktionen praktisch sinnvoll zu beschreiben und (später) sogar eindeutig festzulegen. Auch dabei darf man natürlich nicht verkennen, dass die realen Konstruktionen von Figurenkomplexen zum großen Teil so kompliziert sind, dass sie ohne zeichnerische Darstellungen (z.B. Schnittzeichnungen, Explosionszeichnungen) und Modelle sowie technische Verfahren verbunden mit einer ausgeklügelten Arbeitsorganisation und Planung, kaum möglich wären. Die Geometrie bietet dazu nur methodische Hilfsmittel, deren konkrete Anwendung wohl eine andere Sache ist.

Aus den genannten Gründen treten in den weiteren Betrachtungen der Aspekt des Zusammengesetzt-Seins von Körpern und die sich dabei ergebenden Berührverhältnisse von Figuren, durch die sich Trennfiguren oder Grenzen ergeben, in den Vordergrund. Trennfiguren sind also nichts anderes als gemeinsame Grenzen zweier anderer Figuren, die in Berührung bzw. Passung sind. Durch die Rede von der Trennung einer Figur durch eine andere kommt also kein neues Verhältnis zum Ausdruck, zumindest nicht eines, das nicht auch über die bisher zur Verfügung gestellten Relationen ausdrücken ließe. Die Redeweisen "Der Schnitt (G_1, G_1) teilt K in K_1 und K_2" und "K_1 und K_2 sind in Passung genau in G_1, G_2" sind also aus dieser Sicht als äquivalent zu behandeln.[38] Diese Verbindung von Teilung und Begrenzung ist aus dem Sprachgebrauch heraus plausibel.

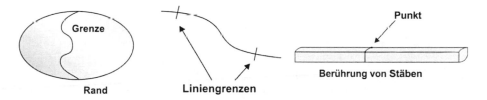

Teilungen oder Zerlegungen von Figuren ergeben sich natürlich nicht nur aufgrund von Berührverhältnissen. Es sind vor allem auch die durch Markierungen erfolgenden Teilungen denen man in der Praxis begegnet. Man kann daher zweierlei Teilungen und Begrenzungen unterscheiden: Einmal die graphischen, die neben der Positionsangabe bzw. der Auszeichnung von Figuren auf anderen Figuren einen weiteren wichtigen Zweck von Markierungen ausmachen, und zum Zweiten eben die „körperlichen", also

---

[38] Damit ist natürlich nicht alles, was in der üblichen Rede von der Teilung mitgemeint ist, explizit gemacht worden. Doch der Relator "ist Teil von" im einem Figurenkomplex erscheint erst in Verbindung mit dessen Aufbau einen vernünftigen Sinn zu haben.

solche bei denen Figuren Berührelemente (auch potenziell gedacht) aufweisen, welche die Begrenzung vermitteln.(Vgl. die obigen Figuren)[39]

Der Begriff "ist Grenze von" ist eng mit dem Begriff "ist Teil von" verbunden, denn bei jeder Teilung braucht man sicher zuallererst Grenzen, um die Teile auszuzeichnen. Die Begrenztheit bzw. Begrenzbarkeit von Figuren ist also notwendige Bedingung für ihre Teilbarkeit. Systematisch gesehen ist jedoch die Begrenztheit von Figuren mit der Unterscheidung der Figuren selbst aufs Engste verbunden, ja dafür konstitutiv, denn nur so sind Figuren überhaupt konkret bestimmte, d.h. eben "abgegrenzte", Gegenstände, während ihre Teilung sie als solche Gegenstände offenbar voraussetzt. Dass hier eine Teilung als Begrenzung aufgefasst wird, ist also aufgrund dieser Verbindung von Teilung und Begrenzung auch gerechtfertigt.

Was die Hauptmerkmale von Grenzen betrifft, so scheint es nun mehrere zu geben. Das erste Merkmal von Grenzen überhaupt (also nicht nur auf Figuren bezogen) findet man in der Auffassung, dass eine Grenze nur einmal da ist, gleichgültig, wie sie konkret gegeben ist. Bei Figuren heißt dies, dass es keinen Unterschied macht, ob diese Grenze graphisch (durch eine oder mehrere Marken) oder durch zwei (oder mehrere) Figuren in Berührung bzw. Passung gegeben ist. Weitere Merkmale von Grenzen (ich beschränke mich dabei auf Figuren) sind es auch, dass diese natürlich einen **Ort** haben, und **Raum** einnehmen, aber gleichwohl keinen Raum der bestimmten Art einnehmen, die das von ihnen begrenzte einnimmt bzw. die **Ausdehnung** nicht haben, die das von ihnen begrenzte hat. Voraussetzung für die Diskussion dieser Bestimmungen ist jedoch ein Verständnis des ersten Merkmals der Figuren als Grenzen, daher erfolgt sie erst im letzten Teil dieses Kapitels.

Das konkrete Problem, das sich uns stellt, ist also eine Ordnung in diese Sachverhalte zu bringen und die darauf bezogene Rede zu präzisieren. Wären die Berührverhältnisse nicht in Betracht zu ziehen, so wäre es einfach, die graphischen Teilungen zu behandeln. Denn, bereits die eingeführten Inzidenzbeziehungen wären zur ihrer Erfassung völlig ausreichend. Die Schwierigkeit ergibt sich dadurch, dass man die Inzidenz- und Berührverhältnisse begrifflich zusammenbringen muss, um die geometrische Auffassung der Figuren zu erreichen.

In der Praxis werden räumliche Komplexe konkret unterschiedlich realisiert. Für die geometrische Betrachtung solcher Komplexe ist es jedoch, was die Inzidenzbeziehungen betrifft, gleichgültig, welche Seite einer Figur jeweils in der Praxis konkret realisiert wird. An den geometrischen Zeichnungen kann man sich genau vergegenwärtigen, was die Geometrie tut. Körperliche Figuren, die ortsgleich sind, also zusammenfallen (Marken) oder sich berühren (Punkte) bzw. in Passung sind (Linien, Gebiete) werden als eine Figur angesehen und auch so gezeichnet.

---

[39] Hier sind also nicht durch Körper realisierte Teilungen, z.B. durch einen Vorhang oder durch einen Zaun usw. gemeint. Diese werden im Anschluss erörtert, da sie hier nicht als konstitutiv für die Unterscheidungen der Schnitte angesehen werden, die hier rekonstruiert werden.

Die Geometrie als Theorie der Figuren betrachtet alle Figuren als <u>Abstrakta bzgl.</u> <u>Ortsgleichheit</u>, die als Inzidenz oder Berührung vorliegen kann. Wenn in der Geometrie z.B. von der Inzidenz von Figuren die Rede ist, so handelt es sich keineswegs nur um graphisch vermittelte Verhältnisse von Figuren auf Körpern, sondern meist gerade von solchen, die durch Berührungen von Körpern, als Schnitte, realisiert werden. Zugegeben, dass diese geometrischen Schnitte meist fiktiv sind, doch sie haben oft genug auch eine Realisierung beim Aufbau von Körperkomplexen. Die Möglichkeit der je nach Bedarf wechselnden Interpretation von Marken durch Berührverhältnisse und umgekehrt ist ein Umstand, von dem in der Praxis, vor allem in der Planung technischer Vorhaben, ständig Gebrauch gemacht wird. Zudem ist z.B. die Abmessung von Räumen auch nur eine solche, die über ihre Grenzen erfolgt, etwa bei einem Zimmer jeweils von Wand zu Wand geht, also das Zimmer als Luftkörper über seine Begrenzung durch die Wandflächen bestimmt wird. Entsprechendes lässt sich von jedem aus einer Form stammenden Körper sagen.

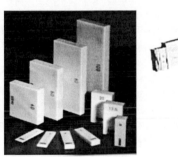 

Endmaße

Die Messung über sog. Endmaße in der mechanischen Technologie ist aber die beste Illustration der Beziehung zwischen graphischen und körperlichen Teilungen von Maßstäben. Endmaße sind im einfachen Fall Quader mit gleichem Querschnitt, die in verschiedenen Längen zur Verfügung stehen und aneinandergereiht jede Länge direkt körperlich darstellen können, im Gegensatz zu Linealen, die über Strichmarkierungen eine Messung bzw. Realisierung von Längen gestatten.

Diese Reihen von Endmaßen sind aber auch ein gutes Beispiel für die hier ins Auge gefassten Beziehungen (vgl. weiter unten).

Solange man ebene Geometrie treibt, ist diese Auffassung von Punkt, Gerade und Ebene als Schnitte nicht so präsent. Die Sachlage ändert sich jedoch schlagartig in der räumlichen Geometrie und der von ihr unterstützten Praxis. Schnitte werden dabei oft gebraucht, um geometrische Betrachtungen an Figuren durchzuführen, insbesondere um zeichnerisch-konstruktive und metrische Aufgaben zu lösen. Schnitte von Körpern werden dabei z.B. durch Ebenen erzeugt. Es gibt jedoch auch dabei eine andere Rede von „Schnitten". Der einfachste Fall davon ist der Schnitt zweier Ebenen, welcher bekanntlich eine Gerade ist, wenn die Ebenen gemeinsame Punkte haben, aber nicht zusammenfallen. Diese Gerade liegt also auf beiden Ebenen und "Schnitt" hat in den gängigen Formulierungen der Geometrie die Bedeutung einer gemeinsamen Punktmenge. Fragt man jedoch, wie dieses anschaulich vermittelte Verhältnis in der Praxis realisiert und beschrieben wird, und wie diese Beschreibung mit der geometrischen Aussage über den Schnitt zweier Ebenen zusammenhängt, so wird man von der herkömmlichen Geometrie keine Antwort darauf erhalten können.

Solche Verhältnisse, wie sie die Geometrie untersucht und schematisch darstellt, sind praktisch durch Körperkonstellationen oder -komplexe gegeben. Die Figuren der Geometrie sind aber, als Figuren auf solchen Körpern interpretiert, nicht hinreichend bestimmt, sondern erst dann, wenn sie (den Bestimmungen von Figuren als Schnitte oder Grenzen Rechnung tragend) als abstrakte Objekte aufgefasst werden. Die Grundobjekte der Geometrie sind durch diese abstrakte Auffassung frei von konkreten Bezügen, konzentriert auf die Erfassung der geometrisch interessierenden Verhältnisse, und damit, was ihre konkrete Interpretation durch die Realisierung von Figurenkomplexen betrifft, äußerst flexibel zu handhaben. Dabei werden wir unterstützt durch unsere im Umgang oder gar ständige Beschäftigung mit Figuren (Techniker, Ingenieure) geschulte Vorstellungskraft, die ich als wichtige Komponente unseres Vermögens, mit Figuren umzugehen, eingeordnet wissen möchte. Dazu sollen hier aber keine weitergehenden Betrachtungen angestellt werden.[40]

Ich möchte damit den ersten Teil der analytischen Erörterungen bzw. Explikationen abschließen. Die Aufgabe, die ich dabei herauszustellen versucht habe, ist, die geometrisch relevante Auffassung der Figuren, deren Verhältnisse die Geometrie betrachtet, exakt zu bestimmen. Um sie einer Lösung zuzuführen, müsste man nach dem zuvor gesagten zuerst genau angeben, was die Ansehung der Figuren als ein einziges Objekt in der Rede von ihnen als Schnitten oder Grenzen ausmacht bzw. wie dies genau zu verstehen ist. Daher soll die dahin führende Begriffsbildung explizit vorgelegt werden, in welcher man zuerst über zusammenfallende Figuren redet, bevor man über die Identität der so betrachteten Figuren abstrakt, also invariant bezüglich dieser Relation, zu reden beginnt. Diese Abstraktion beschreibt den Sprachgebrauch angemessen und gestattet zugleich einzusehen, welche Rede geometrisch relevant ist, und wie sich die Geometrie auf die körperlichen, konkreten Figuren bezieht (was bereits ein antikes Problem war; vgl. dazu II, Kap.8). Der Zweck von dieses Kapitels ist also die uns geläufige Auffassung der Figuren als Grenzen und Schnitte, auf der Basis von Inzidenz- und Berührverhältnissen präzisiert, mit der geometrischen Auffassung zusammenzu-

---

[40] Die Schulung der Vorstellungskraft ist von je her ein pädagogisches Ziel, das dem Fach Geometrie in der Schule zugewiesen wird. Wenn man mit solchen Dingen wie "Vorstellung" oder "Anschauung" beschäftigen will im Zusammenhang mit der Geometrie, hat man eine Menge aufzuarbeiten. Hier wären also eine umsichtige, somit umfangreichere Untersuchung, und einige terminologische Klärungen angebracht. Was ich hier nur tun will, ist, die Inanspruchnahme von Vorstellungen (oder anderen wie auch immer genannten "inneren Zuständen") als primäre Instanz der Verankerung oder des Gegebenseins für die Unterscheidungen der Geometrie zurückzuweisen. Meine Bemühung besteht ja darin, solchen ungeklärten Vorstellungen präzise Begriffe entgegenzusetzen, die mehr leisten, da sie echtes intersubjektives Verständnis ermöglichen. (Vgl. aber II, Kap. 12)

bringen und damit die angestrebte Verbindung von Geometrie und Praxis weiter aus-
zubauen.

Der hier entwickelte Neuansatz erfolgt auf dem Fundament der im ersten Kapitel entwickelten Terminologie. Ich beziehe mich dabei auf einfache Körperkomplexe, an denen sich sowohl die Aufgabe der Rekonstruktion wie auch die einzelnen Schritte ihrer
konkreten Durchführung am besten beispielhaft erläutern lassen. Die neuen, darauf
aufbauenden terminologischen Vorschläge sollen selbstverständlich, nach wie vor,
nicht puristisch angeboten werden. Damit verknüpft sollen auch meine Überlegungen
zu ihrer Gestaltung vermittelt werden. Bevor die Körperkomplexe vorgestellt werden,
welche typische Grundsituationen der Berührung von Figuren zur Vermittlung der Begriffsbildung gezielt wiedergeben, wird daher auf die praktischen Zusammenhänge
kurz eingegangen, in welchen diese Begriffe verankert werden, um die Bezüge des
Entwurfes noch deutlicher hervortreten zu lassen.

Die Bauten, Maschinen und Apparate haben in unserer Technik einen Grad von Kom-
plexität erreicht, der seit Langem auch bei alltäglichen Gegenständen und sogar beim
Spielzeug durchschlägt. Es empfiehlt sich daher, möglichst übersichtliche Beispiele
zum Aufbau von Figurenkomplexen auszuwählen, die das Prinzipielle zeigen. Meine
Beispiele beinhalten zwar geometrisch geformte Körper, jedoch bedeutet dies nicht
unbedingt, dass geometrische Formen hier systematisch vorausgesetzt würden. Damit
wird zunächst die Verfügbarkeit, ja Allgegenwart, sowie leichte Darstellbarkeit dieser
Formen zum Ausdruck gebracht. Es darf aber auch nicht vergessen werden, dass die
Ausführungen dieses Kapitels in der Hauptsache zur Interpretation von Verhältnissen
geometrischer Grundformen dienen sollen. Diese Verhältnisse werden in den hier dargestellten Konstellationen zweifellos realisiert; daher ist die Frage, ob sie erst für geometrische Grundformen Sinn machen oder bereits für Grundfiguren, für uns hier
nicht von Belang.

Das erste Beispiel (Fig.1) ist ein Modellkörper aus dem Unterricht im technischen
Zeichnen, das zweite (Fig. 3) ein Spielzeug. Die Fig.2 (Explosionszeichnung) zeigt,
wie der erste Körper zusammengesetzt ist, Fig. 4 zeigt die Bauteile zum Spielzeug.
Eine Möglichkeit der schrittweisen Zusammensetzung der Teile ("Montage"), die hier
nicht Gegenstand der Betrachtung ist, wird durch die Ziffernfolge in Fig.2 bzw. Fig. 4
(teilweise) angedeutet.[41]

---

[41] Für die Geometrie ist die Frage, wie Bauteile in einem Komplex mechanisch zusammengesetzt werden irrele-
vant. Die Beschreibung der geometrischen Verhältnisse erfolgt nämlich entweder idealisiert, indem z.B. das
Einziehen des Putzes in die Bausteine bei einer Mauer nicht in die Beschreibung eingeht, oder, da wo es auf
Präzision ankommt, indem die Verhältnisse mikroskopisch genau beschrieben werden, wie z.B. in der Oberflä-
chenbearbeitung in der Feinwerktechnik. Aber selbst dabei werden Idealisierungen von Verhältnissen vorge-
nommen, ja man kann wohl kaum eine Beschreibung finden, die keine Idealisierung aufweist. Die geometrischen
Verhältnisse werden also je nach Erfordernis interpretiert und entsprechend sind bereits die Kriterien für die
Berührtermini jeweils sehr unterschiedlich.

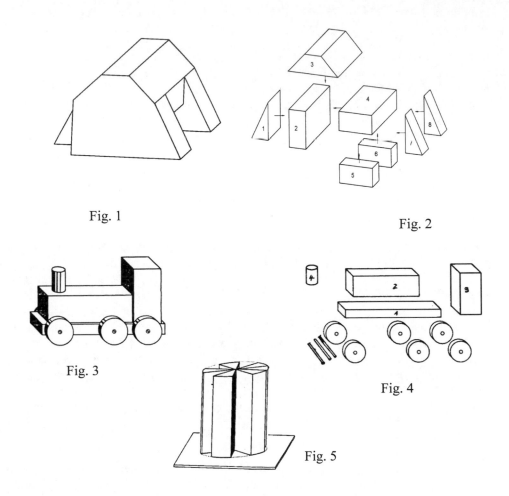

Fig. 1

Fig. 2

Fig. 3

Fig. 4

Fig. 5

Aus diesen Beispielen zum Aufbau von Körperkomplexen, die sich beliebig und anspruchsvoller fortsetzen ließen, kann man bereits die hier interessierenden, typischen
Verhältnisse entnehmen. Es lassen sich dabei zunächst zwei Arten von Schnitten (Gebieten) unterscheiden.

1. Bei der Zusammensetzung der Teile Nr.1, 2 und 4 aus Fig.2 oder Fig.4 berührt jedes
Bauteil andere Bauteile an gewissen Gebieten (und nur an Gebieten), und zwar so,
dass es nirgendwo von zwei anderen Bauteilen zugleich auf seiner Oberfläche berührt
wird. Solche Schnitte entstehen oft nach Zerteilung von Körpern in der täglichen Praxis, etwa beim Brotschneiden. Sie mögen hier Reihenschnitte heißen, die Art der Zusammensetzung oder Teilung entsprcchend Zusammensetzung oder Teilung in Reihe.
Eine solche Art der Zusammensetzung ist in der Praxis z.B. der Zusammenbau eines
Tisches oder die Zusammensetzung von Endmaßen zu einem Maßstab.

2. Man betrachte nun die Zusammensetzung der Teile 2,3,4 in Fig.2 oder 1, 2 und 3 in Fig.4. Dabei entstehen auch Schnitte, die eine Linie gemein haben bzw. dass die zwei Bauteile (Körper) zu jedem Schnitt von jedem anderen Schnitt geteilt werden (d.h. ein solches Berührverhältnis gegeben wird) und alle Bauteile sich an einer Linie berühren. Letzteres wird im letzten Beispiel (Fig. 5) deutlich, wobei die Schnitte nur eine Linie gemein haben. Solche Schnitte, die durch Berührung von mehr als zwei Körpern an Linien entstehen, heißen <u>Wendeschnitte</u>.[42] Entsprechend könnte man die Berührung von Körpern an Punkten, wie im Beispiel 1, mit einem Namen belegen, was ich aber nicht tun will.[43] Was bei solchen Körperkomplexen interessiert, sind nur die sich darin ergebende Verhältnisse der Grundfiguren, die aufgrund der bereitgestellten Terminologie präzise zu fassen sind.

Aus dem eigentlichen Ziel der Erörterungen, die Rekonstruktion des Gebrauchs von Ebenen und Geraden bzw. der geometrischen Grundformen lässt sich auch die Wahl der Beispiele verstehen, also warum diese Grundsituationen so einfach gewählt sind. Das Wichtige sind hier nicht die Schnitte, sondern die Grundfiguren in solchen Komplexen und die Art, wie über sie geredet wird. Das Problem besteht schlussendlich darin, zu verstehen, wie man ausgehend von den üblichen Unterscheidungen über diese Gebilde als Grenzen reden kann.

In der nächsten Figur sind daher die typischen Verhältnisse der Grundfiguren in Körperkomplexen an einem neuen Beispiel übersichtlicher dargestellt.

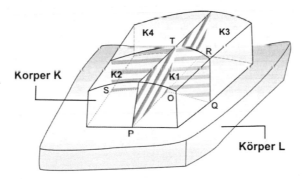

K und L sind die durch einen Schnitt (repräsentiert durch jedes von zwei passenden Gebieten) getrennten Körper. Die Wendeschnitte sind schraffiert. Der Körper K ist also zusammengesetzt aus den Körpern K_1, K_2, K_3, K_4. Der später bei geometrischen Grundformen interessante Fall liegt vor, wenn OP, OQ, OR, OS, OT alle durch die

---

[42] Die Bezeichnungen "Reihenschnitt" und "Wendeschnitt" sind Lobatschewski 1929 entnommen; vgl. Kap.9.

[43] Es ließen sich natürlich noch andere Verhältnisse an Körperkomplexen feststellen, die Körper, Körperoberflächen, Oberflächenstücke usw. betreffen. Dies ist früher zuerst von Lobatschewski und später von Dingler zum Zweck der Einführung der Grundfiguren bzw. zum Aufbau einer allgemeinen Figurentheorie versucht worden. Darüber orientiert ausführlich der Teil II der vorliegenden Untersuchungen, Kap. 9 und Kap. 11.

Passung der Körper K_1, K_2, K_3, K_4 an geometrisch geformten Kanten entstehen. Dann ist O durch Berührung von Ecken erzeugt.

Man betrachte nun den Schnitt, der durch zwei Körper realisiert wird, wenn sie an zwei Gebieten G_1 und G_2 passen. Damit nun, wie die Praxis fordert, die Gebiete G_1 und G_2 jedes für sich den entsprechenden Schnitt repräsentieren kann, sollte Folgendes allgemein gelten:

1. Dass, wenn zwei Gebiete oder Linien aneinander passen oder zwei Stellen sich berühren, diese zwei Figuren im zusammengesetzten Körper jeweils (natürlich im einem neuen, noch zu definierenden Sinne, jedoch in Erweiterung der bisherigen Redeweise) als zusammenfallend angesprochen werden können.

2. Dass alle im Kapitel 2 eingeführten Inzidenztermini bezüglich Ersetzung durch im Sinne von 1. zusammenfallende Figuren seiteninvariant sind, d.h. dass diese Verhältnisse in jeder der beiden Figuren, die einen Schnitt darstellen, gleichermaßen bestehen.

Nach der Explikation der Aufgabestellungen, die der folgende Aufbau der Terminologie zu lösen hat, kommen wir nun zu Einführung der neuen Inzidenzrelationen. Die folgenden Definitionen sind der Ausdruck der Zusammenfassung der (Markierungs-) Inzidenz und der Berührrelationen der Grundfiguren zu einer neuen Inzidenzrelation. Man lese „I" als „ist inzident mit".

3.1 DEFINITIONEN

1. $P_1 \, I \, P_2 \; \rightleftharpoons \; B(P_1, P_2) \; \vee \; P_1 \, i \, P_2$

2. $P \, I \, L \; \rightleftharpoons \; B(P,L) \; \vee \; P \, i \, L$

3. $P \, I \, G \; \rightleftharpoons \; B\,(P,G) \; \vee \; P \, i \, G$

4. $L_1 \, I \, L_2 \; \rightleftharpoons \; Pa\,(L_1, L_2) \; \vee \; L_1 \, i \, L_2$

5. $L \, I \, G \; \rightleftharpoons \; Pa\,(L,G) \; \vee \; L \, i \, G$

6. $G_1 \, I \, G_2 \; \rightleftharpoons \; Pa\,(G_1, G_2) \vee \; G_1 \, i \, G_2$

7. $G_1 \, I \, G_2 \; \rightleftharpoons \; Pa(G_1, G_2) \; \vee \; G_1 \, i \, G_2$

3.2 DEFINITIONEN

1. $P_1 \, II \, P_2 \; \rightleftharpoons \; P_1 \, \underline{\text{ist koinzident mit}} \, P_2 \; \rightleftharpoons \; B(P_1, P_2) \; \vee \; P_1 \, ii \, P_2$

2. $L_1 \, II \, L_2 \; \rightleftharpoons \; L_1 \, \underline{\text{ist koinzident mit}} \, L_2 \; \rightleftharpoons \; P(L_1, L_2) \; \vee \; L_1 \, ii \, L_2$

3. $G_1 \, II \, G_2 \; \rightleftharpoons \; G_1 \, \underline{\text{ist koinzident mit}} \, G_2 \; \rightleftharpoons \; P(G_1, G_2) \; \vee \; G_1 \, ii \, G_2$

Aufgrund der Definitionen der (Markierungs-) Inzidenz- und Berührrelationen gilt folgende Behauptung.

3.3 SATZ: $x_1 \, I \, y_2 \, \wedge \, y_2 \, I \, x_1 \Leftrightarrow x_1 \, II \, y_2$

Wegen der Verbindung von Inzidenz (I) und Koinzidenz (II) in den Definitionen 2.2. braucht man nur die Transitivität der Inzidenz (I) zu beweisen bzw. zu sichern. Dies ist natürlich hier nur eine Frage der geeigneten Formulierung von praktisch geltenden Normen, welche das Zusammenspiel dieser Relationen regeln. Bereits in Kapitel 2 wurden solche Normen angegeben, die an dieser Stelle auch gebraucht werden.

Die Transitivität der (Markierungs-) bzw. i-Inzidenz ist schon (nach 2.3) gesichert. Was die Transitivität der Berührrelationen betrifft, so wird an die Erörterung im Kapitel 2 angeknüpft. Dort wurde festgestellt, dass diese Transitivität die Einbeziehung der Körper zu erfordern scheint, wenn sie verständlich formuliert werden soll. Von dieser Einschränkung kann man sich jedoch lösen, wenn man die i-Inzidenz in die Formulierung dieser Forderungen einbezieht, was an dieser Stelle auf jeden Fall, da Berührung und i-Inzidenz zusammengeführt werden sollen, erforderlich ist.

Die folgenden Forderungen lassen sich als Festlegungen bzw. Normierungen der Erfahrungen verstehen, die mit den zuvor erörterten Grundsituationen der Berührung von Figuren zusammenhängen.

3.4 POSTULATE

1. $B(P_1, P_2) \wedge B(P_2, P_3) \rightarrow B(P_1, P_3) \vee P_1 \, i \, P_3$

2. $Pa(L_1, L_2) \wedge Pa(L_2, L_3) \rightarrow Pa(L_1, L_3) \vee L_1 \, i \, L_3$

3. $Pa(G_1, G_2) \wedge Pa(G_2, G_3) \rightarrow G_1 \, i \, G_3$ (dies war Forderung 2.15.2)

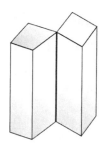 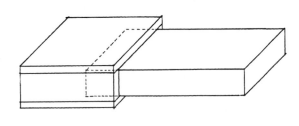

(In den Bildern sind die Berührsituationen, die hier angesprochen werden, enthalten.)

Mithilfe dieser Forderungen werden die Verhältnisse beweisbar, die hier in allen Kombinationen nichts anderes als die Transitivität der Inzidenz (I) bedeuten für den Fall, dass im Vorderglied der Subjunktion (Antezedens) Berührbeziehungen auftreten.

1. $B(P_1, P_2) \wedge B(P_2, L_3) \rightarrow B(P_1, L_3) \vee P_1 \, i \, L_3$
2. $B(P_1, P_2) \wedge B(P_2, G_3) \rightarrow B(P_1, G_3) \vee P_1 \, i \, G_3$
3. $B(P_1, L_2) \wedge Pa(L_2, L_3) \rightarrow B(P_1, L_3) \vee P_1 \, i \, L_3$
4. $B(P_1, L_2) \wedge Pa(L_2, G_3) \rightarrow B(P_1, G_3) \vee P_1 i \, G_3$
5. $Pa(L_1, L_2) \wedge Pa(L_2, G_3) \rightarrow Pa(L_1, G_3) \vee L_1 \, i \, G_3$

usw.

3.5 SATZ: (Transitivität der Inzidenz): $x_1 \, I \, x_2 \wedge x_2 \, I \, x_3 \rightarrow x_1 \, I \, x_3$

BEWEIS: Der einzige einer Begründung bedürftige Fall liegt vor, wenn im Antezedens Berührbeziehungen stehen, da sonst die Behauptung sich unmittelbar aus der Transitivität der (Markierungs-) Inzidenz (i) ergibt. Der Fall, wobei im Antezedens nur einmal eine Berührbeziehung auftritt, ergibt sich unmittelbar aus den Forderungen 2.15. Es verbleiben also die durch die neuen Forderungen abgedeckten Verhältnisse.-

3.6 ANMERKUNG

Es sieht auf den ersten Blick so aus, als hätte ich nur die passenden Forderungen aufgestellt, die uns das liefern, was gebraucht wird. Eine solche, reduzierte Sicht verkennt jedoch mein Anliegen. Ich habe hier nur versucht, die praktisch unterstellten Forderungen zu explizieren, welche der Auffassung der geometrischen Figuren als Schnitte oder Grenzen implizit zugrunde liegen.

Aus den bisherigen Ausführungen ergibt sich schließlich auch die wichtigste Eigenschaft der Koinzidenz.

3.7 SATZ: Die Koinzidenz (II) ist eine Äquivalenzrelation.

BEWEIS: Die Reflexivität und Symmetrie sind trivial aufgrund der Definitionen 3.2. Die Transitivität folgt gemäß 3.5.

Die Abstraktion bzgl. Koinzidenz liefert abstrakte Gegenstände, auch "Figuren" genannt, aber wir haben es natürlich praktisch nicht mit anderen als den bisherigen konkreten Gegenständen zu tun. Die Notwendigkeit mehr als eine Figur als Repräsentanten für eine Klasse zusammenfallender Figuren anzugeben besteht zudem nicht, daher wird die Notation der Figuren beibehalten. Mit der Einführung der Relation "II" für Figuren ist somit das erste Ziel der Rekonstruktion erreicht, denn Schnitte oder sich berührende Linien und Punkte lassen sich als Abstrakta bezüglich dieser Relation verstehen. Diese Abstraktion hat natürlich nur dann einen vernünftigen Sinn, wenn nun die Inzidenztermini als invariant bezüglich der Koinzidenz, d.h. insbesondere als **seiteninvariant**, nachgewiesen werden. Wir betrachten also Figurengruppen auf Linien bzw. Gebieten und fragen nach der Invarianz der zwischen ihnen bestehenden Beziehungen auf Passfiguren. Das ist die Aussage des folgenden Satzes.

3.8 SATZ: (Invarianz der Inzidenz): $x_1 \, I \, x_2 \; \wedge \; x_1 \, II \, x_3 \; \wedge \; x_2 \, II \, x_4 \rightarrow x_3 \, I \, x_4$

BEWEIS: (Mit Hilfe von Satz 2.3 und der Transitivität der Inzidenz.) Aus $x_3 \, I \, x_1$ und $x_1 \, I \, x_2$ folgt $x_3 \, I \, x_2$. Aus $x_3 \, I \, x_2$ und $x_2 \, I \, x_4$ folgt schließlich $x_3 \, I \, x_4$.[44]

Was bisher für die i-Inzidenz ausgeführt wurde, ist natürlich auch für die Zwischenrelation bzw. Anordnung gegeben, für deren Invarianz bezüglich Koinzidenz auf gleiche Weise argumentiert werden könnte. Die Konsequenz dieser Seiteninvarianz bildet an späterer Stelle des Aufbaus der Geometrie der Umstand, dass die Axiome der Inzidenz und Anordnung (für Punkte, Geraden und Ebenen) und, nach Kapitel 4, der Kongruenz auch für entsprechende Schnitte gelten. Diese Schnitte bzw. die explizierte Art des Redens über körperliche Figuren, die Punkte, Geraden und Ebenen realisieren, sind die geometrischen <u>Raumelemente</u>, von denen in Lehrbüchern der Geometrie die Rede ist.

3.2 Raumelemente

Die letzte Frage betrifft den Bezug der hier entwickelten Vorschläge zu den Objekten, die uns als Repräsentanten von Schnitten geläufig sind, wobei sie mit Charakterisierungen und paradoxen Merkmalen belegt werden. Figuren werden ja nicht nur als markierte Figuren auf Körpern realisiert, sondern sind uns auch in körperlichen Realisierungen geläufig. So realisiert z.B. ein Blatt Papier oder eine Folie ein Gebiet, eine Schnur oder ein Lichtstrahl eine Linie und ein Sandkorn einen Punkt <u>im Raum</u>. In solchen Fällen erhalten die Realisierungen der Grundfiguren eine Dimension (d.h. Merkmale einer anderen Figurenart), die traditionell explizit ausgeschlossen wurde, wobei diese Charakterisierungen (besser: Erklärungen oder Bestimmungen) fälschlicherweise als Definitionen der Objekte fungierten (so bei Euklid). Solange das geometrische Spiel (Handlungsspiel) mit diesen Objekten funktioniert, gibt es dadurch auch kein praktisches Problem, außer vielleicht, dass es ein wenig paradox anmutet, wenn eine Folie qua Fläche keine Dicke haben soll oder eine Schnur keine Dicke oder Breite usw. Die Funktion der entsprechenden Hinweise besteht ja darin, das geometrische Spiel der technischen Handlungen im Zusammenhang mit Grenzen richtig spielen zu helfen. Und sie erfüllen diese Funktion in der Praxis zweifellos! Will man jedoch die damit verbundenen begrifflichen Paradoxien aufklären, so bietet sich der Weg einer begrifflichen Rekonstruktion an, wie er hier eingeschlagen wurde.

Ich möchte im Folgenden das Reden über „Elemente des Raumes", das in vielen Lehrbüchern der Geometrie zu finden ist, weg von diffusen Vorstellungen und zurück auf den Boden unserer operativen Unterscheidungen bringen.

---

[44] Die Frage, ob die Invarianz der Grundtermini hinreicht, um die Invarianz aller zusammengesetzten Prädikate nachzuweisen, ist hier nicht von grundsätzlicher Relevanz.

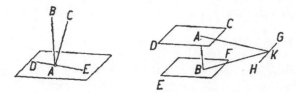

In den ersten Teilen der Stereometrie, auch Geometrie des Raumes genannt, werden Raumelemente betrachtet, also Punkte, Geraden und Ebenen und ihre Lagebeziehungen (vgl. oben stehende Zeichnungen aus den Elementen Euklids). Diese Rede ist hier nun konkret auf die Rede über die Gegenstände, auf die sich geometrisches Wissen praktisch bezieht, zurückzuführen. Die Bezeichnung "Raumelement" ist als "Element eines (nicht lediglich flächigen) Figurenkomplexes" besser zu verstehen. Der stereometrische Raum ist in der konkreten Interpretation, traditionell und bezeichnungskonsequent, als (beliebiger) körperlicher (d.h. nicht nur flächiger) Figurenkomplex zu verstehen. Diese Komplexe sind also die Gegenstände der Stereometrie. Die ersten Untersuchungen der Stereometrie betreffen daher die Lageziehungen von Punkten, Geraden und Ebenen in Figurenkomplexen. Sehen wir jetzt von der Form der Geraden und Ebene ab, so haben wir es mit den Verhältnissen zu tun, die Gegenstand der bisherigen Erörterungen waren.

Zuvor habe ich einen neuen Begriff der Inzidenz für Figuren auf Körpern einer Körperkomplexes (bzw. Bauteilen in einem Zusammensetzungsprozess der geschilderten Art) eingeführt. Die Interpretation dieser Relation in der Praxis kann nun durch geeignete Körperwahl als Berührrelation oder Inzidenzrelation erfolgen. Mit der Einführung der Inzidenz von Schnitten aber ist das Ziel der Rekonstruktion wohl noch nicht ganz erreicht worden. Die (von theoretischen Vorurteilen) nicht verbaute Sicht auf die Geometrie einerseits und auf die Praxis andererseits lässt erkennen, dass man hier noch die folgenden zwei Probleme zu erledigen hat.

1. Die Figuren in den verschiedenen Situationen sind durch die bisherigen Erklärungen noch nicht ganz erfasst. So wären Phänomene wie die Ergänzung, Erweiterung und die stückweise Zusammensetzung von Figuren vermittels Berührungen (bzw. Passungen) noch zu erfassen. (Im ersten Bild berühren sich zwei Kanten und setzen sich vom Berührpunkt aus gesehen unterschiedlich fort, im zweiten werden Flächen und Linien, die sich stückweise berühren durch die jeweils andere Figur fortgesetzt.)

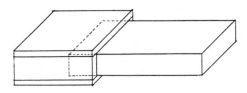

Diese Phänomene werden jedoch im Folgenden, sinnvollerweise, nicht protogeometrisch, sondern geometrisch über spezielle („gestalteindeutige") räumliche Figuren erfasst.

2. Es ist außerdem zu berücksichtigen, dass Grundfiguren außer auf Körpern auch
durch geeignete Körper selbst realisiert werden und sogar durch andere Erscheinungen
(Licht, Strahlung). Im einfachsten Fall hat man z.B. Schnüre als Linien (gespannte
Schnüre oder dünne Stäbe als Geraden) und dünne Schichten, Membranen, aber auch
Mauern und Zäune als Flächen (Ebenen).[45]

Das sind Gesichtspunkte, die eine weitgehende Unabhängigkeit der Betrachtung der
Figuren von den sie tragenden Körpern und die Konzentration auf die Grundfiguren
und ihre Beziehungen in Körperkonstellationen nahe legen, so wie es die Geometrie
mit der abstrakten Auffassung der Figuren als Schnitte auch tut. Dieser Bestrebung
tragen die körperlichen Realisierungen von Grundfiguren, passend idealisiert (indem
ihnen Dimensionen abgesprochen werden, so wie in den euklidischen Bestimmungen
der Grundfiguren), weitgehend Rechnung.

Man darf sich nicht davon irritieren lassen, dass Körper und Erscheinungen _als_ Figuren verwendet werden. Gerade dabei erkennt man, dass ihre Auffassung als Grenzen
im explizierten Sinne vorliegt. Im Praxiszusammenhang werden diese Gegenstände als
Figuren behandelt, aber sie und die Figuren an Körpern sind so nahe beieinander im
praktischen Gebrauch, dass man genauer hinschauen muss. Bei Unklarheiten zeigt
sich, dass man sich zu ihrer Beseitigung schließlich immer auf die eigentlichen Objekte, nämlich die Figuren als Schnitte bezieht, die dadurch realisiert werden (Markierung
zu breit, Wand zu dick, Punkt zu groß usw.). Es handelt sich also um Realisierungen
von idealen Objekten, die nicht mit diesen konkreten Gegenständen verwechselt werden dürfen. Wichtig für diese Auffassung sind daher nur die Beziehungen, die sie untereinander aufweisen (sie werden zumeist gemäß geometrischen Sätzen verwendet).
Die Realisierung geometrischer Grundfiguren durch Körper und Erscheinungen birgt
also genau besehen kein Problem in sich, da die Körper als hinreichende Realisierungen dieser Figuren in einem bestimmten Zusammenhang genommen werden. Ähnliches gilt für die Realisierung von Figuren durch Marken. Die Markierung von Linien
auf Oberflächen macht zumeist auch von Körpern Gebrauch, die sich mit den markier-
ten Körpern berühren, aber sich durch Farbunterschied von der Umgebung abheben.
Sie werden jedoch nicht als eigenständige Körper angesehen, sondern als solche vernachlässigt. Die Beziehung zwischen körperlichen Realisierungen von Figuren und der
Auffassung als Schnitte oder Grenzen ist somit, das zeigt die gegebene Rekonstruktion
der Schnitte, in verständlicher Weise kompatibel.

---

[45] Von Realisierungen von Grundformen, die im besten Fall über gespannte Schnüre erfolgten, wurde die ganze
Technik bis in die Neuzeit hinein beherrscht, bis man die Oberflächenbehandlung durch Schleifverfahren weit
genauer zu bewerkstelligen lernte und damit Ebenen und dann Geraden immer genauer zu realisieren imstande
war (vgl. dazu I, Kap.6).

Durch die Darstellung von Figuren mit dem Computer werden virtuelle Manipulationen von Figuren möglich, die früher in dieser Weise (beweglich) nicht möglich waren. So kann man am Computer räumliche Figuren (und zwar nicht nur geometrisch geformte) direkt sichtbar zur Deckung bringen, was sonst durch unser Vorstellungsvermögen bewältigt wurde oder durch Zeichnungen auf Transparentpapier. Die Physik eröffnet uns sogar die Möglichkeit, räumliche Figuren real zur Deckung zur bringen, z.B. gerade Linien realisiert durch Lichtstrahlen, die im Raum zusammenfallen können (diese können durch halbdurchlässige Spiegel so geteilt werden, dass eine direkte Koinzidenz von geraden Linien im Raum erfolgt). Aber selbst angesichts dieses letzten Umstandes kann m.E. auf eine Klärung und kriteriale Ordnung unseres Sprachgebrauchs und seiner Bezüge, so wie sie zuvor angestellt wurde, nicht verzichtet werden.

3.3 Rückblick

In diesem Kapitel wurde versucht, die Rede über Figuren als Schnitte auf die Unterscheidungen zurückzuführen, die in der Praxis im Zusammenhang mit elementaren technischen Handlungen des Umgangs mit körperlichen Figuren gängig sind. Der Aufbau der Terminologie ging einher mit idealen Forderungen, welche praktisch verankerte Zusammenhänge zwischen den eingeführten Begriffen formulieren, zumindest dies zu tun beanspruchen. Die Rede über Schnitte wird in dieser kleinen Theorie als abstrakte Rede über körperliche Figuren logisch rekonstruiert. Mit dieser Konstruktion wird zugleich eine Interpretation der geometrischen Inzidenz durch operativ verankerte Begriffe erreicht, welche die Grundphänomene (Inzidenz und Berührung bzw. Passung), die dieser Relation zugrunde liegen, erfassen.

Es wurde von der Identität der Figuren in einem Schnitt ausgegangen und diese als abstrakte Rede über Figuren auf Körpern rekonstruiert. Die damit verbundene Ununterscheidbarkeit ist natürlich nicht immer gegeben, denn hinsichtlich ihrer Gestalt sind die Seiten von Schnitten unterscheidbar. Die Rede von der Gestalt ist auch im Allgemeinen keineswegs seiteninvariant. Figuren werden also nur in bestimmten Zusammenhängen, die mit der Teilung und Begrenzung von Figuren zu tun haben, in seiteninvarianten Aussagen als gleichwertig behandelt.

Es folgen nun einige kurze Bemerkungen zur Ausgestaltung des vorgelegten Entwurfes und zu einer möglichen Alternative. Zunächst zur Ausgestaltung meines Entwurfes: Angesichts des Vorgehens drängt sich die Frage auf, warum die Berührrelationen nicht von Anfang an als primäre Relationen gefasst wurden, sodass die umständliche Zusammenführung mit der i-Inzidenz vermieden werden könnte. Lobatschewskis Vorschlag folgend (vgl. II, Kap. 9) könnte man die Inzidenz durchgängig als Berührverhältnis deuten. Dem wäre aber zu entgegnen, dass auf diese Weise die Bezüge der Geometrie auf unsere Rede kaum rekonstruiert würden, abgesehen von dem Zwang alle Verhältnisse von Figuren als Berührverhältnisse interpretieren zu müssen. Die geometrische Inzidenz kann, so wie hier rekonstruiert, sowohl als graphisches Verhältnis im üblichen Sinne als auch als Berührverhältnis gedeutet werden.

Eine zweite Frage ist, ob es auch <u>Alternativen</u> zu den gemachten Vorschlägen gibt und welchen Unterschied ihre Verfolgung ausmachen würde. Eine Variante könnte an der Erklärung der Schnitte als Paar von zusammenfallenden bzw. sich berührenden oder in Passung befindlichen Figuren anknüpfen. Dabei käme, gemäß dem geläufigen Verfahren in der Mathematik, z.B. zur Definition der Zahlbereiche ausgehend von den natürlichen Zahlen, eine Paarbildung von Figuren infrage, die als neue Objekte, als Schnitte, fungieren könnten. So würde Beispielweise (P, P′) einen Punkt in der neuen Auffassung darstellen, (L,L′) eine Linie. Die Definition der Inzidenz solcher Objekte könnte aber nicht anders erfolgen, als über die i-Inzidenz und die Berührrelationen, z.B. so:

$$(P_1,P_2) \text{ I } (L_1,L_2) \; \rightleftharpoons \; B(P_1, L_1) \vee B(P_1, L_2) \vee B(P_2, L_1) \vee B(P_2, L_2) \vee$$
$$P_1 \text{ i } L_1 \vee P_1 \text{ i } L_2 \vee P_2 \text{ i } L_2 \vee P_2 \text{ i } L_2$$

Damit wäre jedoch eine aus meiner Sicht unnötig komplexe Schreibweise verbunden, ohne einen für die hier verfolgten Zwecke ersichtlichen Vorteil.

Die räumlichen Figuren stellen den durch Idealisierung und Abstraktion in der vorliegenden Rekonstruktion gewonnenen Rahmen der Rede (und Anschauung) für die geometrischen Objekte dar. Die Realisierungen von Schnitt- bzw. Grenzfiguren durch Körper haben viel mit den Vorstellungen und den paradoxen Sichtweisen über Schnitte und auch mit den traditionellen Definitionen der Grundfiguren zu tun. Auf diesen letzten Aspekt wird in II, Kapitel 8 und 9 eingegangen.-

4. Gestalt und Kongruenz

4.1 Gestalt und Gestaltkonstanz von Figuren

Im Folgenden soll eine Rekonstruktion der Rede von der Gestalt von Figuren mit Bezug auf die elementare Technik versucht werden, als Grundlage der geometrischen Kongruenz von Figuren. Die für die gesamte Technik fundamentale Praxis der Herstellung von Abdrücken von Figuren zur Erzeugung von Kopien, also die Gestaltreproduktion von Figuren, dient als Bezugspraxis. Auf die Reproduktion von Figuren soll hier in erster Linie soweit eingegangen werden, wie dies erforderlich ist, um eine Formulierung der protogeometrischen Funktionseigenschaften der Grundformen Gerade und Ebene zur Verfügung zu stellen.

Man möchte meinen, die folgenden Betrachtungen könnten sich deswegen auf die Gestalt von Gebieten (Ebenen) und Linien (Geraden) beschränken. Es zeigt sich jedoch dann, wenn man dies zu tun versucht, dass es hierbei schon erforderlich ist, auch auf die Gestaltreproduktion von Körpern einzugehen.[1] Im Hinblick auf den weiteren Aufbau der Geometrie (über die Bestimmung der Grundformen hinaus) ist, insbesondere zur Motivation der Begriffs- und Theoriebildung, die Betrachtung aller drei Figurenarten allerdings unverzichtbar.

Von vielen Gebieten, Linien und allen Körpern sind, wenn man sie ganz nimmt, nur solche Abdrücke herstellbar, die sich anschließend nicht ohne Weiteres von ihnen trennen lassen, da sog. Hinterschneidungen vorhanden sind, die dies verhindern. Daher verwendet man in der Praxis zweiteilige (ja oft sogar mehrteilige) Abdrücke („Formen"), die nach ihrer Herstellung (etwa durch Guss) von der zu reproduzierenden Figur getrennt werden können. Ich gehe von trennbaren Gebieten aus, betrachte dann Figuren auf solchen Gebieten, um schließlich auf die anderen Gebiete und Linien sowie die Körper zurückkommen. Die betrachteten Gebiete auf Körpern sollten natürlich prinzipiell nur von solcher Art sein, dass zu ihnen Abdrücke auf anderen Körpern herstellbar sind.[2]

Als Ausgangspunkt sei ein elementares alltägliches Beispiel ausgewählt: Man betrachte eine Seite einer Münze, die Vorderseite eines Reliefs oder das Gesicht einer kleinen Büste (Bild), die Gebiete darstellen. Die Reproduktion solcher Gebiete wird vielfach als Hobby betrieben, aber oft auch in der Schule, im Fach Technik, praktiziert. Es wird dabei in einem ersten Abguss (oder Abdruck-) verfahren vom Original, sog. Patrize (Vaterform), eine sog. Matrize (Mutterform) und in einem zweiten Abguss (mit Letzterer) eine Kopie des zu reproduzierenden Gebiets hergestellt.

---

[1] Oft jedoch in der Praxis auch ganze Körper statt nur interessierende Figuren allein reproduziert, eventuell mit kleinerer Genauigkeit an den nicht interessierenden Stellen.

[2] Diese Auswahl bedeutet nur eine vorläufige Einschränkung des Gegenstandbereiches der darauf aufbauenden Theorie, da in der Geometrie später auch solche Techniken als methodisch verfügbar erkannt werden, welche Körper einzubeziehen gestatten, die nicht mit anderen Körpern berührbar sind.

In der folgenden Bilderreihe wird die Herstellung einer Matrize über einen Abdruck dargestellt.

Was zuerst erfolgen soll, ist die Rekonstruktion dieser Redeweisen. Zunächst werden die zwei letzten Begriffe mit Hilfe von "p" präzisiert. Aufgrund der Definition von "p" ergibt sich dadurch von selbst, dass die Gebiete trennbar sind.

4.1 DEFINITION

G_1 <u>ist Matrize von</u> $G^* \rightleftharpoons p(G_1, G^*)$
(G^* ist ein Eigenname.)

Im täglichen Sprachgebrauch besteht zumeist eine Asymmetrie in der Matrizenbeziehung, die eine Konsequenz der Verwendung von Eigennamen in der Definition 1 ist. Diese Verwendung von Eigennamen ist durch das Interesse begründet, Matrizen eines bestimmten <u>Originals</u> zum Zwecke der Herstellung von Kopien desselben zu verwenden, die aber nicht immer bzw. in jeder Hinsicht das Original ersetzen können (einen Kunstgegenstand zum Beispiel). Hier sollte jedoch nicht von ausgezeichneten Gebieten Gebrauch gemacht, sondern eigennamenfrei (und indikatorfrei) von Körper und Gebieten geredet werden. Nur auf diese Weise kann man der technischen Praxis, auf die hier Bezug genommen wird, gerecht werden; denn bei der Herstellung und Verwendung von Kopien ist gerade dieser Gesichtspunkt des uneingeschränkten (universellen) Ersatzes (Ersatzteile von Apparaten, Maschinen usw.) mit gleicher Funktion leitend. Im Folgenden werden erste, protogeometrische Bedingungen dafür angegeben. Es soll daher im weiteren nicht von der Matrizenbeziehung, sondern von "p" Gebrauch gemacht werden.

In der Praxis wird von einer Kopie zunächst verlangt, dass jede Matrize von ihr auch an das Original passt und umgekehrt, dass jede Matrize des Originals auch an die Kopie passt. Diese Forderung führt, wenn jetzt statt der Rede von Matrizen die Relation "p" verwendet wird, zur folgenden Definition von Figuren <u>gleicher Gestalt</u> (die folgende Fassung für Gebiete kann sofort auf Linien übertragen werden). In der Praxis spricht man auch von „gleicher Form", doch ist dieser Terminus in der Geometrie nicht nur mit der Kongruenz, für die hier eine Interpretation gesucht wird, sondern darüber hinaus mit der Formgleichheit (Ähnlichkeit) von Figuren verbunden.

4.2 DEFINITION

$$\text{ggl}(G_1,G_2) \rightleftharpoons G_1 \underline{\text{ist gestaltgleich zu}} G_2 \rightleftharpoons \bigwedge_G (p(G,G_1) \leftrightarrow p(G,G_2))$$

ANMERKUNG

Es ist offensichtlich, dass diese Relation eine Äquivalenzrelation darstellt.

Unter welchen Bedingungen ist jedoch diese Definition sinnvoll? In der Praxis wird ja nicht diese Definition verifiziert, sondern einfach eine Matrize G_1 des zu reproduzierenden Gebiets G und anschließend eine Matrize G_2 von G erzeugt. Damit ist die Frage nach der Beziehung dieses üblichen Verfahrens (kurz <u>Kopierverfahren</u> genannt) zur Definition 2. Zur begrifflichen Fassung des Ergebnisses des Kopierverfahrens wird eine neue Relation eingeführt.

4.3 DEFINITION

$$\text{Ko}(G_1,G_2) \rightleftharpoons G_1 \underline{\text{ist Kopie von}} G_2 \rightleftharpoons \bigvee_G (p(G,G_1) \wedge p(G,G_2))$$

ANMERKUNG

In der Umgangssprache wird die Relation "ist von gleicher Gestalt wie" synonym zu "ist Kopie von" verwendet. Die hier eingeführte Relation "Ko" setzt ersichtlich (vorerst) eine andere und setzt offenbar die Rede von der Gestalt eines Gebietes auch nicht voraus. Die durch sie getroffene Unterscheidung ist im Übrigen aufgrund der Definition über die Passung operativ verfügbar. Im Folgenden werden die Forderungen herausstellen sein, welche der Synonymie der beiden Begriffe zugrunde liegen.

Damit ist es jetzt möglich, eine Forderung an zwei Gebiete zu formulieren, deren Erfüllbarkeit durch die Erzeugnisse des Kopierverfahrens dieses Verfahren zum Prozess der Herstellung von gestaltgleichen Gebieten macht.

4.4 POSTULATE DER GESTALT

$$0. \bigwedge_{G_1} \bigvee_G p(G_1,G)$$

(Zu jedem Gebiet gibt es einen Abdruck.)

1. $\text{Ko}(G_1,G_2) \rightarrow \text{ggl}(G_1,G_2)$
(Wenn zwei Gebiete Kopien voneinander sind, so sind sie gestaltgleich zueinander.)

oder direkt als Forderung an die Passung von Gebieten formuliert:

$$\bigvee_{G} (p(G,G_1) \land p(G,G_2)) \;\to\; \bigwedge_{G^*} (p(G^*,G_1) \leftrightarrow p(G^*,G_2))$$

bzw. allgemeiner gefasst:

$$(p(G,G_1) \land p(G,G_2)) \;\to\; (p(G^*,G_1) \leftrightarrow p(G^*,G_2))$$

Wird nun die Symmetrie von "p" nach Kapitel 2 ausgenutzt, so kann man die Bisubjunktion darin durch eine Subjunktion ersetzen.

Die Forderung 4.4.1 nimmt dann folgende Form an:

$$(p(G,G_1) \land p(G,G_2)) \;\to\; (p(G^*,G_1) \to p(G^*,G_2))$$

bzw. logich äquivalent: $p(G,G_1) \land p(G,G_2) \land p(G^*,G_1) \to p(G^*,G_2)$

Man erkennt nun, dass es sich hierbei um eine schwache Transitivitätseigenschaft handelt.[3] Sie ist auch als Ununterscheidbarkeit von Gebieten bezüglich Passungen mit anderen Gebieten beschreibbar.

4.5 DEFINITION

Gebiete, deren Passungseigenschaften untereinander den obigen Forderungen 4.4 genügen, heißen zueinander (schwach-) gestaltkonstant, kurz: g-konstant.

ANMERKUNG
Für ein gestaltkonstantes Gebiet gilt also insbesondere, dass seine Matrizen stets Kopien voneinander sind.

Die Definition von "ggl" kann man bei Gültigkeit der Forderung 4.4.1 anders fassen:

4.6 DEFINITION

$$ggl_1(G_1,G_2) \;\rightleftharpoons\; G_1 \text{ ist gestaltgleich zu } G_2 \;\rightleftharpoons\; \bigwedge_{G} (p(G,G_1) \to p(G,G_2))$$

Die Rechtfertigung dazu ergibt sich aus dem folgenden Satz.

4.7 SATZ

Für g-konstante Gebiete G_1, G_2 sind die Aussagen $ggl(G_1,G_2)$, $Ko(G_1,G_2)$ und $ggl_1(G_1,G_2)$ untereinander äquivalent, d.h. stellen Äquivalenzrelationen dar.

---

[3] Ähnliches wird für die Kollinearität in der Geometrie gefordert; vgl. Szmielew 1983, S.12, Axiom 1.1.2.

BEWEIS

Die Behauptung ist bewiesen, wenn die folgenden Subjunktionen für alle G_1, G_2 begründet worden sind (Kettenschluss):

$Ko(G_1, G_2) \rightarrow ggl(G_1, G_2) \rightarrow ggl_1(G_1, G_2) \rightarrow Ko(G_1, G_2)$

1. Behauptung: $Ko(G_1, G_2) \rightarrow ggl(G_1, G_2)$
Beweis: Forderung 4.4.1.

2. Behauptung: $ggl(G_1, G_2) \rightarrow ggl_1(G_1, G_2)$
Beweis: Sofort (logisch).

3. Behauptung: $ggl_1(G_1, G_2) \rightarrow Ko(G_1, G_2)$
Beweis:

Für beliebige aber feste G_1, G_2 gilt:

i) $\bigvee\limits_{G^*} p(G_1, G^*)$

    (nach Forderung 4.4.0)

ii) $ggl_1(G_1, G_2) \Leftrightarrow \bigwedge\limits_{G} (p(G_1, G) \rightarrow p(G_2, G))$ (nach Definition von „ggl_1")

$\Rightarrow (p(G_1, G^*) \rightarrow p(G_2, G^*))$ (mit G^* aus i))

Aus i), ii) folgt: $\bigvee\limits_{G^*} (p(G_1, G^*) \wedge p(G_2, G^*))$

Daraus schließlich: $Ko(G_1, G_2)$ (nach Definition von "Ko").

Schließlich gilt auch die folgende grundlegende Eigenschaft.

4.8 SATZ: (Invarianz der Passung bezüglich Gestaltgleichheit)

$p(G_1, G_2) \wedge ggl(G_1, G_1^*) \wedge ggl(G_2, G_2^*) \rightarrow p(G_1^*, G_2^*)$
(Für g-konstante Gebiete ist "p" invariant bezüglich "ggl")

BEWEIS:

Sei für beliebige, aber feste G_1, G_2, G_1^*, G_2^*: $p(G_1, G_2) \wedge ggl(G_1, G_1^*) \wedge ggl(G_2, G_2^*)$.

Nun gilt für G_1 (entsprechend für G_2) : $ggl(G_1, G_1^*) \Leftrightarrow \bigwedge_G (p(G_1,G) \rightarrow p(G_1^*,G))$

und daher:

$p(G_1,G_2) \wedge ggl(G_1,G_1^*) \rightarrow p(G_2,G_1^*)$

$p(G_2,G_1^*) \wedge ggl(G_2,G_2^*) \rightarrow p(G_1^*,G_2^*)$

Es folgt also $p(G_1^*,G_2^*)$ und damit ist die Behauptung bewiesen.-

Die g-Konstanz ist eine globale Eigenschaft eines Gebietes. Das bedeutet, dass es für auf dem Gebiet markierte Figuren (Stellen, Linien, Gebiete), nicht unbedingt gelten muss, dass wenn sie auf Matrizen und dann auf Kopien des Gebietes übertragen werden, etwa durch Farbabdrücke, homologe Figuren (im Sinne der eineindeutigen Zuordnung von Berührelementen bzw. –teilen, vgl. Kap. 2) auf einer beliebigen Matrize und einer beliebigen Kopie aneinander passen bzw. einander berühren werden.[4] Gerade das wird aber in der technischen Praxis von der Kopie eines Gebietes (einer Linie) zusätzlich verlangt und jeweils auch hinreichend erfüllt. Mehr noch: In der Praxis wird von Kopien sogar verlangt, dass die sich zu einem anderen Gebiet oder einer anderen Figur auf einem beliebigen neuen Körper, was die Berühreigenschaften angeht, gleich verhalten, dass sie also hinsichtlich der Berührbarkeit mit anderen Figuren ununterscheidbar sind. (Das, was hier für Gebiete ausgeführt wurde, gilt entsprechend für beliebige Figuren.)

Man kann diese Forderung auch so formulieren: Berühr- und Passstellungen von Gestaltkonstanten Gebieten (Figuren) mit beliebigen Figuren sollen mit Kopien dieser Gebiete (Figuren) "imitiert" werden können, sie sollen als Ersatz dafür dienen können, also im Hinblick auf Berührstellungen zu anderen Körpern ununterscheidbar sein. Zu Formulierung dieser Forderung sind einige Vorbereitungen notwendig. Es erfolgt zunächst eine allgemeinere Formulierung der für Gebiete eingeführten Begriffe und Forderungen für Figurengruppen.

4.9 DEFINITION

$Ggl(F_1,F_2) \rightleftharpoons F_1$ ist gestaltgleich zu $F_2 \rightleftharpoons \bigwedge_F (p(F_1,F) \rightarrow p(F_2,F))$

Auch bei der letzten Definition sei, wie vorher bei der Definition von "Ko", die Frage gestellt nach der Beziehung zum üblichen Verfahren der Herstellung einer Kopie einer Figur durch die Herstellung eines Abdrucks einer Figurenmatrize. Auch hier wird zur begrifflichen Fassung des Verfahrens (genauer: der dabei direkt erzeugten Eigenschaft

---

[4] Aber hinsichtlich Inzidenz (ohne Einbeziehung der Berührung) und Anordnung könnten diese, gemäß der bisherigen Forderungen ununterscheidbar sein.

der beteiligten Figuren) eine neue Relation eingeführt. Sie werden hier für Figurengruppen formuliert, eine Figur wäre in dieser Lesart eine Figurengruppe mit einem Element.

4.10 DEFINITION

$$KO(F_1,F_2) \rightleftharpoons F_1 \text{ ist Kopie von } F_2 \rightleftharpoons \bigvee_F (p(F_1,F) \wedge p(F_2,F))$$

Damit ist es möglich, die der Forderung 4.4.1 entsprechende Forderung zu formulieren.

4.11 POSTULATE DER GESTALT (ALLGEMEINE FORM)

0. $\bigwedge_{F_1} \bigvee_F p(F_1,F)$ (Zu jeder Figurengruppe gibt es einen Abdruck.)

1. $KO(F_1,F_2) \rightarrow Ggl(F_1,F_2)$
oder allgemeiner, als Forderung an "p":
$p(F_1,F_2) \wedge p(F_2,F_3) \wedge (p(F_3,F_4) \rightarrow p(F_1,F_4))$

Die Sätze 4.7 bis 4.9 lassen sich jetzt mit den neuen Begriffe entsprechend umschreiben und beweisen.

4.12 DEFINITION

Figurengruppen, deren Passungseigenschaften untereinander die obigen Forderungen 4.11 erfüllen, heißen relativ zueinander (schwach-) gestaltkonstant, kurz: g-konstant. Man kann sie als relativ zueinander starre Figuren bezeichnen.

Nach diesen Vorbereitungen sind wir nun in der Lage, den Begriff der Gestaltgleichheit für Figuren zu präzisieren.

3.13 DEFINITION

Seien x, y Figuren auf zwei Körpern mit Elementen F_1 i x und F_2 i y.

Ggl(x,y) $\rightleftharpoons$ x ist gestaltgleich zu y (x und y sind gestaltgleich bzw. haben gleiche Gestalt, sind also ununterscheidbar durch Berührverhältnisse)

$$\rightleftharpoons \bigwedge_{F_1} \bigwedge_{F_2} \bigwedge_F (F_1 \text{ i } x \wedge F_2 \text{ i } y \wedge ggl(F_1, F_2) \rightarrow p(F_1, F) \leftrightarrow p(F_2, F))$$

Die Frage nach dem Bezug dieser Definition zum Kopierverfahren führt hier auf die folgende Forderung.

4.14 POSTULAT

x, y seien Figuren auf zwei Körpern.

Es gelte: $ggl(x,y) \rightarrow Ggl(x,y)$

Damit ist das Ziel erreicht, denn man kann jetzt die folgende Definition angeben.

4.15 DEFINITION

Figuren, welche hinsichtlich ihrer Berühreigenschaften zueinander die Forderungen 4.11.0 und 4.14 erfüllen, heißen (relativ zueinander) stark-gestaltkonstant, kurz: G-konstant.

ANMERKUNGEN

1. Die Forderung 4.4.1, aber auch 4.11.1 und 4.14 betreffen Figuren bzw. Figurengruppen auf der Oberfläche von Körpern. Auch ganze Körper können jedoch kopiert werden. Wir dürfen daher in die Forderung 4.14 auch Körper einbeziehen. Entscheidend ist also für Körperkopien deren Gleichverhalten zu anderen Körpern bzw. Figuren im Hinblick auf Berühreigenschaften.

2. Die G-Konstanz bezieht sich hier nicht auf das Innere eines Körpers. An dieser Stelle tritt also das gleiche Problem bei der Erfassung der Gestaltkonstanz auf, dem wir bei Linien und Gebieten mittels der Betrachtung von Figurenkopien begegnet sind. Die Forderung der Gestaltkonstanz (oder Starrheit) von Körpern wäre protogeometrisch überhaupt nur über Forderungen an beliebige Schnitte von Körpern (vgl. Kap. 3) zu fassen. Man kann jedoch hier getrost darauf verzichten, da die Geometrie später, durch die Verwendung eindeutiger Gestalten (Geraden) allemal bessere Möglichkeiten dazu bietet.

3. Die Handlungsmöglichkeiten, die den vorangehenden Definitionen zugrunde liegen, sind offenbar das Markieren von Figurengruppen, durch welche Berührverhältnisse von Figuren gegeben sind, und das Übertragen solcher Figurengruppen auf Matrizen und Kopien von Figuren durch Abdrücke.

4.2 Gestaltprinzip und Kongruenz

Wir wollen nun auf die Körperreproduktion genauer hinsehen, da sie uns direkt neue Gesichtspunkte vermitteln kann. Zur Herstellung von Körperkopien braucht man zweiteilige (oder mehrteilige) Matrizen, wie man an folgendem Beispiel erkennen kann.

Die Oberfläche des zu reproduzierenden Körpers K wird zunächst geeignet in zwei Gebiete eingeteilt, und es werden von ihnen Abdrücke hergestellt. Nach dem Herausnehmen von K aus dieser zweiteiligen Matrize werden deren Teile so zusammengesetzt, dass die zwei Abdrücke am Rand aneinander passen. Dann wird in den Raum, den K einnahm, Füllmasse eingeleitet, die, nachdem sie erstarrt ist, eine Kopie von K ergibt.

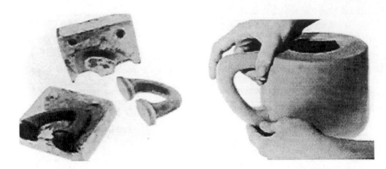

Das Besondere an diesem Herstellungsverfahren ist, dass auf diese Weise neben dem Gefäß auch ein Henkel getrennt produziert wird, der schließlich an geeigneter Stelle am Gefäß angebracht wird (vgl. Bilder oben). Ähnlich verfährt man im Prinzip beim Bauen von Autos, Motoren oder Gebäuden. Ein Aufbauen von Figuren aus Grundfiguren findet jedoch auch auf der Oberfläche von Körpern statt, etwa auf der Erde, wenn Felder eingeteilt werden oder wenn Straßenmarkierungen (Linien in bestimmten Konstellationen) angebracht werden. Die Technik verwendet damit Figuren als <u>Bausteine</u> oder <u>Elemente</u>, um daraus komplexere Figuren zu konstruieren. Die Möglichkeiten der protogeometrischen Bestimmung solcher Komplexe mit unseren bisherigen Mitteln sind aber bescheiden. Insbesondere ist es schwer Forderungen herauszustellen, die als <u>Kriterien</u> fungieren können, um zusammengesetzte Figuren als Kopien zu erkennen.

Was gebraucht wird, ist ein Prinzip (gegeben über Kriterien), welches uns ermöglicht, solche Bauprozesse zu beherrschen, indem z.B. aus den Teilen und der Art ihrer Zusammensetzung die entstandenen Ganzen als Kopien erkannt werden können. Ein solches Prinzip soll **Gestaltprinzip** heißen.

Natürlich verfügt man in der Praxis über vielfältige Möglichkeiten der Darstellung einer Zusammensetzung von Figuren zu Figurenkomplexen (z.B. ist der Bau einer Mauer, das Zusammenbauen von Möbeln usw.) mit Hilfe von Abbildungen von Bauteilen. Es ist nicht die praktische Aufgabe des Figuren-Zusammenbaus aus Elementen das Problem, welches die Geometrie löst, sondern die über die Formung individueller Elemente hinausgehende Möglichkeit solche Konstruktionen mit universellen, eindeutigen Gestalten (Ebenen, Geraden) auszuführen.

Die Geometrie löst diese konstruktive Aufgabe (und auch daran anschließende theoretische Probleme) durch die Angabe von Kongruenzaxiomen, welche systematisch Bedingungen für die kongruente Erweiterung von kongruenten Ausgangsfiguren formulieren. Damit verfügt man also über ein geometrisches **Kongruenzprinzip**. Aber welchen Bezug haben unsere bisherigen Begriffe zum Begriff der **Kongruenz**? Es ist unschwer zu erkennen, dass das Passen und die Gestaltgleichheit zur Interpretation der geometrischen Kongruenz dienen können, wobei man zu protogeometrischen Entsprechungen der beiden Kongruenzbegriffe kommt:

4.16 DEFINITION

$x \equiv_1 y \rightleftharpoons x$ ist kongruent zu $y \rightleftharpoons ggl(x, y)$ (bzw. $x \equiv_2 y \rightleftharpoons ggl(x, y) \vee p(x,y)$)

Beide Begriffe vermitteln offenbar aufgrund ihrer terminologischen Fassung Äquivalenzrelationen. Die erste Relation unterscheidet jedoch Figuren und ihre Passstücke.

Auf einen interessanten Umstand will ich noch hinweisen. Die Rede über Schnitte bzw. räumliche Figuren, die im letzten Kapitel rekonstruiert wurde, ermöglicht es jetzt, die Kongruenzrelation auch auf diese räumlichen Figuren zu beziehen. Genau das erfolgt aus meiner Sicht auch in der Geometrie Euklids, wenn dort von der anschaulichen Deckung von Figuren die Rede ist. Diese Deckung von Raumelementen kann nicht anders als Kongruenz der sie konstituierenden körperlichen Figuren im hier definierten Sinn verstanden werden. Die geometrische Kongruenz von Raumelementen kann im hier erklärten Sinne interpretiert werden. Ich möchte hier daher für die geometrische Fortsetzung dieser Bemühung auf Kapitel 7 verweisen und zunächst auf die protogeometrischen Betrachtungen zurückkommen, um die Gesichtspunkte des Kopierens weiter zu verfolgen, die für die weiteren Bemühungen relevant sind.

Nach Forderung 4.14 sind also Berührstellungen von gestaltkonstanten Körpern durch Kopien der Körper imitierbar. Es sei daran erinnert, dass bei der Definition der Relation "p" für Figuren, die in die Formulierung der Forderung eingeht, nur die Existenz eines Bewegungsvorgangs mit Anfangsstellung eine Nichtberührstellung der Körper K_1, K_2 und Endstellung $P(F_1,F)$ für Figurengruppen auf ihnen gefordert war. Von Figuren wird jedoch in der Praxis oft nicht die bloße Herstellbarkeit bzw. Imitierbarkeit von einzelnen Berührstellungen verlangt, sondern auch, dass die sich hinsichtlich der Ausführbarkeit von relativen Bewegungsvorgängen (mit Berührung oder Passung in Teilfiguren) nicht unterscheiden lassen. Diese zweite Forderung liegt dem Gebrauch und der Rede von **Ersatzteilen** zugrunde, also Körpern, die in Apparaten oder Maschinen gleiche Funktion übernehmen können, untereinander austauschbar sind.

Nun ist es durchaus so, und wohl eher der Normalfall, dass gestaltkonstante Körper nicht allein aufgrund der Imitierbarkeit von Berührstellungen die Funktion eines Apparates nach erfolgtem Austausch von Teilen sichern können. Die Ursachen von Abweichungen im Verhalten eines Apparats vor und nach dem Ersatz von Teilen liegen oft in der Unterscheidbarkeit dieser Teile von den Ursprünglichen bezüglich gewisser für die Funktion des Apparates relevanter (z.B. mechanischer) Eigenschaften (Herstellungsmängel) oder eben im Vorliegen von die Funktion des Apparates störenden Umständen. Mit den bis jetzt verfügbaren Möglichkeiten der Unterscheidung könnte eine Ursache für abweichendes Verhalten nur im Vorliegen anderer als imitierbarer Berührstellungen gesehen werden, also in von den ursprünglichen Teilen abweichendem Berührverhalten der Ersatzteile. Würden sich zwei Figurenkopien hinsichtlich Bewegungsvorgängen, die durch Berührungen festgelegt sind, unterscheiden, so müssten sie, so gesehen, sich hinsichtlich einer, zu deren Festlegung benutzten Berühraussage für eine bestimmte Stellung unterscheiden. Dies ist aber wegen der Imitierbarkeit von Stellungen beim Vorliegen G-konstanter Figuren von vornherein ausgeschlossen.

Diese zusätzliche Forderung kann man also als äquivalent zur Forderung 4.14 behandeln. -Es sei ausdrücklich darauf hingewiesen, dass diese Äquivalenz nur soweit gilt, wie Bewegungsvorgänge (proto-)geometrisch, d.h. bisher allein durch Berühraussagen (bei der Angabe ihrer Wege) festgelegt werden.- Im nächsten Kapitel, nach der Betrachtung von Bewegungsvorgängen von Gebieten und Linien, werde ich nochmals darauf zurückkommen.-

5. Grundformen

5.1 Gerade Linien

Das Ziel dieses Abschnitts ist die Rekonstruktion der Unterscheidung von geraden Linien bzw. Geraden mit Bezug auf die (elementare) technische Praxis. Wir wollen uns zunächst die Eigenschaften vergegenwärtigen, die von geraden Linien an Körpern in der Praxis gefordert und erfüllt werden, die mit der Gestalt dieser Linien zu tun haben, also mit Hilfe von Berühreigenschaften (und Bewegungseigenschaften) von körperlichen Figuren formulierbar sind. Es wird sich zeigen, dass diese Eigenschaften dazu geeignet sind, eine eindeutige protogeometrische Bestimmung des Terminus „gerade" bzw. „Gerade" zu ermöglichen, was im ansonsten auch zu erwarten ist, da es in der Praxis aufgrund dieser Eigenschaften ebenfalls gelingt.

a) In der handwerklichen Praxis wird ein sehr breiter Gebrauch von Linealen (Körpern mit einer geraden Kante auf ihrer Oberfläche) oder auch nur von gespannten Schnüren gemacht, als Körpern, durch welche gerade Linien gegeben sind, um ebene Gebiete auf anderen Körpern herzustellen. Diese Herstellung erfolgt so, dass die Linealkante bzw. die gespannte Schnur an das bearbeitete Gebiet ständig angelegt wird, um zu prüfen, ob sie überall darauf passt bzw. um Aufschluss darüber zu erhalten, wo gegebenenfalls noch Material abgetragen werden muss, damit dies erfolgt.

So verfahren z.B. Steinmetze und Maurer um Bausteine oder Platten durch Meißeln herzustellen (eine althergebrachte Praxis, vgl. unterstehendes Bild), aber auch etwa Schreiner und Schlosser beim Hobeln, Feilen oder Schaben von ebenen Gebieten auf Holz- bzw. Metallwerkstücken.

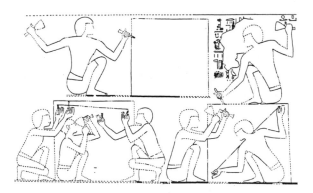

Hierbei kommt die Eigenschaft von geraden Linien zur Anwendung, <u>in jeder Berührstellung mit einem ebenen Gebiet</u> (wobei mindestens zwei Berührstellen mit ihm vorliegen), <u>dieses in einem ganzen Linienstück zu berühren</u>.

b) In der Praxis des technischen Zeichnens werden gerade Linien mit Hilfe von Linealen graphisch erzeugt. Bei solchen Konstruktionen wird des Öfteren auch eine auf ei-

nem ebenen Gebiet (Zeichenblatt auf dem Zeichenbrett) bereits vorliegende gerade
Linie auf dem Gebiet **gerade verlängert**, d.h. so ergänzt, dass die entstehende Ge-
samtlinie ebenfalls gerade ist. Bereits bei Euklid ist diese Eigenschaft der Geraden als
Postulat zu finden.

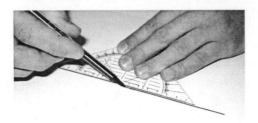

Als selbstverständlich sieht man auch an, dass Stücke von geraden Linien ebenfalls
gerade sind, im Sinne der Erfüllung der hier explizierten Eigenschaften. Diese Eigenschaft von Geraden wird auch unabhängig von Ebenen wirksam, wenn z.B. gerade
Stäbe oder durch Schnüre hergestellte Geraden verlängert werden.

c) Bei zeichnerischen Konstruktionen wird noch eine weitere Geradeneigenschaft vorausgesetzt, nämlich, dass die Linealkante in jeder Berührstellung mit einer geraden
Strichmarke, die mindestens zwei Berührstellenpaare aufweist, mit einem ganzen Kan-
tenstück an ihr passt (**universelle Passung**). Diese Voraussetzung liegt auch der Messung von Längen zugrunde, also wenn man sich dafür interessiert, wie oft eine Ein-
heitslinie (-strecke) auf einem <u>Maßstab</u> (Körper mit einer geraden Kante, auf der eine
Skala markiert worden ist) sich auf einer geraden Linie auf einem anderen Körper abtragen lässt.

d) Betrachtet man die längs gerader Linien erfolgenden Verschiebungen von Maschi-
nenschlitten, so wird eine andere Geradeneigenschaft deutlich. Gerade Linien erweisen
sich hierbei als zueinander **passend verschiebbar** oder **glatt**, wenn Stellungen durchlaufen werden, die durch mindestens zwei Berührstellenpaare gegeben sind. Diese Eigenschaft ist jedem, der auf einem Zeichenbrett parallele Geraden zeichnet, geläufig.

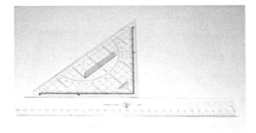

e) Gerade Linien entstehen praktisch an <u>Keilen</u>, also Körpern, welche <u>zwei Ebenen mit gemeinsamer Kante</u> aufweisen. Diese Kante ist immer eine gerade Linie. Eine solche Erfahrung macht man auch, wenn man Papier faltet und glättet: Die Faltlinie erweist sich immer als gerade. Solche Keile haben auch die Eigenschaft, auf ihren Passstücken (also als Keil und Kerbe) entlang der Kante gleiten zu können, eine Eigenschaft, die vom Zeichnen bis zum Maschinenbau durchgängig von allen Arten von Schienen erfüllt wird.

f) Liegt eine gerade Kante z.B. auf einem festen Keil oder einem Keil, der mittels der Papierkonstruktion in e) hergestellt wurde, vor, so macht man auch folgende generelle Erfahrung: Bringt man die beiden Kanten zueinander an zwei Berührstellen in Berührung, so ergibt sich zunächst die Passung in Teillinien (Eigenschaft c). Darüber hinaus kann man jedoch diese Passung beibehalten und die relative Stellung der Keile um diese Gerade herum verändern (drehen). Die gerade Linie fungiert offenbar als **Drehachse** im Raum, was man sich auch an einem einzigen Papierkeil klar machen kann. Diese Eigenschaft der Geraden hat vielfältige technische Anwendungen (Achsen aller Art). Sie hängt mit e) wohl zusammen, wenn man sich die Sache genau überlegt.

g) Schließlich sei auf noch eine bemerkenswerte Tatsache hingewiesen, die an geraden Linien besonders auffällig ist und vielfach angewendet wird. Passen zwei Linien L_1 und L_2 mit den Enden A, A′ und B, B′ aneinander, so kann die Passung auf zwei Weisen erfolgen: Einmal mit (A,B), (A′,B′) und (umgelegt) mit (A,B′), (A′,B) als Berührstellenpaaren. (Diese Eigenschaft stellt nichts anderes als die konkrete Interpretation eines geometrischen Kongruenzaxioms für Strecken bzw. Punktepaare dar.)

In diesen Ausführungen können zwei Arten von Eigenschaften unterschieden werden. Zunächst erweisen sich Gerade und Ebene als stark voneinander abhängig (a, e). Dann zeigt die gerade Linie aber auch Eigenschaften, welche das Verhältnis von geraden Linien zueinander betreffen. Sie entsprechen analog formulierbaren Eigenschaften der Ebene, wie wir im folgenden Abschnitt sehen werden. Diese sind: die <u>Ergänzbarkeit</u> (und das selbstverständliche Gerade-sein von Teilstücken), die <u>universelle Passung</u> und die <u>Glattheit</u>.

Zuvor möchte ich auf die relativen Bewegungsvorgänge von Figuren eingehen, deren begriffliche Fassung die Voraussetzung zu einer Präzisierung der Eigenschaft c) darstellt. Sie erfolgt im Anschluss an einige Vorbetrachtungen über relative Verschiebungen insb. Drehungen von zwei Körpern oder zwei Figuren (Gebiete, Linien, Stellen) zueinander und betrifft auch das Vorgehen im nächsten Abschnitt.

<u>Relative Verschiebungen</u> von Punkten wurden bereits zur Erzeugung von Strichmarken bzw. Linien in Kapitel 2 gebraucht. Bei dieser Art von Bewegungsvorgängen durchläuft ein Punkt auf der Oberfläche eines Körpers (z.B. die Spitze eines Bleistifts) eine Linie (als Spur) auf der Oberfläche eines anderen Körpers, indem sie bezüglich eines Punktes auf dieser letzten Oberfläche bewegt und zugleich (während des Vorgangs) mit der Oberfläche in Berührung gehalten wird. Bei <u>relativen Drehungen</u> von

Stellen zueinander wird zusätzlich ein Berührstellenpaar der zwei beteiligten Körperoberflächen festgehalten. Auch dabei wird eine, zuweilen auch geschlossene, Linie auf
der Oberfläche des zweiten Körpers durchlaufen.

Für die terminologische Bestimmung von Verschiebungen von Punkten stehen uns
nach Kapitel 2 Termini zur Verfügung, indem jetzt ein Weg, bei ihrer Ansicht als Bewegungen eine Bahn, also Linien angegeben werden kann, auf dem (der) sie ablaufen,
wobei zur Angabe durchlaufener Stellungen (bei Vorgängen zusätzlich noch Anfangs-
und Endstellung) Aussagen über die Berührung von Stellen verwendet werden können.
- Über eine Linie als Bahn der Verschiebung eines Punktes zu reden heißt, sich auf
Aussagen über ihre Lage und Gestalt, sowie über das Vorliegen bzw. Durchlaufen von
Berührungen dieses Punktes mit der Linie zu beschränken. Über eine Linie als Weg
der Verschiebung eines Punktes zu reden heißt, zusätzlich auch Aussagen über das
Ausgehen von einer solchen Berührung und das Enden in eine solche Berührung zuzu-
lassen. Von einer Linie als der Spur einer Verschiebung zu reden heißt also, von ihr als
Bahn bzw. Weg der Verschiebung als Bewegung bzw. Bewegungsvorgang zu reden. -
Im Folgenden werden Verschiebungen, insb. Drehungen, wenn nicht anders vermerkt,
als Bewegungsvorgänge betrachtet.

Neben Verschiebungen von Stellen kann man auch relative Verschiebungen von Linien, Gebieten und Körpern unterscheiden. Bei diesen Bewegungsvorgängen wird eine
Figur x relativ zu einer anderen y so bewegt, dass x und y dabei gewisse Berührteile
(bzw. -Elemente) haben, insbesondere Punkte, die eine relative Verschiebung zueinander ausführen. Bei relativen Drehungen von Körpern, Gebieten und Linien (jedoch
nicht von Linien untereinander) haben wir zusätzlich die Berührung an gewissen Berührteilen bzw. -elementen (Stelen, eine Linie) in jeder Stellung der Bewegung bzw.
des Bewegungsvorgangs. Das Hauptinteresse gilt im Folgenden natürlich relativen
Verschiebungen von Linien.

Nach diesen Vorbereitungen werden die herausgestellten Eigenschaften durch den
Aufbau einer Terminologie zunächst präzise gefasst und geordnet. Mit ihrer Hilfe wird
dann versucht, das Prädikat „ist gerade zu" bezogen auf Linien so zu bestimmen, dass
sie sich später durch die Erfüllung gewisser Forderungen als diese Linien erweisen
werden, die wir in der technischen Praxis, im täglichen Leben und in der Geometrie,
bei entsprechender Deutung, üblicherweise "gerade" nennen.

Zur begrifflichen Fassung der Glattheit von geraden Linien ist es zuvor nötig, relative
Verschiebungen von Linien zueinander einzuführen. Ich betrachte im Folgenden nur
einfache Linien und zueinander stark gestaltkonstante Figuren, mit welchen Berührstellungen durch Kopien imitiert werden können.

5.1 DEFINITIONEN

1. $t \in V(L_1, L_2) \rightleftharpoons t$ ist Verschiebung von L_1 längs L_2
$\rightleftharpoons$ t ist Bewegungsvorgang von L_1 relativ zu L_2, wobei in jeder Stellung von t zwei Berührstellenpaare $(P_1, \underline{P}_1), (P_2, \underline{P}_2)$ mit P_1, P_2 i L_1, $\underline{P}_1, \underline{P}_2$ i L_2 vorliegen.

2. Sei T_1 i L_1, sodass genau ein Ende der beiden Linien zusammenfällt. Dann heißt T_1 Randlinie (R-Linie) von L_1.

ANMERKUNGEN

1. Offenbar folgt aus $t \in V(L_1, L_2)$ auch $t \in V(L_2, L_1)$.

2. T_1 sei Randlinie von L_1 und $p(L_1, L_2)$. Dann gibt es (durch Abdruck an L_2) eine Figurenkopie von $\{L_1, T_1\}$ etwa $\{L_2, T_2\}$, wobei $p(T_1, T_2)$ gilt. T_2 ist auch eine R-Linie, wegen der Invarianz von "Ende(einer Linie)" bzgl. "P", also auch bzgl. "p".

5.2 DEFINITION

$Rp(L_1, L_2 ; (P_1, P_2), (\underline{P}_1, \underline{P}_2))$
$\rightleftharpoons L_1, L_2$ sind Rand(R-)passend in der (Berühr-)Lage $((P_1, P_2), (\underline{P}_1, \underline{P}_2))$

$$\rightleftharpoons \bigvee_{T_1} \bigvee_{T_2} \left[P_1, P_2 \text{ i } T_1 \wedge \underline{P}_1, \underline{P}_2 \text{ i } T_2 \wedge p(L_1, L_2, T_1, T_2 ; (P_1, P_2), (\underline{P}_1, \underline{P}_2)) \right]$$

$$\wedge \left[(T_1 \text{ ist R-Linie von } L_1 \wedge T_2 \text{ R-Linie von } L_2) \vee T_1 - L_1 \vee T_2 - L_2) \right]$$

(Zwei Linien L_1, L_2 heißen Rand-passend (R-passend) in einer durch zwei Berührstellenpaare gegebenen Berührlage, wenn sie in dieser Berührlage genau an zwei R-Linien T_1, T_2 (Teillinien von L_1 bzw. L_2) passen, oder $T_1 = L_1$ oder $T_2 = L_2$ gilt.)

ANMERKUNG

1. "Rp" ist symmetrisch. Statt "R-passend" könnte man auch „passend mit Überlappung (in der durch $(P_1, P_2), (\underline{P}_1, \underline{P}_2)$ gegebenen Stellung)" sagen. Die Erfassung dieser Redeweise ist der Zweck dieser Begriffsbildung.

2. Es sind zwei Paare von Stellen gegeben, da sonst die Berührstellung der Linien nicht eindeutig reproduzierbar (festgelegt) ist.

Mit den bereitgestellten begrifflichen Mitteln können nun Definitionen der gewünschten Eigenschaften angegeben werden.

5.3 DEFINITIONEN

1. $t \varepsilon pV(L_1, L_2)$
    $\rightleftharpoons$ t ist passende Verschiebung von L_1 längs L_2
    $\rightleftharpoons$ $t \in V(L_1, L_2)$

$\wedge \bigwedge\limits_{P_1, P_2} \bigwedge\limits_{\underline{P_1}, \underline{P_2}} [\; P_1, P_2 \; i \; L_1 \wedge \underline{P_1}, \underline{P_2} \; i \; L_2 \wedge (P_1, \underline{P_1}),(\; P_2, \underline{P_2})$ sind Berührstellen einer

Stellung von t $\rightarrow Rp(L_1, L_2, ;(P_1, P_2),(\underline{P_1}, \underline{P_2}))]$

2. $gt(L_1, L_2)$
    $\rightleftharpoons$ L_1 ist glatt (passend verschiebbar) zu L_2)

    $\rightleftharpoons \bigvee\limits_{t} \; t \in pV(L_1, L_2)$

3. $up(L_1, L_2)$
    $\rightleftharpoons$ L_1 ist universell passend zu L_2)

    $\rightleftharpoons \bigwedge\limits_{P_1, P_2} \bigwedge\limits_{\underline{P_1}, \underline{P_2}} (P_1, P_2 \; i \; L_1 \wedge \underline{P_1}, \underline{P_2} \; i \; L_2 \wedge (P_1, \underline{P_1}),(\; P_2, \underline{P_2})$ sind Berührstellen einer
Stellung von t $\rightarrow Rp(L_1, L_2, ;(P_1, P_2),(\underline{P_1}, \underline{P_2}))$

ANMERKUNG

Die Prädikate „ist glatt zu" und „ist universell passend zu" sind offenbar symmetrisch.-

Die Glattheit und die universelle Passung sind natürlich invariant bezüglich Ersetzung durch Kopien. Dies ist der Inhalt des folgenden Satzes.

5.4 SATZ

1. $gt(L_1, L_2) \wedge ggl(L_1, L) \rightarrow gt(L_2, L)$
2. $up(L_1, L_2) \wedge ggl(L_1, L) \rightarrow up(L_2, L)$

Zum BEWEIS: Über die Imitierbarkeit von Berührstellungen bei Kopien zu zeigen. Ein angenommener Unterschied in den Berühreigenschaften führt zum Widerspruch zur Gestaltgleichheit.-

Die Begriffe "gt" und "up" sollen nun daraufhin betrachtet werden, ob sie im Hinblick auf die eingangs aufgestellten Rekonstruktionsziele die dort herausgestellten Eigenschaften gerader Linien c) und d) exakt zu formulieren gestatten. In der Tat, mit "up" ist c) wohl erfasst. Die Eigenschaft d) kann man als "gt" präzisieren. Aufgrund der in Kapitel 4 erwähnten Äquivalenz von Forderungen gelten jedoch folgende Aussagen.

5.5 SATZ

$gt(L_1, L_2) \leftrightarrow up(L_1, L_2)$

Zum BEWEIS: Vgl. die Schlussbemerkungen im vorangegangenen Kapitel.

Aufgrund dieser Zusammenhänge kann man jede der Eigenschaften "gt" oder "up" als angemessene Präzisierung der eingangs herausgestellten Eigenschaften c) und d) ansehen. Im Folgenden wird dafür einfach: "glatt" oder symbolisch abgekürzt gt" geschrieben.

Eine erste Festlegung der Geradlinigkeit hätte eigentlich auch auf folgende Weise erfolgen können.

5.6 DEFINITION

gerade$_1$ $(L_1, L_2) \rightleftharpoons L_1$ ist gerade zu $L_2 \rightleftharpoons p(L_1, L_2) \wedge ggl(L_1, L_2)$ (in jeder Berührlage, bei der die Endpunkte von L_1, L_2 zusammenfallen).

ANMERKUNG

Diese Definition ist offenbar ohne die Zusatzforderung in der Klammer nicht vernünftig fassbar. Das liegt an der Mehrdeutigkeit der Berührstellungen von Linien, wenn zwei Berührstellenpaare vorliegen. Bei der Geraden ist dieser Gesichtspunkt natürlich schließlich ohne Belang, da sie in jeder Berührstellung, bei der zwei Berührstellenpaare vorliegen, aneinander passen.

5.7 SATZ

"ist gerade zu" ist eine Äquivalenzrelation.

BEWEIS
1. Symmetrie: Aus der Symmetrie von "p" und "ggl".
2. Transitivität: Wegen der Invarianz von "p" bzgl. "ggl".
3. Reflexivität: Aus der Existenz von passenden Linien zu jeder Linie: Alle diese Linien sind gestaltgleich, somit gilt die Reflexivität, wenn man die Ersetzung durch gestaltgleiche Linien zulässt, in bezüglich der Gestaltgleichheit invarianter Rede.

Die entscheidende Frage ist aber, ob mit dieser Erklärung die zuvor explizierten Eigenschaften der geraden Linie gesichert sind. Dies ist jedoch nicht der Fall, da kein logischer Zusammenhang zwischen der universellen Passung bzw. der Glattheit und der obigen Definition erkennbar ist. Die „Passung in jeder Lage bei Berührung der Enden" ergibt logisch noch keinen Grund für die anderen Eigenschaften von Geraden. An dieser Stelle kann natürlich gleich überlegt werden, ob eine andere Definition mit protogeometrischen Begriffen mehr leistet. Definiert man etwa das Prädikat „ist gerade zu" mittels einer Konjunktion von universeller Passung und Gestaltgleichheit zweier Linien, so könnte man die obige Definition als Folgerung erhalten.

5.8 DEFINITION

gerade$_2$ (L$_1$, L$_2$) $\rightleftharpoons$ L$_1$ ist gerade zu L$_2$ $\rightleftharpoons$ gt(L$_1$,L$_2$) $\wedge$ ggl(L$_1$,L$_2$) (in jeder Berührlage, bei der die Endpunkte zusammenfallen).

Man erkennt mit gleichlautender Argumentation wie zuvor, dass hier auch eine Äquivalenzrelation vorliegt. Die Situation p(L$_1$,L$_2$) ist natürlich in der Glattheitsforderung erhalten (sie enthält ja die Passung in Teillinien in jeder Lage, aber eine Lage ist auch die durch P(L$_1$,L$_2$) gegebene), so dass sich die obige Definition als Folgerung ergibt.

Auf der Basis dieser Äquivalenzrelation kann aber der Terminus „Gerade" eingeführt werden:

5.9 DEFINITION

Eine Linie heißt gerade (ist eine Gerade), wenn Kopien von ihr zueinander glatt sind in jeder Berührstellung mit zwei Berührstellenpaaren.

Die Definition der Geraden erfolgte auf einem Weg, bei dem Begriffe und Objekte (Bewegungen) benutzt wurden, die implizit Existenzpostulate über deren Realisierbarkeit enthalten. Sie sind als Rekonstruktion von operativen Unterscheidungen entworfen worden. Durch die Fassung der Geradheit über Formkriterien[1] sind jedoch offenbar immer noch nicht alle, praktisch relevanten geometrischen Eigenschaften von Geraden erfasst. Insbesondere die Ergänzbarkeit und die Einschränkung auf Teillinien sind nur durch zusätzliche Forderungen zu erhalten. (Die Relationen zur Ebene, d.h. die Eigenschaften a) und e), natürlich auch. Sie stellen irreduzible Erfahrungen mit diesen Grundformen dar.)[2] Die Einschränkung auf Teillinien kann man explizit als zusätzliches Postulat (nicht als Definition) für gerade (bzw. glatte) Linien formulieren:

5.10 POSTULAT (Geradheit von Teillinien einer geraden Linie)
gerade (L$_1$, L$_2$) $\wedge$ T$_1$ i L$_1$ $\wedge$ T$_2$ i L$_2$ $\rightarrow$ gerade (T$_1$, T$_2$)

(Teillinien von zueinander geraden Linien sind zueinander gerade.)

Die Ergänzbarkeit von Geraden (oder gar glatten Linien) ist eine komplexere Forderung, die folgendermaßen in Worten formuliert werden kann:

---

[1] Diese Fassung war mir an sich wichtig, um den Bezug zur Praxis herzustellen. (Vgl. den Philosophischen Blick am Anfang von Teil I.)

[2] Die Kenntnisnahme der Axiomatik kann uns vor dem Glauben (wie teilweise in der protophysikalischen Geometrie) bewahren, dass eine einzige Eigenschaft alle Eigenschaften der Ebene oder der Geraden abzuleiten gestatten könnte.

5.11 POSTULAT (Ergänzbarkeit von geraden Linien)

Sind zwei zueinander gerade Linien L_1, L_2 in einer Berührlage, in der sie in Randlinien passen, so können diese in dieser Lage so ergänzt werden, dass die entstehenden Linien gerade zueinander sind und aufeinander passen.

Wenn man die Ergänzbarkeit von geraden (oder glatten) Linien zu formulieren versucht, so stellt sich nicht die Frage, ob dies mit protogeometrischen Mitteln gelingen kann (das ist der Fall), sondern, ob es danach zu streben überhaupt sinnvoll ist bzw. eine vernünftige Perspektive hat. Denn, es ist eine weitergehende systematische Frage, wie sich diese Eigenschaften systematisch organisieren lassen. Davon wird hier aus guten Gründen (vgl. I, Kap. 7) abgesehen.

5.2 Ebene Gebiete

Die folgenden Ausführungen gelten der schrittweisen Einführung einer Terminologie, um über ebene Gebiete bzw. Ebenen mit Bezug auf die technische Praxis ihrer Erzeugung und Verwendung reden zu können. Zunächst wird nach Funktionseigenschaften von ebenen Flächen Ausschau gehalten werden, die von ihnen qua Ebenen praktisch gefordert und im jeweiligen Bereich der Technik auch hinreichend erfüllt werden. Diese Eigenschaften werden an Beispielen aus der Technik verdeutlicht. Dann erfolgt der Versuch einer Formulierung dieser Eigenschaften in der bisher bereitgestellten protogeometrischen Terminologie. Das Ziel dabei ist es, wie bei der Geraden zuvor, schrittweise nachzuvollziehen, was es heißt, dass sie „gleiche Gestalt" haben.

Bei der folgenden Explikation der Funktionseigenschaften von ebenen Flächen wird exemplarisch auf drei Bereiche der Technik Bezug genommen, das Bauwesen und den Maschinenbau, sowie auf die Praxis des technischen Zeichnens, welche die gesamte Technik durchsetzt und das Verbindungsglied zur Geometrie darstellt.

a) Im Bauwesen wird bei der Errichtung von Mauern mit Hilfe von Bausteinen, die ebene Flächen aufweisen (Ziegel), und beim Betongießen von Körpern mit ebenen Flächen (Balken, Säulen, Gebäudedecken u.a.m.) durch Schalungen folgende Eigenschaft von ebenen Gebieten gefordert und hinreichend erfüllt. Ist ein ebenes Gebiet hergestellt (etwa die Kellerdecke eines Hauses im Bau), so soll ein anderes (z.B. ein auf einem Schalungsbrett oder einem Ziegel liegendes) ebenes Gebiet in jeder Berührstellung mit ihm daran so passen können, dass sich beide, wie man sagt, <u>überlappen</u>, d.h. (hier vorläufig formuliert), dass ganze Teilgebiete beider Gebiete aneinander passen (**universelle Passung**). (Vgl. Bild)

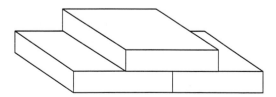

b) Im Maschinenbau und beim technischen Zeichnen wird noch eine andere Eigenschaft gefordert. Ein ebenes Gebiet soll auf einer ebenen Unterlage auch in beliebiger Weise <u>gleiten</u> können bzw. <u>verschoben</u> werden können, wobei das in a) geforderte Passungsverhältnis beibehalten wird. Von dieser letzten Eigenschaft ebener Gebiete wird auch beim Zeichnen ein extensiver Gebrauch gemacht, z.B. wenn man mit dem Lineal weiterzeichnen will, ohne es von der Zeichenfläche abzuheben. Von zentraler Bedeutung ist diese Eigenschaft aber zweifellos im Maschinenbau, wo u.a. auch Werkzeugmaschinen mit ebenen Schlitten betrieben werden, die auf ebenen Unterlagen gleiten.[3] Beispiele von zueinander **passend verschiebbaren** oder **glatten** Gebieten, die uns geläufig sind, stellen übrigens der Kolben und der Zylinder von Verbrennungsmotoren oder Achsen und Lager von vielen Geräten und Maschinen dar (genauer die sich berührenden Gebiete auf ihnen), allerdings sind diese Gebiete nicht eben.

c) Ein ebenes Gebiet wird im Prinzip immer als **eben ergänzbar** angesehen. Das kommt sowohl beim Mauern zum Ausdruck (vgl. Figur) als auch, und dabei besonders hervorstechend, beim Betongießen durch die Schalung, die ein ebenes Gebiet (z.B. die Seite eines Balkens oder einer Säule) überlappt. Diese Schalung nimmt den flüssigen Beton so auf, dass nachdem er erstarrt ist und die Schalung abgenommen worden ist, der Balken so ergänzt wird, dass das alte ebene Gebiet durch ein neues Gebiet zu einem ebenen Gesamtgebiet erweitert wird. (Natürlich wird der ganze Balken fortgesetzt!)

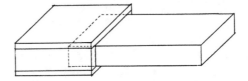

d) Ebene Gebiete weisen aber auch eine Eigenschaft auf, die ebenso wie die ebene Ergänzbarkeit i.a. bei beliebigen Flächen keineswegs erfüllt wird, und in gewissem Sinne eine Umkehrung dieser Eigenschaft darstellt. Nimmt man etwa aus einer ebenen Fläche ein <u>Teilstück</u> her, so erwartet man, dass es sich genauso verhält, wie die gesamte Fläche, aus der dieses Stück stammte, also als Ebene.

Natürlich haben Ebenen noch mehr Eigenschaften, wenn man sie in Verbindung mit der Geraden bringt, wie im letzten Abschnitt ausgeführt wurde.

Nach diesen Vorbereitungen sollen nun die obigen Eigenschaften durch den Aufbau einer geeigneten Terminologie präzise gefasst, mit ihrer Hilfe flache oder <u>ebene</u> Gebiete bestimmt, sowie gewisse Eigenschaften von ihnen nachgewiesen werden. (Die

---

[3] Auch wenn diese Schlitten zumeist nur in einer Richtung bewegt werden, so sind zu ihrer Herstellung doch Gebiete benutzt worden, bei denen jede Richtung zu diesem Zweck verwendbar ist.

Verwendung von zwei –synonymen– Termini hat hier keinen tiefergehenden Grund, sondern entspricht der üblichen Redepraxis.)

Der Aufbau der Terminologie hat zunächst das Ziel, eine Definition der Begriffe universell passend und glatt für Gebiete zu ermöglichen. Die betrachteten Figuren liegen auch hier, wie bei der Einführung der Berührbegriffe, auf verschiedenen Körpern.

5.12 DEFINITIONEN

1. $t \in V(P,L)$ $\rightleftharpoons$ t ist eine Verschiebung von P längs L
   $\rightleftharpoons$ t ist ein Bewegungsvorgang von P bzgl. L mit:

   A.S.: $B(P, P_A)$
   E.S.: $B(P, P_E)$
   D.S.: $B(P, P_x)$

   $\wedge$ P_A, P_E sind Enden von L $\wedge$ P_x i L $\wedge$ $\bigwedge\limits_{P_x}$ (P_x i L $\rightarrow$ P_x ist Berührstelle einer Stellung

von t)

2. $t \in V(G_1, G_2, L, P)$
   $\rightleftharpoons$ t ist Verschiebung von G_1 auf G_2 längs L bzgl. P
   $\rightleftharpoons$ P i $I(G_1)$ $\wedge$ L i $I(G_2)$ $\wedge$ t $\in$ V(P, L))

3. $t \in D(G_1, G_2, (P_0, P_0^*), P)$ $\rightleftharpoons$ t ist Drehung von G_1 auf G_2 um (P_0, P_0^*) bzgl. P

   $\rightleftharpoons$ $\bigvee\limits_{L}$ $t \in V(G_1, G_2, L, P)$ $\wedge$ für alle Stellungen von t gilt: $B(P_0, P_0^*)$ $\wedge$ P_0 i $I(G_1)$, P_0^* i $I(G_2)$

(Gilt auch noch $P_A = P_B$, also ist die Linie L geschlossen, so heißt die Drehung eine volle Drehung).

ANMERKUNGEN

1. Der Begriff "Verschiebung" wurde als Oberterminus zur Charakterisierung der in der Technik und im täglichen Leben sogenannten Vorgänge, einschließlich der relativen Drehungen (der oben geschilderten Art) verwendet. Da uns vor allem geführte Verschiebungen geläufig sind, das sind solche, bei denen die Spur durch Markierung oder aufgrund von Berührungen von vornherein festgelegt ist (z.B. durch das Lineal beim Linienzeichnen, oder durch die Schlittenführung bei den Werkzeugmaschinen), erscheint die hier erfolgte Einordnung der Drehungen unter die Verschiebungen als sinnvoll.

2. In den obigen Definitionen ist zwar gefordert, dass die Linie vom einen Ende zum anderen, jedoch noch nicht, dass sie einfach (ohne Umkehr) durchlaufen wird, also,

dass keine Teillinie mehrmals durchlaufen wird. Wenn die Spur einfach ist, so heiße die betreffende Verschiebung auch „einfach".

3. Durch Anpassung der Begriffsbildung bei der Definition der Drehung (Punkte statt Gebiete) ist es durchaus möglich, die Bewegung eines _Zirkels_ auf einem Gebiet zu beschreiben.

Am Anfang dieses Abschnitts wurde von der Überlappung zweier Gebiete gesprochen, und diese als Passung in Teilgebieten vorläufig bestimmt. Genauer lässt sich diese Eigenschaft als Passung der Gebiete in Teilgebieten, welche die folgende Eigenschaft haben, charakterisieren.

5.13 DEFINITION

T_1 ist R-Gebiet von G_1 in der (Berühr-)Lage $(G_1, G_2), (P_1, P_2)$

$$\rightleftharpoons \bigvee_{T_2} p(G_1, G_2; T_1, T_2; P_1, P_2)$$

$$\wedge \bigwedge_{P} \bigwedge_{P'} (b(P,P'; T_1, T_2) \wedge P \text{ i } R(T_1) \rightarrow P \text{ i } R(G_1) \vee P' \text{ i } R(G_2))$$

Bem: T_2 ist auch ein R-Gebiet, wegen der Invarianz von "Randstelle" bzgl. "P", also auch bzgl. "p".

Diese Definition sei nur zur Charakterisierung der Gebiete angeführt, die hier von Interesse sind; sie wird im Folgenden nicht verwendet. Im Folgenden werden Figurengruppen betrachtet, die aus zwei Gebieten G_1 und G_2 sowie auf ihnen markierte Stellen P_1 und P_2 bestehen. Das Interesse gilt nämlich der Präzisierung der Möglichkeit der Passung der Gebiete G_1 und G_2 in gewissen Figurengruppen F_1 und F_2, welche jeweils lediglich R-Gebiete (Teilgebiete von G_1 und G_2) und auf ihnen liegende Stellen enthalten.

5.14 DEFINITION

$Rp(G_1, G_2; P_1, P_2)$
$\rightleftharpoons G_1, G_2$ sind Rand(R-)passend in der Lage (P_1, P_2)

$$\rightleftharpoons \bigvee_{T_1} \bigvee_{T_2} \bigwedge_{P_1} \bigwedge_{P_2} (T_1 \text{ i } G_1 \wedge P_1 \text{ i } I(G_1) \wedge T_2 \text{ i } G_2 \wedge P_2 \text{ i } I(G_2) \wedge p(G_1, G_2, T_1, T_2; P_1,$$

$$P_2)) \wedge \left[b(P_1, P_2; T_1, T_2) \wedge (P_1 \text{ i } R(T_1) \vee P_2 \text{ i } R(T_2)) \rightarrow P_1 \text{ i } R(G_1) \vee P_2 \text{ i } R(G_2) \right]$$

(Zwei Gebiet G_1, G_2 heißen _Rand-passend_ (R-passend) in einer durch zwei innere Berührstellen gegebenen Berührlage, wenn sie in dieser Berührlage genau an zwei R-Gebieten T_1, T_2 (Teilgebieten von G_1 bzw. G_2) passen.)

ANMERKUNGEN

1. "Rp" ist symmetrisch. Statt "R-passend" könnte man auch "überlappend (in der durch F_1, F_2 gegebenen Lage)" sagen.

2. Zumeist sind zwei oder drei Paare von Stellen gegeben, da sonst die Berührstelle nicht eindeutig reproduzierbar (festgelegt) ist.

Mit den bereitgestellten begrifflichen Mitteln können nun endlich Definitionen der gewünschten Eigenschaften angegeben werden.

5.15 DEFINITIONEN

1. $t \in pV(G_1, G_2, L)$
$\rightleftharpoons t$ ist passende Verschiebung von G_1 auf G_2 längs L bzgl. P
$\rightleftharpoons t \in V(G_1, G_2, L, P)$

$\wedge \bigwedge\limits_{P_1} \bigwedge\limits_{P_2}$ (P_1, P_2 sind Berührstellen einer Stellung von t

$\rightarrow Rp(G_1, G_2, P_1, P_2))$

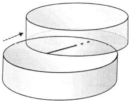

2. $t \subset pD(G_1, G_2, (P_0, P_0^*), P)$
$\rightleftharpoons t$ ist passende Drehung von G_1 auf G_2 bzgl. P
$\rightleftharpoons t \in D(G_1, G_2, (P_0, P_0^*), P)$

$\wedge \bigwedge\limits_{P_1} \bigwedge\limits_{P_2}$ (P_1, P_2 e Ber.stellen einer Stellung von t

$\rightarrow Rp(G_1, G_2, P_1, P_2))$

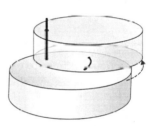

ANMERKUNG: Handelt es sich um eine volle Drehung, so reden wir von einer „passenden vollen Drehung" und schreiben dafür $t \in pvD(G_1, G_2, (P_0, P_0^*), P)$

3. $gt_1(G_1, G_2) \rightleftharpoons G_1$ ist glatt (passend verschiebbar) zu G_2

$\rightleftharpoons \bigwedge\limits_{L} \bigwedge\limits_{P} \bigvee\limits_{t}$ $(P \ i \ I(G_1) \wedge L \ i \ I(G_2)) \rightarrow t \in pV(G_1, G_2, L, P))$

$\wedge \bigwedge\limits_{L} \bigwedge\limits_{P} \bigvee\limits_{t}$ $(P \ i \ I(G_2) \wedge L \ i \ I(G_1)) \rightarrow t \in pV(G_2, G_1, L, P))$

4. $up(G_1, G_2) \rightleftharpoons G_1$ ist universell passend zu G_2

$\rightleftharpoons \bigwedge\limits_{P_1} \bigwedge\limits_{P_2}$ $(P_1 \ i \ I(G_1) \wedge P_2 \ i \ I(G_2)) \rightarrow Rp(G_1, G_2, P_1, P_2))$

5. $gt_2(G_1,G_2) \rightleftharpoons G_1$ ist glatt (passend drehbar) zu G_2

$$\rightleftharpoons \bigwedge_{P_0} \bigwedge_{P_0^*} (P_0 \text{ i } I(G_1), P_0^* \text{ i } I(G_2)) \rightarrow \bigvee_P \bigvee_t (t \in pvD(G_1, G_2, (P_0, P_0^*), P)$$

$$\wedge \bigvee_P \bigvee_t t \in pvD(G_2, G_1, (P_0^*, P_0), P).$$

ANMERKUNGEN

1. Die drei zuletzt definierten Begriffe sind offenbar symmetrisch.

2. Eine pvD ist nach Definition auch eine pV.

Nun sollen die logischen Abhängigkeiten der drei zuletzt definierten Begriffe unterei-nander untersucht werden, sowie die Frage, ob die durch sie gegebenen Relationen von G_1 und G_2 auch zwischen Kopien dieser Gebiete bestehen. Die positive Beantwortung der letzten Frage hängt offenbar davon ab, ob die vorher definierten relativen Bewe-gungsvorgänge (Verschiebung, Drehung) zwischen G_1 und G_2 mit Figurenkopien der Figurengruppen, die auf K_1 und K_2 jeweils ausgezeichnet sind, wiederholbar sind.

Am Ende des 4. Kapitels wurde die Äquivalenz von Forderung 4.4 mit der Forderung, dass sich Figurenkopien hinsichtlich der Ausführbarkeit von relativen Bewegungsvor-gängen mit anderen Körpern ununterscheidbar sein sollen, besprochen. Diese Äquiva-lenz ergab sich aufgrund der Imitierbarkeit von Berührstellen mit Figurenkopien und der Definition von relativen Bewegungsvorgängen mit Hilfe von Berühraussagen. Es soll hier nicht gezeigt werden, dass die oben definierten Bewegungsvorgänge mit geeigneten Figurenkopien ausführbar sind. Es wäre hierbei jedes Mal indirekt zu zei-gen, dass die Annahme der Nichtausführbarkeit mithilfe der obigen Äquivalenz zu einem Widerspruch zur Imitierbarkeit der einschlägigen Berührstellen führt. Die folgenden Aussagen können daher hier ohne Beweis behauptet werden. Sie betreffen entsprechende Invarianzeigenschaften der eingeführten Begriffe bezüglich "ggl".

5.16 SATZ

1. $gt_1(G_1,G_2) \wedge Ggl(G_1,G) \rightarrow gt_1(G, G_2)$
2. $up(G_1,G_2) \wedge Ggl(G_1,G) \rightarrow up(G, G_2)$
3. $gt_2(G_1,G_2) \wedge Ggl(G_1,G) \rightarrow gt_2(G, G_2)$

Die Begriffe "gt_1", "up", "gt_2" werden nun im Hinblick auf die eingangs gestellten Rekonstruktionsziele etwas genauer betrachtet, und zwar daraufhin, ob sie die dort herausgestellten Eigenschaften ebener Gebiete a) bis c) formulieren. In der Tat, mit "up" ist a) wohl erfasst. Die Eigenschaft b) kann man als Konjunktion von "gt_1" und "gt_2" präzisieren. Aufgrund der zuvor erwähnten Äquivalenz von Forderungen gelten jedoch folgende Aussagen, die hier jedoch ebenfalls nicht bewiesen werden sollen.

5.17 SATZ

1. $up(G_1,G_2) \rightarrow gt_1(G_1,G_2)$

2. $gt_2(G_1,G_2) \leftrightarrow up(G_1,G_2)$

ANMERKUNG

Um die Äquivalenz von „up" und „gt$_2$" zeigen zu können (Schluss von „up" auf „gt$_1$") braucht man zusätzlich zur Imitation von Bewegungen durch Kopien auch folgendes: Sind alle Berührstellungen eines Weges annehmbar, so gibt es auch einen Vorgang mit diesen Stellungen.-

Aufgrund dieser Zusammenhänge kann man jede der Eigenschaften „glatt$_2$" oder „up" als angemessene Präzisierung der eingangs herausgestellten Eigenschaft c) ansehen. Im Folgenden wird dafür einfach "glatt" oder symbolisch abgekürzt "gt" geschrieben.

Eine erste Festsetzung der Flachheit (Ebenheit) von Gebieten, entsprechend zur Geradheit von Linien zuvor, könnte auf folgende Weise erfolgen.

5.18 DEFINITION

$fl_1(G_1,G_2) \rightleftharpoons G_1$ ist flach zu $G_2 \rightleftharpoons p(G_1,G_2) \wedge ggl(G_1,G_2)$

Diese Definition erfordert Gebiete, die zueinander passend sind und zugleich Kopien von einander darstellen. Das Problem ist dabei, dass sie nicht ohne Weiteres zur Verfügung stehen. Wir können jedoch mit Hilfe von vollen Drehungen auf glatten Gebieten Scheiben definieren (und natürlich auch herstellen), welche diese Eigenschaft aufweisen.[4]

Die so definierte Relation ist eine Äquivalenzrelation. Hier liegen die Verhältnisse ähnlich wie bei der Geradendefinition. Das führt zur nächsten Definition der Flachheit von Gebieten.

5.19 DEFINITION

$fl_2(G_1,G_2) \rightleftharpoons G_1$ ist flach zu $G_2 \rightleftharpoons gt(G_1,G_2) \wedge ggl(G_1,G_2)$

5.20 SATZ

"ist flach zu" ist in jeder der obigen Fassungen eine Äquivalenzrelation.

---

[4] Dieses Problem der Realisierbarkeit weist insbesondere die Definition der Ebene in Dinglers formal einwandfreien Entwurf im Anhang von Dingler 1911 auf.

Zum BEWEIS:
Die Argumentation verläuft ganz entsprechend wie im Fall der Geraden zuvor.-

Die Einführung der Ebene verläuft genauso wie die Einführung der Geraden. Es gilt hier auch analog, was dort gesagt wurde.

5.21 DEFINITION

Ein Gebiet heißt <u>eben</u>, wenn Kopien davon zueinander glatt sind.

Der eingeführte Begriff der Ebene über Formbegriffe erfasst natürlich nicht alle Eigenschaften von flachen Gebieten. Die Forderung c) ist damit nämlich noch nicht erfasst. Auch die Forderung d) folgt nicht aus den bisherigen Ausführungen. Es ist also auch hier zusätzlich zu fordern, dass Ergänzungen von flachen Gebieten durch Überlappung ebenfalls flach zueinander sind.

Für Teilgebiete eines ebenen Gebietes gilt:

5.22 POSTULAT (Ebenheit von Teilgebieten)

flach(G_1,G_2) $\wedge$ T_1 i G_1 $\wedge$ T_2 i G_2 $\rightarrow$ flach(T_1, T_2) (Teilgebiete von zueinander flachen Gebieten sind zueinander flach.)

5.23 POSTULAT (Ergänzbarkeit)

Sind zwei flache Gebiete G_1, G_2 in einer Lage, in sie in R-Gebieten passen, so können diese in dieser Lage so ergänzt werden, dass die entstandenen Gebiete zueinander flach sind.

Diese Forderung ist ganz analog zur Ergänzbarkeitsforderung für die Gerade.

Aus den Postulaten 5.10 und 5.11 für gerade Linien sowie 5.22 und 5.23 ebene Gebiete ergibt sich also, dass diese Figuren aus Bruchstücken rekonstruierbar sind, und umgekehrt, dass beliebige Teillinien gerade bzw. Teilgebiete flach zueinander sind.

Die Glattheit von Geraden und Ebenen wird, sobald diese als räumliche Figuren aufgefasst werden (sie können ja immer in einer Lage mit Überlappung zu passenden Figuren ergänzt werden), in einer besonderen Weise ausgedrückt: Man sagt, die Gerade bzw. die Ebene „gleite in sich selbst".

5.3 Zur Homogenität und Gestalteindeutigkeit von Ebene und Gerade

In der bisherigen Diskussion zur operativen Geometriebegründung wurde besonders um eine Definition oder Bestimmung der Grundformen Ebene und Gerade gerungen. Seit Lorenzens Aufsatz von 1961 wird die Eigenschaft der **Homogenität** als zentral angesehen, sodass beide Grundformen als „homogene" Formen charakterisiert werden. Das Problem besteht jedoch darin, dass diese Homogenitätseigenschaft an sogenannte Homogenitätsprinzipien gekoppelt ist, also Invarianzregeln für Aussageformen, die für beide Formen gelten sollen, wobei diese Aussageformen entweder mithilfe geometrischer Termini oder mit protogeometrischen Mitteln gefasst werden. Man unterscheidet dabei ein inneres und ein äußeres Homogenitätsprinzip, beide fordern die Gültigkeit dieser Aussageformen bei Ersetzung der freien Variablen durch beliebige Stellen auf bzw. außerhalb der betreffenden Figuren.

(H_1) $P\varepsilon E \wedge P'\varepsilon E \wedge A(P,E) \rightarrow A(P',E)$ (**Inneres Homogenitätsprinzip**)

(H_2) $\neg P\varepsilon E \wedge \neg P'\varepsilon E \wedge A(P,E) \rightarrow A(P',E)$ (**Äußeres Homogenitätsprinzip**)

(Hierbei ist wieder $A(P,E)$ beliebige Formel mit nur E und P als freien Variablen.)

An anderer Stelle (Amiras 1998, Kapitel 4) habe ich ausführlich die Problematik des Aufbaus der Geometrie mit Hilfe von Homogenitätsprinzipien erörtert. Ein solcher Aufbau ist demnach durchaus möglich, aber überhaupt nicht begründungsrelevant, sofern von geometrischen Aussageformen zur Einsetzung in die Homogenitätsprinzipien Gebrauch gemacht wird, wodurch der Status dieser Homogenitäsgeometrie in keiner Weise von üblichen axiomatischen Aufbauten zu unterscheiden vermag.

Der Ansatz, solche Substitutionsregeln zum Aufbau der Geometrie zu verwenden und hatte bei Lorenzen zunächst die Absicht, eine logische Fassung der Dinglerschen „Ununterscheidbarkeit" zu leisten. Diese wurde von Dingler für eine Definition der Ebene benutzt, freilich ohne die Klasse der zulässigen Aussagen, bezüglich welcher diese Ununterscheidbarkeit von Flächen erfolgen sollte, methodisch zu konstruieren.

Trotzdem, es war wohl kaum Dinglers Absicht, geometrische Aussageformen in Betracht zu ziehen, er hatte wohl eher ein handwerkliches Vokabular im Auge, konnte es aber nicht terminologisch vernünftig fassen. Lorenzen hat später diesen Ansatz aus dem Grund aufgegeben.

Mithilfe der hier bereitgestellten protogeometrischen Terminologie könnte man die Forderung der Homogenität (innere und äußere zusammen) als Ununterscheidbarkeit im Hinblick auf Berührung bzw. Nicht-Berührung mit beliebigen Figuren an verschiedenen Stellen auf einer Geraden bzw. Ebene (auch bei relativen Bewegungen) fassen.

Ich möchte diese Verhältnisse durch Figuren veranschaulichen. Im Bild wird die Homogenität einer ebenen Fläche (auf der Platte) in Bezug auf Berührverhältnisse zu einem Körper auf ihr (Stein) dargestellt. Die Homogenität der ebenen Fläche drückt darin aus, dass der Stein überall hin verschoben (positioniert) werden kann, wobei die Berührelemente (schraffiert) invariant bleiben. Ein Stück der ebenen Fläche ist ausgezeichnet, welches bei der Bewegung „in sich gleitet".

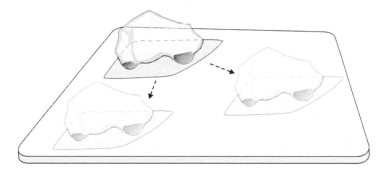

Entsprechend sehen die Verhältnisse für eine Gerade aus, im rechten Bild ist das „in sich Gleiten" des Geradenstücks angedeutet, das mit dem gekrümmten Linienstück zwei Berührstellen hat:

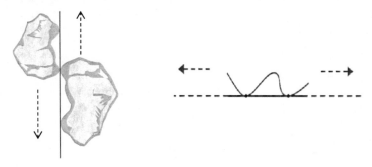

Die bisher zur Definition der beiden Grundformen eingeführten Termini machen von Figuren gleicher Art Gebrauch (entweder Linien oder Flächen) und zusätzlich von solchen, bei denen Passung in einer Teillinie bzw. einem Teilgebiet vorliegt. Die zuvor gefasste Forderung der Homogenität erscheint allgemeiner als die durch die angegebenen Definitionen gegebenen Forderungen. Sie fordert, dass sich jede Figur zu einer Ebene bzw. Gerade im Hinblick auf Berührung gleich verhält, also die gleichen Berührelemente aufweist. Das soll konsequenterweise auch bei Verschiebungen der Figur relativ zu einer Ebene bzw. Geraden gelten (wie in den Bildern oben dargestellt).

Die Frage ist nun, ob ebene Flächen bzw. gerade Linien im Sinne der angegebenen Definitionen diese Eigenschaft der Homogenität aufweisen, oder diese Eigenschaft eine zusätzliche Forderung an die betreffenden Figuren darstellt, die offensichtlich in der Praxis von ihnen erfüllt wird.

Aus den obigen bildlichen Darstellungen erkennt man, dass die Erweiterbarkeitsforderungen für die Gerade und die Ebene zur Konsequenz haben, dass die Berührverhältnisse mit anderen Figuren an beliebigen Stellen auf ihnen imitiert werden können, da Kopien der ebenen Gebiete bzw. der geraden Linienstücke auf den erweiterten Figuren hergestellt werden können. Natürlich hat diese Argumentation noch keine streng mathematische Beweiskraft, sie bietet aber überaus plausible Gründe für diese Eigenschaft auf der Grundlage der bisherigen Bestimmungen und Forderungen. Aus dieser Argumentation wird jedenfalls klar, dass die Homogenität mit der Kongruenz von Figuren auf der Ebene bzw. der Geraden zu tun hat und sich dieser Umstand auch in der geometrischen Theorie niederschlagen muss.(Vgl. dazu Kapitel 7)

Gerade und Ebene haben neben den zuvor explizierten Funktionseigenschaften auch eine sehr wichtige Eigenschaft, die früher schlechthin als **Eindeutigkeit** bezeichnet wurde. Sie bezeichnet eigentlich das gleiche Berührverhalten von unabhängig voneinander realisierten Geraden und Ebenen, d.h., sie haben die gleichen Eigenschaften wie die durch einen Herstellungsprozess erzeugten, somit „verwandten" Exemplare. Zumindest ist das die gängige praktische Erwartung, die zweifellos auch überall erfüllt wird. Die Frage im Rahmen unserer protogeometrischen Betrachtungen ist nur, welche Gründe es dafür gibt, ob dieses Verhalten auf der Basis der protogeometrischen Bestimmungen dieser Grundformen begründet werden kann, oder eine zusätzliche Eigenschaft von ihnen darstellt. Seit H. Dingler hat diese Frage in der protophysikalischen Geometrie, insbesondere im Entwurf von P. Janich, eine zentrale Rolle gespielt. So wurde vielfach im Anschluss an Dingler versucht, diese Eindeutigkeit mit vorgeometrischen Argumenten zu beweisen, was bereits angesichts der enormen theoretischen Mängel der bisherigen Entwürfe kaum hätte gelingen können.

In hier vorgelegten Entwurf der Protogeometrie stellen Ebene und Gerade Gestaltprädikate für Gebiete und Linien dar. Man kann daher die Frage nach der Eindeutigkeit präziser fassen und auf der Basis einer inhaltlichen Argumentation zu beantworten versuchen. Bereits früher (Amiras 1998) habe ich folgenden Vorschlag zur genaueren Fassung der Eindeutigkeit gemacht.

5.24 DEFINITION

Sei P ein Prädikat der (protogeometrischen) Figurentheorie.

$$P \text{ ist gestalteindeutig} \rightleftharpoons \bigwedge_{x} \bigwedge_{y} (P(x) \wedge P(y) \to x \text{ ist gestaltgleich zu } y)$$

Ein Prädikat der Figurentheorie heißt also **gestalteindeutig** oder (ge<u>staltlich eindeutig</u>) (Metaprädikat der Figurentheorie), wenn für zwei Figuren x,y, auf die dies Prädikat zutrifft, gilt, dass sie aufgrund der Theorie gestaltgleich sind. Ein gestalteindeutiges Prädikat P bezeichne eine **Form** von Figuren. Formen von Grundfiguren (bzw. von Figuren, die in einem Aufbau der Geometrie als Elementarfiguren Verwendung finden) sollen **Grundformen** heißen.

Mit dieser Präzisierung eröffnet sich also zugleich die exakte Möglichkeit einer Rede von „Formen" (gestalteindeutigen Figuren). Als „Grundformen" werden in der Geometrie nicht nur Formen von Grundfiguren (Ebene, Gerade), sondern auch auf andere Elementar-Figuren, wie orthogonale Ebenen bzw. Geraden u.a.m. bezeichnet. (Für orthogonale Ebenen bzw. Geraden ist diese Gestalteindeutigkeit protogeometrisch fassbar.)

In den früheren Entwürfen zur protophysikalischen Geometrie hat man der Form der Ebene und dem Beweis ihrer (Gestalt-)Eindeutigkeit eine methodische Priorität zugesprochen, deren Begründung nicht haltbar ist.[5] Ich möchte versuchen, ausgehend von der Geraden, Gründe für die Gestalteindeutigkeit der Geraden zu eruieren.

Angenommen wir haben verschiedene Geraden zur Verfügung, die aus verschiedenen Kontexten („Familien") herstammen, sodass ihr Verhältnis zueinander noch nicht geprüft worden ist. Die Frage ist nun, ob es vielleicht gar nicht nötig ist, diese Prüfung vorzunehmen, da aufgrund der Bestimmungen der Geraden, dieses Verhältnis von vornherein (a priori) feststeht. Dabei darf man, sofern man möchte, von allen geometrischen Eigenschaften von Geraden Gebrauch machen. Es ist eigentlich überhaupt kein Grund ersichtlich, warum diese Argumentation (wie bisher geschehen) auf der Basis der Protogeometrie geführt werden müsste. Ich werde im Folgenden jedoch praktisch-inhaltlich argumentieren, die Argumente könnte man aber auch geometrisch formulieren.

Eine Argumentation zur Gestalteindeutigkeit der Geraden lässt sich m.E. am besten dadurch fassen, wenn man statt zwei Geraden im Hinblick auf Passung bei Berührung an einem oder mindestens zwei Berührstellenpaaren zu vergleichen, eine Gerade der einen Familie mit einer Ebene der anderen Familie (bzw. der durch die andere Gerade erzeugte Ebene) vergleicht. Gibt es dabei eine Stellung der Geraden aus der ersten Familie mit der Ebene der zweiten Familie mit mindestens zwei Berührstellen, bei der eine Nicht-Berührung von Gerade und Ebene vorliegt, so kann die gleiche Situation auf der anderen Seite der Ebene dargestellt werden, wobei die beiden Geraden, die hier beteiligt sind, aus einer Familie stammen und somit per definitionem aneinan-

---

[5] Vgl. dazu hier II, Kap. 12.

der passen müssen, wenn sie sich an den zwei Berührstellen berühren. Das können sie jedoch nicht überall, da ja nach Voraussetzung Nicht-Berührpunkte mit der Ebene der zweiten Familie vorliegen, wodurch ein Widerspruch da ist.

Bei Berührung der beiden Geraden aus verschiedenen „Familien" an nur einer Stelle (Figur) ist die Argumentation entsprechend zu führen.

In dieser Argumentation spielt die „Seiteninvarianz" von Berührstellungen einer geraden Linie mit einer oder zwei Berührstellen an einer Ebene eine entscheidende Rolle. Die Argumentation erfolgt also hier nicht ohne weitere Voraussetzungen. Auf keinen Fall reichen dazu die Formbestimmungen der Geraden hin. Es muss von praktischen Argumenten über die Berührbarkeit von Figuren durch andere Figuren Gebrauch gemacht werden. Zur Gestalteindeutigkeit der Ebene kann ähnlich argumentiert werden, wobei die Gestaltgleichheit von Geraden wieder den Ausschlag gibt.

Damit ist natürlich keineswegs gezeigt, dass die Gestalteindeutigkeit von Geraden und Ebenen auf der Basis der bisher vorliegenden Protogeometrie logisch folgt. Ich bin der Meinung, dass es nicht viel Sinn macht, dieses Ziel erreichen zu wollen, da man für die protogeometrisch bestimmten Formen Gerade und Ebene schließlich die bekannten geometrischen Grundsätze zugrunde legen will und somit für jede Familie dieser Figuren die geometrische Theorie zu Verfügung hätte.

Die Frage, aus welchen Gründen die offensichtliche Eindeutigkeit der Gestalt von Gerade und Ebene besteht, also warum beliebige Ebenen und Geraden die gleichen Funktionseigenschaften aufweisen, obgleich sie aus verschiedenen Herstellungs- bzw. Erzeugungsprozessen stammen, kann aber durchaus an dieser Stelle mit den obigen inhaltlichen Argumenten beantwortet werden. -

6. Zur Realisierung von Grundformen

6.1 Unterscheidung von Herstellung und Verwendung

In den vorangegangenen Kapiteln haben habe ich versucht herauszuarbeiten, wie uns geometrische Grundformen in der elementaren technischen Praxis gegeben sind. Es wurden gewisse, mit Hilfe von Berühr-, Inzidenz- und Bewegungstermini formulierbare Funktionseigenschaften dieser Figuren expliziert, die in dieser Praxis von ihnen gefordert werden und dazu geeignet sind, eine Formbestimmung dieser Grundformen zu ermöglichen. Eine eingehende Diskussion der operativen Verfügbarkeit dieser Eigenschaften führt nun zwangsläufig (auch auf der Stufe der elementaren handwerklichen Technik) auf eine Betrachtung der Umstände bei der **Realisierung** von geometrischen Formen.

Dazu soll an die Ergebnisse der bisherigen Untersuchungen angeknüpft werden. Wir sahen, dass Ebene und Gerade gewisse Formkriterien erfüllen, die so wiedergegeben werden können: Sie sind untereinander ununterscheidbar, d.h., sie können durch Berühr- und Bewegungseigenschaften (spezieller Art) in Bezug auf andere Körper nicht unterschieden werden. Diese elementaren Formkriterien erfassen jedoch nicht alle praktischen Eigenschaften dieser Grundformen, z.B. ihre Erweiterbarkeit oder ihr Zusammenspiel in der Praxis. Man hat trotzdem früher ernsthaft erwartet, dass aus der Rekonstruktion der Grundformen durch Formbegriffe, die durch Herstellungshandlungen nahe gelegt werden, alle geometrischen Eigenschaften abgeleitet werden könnten (H. Dingler, P. Janich). Auf den ersten Blick erscheint diese Erwartung zwar plausibel. Bereits Dingler begründet sie mit folgender Überlegung: Wenn ein Herstellungsverfahren, das von keinen Formungen Gebrauch macht, z.B. Ebenen herzustellen gestattet, ausgeführt wird, dann erzeugt es Relationen von Flächen, die begrifflich gefasst, alle geometrischen Eigenschaften der hergestellten Flächen enthalten sollten, also auch ermöglichen könnten, diese daraus abzuleiten.[1] Doch, wie sollten aus diesen Relationen solche Eigenschaften wie die Ergänzbarkeit und die Einschränkbarkeit von Ebenen folgen können, oder gar die Inzidenzbeziehungen zwischen Gerade und Ebene?

Zur Klärung der Sachlage empfiehlt sich m.E. dringend, die Unterscheidung zwischen **Herstellung** und **Verwendung** bei der Realisierung von Grundformen in der geometrischen Praxis zu treffen. Hier liegen zwei Kontexte vor, die natürlich sehr eng miteinander zusammenhängen. Ihr Zusammenhang scheint mir aber nicht ausreichend geklärt worden zu sein. Er hat, wie gesagt, in der protophysikalischen Geometrie zu Problemen geführt und aus diesem Grund soll im Folgenden etwas näher darauf eingegangen werden. Ich gehe dazu zuerst auf die Herstellungsverfahren von geometrischen Grundformen ein und versuche sie methodisch einzuordnen in die bisherigen protogeometrischen Überlegungen. Da diese Verfahren durch ihre verschiedenen Ansprüche auch Fragen der Idealität von geometrischen Begriffen aufwerfen, und diese Idealität

---

[1] Ich habe an anderen Stellen die Kritik dieser „produktiv-operativen" Konzeption durchgeführt (vgl. Amiras 1998, Kap. 5 und Amiras 2003).

wiederum mit der Genauigkeit ihrer Realisierung zusammenhängt, wird auch dazu kurz Stellung genommen. Darüber hinaus besteht natürlich an sich ein gewisses physikalisch-technisches und auch technikhistorisches Interesse an den Herstellungsverfahren, insbesondere weil damit auch die Standards für die (gestufte) Genauigkeit der Realisierung von Grundformen in den jeweiligen Anwendungsbereichen gesetzt werden.

6.2 Zu den Herstellungsverfahren von Grundformen

Bereits in frühgeschichtlicher Zeit sind gerade Linien durch Seile bzw. Schnüre hergestellt worden. Diese Praxis des Seilspannens war in Ägypten (Seilspanner) und später in Indien (als „Sulva-Sutra", d.h. „Seil-Regeln") gängig. Auch heute wird in praktischen Zusammenhängen, in denen es nicht auf große Genauigkeit ankommt (Bauen), so verfahren. Mit Hilfe von Geraden lassen sich Ebenen und damit (über geometrische Konstruktionen oder an diesen orientierte Verfahren) auch Figurenkomplexe aus ihnen konstruieren. Daneben stehen Senkblei und Wasserwaage als Hilfsgeräte zur Verfügung, um waagerechte und lotrechte Geraden und Ebenen (z.B. in der Baupraxis) zu erzeugen. In den mechanischen Werkstätten des Altertums wurde, wie auch im Mittelalter, trotz der Kenntnis von Schleifverfahren für die Schärfung von Werkzeugen und Waffen, wohl weniger Feinmechanik betrieben, sodass die Genauigkeit der Realisierung von Geraden und Ebenen im Allgemeinen nicht groß war. (Natürlich war sie soweit für die verfolgten Zwecke hinreichend.)

Erst viel später, in den mechanischen Werkstätten der Renaissance und Neuzeit wurde das Verfahren zum Schleifen (und Polieren) von Linsen (zur Brillenherstellung) und später auch von Spiegeln für astronomische Instrumente verfeinert, sodass damit auch feinere Oberflachen hergestellt werden konnten. Mit der Zeit wurde das **Linsenchleifverfahren** wohl auch in die Metallbearbeitung übernommen, sodass während der industriellen Revolution zur Herstellung von Standard-Ebenen (Richtplatten) für die mechanischen Werkstätten (Ebenen die als Muster für andere Herstellungsprozesse dienen) und in den allgemeinen Maschinenbau übernommen wurde. Dieses „**3-Platten-Verfahren**" zur Herstellung von Ebenen erlaubte es, den gesteigerten Genauigkeitsanforderungen, vor allem bewegter ebener Teile zueinander, zu erfüllen.

Das Herstellungsverfahren für ebene Flächen besteht in folgendem Vorgehen: Drei Glas- oder Stahlplatten, grob geebnet, werden aufeinandergelegt und unter Zugabe von Schmirgel dazwischen durch Verschiebungen und Drehungen aufeinander abgeschliffen, bis sie paarweise immer besser aufeinander passen, was mechanisch durch geeignete haptische (Berühr-) Verfahren oder durch optische Verfahren überprüft wird. Der Einführung dieses Verfahrens sind wohl die Fortschritte des englischen Maschinenbaus in der zweiten Hälfte des 19. Jahrhunderts zuzuschreiben.[2] Durch Verbesserung der benutzten Materialien und der Prüfverfahren konnte die Herstellung von immer genaueren Ebenen, also Flächen, welche die Passungen der geforderten Art (und damit

---

[2] Vgl. dazu Dingler 1952, S. 8f. und Klemm 1954, S. 288ff.

wohl auch andere Ebeneneigenschaften) immer besser realisiert werden, ohne hierbei von konkreten, bereits geformten Gegenständen abhängig zu sein.[3]

Dieses Verfahren kann man mit Modellgipsplatten (vgl. III, Kap. 15) nachvollziehen oder indem man einen Spiegel für ein Newton-Spiegelteleskop als Amateur schleift. (Das Linsenschleifen war übrigens in der Neuzeit auch etwas für Gelehrte, so neben Isaac Newton auch Christian Huygens, der wesentliche praktische Verbesserungen am Verfahren vorschlug bzw. Verbesserungen der Prüfmethoden für Linsen.)[4]

Auf der Ebenenherstellung basiert nun die (mechanische) Herstellung von geraden Kanten (Linealen) bzw. von rechten Winkeln (an „Orthokeilen").[5] Ersteres wird durch die Erzeugung von zwei Ebenen, die sich in einer Kante schneiden, möglich. Die Herstellung von geraden Kanten kann damit mit einer Genauigkeit, die von der Ebenengenauigkeit abhängt, hergestellt werden. Dingler erfuhr nach eigenen Angaben[6] erst 1909 vom Dreiplattenverfahren und durfte in einer Maschinenfabrik seiner Ausführung beiwohnen.[7] Hinweise darauf gibt es aber bereits bei W. Clifford (1885), H. v. Helmholtz (1887), E. Mach (Mach 1905) und H. Poincaré (Poincaré 1908).

Es ist angesichts der Ausführung dieses Verfahrens offensichtlich, dass man (bei erfolgreicher Ausführung) die gewünschten ebenen Flächen erhält. Es ist jedoch nicht zu begründen, dass durch dieses Verfahren, so wie es ausgeführt wird, Ebenen mit den bekannten Funktionseigenschaften erzeugt werden.[8] Die Realisierung aller Eigenschaften von Ebenen ist nicht so einfach aus ihrer Herstellung heraus zu begründen, die wie gesagt, höchstens Formkriterien als Zielsetzung haben kann. Daraus ergibt sich, dass Herstellungsverfahren generell wohl eine eher heuristische Funktion bei der Suche nach relevanten Formeigenschaften erfüllen können, aber keinen Ansatz für eine umfassende Explikation der Eigenschaften von Ebenen in der Praxis bieten. Analog verhält sich mit den Herstellungsverfahren von Geraden.[9]

---

[3] Der entscheidende Gesichtspunkt, der von Dingler besonders hervorgehoben wird, ist in der „ideellen", universellen Art der Bestimmung von Ebenen, die diesem Verfahren implizit zugrunde liegt, zu sehen. (Dazu Dingler 1955/56, S. 352-353.) Das Dreiplattenverfahren wird von Dingler in seinen Schriften öfters erwähnt. Es soll so oft davon gesprochen haben, dass man zeitweilig in München die Hände aneinander rieb, um auf ihn hinzuweisen, wenn er einen Raum betrat. (Vgl. hierzu Kamlah 1976, S. 182.)

[4] Vgl. Bücher zum Amateurtelekopbau, etwa Rohr 1959. Zum Verfahren Wenske 1969, Kap. 3, besonders S. 60-61. Zur Geschichte vgl. Dingler 1952, sowie Katthage 1982. Vgl. auch den eindrucksvollen Bericht über Newtons Vorgehen zum Selbstbau seines Teleskops, dessen Typ nach ihm benannt ist (Newton-System) in Riekher 1957, S. 71ff.

[5] Dazu Bender/Schreiber 1985, S. 353.

[6] Vgl. Dingler 1911, S. 21, Fußnote 1 sowie Dingler 1955/56, S. 350, 351.

[7] Heute ist dies kaum möglich; es ist auch ausgesprochen schwierig (aus eigener Erfahrung) an Informationen zu kommen, da die Firmen die Ausführung solcher Verfahren als know how hüten.

[8] Vgl. dazu Amiras 2003.

[9] In III, Kap. 14 wird anlässlich der Diskussion eines Unterrichtsvorschlags von K. Krainer diese Frage ausführlich diskutiert.

Neben den hergestellten Ebenen gibt es auch natürliche Realisate von Ebenen, vor allem in Form von Flüssigkeitsoberflächen. Solche Realisate spielen insbesondere bei der Prüfung von Ebenen über optische Verfahren eine wichtige Rolle, wobei sie allerdings technisch aufwendig kontrolliert werden. (Gemeint ist eine Quecksilberoberfläche, die weitestgehend erschütterungsfrei gelagert ist und als Ebenen-Standard beim Eichamt bzw. der Physikalisch-Technischen Bundesanstalt in Braunschweig dient.)

6.3 Zum Verhältnis von Herstellung und Verwendung

Die Frage nach den Funktionseigenschaften von Geräten bzw. Artefakten ist also primär nicht eine Frage, die ihre Herstellung betrifft, auch wenn sie zielgerichtet auf die Erzeugung von elementaren Eigenschaften (wie Passungen bestimmter Art) erfolgt. Diese Eigenschaften liegen teilweise auch den ersten **Tests** zugrunde, die in der einschlägigen technischen Praxis zur Sicherung der gewünschten technischen Eigenschaften eines Geräts hinreichend sind bzw. sich als hinreichend erwiesen haben. Auch im Fall der Ebene kann man z.B. über Passungstests Aufschluss darüber erhalten, ob eine bestimmte Form vorliegt. Das jedoch, was die Ebene in der technischen Praxis an Eigenschaften zeigt (z.B. in ihrer Fortsetzbarkeit oder im Zusammenspiel mit Geraden und noch viel mehr), kann aus der Herstellung allein, also schließlich aus einer oder mehreren Formeigenschaften, nicht erschlossen werden. Im Übrigen gibt es ja noch andere Herstellungsverfahren, welche das Zusammenspiel von Geraden und Ebenen nutzen. Diese Herstellung ist daher immer nur ein Ausschnitt aus dem Gesamtzusammenhang, in welchem die Funktionseigenschaften der Ebene und ihr Zusammenwirken mit den Funktionen anderer Formen und Erscheinungen erst sinnvoll hervortreten können. Welche Gerätefunktionen die Grundformen erfüllen, kann folglich erst im Verwendungszusammenhang der Geräte erkannt werden, ein Eingehen auf die Herstellung, mag heuristisch oder analytisch hilfreich sein, auf die eigentliche Frage liefert es nur eine partielle Antwort.

Wir wollen nun das Verhältnis zwischen der Herstellung und der Verwendung der Grundformen etwas näher betrachten. Zunächst ist es wichtig, auf einen wichtigen Aspekt hinzuweisen: Eine Herstellungspraxis geometrischer Grundformen in irgendeinem Bereich der Technik erfolgt immer für eine bestimmte Verwendung dieser Formen, gleichgültig, wie breit dieser Verwendung auch sein mag. Die Umstände dieser Verwendung werden durch Materialauswahl, Herstellungsmodus, Toleranznormen und vielen anderen mehr oder weniger normierten und hinreichend beherrschten Maßnahmen (technischen Verfahren) berücksichtigt. All diese Verfahrensweisen gehören also zum Hintergrund der Anwendung des jeweiligen Herstellungsverfahrens in seiner konkret ausgeführten Form. Wir können jedoch in der folgenden Diskussion zum Glück beim Prinzipiellen bleiben, das unsere Anliegen betrifft.

Die für uns angesichts der Beziehungen zwischen den geometrischen Grundformen entscheidende Frage ist, ob es Sinn macht, die Realisierung einzelner Grundformen zu betrachten, statt den Blick zu öffnen für die Realisierung des auch praktisch relevanten Normensystems der Geometrie. Das ist gewiss eine „holistische" Sicht, die dadurch gerechtfertigt ist, dass wir in der Praxis nicht in erster Linie einzelne Begriffe oder Grundformen realisieren, sondern deren Eigenschaften im Zusammenspiel mit anderen in Figurenkomplexen. Somit macht es wohl keinen guten Sinn in theoretischer Hinsicht von der Realisierung der Ebene bzw. der Geraden zu sprechen, ohne den Bezug auf das Normensystem zu bedenken, das dabei involviert ist und somit eigentlich realisiert wird. Damit erhalten wir einen hilfreichen Blick auf die praktischen Verhältnisse und können das Zusammenspiel von Herstellung und Verwendung von Grundformen umfassender und frei von falschen Zwängen betrachten.

Fokussierend auf dieses Zusammenspiel wird im Übrigen in der Praxis sehr genau unterschieden zwischen den beiden Bereichen, so etwa in der Rede von **Herstellungs-** und **Verwendungsmängeln** (oder Fehlern) eines Geräts. So berichtet Riekher von Huygens Prüfmethode bei der Herstellung von Linsen in Bezug auf deren Verwendungszwecke so:

> Huygens' Prüfmethode hatte den Vorteil, mit relativ geringen Prüfabständen auszukommen. Bei den sehr langbrennweitigen Gläsern seiner Zeit war es trotzdem nicht ganz leicht, Einzelheiten zu erkennen. Doch wusste Huygens sich auch hier zu helfen, indem er die Linse mit einem kleinen Fernrohr beobachtete. Ein Nachteil der Huygensschen Methode ist es, daß die Prüfung nicht dem Verwendungszweck der Linse angepasst ist. Sie läßt weder qualitativ noch quantitativ Rückschlüsse auf Abbildungsfehler zu. Aber auch das Erkennen von Bearbeitungsfehlern war in dieser Zeit von grundsätzlichem Interesse." (Riekher 1957, S. 50)

Herstellungs- und **Verwendungsmängeln** wird in der Praxis also durchaus mit unterschiedlichen Normen und Verfahren begegnet.

Einen wichtigen praktischen Gesichtspunkt bei der Betrachtung der Realisierung von Grundformen stellt die **Genauigkeit** (der Realisierung) dar. Nun kann man die Genauigkeit auf die beiden Kontexte beziehen und von <u>Herstellungs-</u> bzw. <u>Bearbeitungsgenauigkeit</u> bzw. von der <u>Verwendungsgenauigkeit</u> reden. Die erste gibt darüber Auskunft in welchem Rahmen die gültigen Normen (Toleranzen) eingehalten wurden die zweite, wie weit und wie gut die praktischen Funktionen (z.B. ein Gleichlauf eines Motors) erfüllt werden. Auch im obigen Zitat kann man die beiden Kontexte mit ihren Unterschieden gut erkennen. Zwischen ihnen ist natürlich ein dynamischer und fließender Übergang vorhanden, da die beiden Bereiche der Produktion und der Verwendung eng aufeinander bezogen werden müssen, um vernünftig funktionierende technische Produkte zu erzeugen.

Damit ist wieder der Gesamtzusammenhang der Praxis angesprochen und unsere letzte Frage betrifft die Anwendung der eben gewonnenen Erkenntnisse auf die protogeometrischen Definitionen der Grundformen Ebene und Gerade in Bezug auf ihre Verwendung. <u>Welches Normensystem wird nun in der Praxis realisiert, wenn geometrische Grundformen realisiert werden?</u> Es ist jetzt unschwer zu erkennen, dass selbst die Definitionen der Ebene und Geraden, die auf die Kongruenzgeometrie führen, nicht den vollen Sinn dieser Begriffe in den Anwendungen erfassen. Was fehlt, sind die mit

ihnen und mit ihren Verwendungsweisen verbundenen Unterscheidungen und Grundphänomene der Formgleichheit und des Messens und einige andere (die auch mit den
unterschiedlichen Ansätzen zum Aufbau der geometrischen Theorie zu tun haben),
aber hier noch nicht betrachtet werden konnten. Erst in diesem System erhalten die
Begriffe, die wir hier bestimmt haben, ihren vollen, praktischen Sinnbezug. Dieser hat
mit der physikalisch-technischen Anwendung der Geometrie zu tun, die wir hier nicht
weiter verfolgen wollen. Spätestens bei der Untersuchung der Anwendung der Geometrie in der Physik und Technik kommt man aber, wie Dingler deutlich gemacht hat,
nicht daran vorbei.-

7. Protogeometrie und Geometrie

In diesem Kapitel erfolgt im Abschnitt 1 ein Rückblick auf den Aufbau der vorgelegten Protogeometrie. Auf dem Hintergrund des ursprünglichen Vorhabens wird der beschrittene Weg und die benutzte Methode reflektiert und die Perspektive des Übergangs zur theoretischen Geometrie eröffnet. Zur Erörterung dieser Perspektive wird in Abschnitt 2 nach methodischen Prinzipien des axiomatischen Aufbaus der Geometrie gefragt. Diese Prinzipien lassen die Transformation der Protogeometrie auf eine neue Theorieebene als methodische Maßnahme verständlich werden. Dabei sollten sich auch die protogeometrischen Eigenschaften der Grundformen und das Gestaltprinzip sich in einer Form in die geometrische Theorie transformieren lassen, die ihre methodische Qualität verdeutlicht. Die Einsicht in diese Transformation, die in der Tat festzumachen ist, wird Gegenstand von Abschnitt 3.[1]

7.1 Protogeometrie – ein Rückblick

Die Untersuchungen zur Protogeometrie wurden mit einem philosophischen Blick auf die Grundlagen der Geometrie, genauer auf die Bestimmung der geometrischen Grundbegriffe Gerade und Ebene in Gang gesetzt. Wir standen durch den Verzicht (oder die Weigerung) der Mathematik, auf den Sinnbezug dieser Begriffe überhaupt einzugehen, ziemlich rasch vor einer paradoxen Situation, die sich in einer Diskrepanz zwischen Geometrie und technischer Rede niederschlug, und wollten die Sachlage philosophisch radikal aufklären. Wir wurden so auf die Phänomene beim technischen Handeln mit Körpern zurückverwiesen, die der geometrischen Begriffsbildung zugrunde liegen. Nun kann auf das Geleistete zurückgeblickt und auf den Sinn und Zweck der terminologischen Rekonstruktionen fokussiert werden, um die Konzeption der Protogeometrie nochmals zu überdenken.

Mein Anliegen war die Analyse des elementaren Sprachgebrauchs im Umgang mit Figuren, um einen Einblick in seinen Aufbau und seine Struktur mit Bezug auf die technische Praxis zu gewinnen. Ein Hauptziel dabei war, die Grundphänomene der Geometrie herauszustellen, welche die konkrete Interpretation der Grundrelationen der Inzidenz, Anordnung und Kongruenz, sowie der geometrischen Grundbegriffe Ebene und Gerade durch praktische Unterscheidungen vermitteln. Diese Unterscheidungen habe ich methodisch zu rekonstruieren versucht.

Ich habe somit die geometrische Theorie und ihr Axiomensystem, auf das sich meine Kritik in Bezug auf seine Grundlagenfunktion anfangs bezog, immer im Auge behalten. Natürlich erschien es als Ausgangspunkt zu einer verständlichen, motivierten Darstellung geometrischen Wissens nicht geeignet; denn, die in der Axiomatik benutzten Begriffe sind ja schon aufgrund unseres Vorverständnisses nicht elementar.

---

[1] Diese Einsichten bieten sich nicht gleich an. Sie lassen sich erst in intensiver Auseinandersetzung mit den Grundlagen der Geometrie und ihrer Tradition, die immer schon bestrebt war, ein besseres methodisches Verständnis des Aufbaus der Geometrie zu erreichen, gewinnen. Vgl. dazu Teil II.

Das Axiomensystem legt zwar den geometrischen Gebrauch dieser Begriffe logisch fest, überlässt aber ihren Sinnbezug einer diffusen Anschauung.

Die Interpretation axiomatischer Systeme der Geometrie durch Figuren lässt sich nicht vernünftig gestalten, wenn eine Figurentheorie fehlt. Genau an dieser Stelle sollte die Protogeometrie Abhilfe schaffen. Mit ihr wird also der verständliche Anschluss an die geometrische Theorie gesucht, gewiss nicht eine neue Geometrie, sondern eine bessere Grundlegung im bereits erklärten Sinn. Der Zweck der Protogeometrie ist es, ein pragmatisch fundiertes begriffliches Fundament der Geometrie zu schaffen, in dem die geometrischen Grundgegenstände und Relationen mit konkreten Bezügen belebt werden. Es handelt sich somit darum, möglichst ein konkretes Figurenmodell zu konstituieren; ohne den Bezug darauf kann irgendein formales System den Namen "Geometrie" nicht hinreichend gerechtfertigt bzw. im eigentlichen Sinne tragen. Es ist jedoch historisch gesehen bisher nicht gelungen, das Verständnis der geometrischen Grundfiguren und Grundformen, das in der elementaren Technik und Umgangssprache implizit vorhanden ist, so zu explizieren, dass zumindest ein begrifflicher Anschluss der Geometrie an diese Praxisbereiche erfolgte, was auch zur Aufklärung unseres Paradoxes führen würde.

Die Übersicht auf der nächsten Seite soll die Zusammenhänge der protogeometrischen mit der geometrischen Terminologie verdeutlichen, zu deren Interpretation sie nunmehr herangezogen werden kann. (Diese Übersicht darf auf keinen Fall losgelöst von den Ausführungen in den vorangegangenen Kapiteln gesehen werden, da sie sonst ein falsches Bild der Verhältnisse abgeben würde.)

Wichtigstes methodisches Merkmal der Protogeometrie war der Ausgang von Phänomenen, die sich beim handelnden Umgang mit Körpern konstituieren. Die technischen Handlungen übernehmen dabei die Vermittlung zwischen Phänomenen und auf sie bezogenen Begriffen. Es geht hier also um Handlungen in Verbindung mit Phänomenen, nicht um bloße, sondern um aktiv gewonnene Anschauungen, nicht pauschal angegeben, sondern genauer spezifiziert. Die protogeometrischen Begriffe werden auf diese Weise „operativ" gebildet, d.h. die einschlägigen Phänomene und die sie realisierenden Handlungen sind deren inhaltliche Grundlage.

Diese **Operative Begriffsbildung** ist somit die Essenz der „operativen Phänomenologie" in der Protogeometrie.[2] Sie liefert einen Beitrag zur Analyse der Anschauung, zumindest einer fundamentalen Seite dieser Anschauung, d.h. unserer Unterscheidungen und Vorstellungen, die in Bezug zu technische Handlungen mit Figuren stehen. Natürlich ist dies nicht der ganze Bereich der geometrischen Anschauung, aber mit einem pragmatischen Ansatz lassen sich auch weitere relevante Handlungsbereiche untersuchen. (Z.B. um hier noch nicht untersuchte Phänomenbereiche zu erschließen bzw. zu rekonstruieren.) Damit könnte auch dort die Berufung auf diffuse Anschau-

---

[2] Über die didaktische Gestaltung einer solchen Phänomenologie wird in Teil III noch zu reden sein.

lichkeiten in einen konkreten Bezug auf die relevanten Phänomene (begleitet von einer angemessenen Begriffsbildung) übergeführt werden.

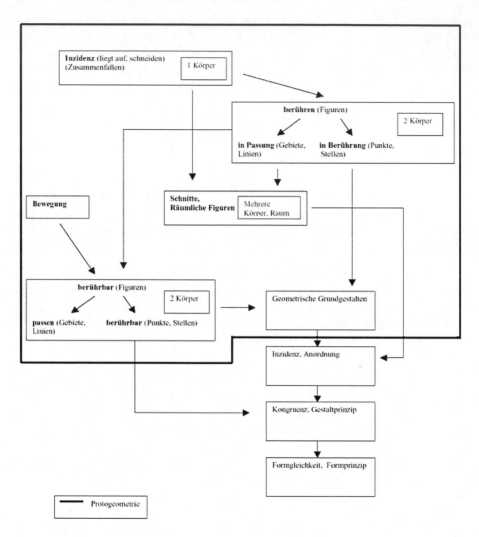

Man kann die Protogeometrie auch ohne Formalisierung als Basis für die Geometrie zur Kenntnis nehmen und sogar für die Didaktik nutzen. Die erfolgte formale Fassung soll zeigen, dass man von der Gestalt von Figuren und der Grundformen auf der Basis des technischen Vokabulars durchaus exakt reden kann. Darüber hinaus verfolge ich jedoch damit noch eine andere Absicht. Ich möchte einsichtig machen, worin die Methode der Geometrie beim theoretischen Umgang mit Figuren besteht und welche Vorteile sie gegenüber der Protogeometrie bringt. Auf dieser Basis sollte es auch besser möglich sein, die Leistung der Geometrie für die ihr gebührenden Aufgaben einzusehen.

Geometrie (oder Wissenschaft allgemein) wird in philosophischer Rede gerne als „Hochstilisierung" der Praxis und als deren „Stützung" apostrophiert. Um das freilich im Fall der Geometrie auch einsehen zu können, wäre ein expliziter Aufbau der Geometrie unter methodischen Gesichtspunkten erforderlich. Ich möchte daher im Folgenden zuerst den Übergang von der Protogeometrie zur Geometrie unter methodischen Gesichtspunkten beleuchten.

7.2 Geometrische Axiomatik und Protogeometrie

Die bisherigen Untersuchungen orientierten sich an folgender Leitfrage: Welche Anschauungen, Grundphänomene und praktische Unterscheidungen, sowie Handlungen, vermitteln uns grundlegende Beziehungen der Geometrie? Die Protogeometrie leistet eine Analyse „von unten", setzt also bei den Grundphänomenen an, stellt Bezugsbereiche der Praxis heraus und führt sie einer Analyse zu, wobei sie sich als inhaltliche Theorie aufbaut. Diese Heranführung an die Geometrie bringt uns nun so weit, dass wir den Terminus „gerade" bzw. „eben" im Kontext der technischen Praxis bestimmen können, und den Sinn von Inzidenz, Anordnung und Kongruenz von Figuren erkennen können. (Vgl. Begriffsschema zuvor) Der Bezug zur Axiomatik im Hinblick auf ihre Grundbegriffe wird damit klargelegt.

Die herausgestellten Eigenschaften von Ebene und Gerade erfassen auf einer elementaren Stufe durchaus ihre Funktionseigenschaften. Jedoch sind die Abhängigkeiten zwischen den beiden Figurenarten noch nicht logisch durchschaut. Gleiches gilt für den Zusammenhang zwischen den Funktionseigenschaften selbst, insbesondere der Ergänzbarkeit und der Einschränkung auf Teilfiguren. Probleme gab es auch mit der Kongruenz, wobei das Gestaltprinzip nicht allgemein gefasst werden konnte. Und, bereits in Kapitel 2 haben wir auch das Bedürfnis gespürt, für das innere und den Rand eines Gebietes geometrische Kriterien zu besitzen. Alle diese offensichtlichen Beschränkungen der Protogeometrie werden in der Geometrie durch neue theoretische Mittel, die wesentlich auf der Verfügung über die Grundformen der Geraden und Ebene aufbauen, aufgehoben.

Das bisherige Vorgehen soll nun auf den Kopf gestellt werden: Statt an der technischen Praxis und ihren Unterscheidungen anzusetzen, soll nun die Axiomatik der Inzidenz, Anordnung und Kongruenz im Hinblick auf Anknüpfungspunkte zu den herausgestellten protogeometrischen Eigenschaften der Grundformen untersucht werden. Diese sollten ja in der geometrischen Theorie irgendwie in veränderter Form in Erscheinung treten, wenn die Geometrie als methodische Fortsetzung der Protogeometrie soll verstanden werden können.

Die Geometrie, verstanden als Figurentheorie, bietet eine systematische Darstellung des Wissens über die Eigenschaften von Figuren. Worin besteht aber der Sinn und Zweck dieser Systematisierung und welche methodischen Prinzipien leiten sie? Bei der Erkundung dieses Problembereichs sind Kenntnisse der Axiomatik und ihrer Tradition unerlässlich. Die für uns wichtigen Aspekte der Systematisierung des elementargeometrischen Wissens machen sich nämlich bereits bei der Axiomatik und dem darauf folgenden Aufbau der Elementargeometrie bemerkbar.

Wird man zum ersten Mal mit einem Axiomensystem wie dem Hilberts konfrontiert, so hat man es schwer, seine methodischen Züge zu durchschauen. Ich versuche daher in Teil II, Kap. 10 eine historische Vermittlung, die an den Wurzeln ansetzt (Paschs Axiomatisierung) mit erheblichen Vorteilen im Hinblick auf unsere Anliegen. An dieser Stelle können wir zunächst Folgendes festhalten: Der Zweck eines Axiomensystems ist es nicht, den Sinn der geometrischen Grundobjekte zu konstituieren, sondern die Theorie auf eine bestimmte Art zu systematisieren. Dies ist eine Aufgabe im Rahmen des Treibens von Geometrie als Wissenschaft. Die geometrische Theorie ist jedoch nicht durch Axiomatik entstanden, aber ohne sie wäre sie kaum das, was sie heute ist (z.B. durch die Entdeckung der nicht-euklidischen Geometrien). Was die hier vorgelegten Untersuchungen betrifft, könnte man sich umschauen und die gängigen Axiomensysteme im Hinblick auf die hier leitenden methodischen Interessen hin durchsehen. Ich möchte diese Fragen jedoch hier nicht ausführlich angehen, sondern nur die Ergebnisse meine Erkundung darstellen.

Aus der Protogeometrie sind bereits einige Konturen einer Systematisierung sichtbar geworden: Wir haben gesehen, wie die Inzidenz und die Anordnung auf Linien eingeführt werden können (so hat es bereits Pasch angelegt), sodass in Bezug auf die Anordnungstheorie auf der Geraden leicht an die Axiomatik angeschlossen werden kann. Doch im Hinblick auf die weitere Theorie wird eine Klärung gebraucht. Auf welche Weise wird nun in der Axiomatik mit der Ebene verfahren oder mit der Kongruenz? Und wie verhält es sich mit den Formeigenschaften der Geraden und der Ebene?

Die Betrachtung eines beliebigen Axiomensystems der Geometrie offenbart, dass in der geometrischen Theorie ein grundlegendes Prinzip von Anfang an die ganze Theoriebildung durchdringt: Figuren werden als Komplexe aus Elementarfiguren (z.B. Punkten, Geraden, Ebenen) konstituiert und behandelt. Alle geometrischen Aktivitäten (konstruktives Zeichnen, Festlegung und Untersuchung von Konfigurationen, Berechnungen, Beweise usw.) beruhen auf dieser Methode, die ich als **„Elementprinzip"** bezeichnen möchte. Sogar die Theoriebildung folgt mit der Axiomatisierung diesem (universellen) Prinzip, welches in den „Elementen" Euklids zur Systematisierung der Theorie paradigmatisch für die Mathematik angewendet wird. Natürlich erfordert die Auflösung (Bestimmung) einer Figur in (über) ihre Elemente auch Prinzipien über die Art und Weise deren Zusammensetzung.

Als **„Bausteinprinzip"** oder „Gestaltprinzip" haben wir in der Protogeometrie ein solches, nicht so leicht fassbares Prinzip kennengelernt, welches die Konstruktion von Kopien von Komplexen aus einfachen Formen leitet. Die Geometrie hat durch das Elementprinzip offenbar die Möglichkeit, die Transformation dieses vorgeometrischen Prinzips zu leisten, sodass es exakter und effektiver funktionieren kann. Diese Transformation zum **Kongruenzprinzip** für Figuren ist daher auch etwas, was wir im folgenden 3. Abschnitt noch genauer verfolgen und verstehen wollen.

Etwas Entscheidendes ist noch nachzutragen: Die geometrischen Grundformen sind aufgrund ihrer Gestalteindeutigkeit als Elemente das, was die euklidische Geometrie besonders auszeichnet. Wir haben in der Protogeometrie zwar nicht alle Relationen betrachtet, die zu einer Rekonstruktion der euklidischen Ebene hinreichen würden. Trotzdem sollte es möglich sein zu verstehen, wie sich die Eigenschaften der Homogenität der Grundformen bzw. die Ununterscheidbarkeit hinsichtlich der Berührungen mit anderen Figuren bzw. die Gestalteindeutigkeit, die ja aufgrund der hergestellten Bezüge wohl mit der geometrischen Kongruenz zu tun haben, sich in der geometrischen Theorie formulieren lassen. Diese Aufgaben sind ebenfalls Thema des folgenden 3. Abschnitts.

Zuvor können hier jedoch zwei grundsätzliche Fragen, die den theoretischen Status der Protogeometrie betreffen, beantwortet werden:

1. Ich sehe keinen direkten, logischen Übergang von der Protogeometrie zur Geometrie, sondern einen methodischen. Deswegen gibt es aber überhaupt keinen Grund, das was wir mit Figuren technisch handelnd erfahren und unsere darauf bezogene Rede nicht zu nutzen, nicht als Basis für unser Verständnis (auch der geometrischen Theorie) zu verwerten.
2. Eine weiter ausdifferenzierte Theorie der Protogeometrie erscheint kaum lohnend bzw. auf die Geometrie hinauszulaufen. Der Grund wurde bereits zuvor angegeben: In der Geometrie kommt über eindeutige Formen das Elementprinzip voll zur Geltung, da Ebene und Gerade ohnehin miteinander verknüpft sind. Damit kann dann das Gestaltprinzip, wirksamer als protogeometrisch möglich über Kriterien zur Kongruenz von Elementen formuliert seine durchschlagende Wirkung entfalten.

Diese Antworten bedeuten wesentliche Einschränkungen des Status der Protogeometrie, die somit endgültig wohl als methodische Vorstufe der Geometrie bestimmt wird. Wir können damit einsehen, wie geometrisches Reden auf der elementaren Stufe funktioniert und wie man auf dieser Basis methodisch zur geometrischen Theorie kommt, also ein besseres Verstehen der theoretischen Bemühung als „Hochstilisierung" eines wichtigen Teils unserer Rede und Praxis erreichen. Geometrie in diesem Sinne verstehen heißt, die Prinzipien der Theoriebildung der Geometrie als zweckmäßige und kunstvoll weiterentwickelte („hoher Stil") Maßnahmen begreifen zu lernen.

7.3 Von der Protogeometrie zur Geometrie

In diesem Abschnitt gilt mein Interesse der Transformation der protogeometrischen Eigenschaften der Grundformen Gerade und Ebene und des Gestaltprinzips in den Theorierahmen der Geometrie. Wir wollen also nachsehen, in welcher Form sie in der Theorie erscheinen. Damit kann man einige neue Einsichten erhalten, die dazu geeignet sind, die geometrische Axiomatik an die Vortheorie anzubinden und damit auch von der Sache her besser zu motivieren (vgl. Bernays in II, Kap. 10).

Es kann ja sein, dass bislang nur die Perspektive gefehlt hat, unter der bereits vorliegende Ergebnisse der Axiomatik in einem methodisch neuen Licht bzw. einer neuen Funktion erscheinen können. (Bereits anlässlich der Anordnung auf Linien in Kap. 2 haben wir gesehen, wie Ergebnisse der Axiomatik direkt wirken können.) Bei der Konstitution der geometrischen Theorie auf der Basis des Hilbertschen Axiomensystems lässt sich folgendes Vorgehen erkennen: Erst wird eine Axiomatik der Inzidenz und Anordnung auf der Geraden aufgebaut, dann in der Ebene über ein einziges Axiom (Pasch-Axiom). Die Kongruenztheorie folgt mit Hilfe von Axiomen über die Strecken- und Winkelkongruenz.

Die logisch motivierte Trennung von Anordnung und Inzidenz von der Kongruenz hat Konsequenzen für die Erfassung aus der Protogeometrie bekannten Erweiterbarkeit von Gerade und Ebene. Letztere hat damit <u>zwei Aspekte</u>, die erst durch Anordnungs- und dann durch Kongruenzaxiome erfasst werden. Bereits an dieser Stelle erkennt man den Wert des logischen Vorgehens der Axiomatik, der auch von mir als Methode hochgehalten wird.

7.4 Axiomatik der Ebene

Als Erstes wollen wir in einem teils an Hilbert teils an Peano und Ingrami angelehnten Axiomensystem verfolgen, wie die Definition der Ebene (die hier also ein abgeleiteter Begriff ist) erfolgt und auf welche Weise die Erweiterbarkeit und Einschränkbarkeit der Ebene formuliert und bewiesen werden. Das Axiomensystem bietet in den Inzidenz- und Anordnungsaxiomen keine Probleme eines Anschlusses an die Protogeometrie. Die Inzidenzbeziehungen sind aus den praktischen Möglichkeiten des Umgangs mit geraden Linien und der Gestalteindeutigkeit der Geraden begründbar bzw. motivierbar.

Die folgende Darstellung folgt im Wesentlichen den Ausführungen von Max Zacharias (Zacharias 1930).

Inzidenzaxiome

(I1) Zu zwei verschiedenen Punkten gibt es stets eine Gerade, die diese enthält. (**Existenz einer Geraden zu zwei Punkten**)

(I2) Zu zwei verschiedenen Punkten gibt es nur eine Gerade, die sie enthält. (**Eindeutigkeit der Geraden zu zwei Punkten**)

(I3) Auf einer Geraden gibt es stets wenigstens einen Punkt. (**Existenz eines Punktes auf einer Geraden**)

(I4) Zu jeder Geraden gibt es einen Punkt, der in ihr nicht enthalten ist. (**Existenz eines Punktes außerhalb einer Geraden**)

Nach Einführung des Begriffs der <u>Ebene</u> kommen noch hinzu:

(I5) Außerhalb einer Ebene gibt es mindestens einen Punkt. (**Existenz eines Punktes außerhalb einer Ebene**)

(I6) Zwei Ebenen haben entweder keinen Punkt oder zwei Punkte gemein. (**Schnitt von zwei Ebenen**)

Auch die Eigenschaften der Ebene sind aus den Erfahrungen mit Ebenen und Geraden zu begründen. I6 verlangt hier sogar weniger als die Erfahrung qua „Geschenk von oben" hergibt.

Anordnungsaxiome

(B1) Sind A, B, C Punkte auf einer Geraden und gilt ABC, so auch CBA. (**Reversivität der Zwischenbeziehung**)

(B2) Sind A und C zwei Punkte auf einer Geraden, so gibt es stets wenigstens einen Punkt B mit ABC und wenigstens einen Punkt D mit ACD. (**Existenz von inneren und äußeren Punkten**)

(B3) Unter irgend drei Punkten einer Geraden gibt es stets genau einen, der zwischen den beiden anderen liegt. (**Eindeutigkeit des Zwischenliegens**)

(B4) Gelten für vier Punkte A, B, C, D auf einer Geraden ABD und ACD, so gilt entweder ACB oder BCD.

(B5) Gelten für vier Punkte A, B, C, D auf einer Geraden ABD und ACB oder ABD und BCD, so gilt auch ACD.

(B6) Gelten für vier Punkte A, B, C, D auf einer Geraden ABC und ABD, so gilt entweder BCD oder BDC.

(B7) Sind A, B, C drei nicht in einer Geraden liegende Punkte, und gelten BDC und AED, so gibt es stets einen Punkt F mit AFB und CEF.

(**Pasch-Axiom, äußere Fom**)

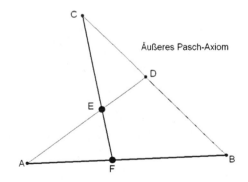

Äußeres Pasch-Axiom

(B8) Sind A, B, C drei nicht in einer Geraden liegende Punkte, und gelten BDC und AFB, so gibt es stets einen Punkt E mit AED und CEF.

(Pasch-Axiom, innere Form)

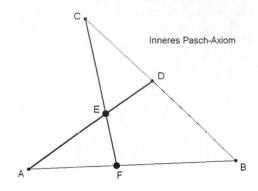

Inneres Pasch-Axiom

Satz: (B8) folgt aus (B7).

Beweis (orientiert an Schur 1909, jedoch bezogen auf das obige Axiomensystem):

Gilt CPF und AFB, für einen Punkt P, so gibt es einen Punkt Q mit APQ und CQB (B7). Für Q gilt entweder BQD oder DQC.
1. Gilt BQD und APQ, so gibt es R mit ARD und BPR (B7). Aus ARD und BDC folgt dann die Existenz von S mit ASC und BRS (B7). Aus BPR und BRS folgt PRS (B5). Aus ASC und SRP folgt die

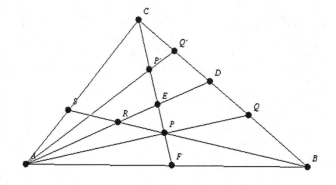

Existenz eines Punktes E mit CEP und ARE (B7). Schließlich folgt aus APQ und CEP die Existenz eines Punktes D´ mit AED´ und CD´Q (B7). D´ kann aber nur D sein, sonst würde ADD´ (AD´D) gelten also BAC.
2. Gilt nun endlich CQD und APQ, so gibt es ein E mit AED und CPE (B7).

ANMERKUNGEN: Die hier zugrunde gelegten Axiome der Anordnung gehen nach Zacharias auf G. Peano und G. Ingrami zurück und stellen eine Weiterentwicklung des Paschschen Axiomensystems dar. Bereits Pasch hatte die Absicht, die Erweiterbarkeit des durch ein Dreieck gegebenen beschränkten ebenen Gebiets durch ein Axiom zu erfassen (Pasch 1882, S. 20, IV. Kernsatz; vgl. auch II, Kap. 10).[3] Dass die innere Form des Pasch-Axioms aus der äußeren folgt, hat zuerst E.A.Moore 1902 gezeigt (nach Schur 1909, S. 9). Auch andere Axiome des obigen Systems sind beweisbar, was aber hier für uns nicht von zentraler Bedeutung ist.

---

[3] Über den Hintergrund, auf welchem Pasch dies versuchte, informiert vorzüglich Zacharias 1930, S. 15ff. Gauß hat in der Diskussion über die Definition der Ebene im 19. Jahrhundert eine wichtige Rolle gespielt.

Im Axiomensystem Tarskis wird die innere Form des Pasch-Axioms zugrunde gelegt, wesentlich später wird die äußere Form des Pasch-Axioms als Satz bewiesen (Schwabhäuser/ Szmielew/Tarski 1983, S. 12).

Alle geometrischen Objekte können als Punktmengen auf der Basis der Inzidenz- und Anordnungsrelation geschrieben werden. Von dieser Möglichkeit wird hier, ohne dies ausführlich durchzuführen (vgl. dazu Steiner 1966), Gebrauch gemacht.

Auf der Basis dieses Axiomensystems können nun einige Sätze bewiesen werden (nach Zacharias 1930) und die Definitionen von Objekten (Strecke), die bei der Definition der Ebene gebraucht werden, angegeben werden.

Satz: Zwei verschiedene Geraden a und b haben entweder einen oder keinen Punkt gemein.
Satz: Auf jeder Geraden gibt es unendlich viele Punkte.

Definition: Sei a eine Gerade, $A,B \in a$.
Strecke AB (oder BA) : $= \{C \in a \,|\, ACB\}$

Dabei heißen A, B Endpunkte der Strecke, man spricht dann auch von der Verbindung von A, B durch die Strecke AB. Die Verlängerung von AB über B hinaus wird mit Hilfe der Zwischenbeziehung definiert. Gilt EAB, dann folgt: E liegt auf der Verlängerung von AB über A hinaus.

Satz: Auf einer Strecke gibt es unendlich viele Punkte.
Satz: Es gibt es unendlich viele Punkte außerhalb einer Geraden a (die nicht auf a liegen).

Definition der Ebene

Seien A, B, C nicht kollinear. Man betrachte Strecken, die A mit den Punkten D der Strecke BC verbinden. Die Punkte E der Strecken AD liegen auch auf den Strecken BF. (B7)

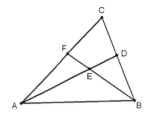

Das Dreieck ABC wird definiert als die Gesamtheit der Punkte aller derartigen Verbindungsstrecken.

Die Ebene ABC Gesamtheit der Punkte der Geraden, welche die Ecken des Dreiecks ABC mit den Punkten der Gegenseiten verbinden.

Eigenschaften der Ebene

SATZ 1

Verbindet man im Dreieck ABC einen Punkt D der Seite AB mit einem Punkt E der Seite BC, so sind alle Punkte der Strecke DE Punkte des Dreiecks ABC.

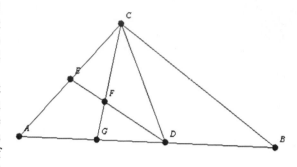

BEWEIS: Im Dreieck ACD trifft jede Gerade durch C und einen Punkt F von DE die Gegenseite AD in einem Punkt G, sodass AGD gilt (B7). G liegt somit auf der Strecke AB. F liegt als Punkt von CG im Dreieck ABC.-

Also: Alle Punkte von Verbindungsstrecken zweier Seiten des Dreiecks gehören zum Dreieck.

SATZ 2

Verbindet man eine Ecke des Dreiecks ABC mit einem Punkt einer Verlängerung der Gegenseite durch eine Gerade, so liegen die Punkte dieser Geraden in der Ebene ABC.

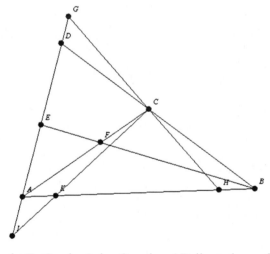

BEWEIS: Ist D ein Punkt mit BCD, und gilt AED, so liegt E auf einer Geraden, die B mit einem Punkt F der Strecke AC verbindet (B8, Dreieck ABD). Gilt ADG, so trifft die Verlängerung von GC die Strecke AB in einem Punkt H (B7, Dreieck ABD). Gilt schließlich DAI, so trifft die Gerade CI die Strecke AB in einem Punkt K (B8, Dreieck ABD). Jeder Punkt E, G oder I der Geraden AD liegt also auf einer Geraden, die eine Ecke des Dreiecks ABC mit einem Punkte der Gegenseite verbindet, somit in der Ebene ABC.-

SATZ 3

Trifft eine Gerade zwei Seiten eines Dreiecks ABC, so liegt sie ganz in der Ebene ABC.

BEWEIS: Trifft z.B. die Gerade a die Seite AB in D und die Seite BC in E, so sind: 1. Alle Punkte der Strecke DE (Satz 1) auch Punkte des Dreiecks und damit auch der Ebene ABC.

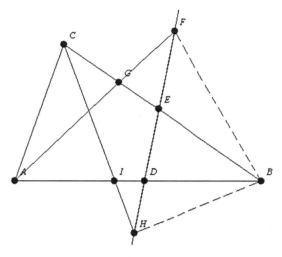

2. Ist F ein Punkt mit DEF, so bestimmten BE und AF einen Punkt G (B7, Dreieck ADF). Gilt BGC, so ist F ein Punkt der Ebene ABC (Definition der Ebene) mit BEG. Gilt BCG, so ist F ein Punkt der Ebene ABC nach Satz 2. Der Fall GBC ist nicht möglich, weil aus GBC und BEG nach B4 auch EBC folgt, was einen Widerspruch zu BEC (Vor.) darstellt. Gilt schließlich EDH für einen Punkt H, so treffen sich BD und CH in einem Punkt I (B7, Dreieck HEC) und CIH und BDI.

Es ist nun für I zu zeigen, dass es in der Ebene ABC liegt. Gilt AIB, so ist H ein Punkt der Ebene ABC (Def. der Ebene). Gilt IAB, so ist H ein Punkt der Ebene ABC nach Satz 2. Der Fall IBA ist auch hier nicht möglich, da sofort (B4) aus IBA und BDI auch ABD folgen würde (Widerspruch zu ADB).-

SATZ 4

Sind A, B, C drei nicht kollineare Punkte, und gilt BDC, so ist jeder Punkt der Ebene ABC auch ein Punkt der Ebene ABD. (Teil eines Dreiecks bestimmt gleiche Ebene.)

BEWEIS: Für die Punkte der Geraden, die A mit den Punkten von BD verbinden, gilt dies nach Definition der Ebene ABC. Für die Geraden, die A mit den Punkten von DC verbinden, gilt dies nach Satz 2. Die Geraden, die B mit den Punkten von AC verbinden, treffen AD nach B8 und gehören nach Definition der Ebene zur Ebene ABD. Die Geraden schließlich, die C mit den Punkten von AB verbinden, treffen AD nach B8 und liegen nach Satz 3 in der Ebene ABD.-

SATZ 5 (Umkehrung von Satz 4)

Jeder Punkt der Ebene ABD ist auch ein Punkt der Ebene ABC. Sind also A, B, C drei nicht kollineare Punkte und ist D ein Punkt mit BCD, so ist die Ebene ABC identisch mit der Ebene ABD.

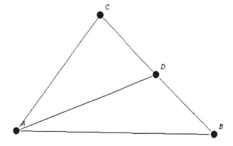

BEWEIS: Für die Punkte der Geraden, welche A mit den Punkten von BD verbinden, ist dies ohne Weiteres gültig (Definition der Ebene). Für die Punkte der Geraden, die B mit den Punkten von AD verbinden, folgt dies aus B7. Für die Punkte der Geraden, die D mit den Punkten der Strecke AB verbinden, folgt dies aus Satz 3.-

SATZ 6

Sind A, B, C drei nicht kollineare Punkte und ist D ein vierter Punkt der Ebene ABC, der nicht auf der Geraden AB liegt, so ist die Ebene ABC identisch mit der Ebene ABD.

BEWEIS: Dies folgt ohne weiteres aus Satz 5, wenn D auf einer der Seiten AC oder BC liegt. Ist nun D ein innerer Punkt des Dreiecks ABC (Fig.). Schneiden sich AD und BC in E, so ist nach Satz 5 die Ebene ABC identisch mit der Ebene ABE und diese wiederum mit der Ebene ABD.

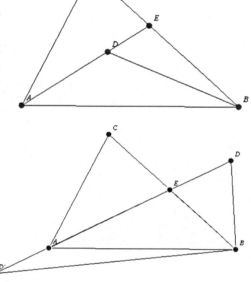

Ist D bzw. D´ ein Punkt der Ebene ABC, der nicht dem Dreieck ABC angehört, z.B. auf einer Geraden, die A mit einem Punkt E der Seite BC verbindet (Fig.), so ist nach Satz 5 die Ebene ABC identisch mit ABE und diese identisch mit ABD bzw. ABD´.

Liegt D auf der Verlängerung einer Strecke, die C mit einem Punkt E von AB verbindet (Fig.), so ist nach Satz 5 die Ebene ABC mit AEC identisch, diese identisch ACD und AED, und diese schließlich identisch ABD. (Entsprechend mit D´).-

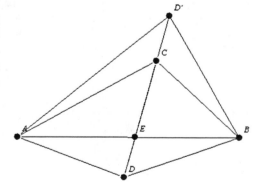

Damit ist die protogeometrische Möglichkeit, aus einem Teil der Ebene, die Ebene rekonstruieren zu können, wie auch die Ebenheit der Teile der Ebene in der geometrischen Sprache exakt formuliert und aus Grundsätzen nachgewiesen worden. (Was im Übrigen auch die methodische Überlegenheit der Geometrie eindrücklich bezeugt.)

Weitere Eigenschaften der Ebene werden in folgenden Sätzen ausgesprochen:

SATZ 7

Eine Ebene ABC ist durch irgend drei ihrer Punkte, die nicht kollinear sind, eindeutig bestimmt.

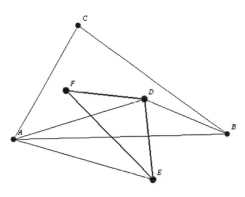

BEWEIS: Sind D, E, F drei nicht kollineare Punkte der Ebene ABC, so können nicht alle drei Punkte auf der Seite AB des Dreiecks liegen. Liegt etwa D nicht auf dieser Seite, so ist nach Satz 6 die Ebene ABC identisch mit ABD. E und F können nicht beide auf der Geraden AD liegen. Liegt etwa E nicht auf der Geraden AD, so ist die Ebene ABD identisch mit der Ebene ADE. Schließlich kann F nicht der Geraden DE angehören, so ist die Ebene ADE identisch mit der Ebene DEF. Die Ebene ist also durch die drei beliebigen, nicht kollinearen Punkte D, E, F eindeutig bestimmt.-

KOROLLAR

Eine Ebene ist durch eine Gerade und einen Punkt außerhalb derselben oder durch zwei sich schneidende Geraden eindeutig bestimmt.-

SATZ 8

Eine Gerade l, die zwei Punkte mit einer Ebene α gemein hat, liegt auf ihr.

BEWEIS: Beide Punkte zusammen mit einem dritten, nicht auf der Geraden l liegenden Punkt der Ebene α bestimmen ein Dreieck, durch welches eine Ebene β bestimmt wird. Diese Ebene enthält nach der Definition der Ebene die ganze gerade Linie und ist andererseits nach Satz 7 identisch mit α.-

KOROLLAR

Eine Ebene und eine nicht in ihr liegende Gerade haben entweder keinen oder einen Punkt gemein.

SATZ 9

Zwei Ebenen haben entweder keinen Punkt oder eine Gerade gemein.

BEWEIS: Nach (I9) haben sie entweder keinen Punkt oder zwei Punkte gemein. Im letzten Fall liegt die durch die zwei Punkte bestimmte Gerade ganz in den beiden Ebenen (Satz 8).

SATZ 10 (Satz von Pasch)

Eine Gerade a, die ganz in der Ebene ABC liegt und den Rand des Dreiecks in einem Punkte trifft, aber nicht durch eine Ecke des Dreiecks geht, schneidet ihn noch in genau einem Punkt.

BEWEIS: Die Gerade a, die in der Ebene ABC liegt, treffe den Umfang des Dreiecks in einem Punkt D von AB und gehe durch keine Ecke des Dreiecks. Wir betrachten einen zweiten Punkt E der Geraden a, der nicht dem Umfang des Dreiecks angehört. Wir betrachten die möglichen Lagen dieses Punktes in Bezug auf das Dreieck ABC. Punkt E liegt im Inneren des Dreiecks oder auf jeweils einer von drei Ecktransversalen, welche durch eine Ecke und einem Punkt auf der gegenüberliegenden Seite bestimmt sind.

a) E sei ein innerer Punkt des Dreiecks ABC, also ein Punkt einer Strecke, die C mit einem Punkte F der Strecke AB verbindet. Weil a nicht durch C geht, kann F nicht mit D zusammenfallen. Liegt F zwischen A und D, so muss DE die Strecke AC in einem Punkt G treffen (B7, Dreieck AFC). Liegt F zwischen D und B, so trifft die Gerade DE die Strecke BC (B7, Dreieck CFB).

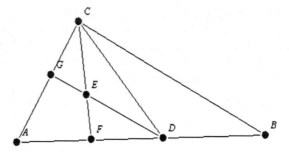

b) E liege außerhalb des Dreiecks ABC, und zwar auf einer Geraden, die C mit einem Punkte F der Strecke AB verbindet. Nach B4 gilt entweder FDB oder ADF.

α) Gilt FDB und CFE, so trifft a die Strecke BC (B7, Dreieck CFB). Gilt FDB und FCE (in Figur E´), so trifft a ebenfalls die Strecke BC. (B8, Dreieck CFB)

β) Gilt ADF, so kann man ebenso zeigen, dass a die Strecke AC trifft.

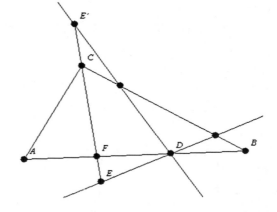

c) E liege außerhalb des Dreiecks ABC auf einer Geraden,
die A mit einem Punkt F der
Strecke BC verbindet.

α) Gilt AFE, so trifft a die
Strecke FB und damit auch die
Strecke BC (B8, Dreieck
ABF).

β) Gilt EAF (in Figur E′), so
trifft a ebenfalls die Strecke
FB bzw. CB (B7, Dreieck
ABF).

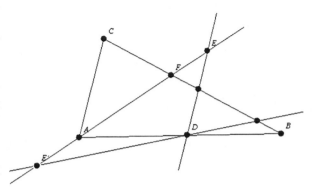

d) E liege außerhalb des Dreiecks ABC auf einer Geraden, die B mit einem Punkt F der Strecke AC verbindet. Es wird wie in c) gezeigt, dass a die Strecke AC trifft.

KOROLLAR

Eine Gerade, die in der Ebene des Dreiecks ABC liegt und durch keine Ecke des Drei-ecks geht, trifft den Rand des Dreiecks entweder in keinem oder in zwei Punkten.

Wir fassen nun zusammen, was als Entsprechung der protogeometrischen Erweiter-barkeit der Ebene bzw. Einschränkung auf Teilgebiete bewiesen wurde.

1. Sind A, B, C drei nicht kollineare Punkte, und gilt BDC, so ist jeder Punkt der Ebene ABC auch ein Punkt der Ebene ABD und umgekehrt. D.h., Ebene ABC ist identisch mit Ebene ABD.

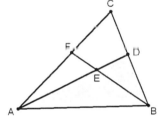

2. Für jeden beliebigen Punkt D der Ebene ABC, der nicht auf der Geraden AB liegt, ist Ebene ABC iden-tisch mit Ebene ABD.

Als Folgerung ergibt sich der Satz, dass die Ebene ABC durch drei ihrer Punkte, die nicht kollinear sind, eindeutig bestimmt ist.

7.5 Kongruenz und Kongruenzprinzip

Die protogeometrisch vermittelten Eigenschaften der Ebene haben sich in der geomet-rischen Theorie transformiert mithilfe der Fundamentalfigur des Dreiecks. Nun gilt es den Eigenschaften nachzugehen, die sich an die protogeometrische Kongruenz an-schließen, bis zum Gestaltprinzip. Sie erfahren natürlich ebenfalls eine Transformation nach dem Elementprinzip, werden also mittels Relationen zwischen Punkten (Punkte-paaren) bzw. Strecken oder anderen Elementen von Figuren formuliert. Ich kann hier den Aufbau der Theorie natürlich nicht im Einzelnen verfolgen, sondern will von der axiomatischen Fassung direkt auf die Formulierung eines Gestaltprinzips für Figuren im Rahmen dieser Theorie kommen und beginne mit einer Fassung der Kongruenzaxiome, die sich an Hilbert anschließt (nach Zacharias).

Axiome der Streckenkongruenz

(**K1**) Sind A und B zwei Punkte auf der Geraden a und A´ ein Punkt auf a oder einer anderen Geraden a´, so gibt es auf einer gegebenen Seite von a´ bzgl. A´ stets nur einen Punkt B´ sodass die Strecke AB $\cong$ A´B´. (**Eindeutige Abtragbarkeit**)

Reflexivität und **Reversivität** der Kongruenz: $AB \cong AB \cong BA$

(**K2**) **Transitivität** der Streckenkongruenz:
$AB \cong A´B´ \wedge A`B` \cong A´´B´´ \rightarrow AB \cong A´´B´´$

(**K3**) Sind AB und BC zwei Strecken ohne gemeinsame innere Punkte auf der Geraden a und A´B´ sowie B´C´ebenfalls zwei Strecken ohne gemeinsame innere Punkte auf der Geraden a oder einer anderen a´ dann gilt:
$$AB \cong A´B´ \wedge BC \cong B´C´ \rightarrow AC \cong A´C´.$$

ANMERKUNG: Die Streckenkongruenz (ähnlich verhält es mit der Winkelkongruenz) lässt sich protogeometrisch im Sinne von Kapitel 4 interpretieren. Die Reversivität ist ein „Geschenk von oben", eine Grunderfahrung, die Transitivität ist eine Folge der Kongruenzdefinition über Gestaltgleichheit und Passung. K3 ist eine neue Forderung, die sich nicht aus der bisherigen Protogeometrie ergibt, aber natürlich praktisch erfüllt ist.

Axiome der Winkelkongruenz

(**K4**) Es sei ein Winkel hk in einer Ebene α und eine Gerade a´ in einer Ebene $\alpha´$, sowie eine bestimmte Seite von a´ auf $\alpha´$ gegeben. Sei h´ ein Strahl der Geraden a´, der vom Punkt O´ ausgeht. Dann gibt es in der Ebene $\alpha´$ einen und nur einen Strahl k´, sodass $\sphericalangle$ hk $\cong$ $\sphericalangle$ h´k´ ist und zugleich alle inneren Punkte von $\sphericalangle$ h´k´ auf der gegebenen Seite von a´ liegen. (**Winkel-Abtragbarkeit**)

Reflexivität und **Reversivität** der Winkelkongruenz: $hk \cong hk \cong kh$

(**K5**) **Transititivität** der Winkelkongruenz: $hk \cong h´k´ \wedge h´k´ \cong h´´k´´ \rightarrow hk \cong h´´k´´$

(**K6**) **Kongruenzsatz für Dreiecke**: Für zwei Dreiecke ABC und A´B´C´ gilt:
$AB \cong A´B´ \wedge AC \cong A´C´ \wedge \sphericalangle BAC \cong \sphericalangle B´A´C´$
$\rightarrow \sphericalangle ABC \cong \sphericalangle A´B´C´ \wedge \sphericalangle ACB \cong \sphericalangle A´C´B´$

Auf der Basis der Inzidenz-, Anordnungs- und Kongruenzaxiome kann nun die Theorie ausgebaut werden, wobei die erste Station natürlich Sätze über Dreiecke darstellen, allen voran die anderen bekannten Dreieckskongruenzsätze, die man als Grundlage von Dreieckskonstruktionen kennt. Auf dieser Grundlage kann schließlich auch das

Problem der Kongruenz von Figuren allgemein angegangen werden, indem Kriterien für die Kongruenz von Teilfiguren und Erweiterungen einer Figur abgeleitet werden. Das läuft auf eine Transformation des protogeometrischen Gestaltprinzips, welches nur verbal und umständlich formuliert werden konnte, zu einem **Kongruenzprinzip** hinaus, welches nun mit Hilfe von Elementen der betreffenden Figuren formuliert werden kann. Die einschlägigen Sätze findet man in Zacharias1930, S. 48-51. Ausgehend von einer Definition der Kongruenz für Figuren wird dort zunächst die Erweiterung einer Figur um einen nicht zur Figur gehörenden Punkt betrachtet und die Kongruenz zu einer entsprechend erweiterten kongruenten Figur bewiesen. Die Kongruenz von Teilfiguren bei Weglassen zugeordneter Punktepaare ist eine Folgerung der Kongruenzdefinition von Figuren als 1-1- Zuordnung von Strecken und Winkeln der beiden Figuren.

Die Kongruenz erweist sich zunächst als eine die Kollinearität und Komplanarität von Punkten sowie die Anordnungsverhältnisse erhaltende Beziehung, entsprechend der protogeometrischen Anforderungen an die Gestaltgleichheit und Passung, die diese Verhältnisse erhalten. Das Kongruenzprinzip für Erweiterungen einer Figur formuliert der folgende Satz.

Satz: Ist P ein Punkt in einer Ebene einer Figur f, der nicht der Figur f selbst angehört und nicht in einer Geraden der Figur liegt, so gibt es in der entsprechenden Ebene einer kongruenten Figur f_1, einen und nur einen Punkt P_1 derart, dass die durch Hinzunahme von P erweiterte Figur f der durch Hinzunahme von P_1 erweiterten Figur kongruent ist. (Zacharias 1930, S. 50)

Ein entsprechendes Kongruenzprinzip wird a.a.O. auch für den Raum formuliert.

7.6 Perfekte Homogenität von Gerade und Ebene

Die Ableitung der als „Kongruenzprinzip" bezeichneten Sätze, die als Kriterien für die Kongruenz von Erweiterungen fungieren, beruht in der vorangegangenen Darstellung auf einem Axiomensystem, welches nach dem Vorbild Hilberts Axiome für die Winkelkongruenz enthält. Eine Frage an die Axiomatik ist nun, ob die Winkelkongruenzsätze vermeidbar sind. Bereits vor Hilbert hatte Pasch gezeigt, dass ein Kongruenzprinzip in diesem Sinne auf der elementaren Ebene, also für Punkte bzw. Strecken formulierbar ist. Ein solches System liegt also seit Langem vor.[4] Auf der Basis einer bis in alle Einzelheiten vorliegenden Darstellung (Borsuk/Smielew 1961) lässt sich nun auch unsere zweite Frage beantworten. Die folgenden Ausführungen beziehen sich auf dieses Werk, worauf auch für Details verwiesen werden kann.

Borsuk/Smielew verwenden als Grundbegriff die Äquidistanz **E** für Punkte. E(a,b;c,d) heißt also: „a ist genau so weit von b entfernt, wie c von d".

---

[4] Für die Entwicklung dieser Systeme vgl. Schwabhäuser/Szmielew/Tarski 1983, S. 21.

Axiome der Kongruenz (nach Borsuk/Smielew)

(C₁) $E(a,a; p,q) \rightarrow p=q$

(C₂) $E(a,b; b,a)$

(C₃) $E(a,b; p,q) \wedge E(a,b; r,s) \rightarrow E(p,q; r,s)$

Anmerkungen: C_3 kann als Fassung der protogeometrischen Kongruenz von (Elementar-)Figuren verstanden werden, die aus zwei Punkten bestehen. C_2 ist die bei der Streckenkongruenz (Abschnitt zuvor) von mir als „Reversivität" (Umlegbarkeit) bezeichnete Relation.

Aus diesen Axiomen folgt die Reflexivität und Symmetrie sowie Transitivität von **E**. Mit ihrer Hilfe kann nun die Streckenkongruenz mittels $ab \equiv cd \rightleftharpoons E\,(a,b;\,c,d)$ definiert werden. Sie erweist sich als Äquivalenzrelation. Damit wird die Kongruenz von Figuren definiert.

Definition: Zwei Figuren F_1 und F_2 heißen **kongruent**, wenn es eine 1-1-Zuordnung f von F_1 auf F_2 gibt, so dass für alle p, q aus F_1 $pq \equiv f(p)\,f(q)$ gilt.

(C₄) $B(a_1,b_1,c_1) \wedge B(a_2,b_2,c_2) \wedge\ a_1b_1 \equiv a_2b_2 \wedge b_1c_1 \equiv b_2c_2 \rightarrow a_1c_1 \equiv a_2c_2$

(C₅) Axiom der Streckenabtragung: Für jede Halbgerade A mit Anfang a und für jede Strecke pq gibt es genau einen Punkt b aus A mit $ab \equiv pq$.

Anmerkung: Bei C_4 handelt es sich um ein Teil-Ganzes Kongruenz-Axiom für Strecken, entsprechend zu K3 im Hilbert-System.

(C₆) 5-Strecken-Axiom: Gegeben sind zwei Geraden L_1 und L_2 und Punkte a_1, b_1,c_1 $\in L_1$, $d_1 \notin L_1$, a_2, $b_2,c_2 \in L_2$, $d_2 \notin L_2$. Dann gilt:
$B(a_1, b_1,c_1) \wedge B(a_1, b_1,c_1) \wedge a_1b_1 \equiv a_2b_2 \wedge b_1c_1 \equiv b_2c_2 \wedge d_1a_1 \equiv d_2a_2 \wedge d_1b_1 \equiv d_2b_2 \rightarrow d_1c_1 \equiv d_2c_2$

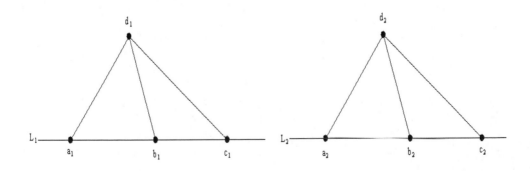

(**C₇**) Für jede Halbebene W mit Rand K, eine Strecke ab $\in$ K und ein Dreieck pqr gilt:

$$ab \equiv pq \to \bigvee_{c}{}^{1} c \in W \wedge ac \equiv pr \wedge bc \equiv qr$$

Anmerkung: Axiom C_7 sichert die eindeutige Existenz eines zu einem beliebigen Dreieck kongruenten Dreiecks auf einer Halbebene. Mit C_6 wird für eine elementare Figur mit 4 kongruenten Strecken (in spezieller Lage) gefordert, dass auch eine fünfte Strecke kongruent sein soll. Mit diesem Axiom wird also eine kongruente Erweiterung einer Elementarfigur gefordert. Eine Analogie zu den Pasch-Axiomen zuvor ist auffällig (aber nicht zufällig, da bereits von Pasch so angelegt). Dieses Axiom hat eine ähnliche Funktion wie das Pasch-Axiom (äußere Form) für die Ebene, jedoch für die Relation der Kongruenz. Die Analogie geht jedoch weiter: Es wird danach ein Satz bewiesen (Theorem 10, S. 63), der eine „innere" Form formuliert, indem nun im Sukzedens $d_1b_1 \equiv d_2b_2$ und im Antezedens $d_1c_1 \equiv d_2c_2$ steht.

Ich komme nun zu den Folgerungen, die eine Reformulierung der protogeometrischen Homogenität von Ebene und Gerade innerhalb der geometrischen Theorie zum Gegenstand haben. Sie finden sich in §34 des Buches (S 131-138) und handeln von der „**Perfekten Homogenität** von Gerade und Ebene" („Perfect Homogeneity of the Line and of the Plane"). Wir wollen uns hier die Aussagen der Sätze ansehen, um zu erkennen, in welcher Weise dies erfolgt.

Ich knüpfe direkt an die Definition der Kongruenz für Figuren an, wobei jetzt nur Kongruenzbeziehungen zwischen Geraden bzw. Ebenen zu betrachten sind. (Die Nummerierung der Sätze aus dem Buch von Borsuk/Szmielew wird hier übernommen). Die folgenden zwei Sätze haben die kongruente Erweiterung von Figuren auf Geraden und Ebenen durch Punkte zum Gegenstand.

Satz 95: Gegeben sind zwei Geraden L_1 und L_2 und zwei verschiedene Punkte $a_1, b_1 \in L_1$ und zwei solche $a_2, b_2 \in L_2$. Dann gilt: Wenn $a_1b_1 \equiv a_2b_2$, dann gibt es zu jedem $p_1 \in L_1$ mit $p_1 \neq a_1, b_1$ höchstens einen Punkt $p_2 \in L_2$ mit $p_2 \neq a_2, b_2$, sodass $p_1a_1 \equiv p_2a_2$ und $p_1b_1 \equiv p_2b_2$.

Entsprechendes gilt für Ebenen:

Satz 96: Gegeben sind zwei Ebenen E_1 und E_2 und drei nicht-kollineare Punkte $a_1, b_1, c_1 \in E_1$ und drei solche $a_2, b_2, c_2 \in E_2$. Dann gilt: Wenn $a_1b_1 \equiv a_2b_2$, $b_1c_1 \equiv b_2c_2$, $a_1c_1 \equiv a_2c_2$, dann gibt es zu jedem $p_1 \in E_1$ mit $p_1 \neq a_1, b_1, c_1$ höchstens einen Punkt $p_2 \in E_2$ mit $p_2 \neq a_2, b_2, c_2$ so dass $p_1a_1 \equiv p_2a_2$, $p_1b_1 \equiv p_2b_2$, $p_1c_1 \equiv p_2c_2$.

Als Nächstes wird die Existenz von Kongruenzfunktionen zwischen zwei Geraden bzw. zwei Ebenen bewiesen und mithilfe dieser Eigenschaft die Aussage der obigen Sätze verschärft, d.h. statt „höchstens eine" kann nun „genau eine" heißen. Das bedeutet, dass zwei Geraden bzw. zwei Ebenen kongruent zueinander sind, oder in protogeometrischer Formulierung, dass zwei Geraden bzw. zwei Ebenen in jeder Berührstellung mit zwei (Gerade) bzw. drei (Ebene) Berührstellen aneinander passen.

Die Sätze 99-101 betreffen Verallgemeinerungen der obigen Sätze für Figuren auf Geraden bzw. Ebenen.

Satz 99: Gegeben sind zwei Geraden L_1 und L_2 und zwei Figuren $F_1 \subset L_1$, $F_2 \subset L_2$. Gilt $F_1 \equiv F_2$, so existiert zu jeder Kongruenzfunktion f von F_1 auf F_2 eine solche g von L_1 auf L_2, so dass g(p)=f(p) für jeden Punkt p$\in$ F_1.

Satz 100: Für jede Kongruenzfunktion f einer Linie $L_1 \subset E_1$ auf eine Linie $L_2 \subset E_2$ gibt es eine Kongruenzfunktion g von E_1 auf E_2 mit g(p)=f(p) für jeden Punkt p $\in L_1$.

Die Identifikation $L_1=L_2=L$ bzw. $E_1=E_2=E$ liefert die als **perfekte Homogenität** der Geraden bzw. der Ebene genannte Eigenschaft. In dieser Form erscheint also die protogeometrische Homogenität der beiden Grundformen innerhalb der geometrischen Theorie.

Die Kongruenzfunktion von zwei Ebenen liefert schließlich eine solche des ganzen Raumes, wobei in Satz 100 der Raum S die Rolle der zwei Ebenen übernimmt und zwei Ebenen die Rolle der Geraden. Diese Aussage kann so zur perfekten Homogenität des Raumes verallgemeinert werden.

7.7 Ausblick auf den Aufbau der Protogeometrie der euklidischen Geometrie

Es wäre für meinen Ansatz nicht günstig, wenn seine Perspektive bereits in den vorliegenden Untersuchungen erschöpft wäre. Daher sind hier einige Hinweise angebracht, welche eine Perspektive explizit öffnen durch eine wichtige Anschlussaufgabe.

Wie bereits in der im ersten Kapitel zum Teil I angedeutet, kann die Aufgabe der Protogeometrie nicht nur in der Explikation des Sinns geometrischer Grundbegriffe, wie Ebene und Gerade liegen. Neben der **Formgleichheit** von Figuren sind auch andere Grundbegriffe und damit verbundene Operationen und Phänomene zu explizieren und einzuordnen, z.B. die Begriffe der **Distanz**, **Parallelität** und **Stetigkeit**.

Der Aufbau der euklidischen Elementargeometrie kann nicht ohne eine gründliche protogeometrische Untersuchung zumindest der Formgleichheit von Figuren (Ähnlichkeit) erfolgen. Was ich jetzt dazu sagen kann, ist, dass dies auf eine analoge Betrachtung wie bei der Kongruenz in Kapitel 4 hinausläuft. Denn, auch im Hinblick auf die Formgleichheit lässt sich ein **Formprinzip** formulieren, welches in der geometrischen Theorie entsprechend dem Kongruenzprinzip durch Axiome (oder ein Axiom) gefasst werden könnte (vgl. dazu Zacharias 1930). In dieser Richtung argumentiert aus meiner Sicht auch der Ansatz von P. Lorenzen und R. Inhetveen in der Formengeometrie, deren Vorstufe die Protogeometrie darstellen sollte. Die Untersuchung dieser Beiträge und ihres Hintergrunds (sowie begleitenden historisch-kritischen Studien) läuft auf eine ähnliche Untersuchung wie die bereits von mir vorgelegte hinaus.

Erste Schritte dazu wurden bereits in meiner Dissertation (Amiras 1998) gemacht, durch die kritische Erörterung der Arbeiten von R. Inhetveen. Das Buch von Lorenzen zur Elementargeometrie (das den euklidischen Weg verfolgt) wurde von mir bisher nur im Hinblick auf die vorgelegte Protogeometrie diskutiert.

Die Aufgabe wird allerdings noch umfangreicher, wenn, zur Vervollständigung der Perspektive der Untersuchungen, auch Alternativen zum Aufbau der Geometrie betrachtet werden (sollen). Insbesondere wäre die Herausarbeitung der protogeometrischen Grundlagen der Abbildungsgeometrie noch zu leisten, die in den letzten Ansätzen von Inhetveen und Lorenzen aus meiner Sicht alles andere als befriedigend erfolgt ist. Die operativ-phänomenologischen Grundlagen der Abbildungsgeometrie als Alternative zum euklidisch orientierten Aufbau stellen zusätzliche, reizvolle und überaus wichtige Aufgaben dar, die entsprechende (systematische, historische und didaktische) Studien erfordern.-

TEIL II

HISTORIE

Der Geometrie wird bis zu einem gewissen Grade immer etwas eigenthümlich geometrisches zugehören, das ihr auf keine Weise genommen werden kann. Man ist im Stande, das Gebiet der Synthese einzuschränken, aber es ganz zu beseitigen ist unmöglich. (Lobatschewski, 1898, S. 81)

8. Zur Problematik der Grundbegriffe in der antiken Geometrie

8.1 Einleitung

Geometrisches Wissen entstand, soweit es die Entwicklung in der westlichen Kultur betrifft, in den Hochkulturen Mesopotamiens und Ägyptens. Dieses Wissen war, so die Meinung der Mathematikhistoriker, kein theoretisches Wissen, wenigstens nicht in dem uns seit den Griechen geläufigen Sinn, sondern ein Methodenwissen, also eher ein Kunsthandwerk, um technische Probleme in Verbindung mit Figuren zu behandeln. Es diente also durchweg praktischen Zwecken und wies immer konkrete Bezüge auf. Die Tätigkeiten, die damit verbunden waren, betrafen die Messung und Berechnung von Längen, Flächeninhalten und Volumina und die Konstruktion regelmäßiger Figuren. Wie die wenigen Texte, die erhalten sind (Papyri, Keilschrifttafeln), belegen, war diese „vorgriechische" Geometrie vor allem eine Sammlung von bewährten praktischen Regeln, die ohne Rechtfertigung, aufgrund ihres Funktionierens in der Praxis angewendet, fixiert und tradiert wurden.

Die überlieferten Texte enthalten Anleitungen und Problemsammlungen[1], die reiche Kenntnisse über Figurenverhältnisse und geometrische Eigenschaften offenbaren. So war z.B. der sogenannte "Satz von Pythagoras" lange vor den Griechen (etwa 1700 v.Chr.) nachweisbar bekannt und wurde für Berechnungen von rechtwinkligen Dreiecken angewendet.[2] In diesen Texten ist jedoch noch keine systematische Ordnung der betreffenden Eigenschaften von Figuren ersichtlich.

Ein Bedürfnis nach Rechtfertigung der praktisch funktionierenden Regeln bestand wohl kaum. Trotz der vorherrschenden praktischen Ausrichtung des angehäuften geometrischen Wissens in vorgriechischer Zeit darf man jedoch nicht übersehen, dass es doch gelegentlich Versuche zur Begründung geometrischer Erkenntnisse sichtbar werden, wie beim Problem 51 aus dem Papyrus von Ahmes: Es geht dabei um die Rechtfertigung der Berechnung des Flächeninhaltes eines gleichschenkligen Dreiecks auf-

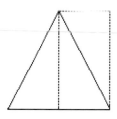

aufgrund der Formel: Grundseite/2 * Höhe. Dabei wird folgendermaßen argumentiert: Die Senkrechte von der Spitze zur Grundseite wird gezogen. Sie teilt das Dreieck in zwei rechtwinklige Dreiecke. Diese sind gleich, und, wenn eines von ihnen geeignet umgelegt wird, so wird das Dreieck zu einem Rechteck verwandelt, mit einer Grundseite, die halb so lang ist, wie die des Dreiecks.[3]

---

[1] Die damit begründete Schultradition des Lehrens von Mathematik mittels Problemen mit Lösungen (v. der Waerden, S. 69) ist bis heute lebendig geblieben.

[2] Keilschrifttexte zeigen eindrucksvoll, dass die Berechnung von pythagoreischen Tripeln beherrscht wurde. Vgl. v. der Waerden 1983, S. 2f.

[3] Vgl. Boyer [2]1989, S. 20.

Wie man sieht, werden hierbei bereits zentrale Konzepte der Geometrie angewandt: Die Gleichheit (Kongruenz) der Teildreiecke ist wohl eine Folge der Symmetrie, die Figurenverwandlung durch Umlegung ist ein Kongruenzargument.

Diese Versuche deuten auf Ansätze zu einem lokalen Ordnen von Eigenschaften unter logischen Gesichtspunkten hin, einem aus der Didaktik der Geometrie geläufigen Vorgehen.[4] Nirgendwo in der vorgriechischen Geometrie werden jedoch Versuche einer systematischen Ordnung von Figureneigenschaften in einheitlicher oder gar axiomatischer Manier ersichtlich.

Einige wichtige Aspekte des technischen Umgangs mit Figuren in dieser Zeit sind folgende:

1. Charakteristisch für das Reden über Figuren in den überlieferten Texten ist der konkrete Bezug auf Figuren, die durch Körper (Stäbe, Balken) oder an Körpern (Kanten, Ecken) realisiert werden. Auf diese Art wurde geometrisches Wissen in die Tradition einer technischen Kultur eingebettet und tradiert. Für diese Tradition dürfte der konkrete Charakter dieses Wissens natürlich besonders hilfreich gewesen sein, da dessen Bezüge direkt ersichtlich und seine Vermittlung im Rahmen des Handwerks somit leichter war.[5]
2. Messend zugängliche Eigenschaften von Figuren werden in Relation gesetzt, ohne dass ein Unterschied zwischen in unserem Sinne geometrischen Eigenschaften und physikalischen Eigenschaften gemacht würde. So taucht das Verhältnis zwischen Durchmesser und Umfang des Kreises (also die Kreiszahl π) in einer Liste neben dem Verhältnis von Gewicht und Volumen eines Ziegelsteins auf.
3. Die vorgriechische technische Praxis offenbart nicht nur Kenntnisse um Figuren und ihre Eigenschaften, sondern auch Kenntnisse um Funktionen von Formen, die im handwerklichen Umgang mit Körpern entstanden sind. Diese Kenntnisse braucht man nicht in geometrischen Aufgabensammlungen zu suchen; sie manifestieren sich in der weit entwickelten Technik der betreffenden Kulturen. Die Anregungen zur Verwendung von Formen, die wohl aus der Vielfalt natürlicher Formen stammen, führten in diesen Kulturen insbesondere zur Verbindung von Formen mit technischen Zwecken (Funktionen) und zur gezielten Herstellung dieser Formen für bestimmte Anwendungen (Bau, Gerätebau, Fahrzeugbau, Schiffbau, Messung). Besonders das Bauwesen und seine Entwicklung ist der Bereich, der dies am Beispiel der allmählichen Ausnutzung von Eigenschaften geometrischer Grundformen, wie die des Quaders, zur Verbesserung der Bauweise lehrreich und eindrucksvoll demonstriert.[6]

---

[4] Vgl. Holland 1988, S. 47.

[5] Das ist eine in der Didaktik geläufige Einsicht: Je konkreter ein Wissen ist, desto einfacher kann seine Vermittlung erfolgen.

[6] Vgl. dazu Dingler 1952, S. 7 und Loyd 1956, S. 460.

Aufgrund dieser Merkmale kann das geometrische Wissen der vorgriechischen Tradition als ein konkretes Wissen über Figuren und Formen und ihren Beziehungen, sowie ihrer Anwendung zur Erfüllung von einschlägigen, praktischen Funktionen, die vornehmlich mit den technischen Zwecken einer entwickelten Kulturgemeinschaft einhergehen, charakterisiert werden.

Die Behandlung geometrischen Wissens änderte sich grundlegend mit den Griechen. Welche Umstände zum theoretischen Hinterfragen und zum Versuch der Begründung geometrischer Erkenntnisse Anlass gegeben haben, darüber lassen sich nur Vermutungen anstellen. Wahrscheinlich ist ein wichtiger Grund darin zu sehen, dass, angesichts der orientalischen Überlieferung geometrischer Verfahren, die insbesondere nicht zwischen approximativen und exakten Verfahren unterschied, deren Übernahme problematisch wurde.[7] Jedenfalls führten die Entdeckung des Begründungszusammenhangs von Wissen und die Suche nach seinen APXAI (Grundprinzipien), die durch die Naturphilosophie in Ionien begann, auf dem Gebiet der Geometrie auch zu ersten Systematisierungen und damit zu allgemeinen Sätzen über Figuren und Formen, die sich nicht auf konkrete Figuren, sondern zunehmend auf begrifflich bestimmte Objekte bezogen. Diese Geometrie wurde allmählich, besonders unter dem Einfluss der Akademie Platons, daher auch kritisch von der Philosophie begleitet, zu einer theoretischen Wissenschaft ausgebaut. Ihre Entstehung ist seither mit der Philosophie und mit ihrer Entwicklung, wie im Verlauf der folgenden Darstellung deutlicher hervortreten wird, nicht nur historisch eng verbunden.[8]

Es waren bei Platon und den antiken Mathematikern jedoch nicht in erster Linie die praktischen Erfordernisse, die diese Entwicklung so weit fortgetrieben haben, sondern die Erkenntnis als Zweck an sich, wie es der einleitende Satz der Aristotelischen Metaphysik treffend ausdrückt: "Alle Menschen streben von Natur aus nach Wissen."[9] Dieses Wissen war im Verständnis der platonischen Schule vor allem ein theoretisches, insbesondere begrifflich bestimmtes Wissen. Ein besonderes Anliegen dieser Schule war es daher, die Geometrie als begrifflich fundierte Disziplin zu etablieren, ein Anliegen welches in den Elementen von Euklid, wie wir gleich sehen werden, manifest ist.[10]

Die Systematisierung der Geometrie ließ jedoch auch ein Problem aufkommen, welches die vorgriechische Geometrie aufgrund ihres konkreten Charakters nicht kannte.

---

[7] Vgl. dazu v. Fritz 1971, S. 415 und die ausführliche Diskussion der Problematik der Entstehung der griechischen Wissenschaft in Mittelstraß 1974, S. 29ff.

[8] Für alle philosophische Grundansätze (vom Empirismus bis zum Konstruktivismus) stellt die Geometrie mit ihren Grundfragen daher einen Prüfstein dar, insofern, als diese Ansätze im Rahmen einer (unverzichtbaren) Begründungstheorie allgemeiner Aussagen (nicht nur traditionell) insbesondere auch mit der Konstitution geometrischen Wissens sich zu befassen genötigt sehen.

[9] Arist. Metaphys. A 98a 21.

[10] Der Gegenstand des Tadels der Geometer durch Platon (Staat 527a6-b1) mag nach Steele (1934, S. 194) gerade in der „Abkehr von der rein begrifflichen Geometrie" gesehen werden.

Auf der einen Seite wollte die Geometrie begrifflich werden und versuchte sich daher von den konkreten Bezügen zu lösen, auf der anderen Seite wurde der Bezug für diese Theorie zum Problem, sofern er nicht methodisch befriedigend hergestellt werden konnte. Damit entstand in der Tradition das **Konstitutionsproblem der** (begrifflich gegebenen) **geometrischen Gegenstände**. In diesem Spannungsverhältnis zwischen den konkreten Bezügen und der Begrifflichkeit der Geometrie stehen m.E. die Elemente von Euklid, das hinsichtlich seiner Wirkung wohl bedeutsamste Werk der Wissenschaftsgeschichte.

Es lohnt sich daher auf jeden Fall, die traditionellen Probleme der Grundlagen der Geometrie an ihrem „Entstehungsort", also bezogen auf die Euklidschen Elemente, zu explizieren. Dabei gilt natürlich dem begrifflichen Fundament der Geometrie das Hauptaugenmerk.

Im Folgenden wird erkundet, wie der Bezug der antiken Geometrie auf Figuren erfolgt ist, und insbesondere wie die Bestimmungen der Grundbegriffe damals gefasst wurden. Dazu wird zuerst die Grundterminologie der Elemente Euklids untersucht, speziell die Bestimmungen der Grundfiguren. Um Aufklärung über den Sinn und Hintergrund dieser Bestimmungen zu erhalten, werden die Lehrschriften von Aristoteles durchsucht; darin sind Bausteine einer Phänomenologie geometrischer Grundbegriffe zu erkennen. Im Anschuss stehen die Bestimmungen der Grundformen in den Elementen Euklids zur Erörterung.

Ich erlaube mir zunächst, einige Bemerkungen zur Entstehung dieses Kapitels mitzuteilen, die exemplarisch die Art und Weise des Herangehens an die Tradition der Grundlagen der Geometrie erläutern, der ich mich hier befleißige. Mein Interesse bestand ursprünglich nur darin, herauszufinden, ob auch in der Antike eine Erörterung des Problems der Auffassung räumlicher Figuren, wie ich sie im ersten, systematischen Teil aus einer Explikation des Sprachgebrauchs entwickelt habe, in Ansätzen vorhanden ist. Das Nachforschen förderte dann aber keine bloßen Hinweise zutage, die man einfach nur mitzuteilen hätte, sondern entwickelte sich aufgrund des entdeckten Materials zu einer umfangreicheren Untersuchung.

Es ist bekannt, dass in der antiken Tradition der Geometrie und ihrer Wissenschaftslehre eine durchgängige Bemühung um die Bestimmung der Grundbegriffe (Punkt, Linie, Fläche, Gerade, Ebene, Kongruenz usw.) durch grundlegendere Begriffe existiert[11]. Man weiß auch, dass in der antiken Geometrie die Auffassung der geometrischen Figuren als Schnitte oder Grenzen überall vorhanden ist. Es gibt aber kaum eine systematisch orientierte Untersuchung der besagten Bemühung und keine Erörterung

---

[11] In der Neuzeit sind diese Bemühungen von den Geometern wieder aufgenommen und mit partiellem Erfolg fortgeführt worden, bis sie nach der Hilbertschen Axiomatisierung und der damit verbundenen formalen Auffassung der Geometrie schließlich aufgegeben wurden. In der formalen axiomatischen Geometrie nach Hilbert gibt es aber eine Art der Fortsetzung, die sich in den unterschiedlichen Aufbauten mit verschiedenen Systemen von (formalen) Grundbegriffen niederschlägt. Jedoch lässt sich diese Fortsetzung, was die Anliegen betrifft, nur teilweise als eine Weiterführung der Tradition verstehen.

des Zusammenhanges der elementaren Terminologie der Geometrie mit dieser letzten Auffassung. Dieser Zusammenhang, den es nachweisbar gibt, scheint, soweit ich dies überblicke, bisher überhaupt nicht bemerkt worden zu sein.

Daher möchte ich die Ergebnisse der antiken Bemühungen anhand der Quellen unter systematischen Aspekten darstellen und kritisch besprechen. Ein Ziel ist es dabei auch, neue, systematische Gesichtspunkte und Einsichten in die mehr historisch-kritisch orientierte Diskussion um die antike Geometrie hineinzutragen, von denen ich meine, dass sie wesentlich dazu beitragen können, ein besseres Verständnis der antiken Grundlagen der Geometrie zu ermöglichen. Eine solche Verständnisbemühung hat überhaupt, auf dem Hintergrund einer systematisch orientierten Arbeit wie der vorliegenden, die sich zugleich auch als ein Beitrag zur Erfüllung von Grundanliegen der antiken Tradition verstehen lassen möchte, eine ungleich bessere Aussicht auf Erfolg (und ist auch weiterreichend) als jede andere, die sich mangels Alternative auf die formale Geometrie beziehen muss, wenn sie etwas Systematisches sagen will, aber gerade bei den Grundlagenfragen „Bauchschmerzen" bekommt oder ihnen, aus Gründen, die ich hier explizieren kann, nicht gerecht wird.[12]

8.2 Das Problem der elementaren Terminologie in den Elementen Euklids

Die „Elemente" Euklids stellen das Ergebnis einer langen Bemühung um einen begrifflich-exakten und systematisch begründeten Aufbau der geometrischen Theorie in der griechischen Tradition der Geometrie dar, von der leider nur wenige Zeugnisse erhalten sind. Sie sind zugleich der systematische Ausgangspunkt für alle nachfolgenden Bemühungen bis zur Axiomatisierung der Geometrie in der zweiten Hälfte des 19. Jahrhunderts, das sind immerhin mehr als zwei Jahrtausende.

In den Anfängen der Euklidschen Theorie ist trotz des axiomatischen Aufbaus[13] noch sehr viel vom Ringen um einen begrifflich expliziten Bezug der Theorie auf Figuren festzustellen. Der Behandlung der ebenen sowie der räumlichen Geometrie wird näm-

---

[12] Diese Diskrepanz zwischen geometrischer Tradition und formaler Geometrie ist zugleich ein Thema in den historisch-kritischen Arbeiten von Kurt von Fritz (von Fritz 1971) und das Problem gegen das er aus meiner Sicht ankämpft. Seine Arbeiten enthalten überaus wichtige und wertvolle Erörterungen, können aber schließlich auch nicht zu einer Vermittlung von moderner und antiker Geometrie führen, die als systematische Aufgabe übrig bleibt. Darüber hinaus entgehen aber der Mathematikgeschichte, die als solche natürlich von sich aus keine neuen systematischen Gesichtspunkte liefern kann, auch solch wichtige Dinge, wie das Problem der Schnitte in der antiken Tradition, das wohl zum ersten Mal im Folgenden eingehend expliziert wird, und zwar im wesentlichen auf der Grundlage des von Heath zusammengestellten Materials in Heath 1926 und Heath 1949. Die vorliegende Untersuchung zeigt somit exemplarisch, wie man diese höchst verdienstvollen und umsichtigen Arbeiten von Heath systematisch-kritisch nutzen kann. Als Beispiel für eine neuere Arbeit auf dem Hintergrund der modernen Geometrie ist Mueller 1981 zu nennen. Darin wird die deduktive Struktur von Euklids Elementen untersucht und mit Hilberts Aufbau verglichen. Die Konsequenz ist, dass dabei die Grundlagendiskussion der Antike betreffend die Grundtermini der Geometrie völlig auf der Strecke bleibt. Die vorgeometrische Terminologie fügt sich nämlich in das deduktive System von Euklid nicht ein, wie Mueller richtig feststellt. Jedoch die Gründe dafür und die Frage, ob das ein vernünftiges Kriterium für die Vernachlässigung der Betrachtung ihrer Rolle im Aufbau der antiken Geometrie sein kann, bleiben dabei unerörtert.

[13] Vgl. Euklid 1980 (Übersetzung von C.Thaer nach Heibergs Text). Der Begriff der axiomatischen Theorie ist dabei natürlich ein anderer als der moderne Begriff. Dazu vgl. den grundlegenden Aufsatz von H.Scholz ("Der klassische und der moderne Begriff einer mathematischen Theorie", Scholz 1952).

lich eine Reihe von Definitionen (OPOI) vorangestellt, die **Grundfiguren**[14] und **Grundformen** der Geometrie begrifflich zu fassen versuchen.

I. Buch. Definitionen.

1. Ein Punkt ist, was keine Teile hat.
2. Eine Linie ist breitenlose Länge.
3. Die Enden einer Linie sind Punkte.
4. Eine gerade Linie ist eine solche, die zu den Punkten auf ihr gleichmäßig liegt.
5. Eine Fläche ist, was nur Länge und Breite hat.
6. Die Enden einer Fläche sind Linien.
7. Eine ebene Fläche ist eine solche, die zu den geraden Linien auf ihr gleichmäßig liegt.

11. Buch. Definitionen.

1. Ein Körper ist, was Länge, Breite und Tiefe hat.
2. Eine Begrenzung eines Körpers ist eine Fläche.

Der inhaltliche Bezug der Theorie auf die Praxis und Rede im Umgang mit Figuren ist unverkennbar. Zur Erklärung der Grundbegriffe wird auf praktische Bestimmungen (Gebrauchsregeln) zurückgegriffen. Neben den Begriffen, die durch diese terminologischen Bestimmungen eingeführt werden sollen, gibt es in den Elementen auch eine ganze Reihe anderer Begriffe, die in den anderen Bestimmungen bzw. Definitionen vorkommen. So ist dort auch die Rede vom **Enthaltensein** in Grenzen (ΠΕΡΙΕΧΕΣΘΑΙ), **Liegen** (ΚΕΙΣΘΑΙ), **Zusammenfallen** (ΣΥΜΠΙΠΤΕΙΝ) und **Decken** (ΕΦΑΡΜΟΖΕΙΝ) von Figuren; zusätzlich von der Erzeugung von räumlichen Figuren durch **Drehung** (ΣΤΡΟΦΗ) ebener Figuren, z.B. durch die Drehung um Strecken als **Achsen** (XI. Buch), sowie öfters von der **Zusammensetzung** von Figuren aus anderen, und auch (besonders in der Stereometrie) vom **Schneiden** (TEMNEIN) und den sich dabei ergebenden **Schnitten** (TOMAI) von Figuren.

An den ersten Bestimmungen, die uns zunächst interessieren, überrascht vor allem, dass durch sie die Begriffe Punkt, Linie, Fläche und Körper auf andere Grundbegriffe zurückgeführt werden, und dass die betreffenden Gegenstände (ausgenommen Körper) zudem als Grenzen anderer Gegenstände bestimmt werden. Euklid liegt offenbar etwas daran, da die anschließenden Postulate und Axiome seiner Theorie von Punkten, geraden Linien und ebenen Flächen handeln, bevor die geometrische Theorie beginnt, eine (vorgeometrische) inhaltliche Bestimmung der Grundfiguren bereitzustellen. Diese „Definitionen" (besser: begriffliche bzw. terminologische Bestimmungen) werden im Aufbau der Geometrie nicht weiter benutzt.

---

[14] Ich verwende diese Bezeichnung als Oberbegriff für Flächen, Linien und Punkte und gelegentlich auch für Körper. Vgl. I, Kap. 2.

Der Unterschied zu den anderen Definitionen ist also von der ihnen im Aufbau zu-
kommenden Funktion her schon gegeben.

Die Angelegenheit ist jedoch damit noch nicht
voll verstanden. Denn, es erscheint unverständ-
lich, dass wenig später das Postulat über die Geradenverlängerung ohne Berücksichtigung der Ge-
radeneigenschaften gemäß Definition 4. aufgestellt wird. Dieser Umstand ist ein deutlicher
Hinweis dafür, dass es wohl entweder einen systematischen Unterschied in der euklidischen Auffassung zwischen den vorgeometrischen und den
geometrischen Eigenschaften der Geraden geben
muss, oder aber, dass die Ausgestaltung der Theorie an dieser Stelle nicht befriedigend erfolgen
konnte und eventuell nur eine Diskussionssituati-
on zur Zeit Euklids wiedergibt. [15]

Euklid (Phantasiebild)

Nun, fragt man sich, was sind das eigentlich für
Eigenschaften, die zur Bestimmung von Grundfi-
guren und Grundformen benutzt werden? Worauf beziehen sie sich? Wie sind sie systematisch einzuschätzen, und wie ist ihr Zusammenhang untereinander?

Die Bestimmungen im Fall der Grundfiguren **Linie**, **Fläche** und **Körper** erscheinen
methodisch problematisch, da sie wohl von metrischen Unterscheidungen Gebrauch
machen. Die Definitionen von **Gerade** und **Ebene** geben in gewisser Weise Hinweise
auf das technische Fundament der Geometrie.[16]

Ähnliches gilt für die Definition der Drehkörper in der Stereometrie. Die dabei verwendeten kinematischen Begriffe werden nicht erklärt, sondern vorausgesetzt. Sie sind
in dieser Form auch nicht theoriefähig. Wichtig in diesem Zusammenhang ist jedoch
zunächst nur, dass Euklid mit diesen Erklärungen die Bestimmung bzw. praktische
Erzeugung der Grundgegenstände im Visier hat, mit denen später Konstruktionen ausgeführt bzw. von denen Eigenschaften bewiesen werden sollen.

Es gibt aber noch ein besonderes Problem in Euklids Aufbau der Geometrie, dem bis
zuletzt keine Aufmerksamkeit geschenkt wurde und mit der Art des Bezugs der Geometrie auf Figuren zu tun hat. Euklid legt seiner Geometrie erwartungsgemäß keine

---

[15] Eine Aufklärung bringt sofort der Vergleich mit I, Kapitel 5. Wird diese Definition als Formeigenschaft aufgefasst, so ist das Postulat Euklids über die Geradenverlängerung eine neue Forderung. In der neueren axiomatischen Geometrie wird sie auch so gefasst (vgl. I, Kapitel 7). Man kann hierbei erkennen, was die Protogeometrie
zur Klärung dieser Fragen beiträgt.

[16] Dingler (Dingler 1952, S. 8) ist der Ansicht, dass Euklid seine Definition der Ebene aus dem Handwerk (von
den Steinmetzen) genommen hat. Dies ist eine Ansicht, die angesichts der Definitionen der Drehkörper im Buch
XI der Elemente als nicht unplausibel erscheint.

konkreten Figuren, sondern anschauliche <u>Raumelemente</u> zugrunde, was vor allem in der auf Figuren bezogenen Rede von **Grenzen** und **Schnitten** zu erkennen ist. Ein solcher Schnitt an Körpern (vgl. I, Kap. 3) ist konkret meist durch die Berührung von zwei oder mehreren Figuren gegeben (Flächen, Linien), die in der Geometrie als eine einzige Figur angesprochen werden. Trennt man jedoch konkret die Figuren, die den Schnitt bilden, z.B. zwei Flächen, etwa indem man die sie tragenden Körper trennt, so hat man wieder mehrere Figuren. Setzt man die Figuren wie vorher wieder zusammen, so hat man wieder nur <u>eine Figur</u>. Die geometrische Auffassung von Figuren in Euklids Theorie lässt sich also wohl nicht ohne begriffliche Anstrengungen mit den konkreten Verhältnissen in Einklang bringen. Dieses Problem ist lange Zeit weder systematisch überhaupt gesehen, noch insbesondere im Zusammenhang mit den Grundlagen der Geometrie bei Euklid expliziert worden.[17]

Nach diesen Ausführungen kann als Euklids Anliegen gelten, die Geometrie als **Figurentheorie** aufzubauen. Der Grund, warum dies nicht in befriedigender Weise gelingt, liegt vor allem in begrifflich-logischen Unzulänglichkeiten der Fassung der Grundbegriffe, die auch bezüglich anderer Begriffe (z.B. Anordnung, Kongruenz) existieren.

Jedenfalls bieten die vorgeometrischen Definitionen Euklids ein aus heutiger Sicht besonders schwieriges und in der bisherigen Rezeption der Euklidschen Elemente kaum befriedigend erörtertes Problem. Ihnen haftet der Vorwurf der Irrelevanz für die anschließende geometrische Theorie an, da sie im weiteren Aufbau der Theorie anscheinend <u>logisch</u> keine Rolle mehr spielen -zumindest beruft sich Euklid an keiner Stelle explizit auf sie-.[18] Die Bestimmungen der Grundfiguren werden zuweilen als Relikte älterer Diskussionen bzw. als eine Konzession Euklids an die Tradition angesehen[19].

Dagegen spricht aber zumindest, dass sie bis ins 19.Jahrhundert hinein tatsächlich nicht als eine solche Konzession verstanden wurden. Diese "Relikte" in Euklids Elementen haben nämlich einerseits Kommentatoren von Proklos bis Simson[20] beschäftigt, andererseits aber auch (in Verbindung mit der Auffassung der Figuren als Grenzen bzw. Schnitten von Körpern) zwei der späteren Forscher angeregt zu Versuchen, die ihnen <u>zugrunde liegenden Anliegen</u> im Aufbau der Geometrie mit neuen Ansätzen zu berücksichtigen.[21] Es scheint mir hier daher wichtiger, zuerst zu versuchen, die An-

---

[17] Die Explikation dieses Problems wurde systematisch in Teil I, Kap. 3 versucht. Es wird uns noch in diesem Teil II auch aus historisch-kritischer Sicht noch beschäftigen.

[18] Eine Kritik in diesem Sinne findet sich zuletzt in Mueller 1981, S. 40.

[19] Vgl. Heath2, S.90. Auch die Bestimmungen der Grundformen Gerade und Ebene hat man in der neueren Zeit verschiedentlich als unzulänglich kritisiert, aber es gibt auch Versuche, sie anders zu deuten, worüber im weiteren noch die Rede sein wird.

[20] Vgl. Heath 1926, S.148, bzgl. Simson, vgl. ebda. S. 111 für Details der Edition. Das einflussreiche Lehrbuch von Legendre (1794) hält in allen Auflagen (über 10) an dem euklidischen Aufbau einschließlich dieser "Relikte" noch fest.

[21] Namentlich Lobatschewski und Dingler; vgl. hier III, Kap.9 und 11.

liegen des euklidischen Definitionsansatzes besser als bisher zu explizieren und zu verstehen als seine konkrete Ausführung vorschnell direkt kritisieren zu wollen. Das kann man ohnehin nur auf dieser Basis sinnvoll (schließlich auch besser als bisher) tun. Will man aber diese Anliegen verstehen, so hat man unbedingt die antike Philosophie, aber vor allem der einschlägigen Untersuchungen von Aristoteles, zu berücksichtigen, da sich darin relevante Analysen zu dieser Thematik finden lassen. Auf dieser Grundlage kann dann der Charakter der Definitionen bzw. Bestimmungen Euklids geklärt und ihre Problematik offengelegt werden. Es ist im Übrigen auch so, das die antike Tradition vor und nach Euklid sich wohl auch auf Aristoteles bezogen hat bzw. seine Analysen (in welcher Weise auch immer) zu verwerten bzw. einzubeziehen versucht hat.[22] Aus diesem Grund ist es sogar unerlässlich, darauf einzugehen.

Was nun Aristoteles betrifft, kann (und will) ich hier nicht seine Definitions- oder gar Wissenschaftstheorie ausbreiten[23], und versuche auch nicht allen, sondern lediglich gezielt, daher punktuell, aber trotzdem umsichtig, den mir hier aus systematischer Sicht als wichtig erschienenen Aspekten und Aristoteles gerecht zu werden.

8.3 Aristoteles Phänomenologie und Euklids Definitionen

Im Folgenden versuche ich, die aristotelischen Ansichten über die elementaren Begriffe und Gegenstände der Geometrie anhand von Äußerungen in seinen Schriften oder mit Bezug auf sie zu erläutern. Dabei unterscheide ich, wie anfangs erklärt, zwei Probleme: zunächst das Problem, welches sich aus der Auffassung ergibt, dass Punkte, Linien und Flächen Schnitte oder Grenzen in Körpern (oder an Körpern) darstellen; ich versuche herauszuarbeiten, worin diese Auffassung für Aristoteles besteht, ob sie für ihn primär bzw. nicht reduzierbar ist. Dann erörtere ich das Problem der Definition dieser Begriffe auf der Basis grundlegenderer Begriffe. Beide Fragen betreffen unmittelbar auch das Verständnis des Charakters und der Funktion der ersten euklidischen Definitionen, wie es sich aus den obigen Ausführungen über die Terminologie Euklids ergibt.

8.3.1 Das Problem der geometrischen Figuren als „Schnitte"

Aristoteles ist die Auffassung der Punkte, Linien und Flächen (Grundfiguren) als Schnitte oder Grenzen, die in Euklids Elemente vorhanden ist, geläufig. Die aristotelische Auffassung der Grundfiguren ist jedoch auf der Basis seiner Kontinuumstheorie

---

[22] Nicht nur die antike Tradition hat hier Zusammenhänge gesehen und auch herzustellen versucht; für einen Ansatz der vielleicht (direkt oder indirekt) auf der Grundlage der aristotelischen Physik erfolgte, aber jedenfalls als Fortsetzung dieser Tradition verstehen lässt, vgl. Kap.9.

[23] Zur aristotelischen Definitionlehre vgl. Heath 1926, Bd.1, Introduction, S. 143-150; Zur aristotelischen Wissenschaftslehre v.Fritz 1955. Für Betrachtungen zur aristotelischen Wissenschaftslehre in Verbindung mit der Explikation eines vorempirischen Erfahrungsbegriffes in der konstruktiven Wissenschaftstheorie siehe Kambartel 1973, Mittelstraß 1974.

elaboriert. In den mathematischen Schriften der Antike konnte ich nichts Vergleichbares finden.[24]

Man kann viele Stellen in den aristotelischen Schriften angeben, die die Grundfiguren als Grenzen von anderen Figuren ansprechen. Als Beispiel diene die folgende Stelle aus der Metaphysik:

> „Wenn man die Linien oder das, was denen unmittelbar folgt (ich meine die ersten Flächen), als Prinzipien ansetzt, so sind sie doch keine abgetrennten Wesen, sondern Schnitte und Zerlegungen, die einen von Flächen, die anderen von Körpern (wie die Punkte von Linien) und auch Grenzen von eben diesen. All dies findet sich an anderen Dingen, und nichts ist abgetrennt."[25]

An anderer Stelle (Phys. IV. 11. 220 [a]18-21) bemerkt Aristoteles, dass der Punkt nicht Teil einer Linie ist, sondern nur ihre Grenze. Eine wichtige Äußerung findet sich in der Kategorienschrift (Cat.6, 5 [a]1-6): Die gemeinsame Grenze zweier Teillinien in einer Linie ist ein Punkt, zweier Ebenenteile in einer Ebene eine Linie, von Teilkörpern in einem Körper eine Fläche oder eine Linie. (Oder auch ein Punkt; Bem. von mir).

Diese Rede von der "gemeinsamen Grenze" lässt hier aufhorchen. Es stellt sich tatsächlich heraus, dass Aristoteles der in I, Kap. 3 explizierte und logisch rekonstruierte Aspekt der Verschmelzung der Grundfiguren in ihrer Ansehung als Grenzen bei der Berührung von Körpern prinzipiell klar ist:

Aristoteles

> „Die Punkte aber und die Linien und die Flächen können weder entstehen noch vergehen, wiewohl sie einmal da sind und einmal nicht da sind. Denn jedes Mal, wenn sich Körper berühren oder trennen, so entsteht, berühren sie sich, eine Grenze, trennen sie sich, zwei Grenzen. Also gibt es, sowie sich die Körper verbinden, keine Grenze mehr, sondern sie ist vergangen; sowie sie sich aber trennen, gibt es welche, die vorher nicht da waren (denn ein Punkt, der ja unzerlegbar ist, kann wohl nicht in zwei Punkte zerlegt werden).

---

[24] Herons Ausführungen zur Auffassung der Grundfiguren als Kontinua (Herons Geometrica) sind wesentlich von Aristoteles beeinflusst, gehen nicht darüber hinaus und geben im Übrigen die Breite der aristotelischen Problemlage überhaupt nicht wieder.

[25] Metaph. K.2.1060 [b]12-17 (Heath 1949, S.224). Aristoteles wendet sich hierbei gegen die Ideenlehre Platons, der er eine Hypostasierung von Begriffen vorwirft. Vgl. auch de caelo III.I.299[b]23-31 (Heath 1949, S.174) worin explizit das Aufeinanderlegen von Ebenen und Linien angeführt wird. Auch dabei ist die Ideenlehre im Blickpunkt der aristotelischen Kritik.

Wenn es hier aber ein Entstehen und Vergehen gibt, woraus entstehen sie? .....Denn alle diese Dinge sind in gleicher Weise entweder Grenzen oder Zerlegungen."[26] (Bem: Aristoteles spricht vorher von den Zerlegungen eines Körpers.)

Um diese aristotelische Auffassung der Grundfiguren als gemeinsame Grenzen von anderen Grundfiguren, wobei sie als ein Objekt angesehen werden, besser zu verstehen, ist ein Eingehen auf seine Theorie räumlicher Gegenstände anhand seiner Terminologie und im Zusammenhang seiner Bemühungen erforderlich.

Bei dieser Gelegenheit wird auch ein wichtiges Stück der aristotelischen Physikvorlesung einer systematisch-kritischen Betrachtung unterzogen und seine bisher nicht bemerkte Relevanz für die Grundlagen der Geometrie offengelegt werden.

Die Aristotelischen Überlegungen gelten in erster Linie begrifflichen Analysen und Präzisierungen von Begriffen aus der elementaren Prozesslehre, insbesondere aus der Bewegungslehre. Die für uns relevanten Grundunterscheidungen findet man im dritten Kapitel des fünften Buches seiner Physikvorlesung. Vorangegangen sind im vierten Buch Analysen zum Raumbegriff (ΤΟΠΟΣ). Ausgehend vom Begriff der Ortsgleichheit (Zusammensein am Ort), wird nun die Berührung begrenzter Gegenstände als Ortsgleichheit ihrer Grenzen oder Enden definiert. Bei den kontinuierlichen Gegenständen ist die Verschmelzung der Grenzen das definierende Merkmal. Diese Verschmelzung der Grenzen hängt nach Aristoteles mit der Teilbarkeit der Dinge notwendig zusammen, denn ohne Teilbarkeit in Teile der gleichen Art sei sie nicht denkbar. Daher sei Kontinuierliches immer in kontinuierliches teilbar.[27]

Damit diese Unterscheidungen eingehender erörtert werden können, gebe ich einige terminologische Präzisierungen.

1. x ist ortsgleich mit y ⇌ x hat denselben unmittelbaren Ort wie y

2. x ist berührend mit y ⇌ die Grenze (oder ein Teil von ihr) von x ist ortsgleich mit der Grenze (oder einem Teil von ihr) von y.

3. x ist zwischen y und z

(Auf Prozesse bezogen)
⇌y,z sind (durch konträre Begriffe bezeichnete Zustände als) Grenzen eines Prozesses von x nach y, und x ist ein Zustand, der nach y, aber vor z erreicht wird.
(Auf Ordnungen bezogen)

---

[26] Metaph. B.5.1002 ^{a}34-^{b}10. Aristoteles versucht hier einen Einwand gegen die Ideenlehre Platons geltend zu machen, der sich eben aus dieser Zweiheit der einmal vorliegenden Grenze, und der Ungereimtheiten die sich bezüglich des Entstehens und Vergehens der Grenzen ergeben, wenn diese von den Dingen prinzipiell abgetrennte, selbstständige Formen darstellen sollen.

[27] Phys. V.3.226 ^{b}21-22, 23. sowie Metaph.XI,12.1068^{b}26-1069^{a}14 und ebda.VI.1.231^{a}21-232^{b}21; Auch Heath 1949, S.121-127.

$\rightleftharpoons$y,z sind (durch konträre Begriffe bezeichnete Zustände als) Grenzen einer Ordnung von x und y, und x ist ein Zustand, der nach y, aber vor z kommt.
(Auf Bewegungen auf einer Strecke bzw. die Ordnung der Punkte der dabei durchlaufenen Strecke bezogen)
$\rightleftharpoons$y,z sind die Enden der gerichteten Strecke (y,z) $\wedge$ y kommt vor x $\wedge$ x kommt vor z

4. x <u>folgt</u> y $\rightleftharpoons$ es gibt kein z: z ist zwischen x und y $\wedge$ z ist von der gleichen Art wie x,y (dabei ist der Zwischenbegriff der in 3. auf Ordnungen bezogene Begriff).

5. x <u>schließt sich räumlich</u> y <u>an</u> $\rightleftharpoons$ x folgt y $\wedge$ x ist berührend mit y

6. x <u>hängt räumlich zusammen mit</u> y $\rightleftharpoons$ x schließt räumlich y an $\wedge$ die Grenze von x und die Grenze von y sind identisch

Nun folgen einige Erläuterungen und kritische Anmerkungen zu diesen terminologischen Vorschlägen.

1. Aristoteles hat zuvor[28] den ersten oder unmittelbaren Ort eines Gegenstandes als die innere Grenze seines ersten unbewegten Behälters bestimmt. Die Oberfläche eines geformten Körpers z.B. und die innere Fläche seiner Form sind dem gemäß ortsgleich. Diese innere Grenze ist der unmittelbare Ort des Körpers. Das Problem ist nur, dass er dabei auch den Fall zulässt, dass keine Berührung zwischen Behälter und enthaltenem Gegenstand stattfindet: Wenn ein Schiff etwa in einem Fluss fährt, so ist nach Aristoteles der Ort des Schiffes nicht ortsgleich mit der Grenzfläche des es umschließenden Wassers, sondern mit dem Flussbett, der inneren Grenze des ersten unbewegten Behälters. Das ist eine Festlegung, die wohl dem alltäglichen Verständnis vom Ort eines Körpers, wenn er sich in einem Medium bewegt, Rechnung tragen soll.[29] Obwohl dies eine Bestimmung ist, die sich an alltägliche Sprachgewohnheiten orientiert, so ist es trotzdem nicht ganz einsichtig, warum der Ort des Dinges die <u>Grenze</u> des ersten unbewegten Behälters sein soll und nicht, gemäß dem üblichen Sprachgebrauch, der Behälter selbst.[30] Warum soll die erste unbewegte <u>Fläche</u> und nicht ein Gegenstand genommen werden? Die Berührung wird von Aristoteles dann durch Ortsgleichheit der Grenzen bestimmt. Eine methodisch befriedigende Lösung ist das kaum, da Aristoteles den Ort wiederum zum Teil mit Hilfe von Berührungen erklärt. Warum soll man da die pragmatische Reihenfolge umdrehen? Der Ort eines Gegenstandes (auch eines physischen) ist umgangssprachlich natürlich nicht erst durch Berührungen gegeben. Für einen Punkt ist der Ort z.B. ein Körper, eine Linie usw., auf dem er <u>liegt</u> (markiert ist); aber auch eine Figur, die er <u>berührt</u>.

---

[28] Phys.IV.4.212a2 ff.

[29] Vgl. Phys.IV.213a7 ff. Vgl. dazu auch Aristoteles(Wagner) 1983, S. 546 und die Skizze auf Seite 547.

[30] Bei der Aussage "Die Menschen sind im Haus" etwa ist der Ort, an dem sich die Menschen befinden, keine Fläche, sondern eben das Haus.

Das Problem liegt aber dennoch nicht in dieser kleinen Inkonsequenz. Soweit die Ortsgleichheit exakt angegeben werden kann, ist sie primär durch eine Markierung, Berührung oder eine durch andere Verhältnisse gegebene Positionsbestimmung gegeben, die aber dann nicht mehr so elementar ist, wie die Umgangssprache es suggeriert. Was Aristoteles hier unternimmt, ist wohl der Versuch einer am Sprachgebrauch orientierten Sinnanalyse, einer Explikation von Redeweisen, Unterscheidungen und ihres Sinnzusammenhanges. Das ist aber keine pragmatische Rekonstruktion des Sprachgebrauches und schon gar nicht ein konsequenter Terminologie-Aufbau zum Zweck einer exakten Beschreibung der Bewegung von Figuren.

Jedoch selbst, wenn man bei seiner Explikation bleiben will, so ist festzustellen, dass der sprachliche Rahmen dabei nicht konsequent berücksichtigt wird. Das hauptsächliche Defizit besteht darin, dass der Ort von physischen Dingen durch eine zu allgemeine Bestimmung angegeben wird, orientiert an einer an die alltägliche Rede orientierte Phänomenologie (Verbalismus-Vorwurf). Zudem haben natürlich auch Grenzen einen Ort, also ist man mit der Betrachtung von Körpern, die Aristoteles wohl im Auge hat, mit der Analyse noch nicht fertig; was der unmittelbare Ort von Flächen oder Linien ist, wäre erst zu erklären. Die Grenzen von physischen Dingen, also vor allem Körpern, sind ja Figuren. Also hätte man besser bei den Figuren angesetzt und die allgemeine Rede von den Grenzen erst einmal sein lassen, denn andere Grenzen als durch Figuren gegebene gibt es wohl nicht. So hat man aber das Problem, die Grundfiguren erst bestimmen zu müssen, damit man die Beziehung der Ortsgleichheit überhaupt inhaltlich füllen kann. Die Bestimmung der Grundfiguren wird von Aristoteles aber, wie im Folgenden aufgewiesen wird, auch über eine Reihe von sprachlichen Bestimmungen versucht, die eine methodischen Ordnung des Sprachgebrauchs ebenfalls nicht zu leisten vermögen.

2. Die Berührung wird also durch Aristoteles nur aufgrund einer an der Umgangssprache orientierten Bestimmung des Ortes als Spezialfall der Ortsgleichheit der Grenzen angesehen. Eine Berührung in Teilen der Grenzen, z.B. an nur einem Ende der berührenden Linien ist dabei zugelassen (gerade dieser Fall kommt immer wieder vor) und wurde daher in der obigen Fassung der Erklärung berücksichtigt.[31] Der Versuch die Berührung über die Ortsgleichheit zu erklären ist aber in zweifacher Hinsicht problematisch: Einmal ist das Fehlen einer expliziten Bestimmung der "Grenze eines Dinges", die schon bei der Bestimmung der Ortsgleichheit nach der obigen Definition 1. gebraucht wird, zu bemängeln. Diese Grenzen dürfen nämlich dann nicht erst durch Berührverhältnisse zur Verfügung stehen, da sie in die Definition der Berührung nach Definition 2. eingehen. Der Berührbegriff, so bestimmt, umfasst andererseits, definitionsbedingt, auch das Aufeinanderliegen der Enden von Linien.[32] Es wäre daher eine

---

[31] Vgl. etwa seine Betrachtungen im Buch VI.der Physik.

[32] Dieser Gebrauch von "berühren" ist auch in unserer Umgangsprache präsent. Dabei spricht man beim Zusammenfallen der Ränder zweier Figuren auch Oberflächen vom Berühren. Die Rechtfertigung für diesen Sprachgebrauch besteht nach meiner, in I, Kap.3 dargelegten Auffassung im gegenseitigen Bezug von graphischen und durch Berührungen gegebenen Teilungen von Figuren zueinander in der technischen Praxis.

Unterscheidung notwendig, wenn man Dinge, die unterschiedliche Bezüge haben, nicht vermischen wollte. Zudem: wollte man eine Theorie der Figuren, so wie in I, Kap.2 erfolgt ist, aufbauen, würde man sofort vor dem Problem stehen, die verschiedenen Berührverhältnisse systematisch auf einfachere zurückzuführen, wobei sich die Notwendigkeit der Trennung von Aufeinanderliegen und Berühren auftäte. Davon ist Aristoteles jedoch weit entfernt.

Es steht nun außer Zweifel, dass Aristoteles räumliche Terminologie die Verfügung über die Grundfiguren in begrifflicher Hinsicht voraussetzt. Damit ist das Problem gestellt, die Grundfiguren zu bestimmen. Ein wichtiger Gesichtspunkt dabei ist auch der Zusammenhang der Rede von den Grenzen mit der von der Teilung von Figuren, von dem Aristoteles Gebrauch macht.[33] Darauf kommen wir im Folgenden bei der Erörterung der Definitionen bzw. der phänomenalen Eigenschaften der Grundfiguren bei Aristoteles zurück.

3. Der Begriff des Zwischenliegens wird von Aristoteles mit Bezug auf Veränderungsprozesse erklärt -die ganze Betrachtung des betreffenden dritten Kapitels der Physik ist auf die Analyse der Rede über Veränderungen (Prozesse) ausgerichtet (insbesondere Ortsveränderungen)-. Er wird aber dann im nächsten Schritt zur Definition der "Abfolge in einer Ordnung" benutzt. Diese Definition der Abfolge ist jedoch nichts weiter als eine bloße Worterklärung, da Aristoteles selbst im Anschluss an die Definitionen 1. bis 5. den Begriff der Abfolge als den ursprünglicheren Begriff bezeichnet. Die Beziehung zwischen den beiden Begriffen wird jedoch von ihm dann nicht mehr thematisiert. Es scheint sogar so zu sein, dass er eine Ordnung als Veränderung aufzufassen sucht. Die Unterscheidung dieser Begriffe ist von Aristoteles sicher nicht befriedigend durchgeführt worden.

4. Die durch diese Definition bestimmten Ordnungen sind die nicht-dichten Ordnungen (z.B. Ordnung der natürlichen Zahlen). Es dürfen daher nach Aristoteles durchaus Dinge anderer Art als die y,z es sind zwischen y und z liegen (z.B. eine Linie zwischen zwei aufeinanderfolgenden Punkten). Der Begriff der Abfolge ist nach Aristoteles (ebda. 227^{a}31), wie zuvor schon festgestellt, ursprünglicher, fundamentaler als der Begriff der Berührung, da Berührung zwar immer nur bei Gegenständen besteht, die aufeinanderfolgen, wie die sich räumlich anschließenden Dinge (5.), jedoch nicht bei allen Gegenständen, die aufeinanderfolgen (z.B. Zahlen). Es wäre natürlich auch möglich, "zwischen" mithilfe der Abfolge zu definieren, was Aristoteles aber leider unterlässt.

5. Der räumliche Anschluss von Dingen wird als direkte Abfolge von sich berührenden Dingen in einer Ordnung erklärt (z.B. von zwei Teilstrecken einer Strecke). Der

---

[33] A. macht in VI.1. der Physik wesentlich von der Verbindung der Begriffe Gebrauch indem er die Eigenschaft der Unteilbarkeit eines Gegenstandes als Nicht-Unterscheidbarkeit von Teilen sowie von Grenzen am betreffenden Gegenstand in seiner Argumentation verwendet.

Gesichtspunkt, der hierbei zusätzlich zur Berührung hinzukommt, ist also die Eigenschaft, dass zwischen ihnen kein Gegenstand von der gleichen Art liegt.

6. Bei der von Aristoteles gegebenen Definition der Kontinuität ist nur der räumliche Zusammenhang definiert, da nur auf sich berührende Gegenstände Bezug genommen wird. Der Begriff des Kontinuierlichen wird jedoch von ihm auf alle Gegenstände (Größen) ausgedehnt, für die analoge Verhältnisse wie bei Raumgrößen bestehen (also Prozesse, insb. Bewegungen, Zeit), und zwar besonders auch aufgrund ihrer Bezüge zu den räumlichen Gegenständen. Das identische Ansehen der Grenzen von räumlichen Gegenständen (z.B. Teilstrecken einer Strecke) ist aber nicht erst an Bewegungen gegeben bzw. durch ihre Betrachtung oder die Betrachtung von Prozessen i.a. motiviert. Schon bei Teilungen von Figuren (an sich betrachtet) ist diese Einheit der Grenzen gegeben, die Aristoteles, wie im Zitat zuvor angeführt, bewusst ist. Es ist also dann sicher nicht erst die Teilbarkeit von Bewegungen und Prozessen, sondern bereits schon das räumliche Geteilt-sein, das eine solche Rede begründet. Beide Reden sind -und das benutzt Aristoteles wesentlich- miteinander verträglich, sodass die Verhältnisse bei der Teilung von Linien zur Beschreibung der Verhältnisse bei der Teilung von Bewegungen und Zeiten benutzt werden (Phys. 231ª14ff). Es bleibt jedoch die Aufgabe, die Einheit der Grenzen exakt zu bestimmen.

Schon die Rede über Schnitte erfordert demnach eine sprachlich gegebene neue Sichtweise, eine Abstraktion, die Aristoteles richtig beschreibt (ΑΦΑΙΡΕΣΙΣ), aber logisch exakt noch nicht zu bestimmen vermag.

Aufgrund des Verständnisses der aristotelischen Auffassung der Grundfiguren als Kontinua lässt sich, so denke ich, das Problem ihrer Definition, das sich Aristoteles und der antiken Tradition stellte, besser angehen. Die Bestimmungen der Grundfiguren als Schnitte oder Zerlegungen von Körpern sind nämlich nach Aristoteles keine Definitionen, die wissenschaftlichen, sondern höchstens didaktischen Ansprüchen genügen. Es ist auch nicht ersichtlich, eingedenk meiner zuvor gemachten Anmerkungen, wie sie aufgrund dieser Bestimmung primär gegeben sein sollen. Denn, nach Aristoteles ist diese Auffassung ja durch die Einheit der Grenzen charakterisiert. Wenn man diese Gegenstände allerdings als Grenzen zu bestimmen sucht, so geht das wohl kaum ohne einen definitorischen Zirkel zu begehen, also über eine solche Bestimmung, die ihrerseits Grenzen voraussetzt. Diese Aufgabe erfordert somit einen anderen Zugang. Es geht also jetzt darum einen ersten Gebrauch dieser Begriffe festzulegen, nach Aristoteles jeweils durch eine Definition aus "Früherem", d.h. durch die Unterordnung unter einen grundlegenderen Begriff.

8.3.2 Das Problem der Bestimmung der Grundfiguren

In der Topik (VI.4.141 [b]6ff, 22ff) werden Definitionen von Figuren als Grenzen als a posteriori bemängelt. Doch gibt es dafür primäre Definitionen im Sinne von Aristoteles? Um eine genauere Antwort auf diese Frage zu erhalten, möchte ich zuvor die aristotelischen Charakterisierungen oder Bestimmungen der Grundfiguren zusammenstellen und eine Klassifizierung nach der Art der verwendeten Eigenschaften versuchen.

Aristoteles gibt eine ganze Reihe von Bestimmungen für den Punkt:
1. Über Teilungseigenschaften (Der Punkt ist nicht teilbar) Der Punkt ist daher keine Größe. (Top.VI.5.142b22-9; auch 143b11-144a5).
2. Über Bewegungseigenschaften (Punkt erzeugt Linie bei Bewegung)(De anima I.4.409 [a]4)
3. Punkt ist kein Körper (De caelo II.296a17).
4. Punkt und Ort des Punktes nicht voneinander unterscheidbar. Gemeinsam gegeben.(Phys.VI.1.; Phys.IV.1.209a11)
5. Nicht kontinuierlich mit und nicht im räumlichen Anschluss an einem anderen Punkt (keine Größe überhaupt). (Phys.V.3.; De gen. et corr.I.2.317a11)
6. Punkte können sich nicht berühren -genauer: wie ein Ganzes berühren- (Phys.VI.)
7. Der Punkt ist zwar keine Größe, aber hat trotzdem einen Ort. (Cat. 4b 20-25).

Ähnliche Bestimmungen sind für Linie und Fläche zu finden: z.B. De anima I.4.409 [a]4: Erzeugung von Figuren durch andere; nur durch Bewegung kann ein Punkt eine Linie erzeugen; eine Linie erzeugt so eine Fläche (und eine Fläche einen Körper, könnte man ergänzen, Bem. von mir). Es ließen sich noch viele andere Stellen anführen, in denen solche phänomenale Eigenschaften von Grundfiguren (Deckung, Gleichmäßigkeit (was im Griechischen auch ein Gestaltbegriff sein kann usw.) beispielhaft angeführt werden.

Es ist nicht erkennbar, dass Aristoteles eine Charakterisierung von Grundfiguren durch die explizierten Eigenschaften beabsichtigt hat. Andererseits sollte man nicht außer Acht lassen, dass diese Explikationen eben die Funktion haben, die betreffenden Objekte voneinander zu unterscheiden bzw. ihre Bestimmung zu ermöglichen. Das Problem besteht darin, zu erkennen, was das für Eigenschaften sind, worin sind sie verankert und welche Rolle sie im Aufbau der aristotelischen Betrachtungen spielen. Darüber hinaus ist hier vor allem die Frage zu erörtern, ob und wie diese Bestimmungen für den Aufbau der Geometrie eine Basis darstellen können.

Es handelt sich dabei in jedem Fall um Eigenschaften, die im normalen Sprachgebrauch getroffen werden und sich auf gewisse phänomenale, erscheinungsbezogene Verhältnisse beziehen. Die Phänomene, welche jeweils die Unterscheidung vermitteln, sind die Berührung, die Teilbarkeit, die Bewegung, die Erzeugung von Figuren durch andere usw. Diese Phänomene sind aber, ebenso wie die Grundfiguren, in Form von solchen Bestimmungen wie oben ausgeführt, auch das Grundmaterial, das uns durch die Sprache für die wissenschaftliche Bemühung um eine Bewegungslehre oder Geometrie als Ausgangspunkt gegeben ist. Das Problem ist ihre richtige Auswahl und ihre Fassung für diese theoretischen Zwecke.

Aristoteles hat jedoch ein anderes Anliegen. Er versucht die auf diese Grundphänome-ne bezogenen sprachlichen Unterscheidungen zu explizieren und ihren Zusammenhang aufzuklären, vor allem um dadurch Begriffsverwirrungen, besonders solche in den Zenon´schen Paradoxien, aufzulösen. Sein Ziel ist also nicht primär die Rekonstrukti-on vorgeometrischen Wissens, sondern eine für seine philosophischen Zwecke (seiner Ansicht nach) hinreichende Explikation. Es ist aber bisher noch nicht einmal als Frage aufgeworfen worden, ob das, was er tut, nicht auch für diesen Zweck ein erster Schritt sein kann. (Ich versuche hier, dies zu zeigen. Die vorgelegte Protogeometrie stellt für diese Interpretation von Aristoteles die Basis dar.)

Wir wollen nun uns genauer ansehen, wie sich die Euklidschen Bestimmungen der Grundfiguren auf diesem Hintergrund darstellen. Bei dieser Fülle von Bestimmungen fragt man sich, was die euklidische Definition des Punktes durch eine einzige Bestim-mung (einen Aspekt) bieten soll. Selbst wenn man damit seinen geometrischen Ge-brauch festlegen wollte, wäre das Unternehmen fragwürdig, da natürlich auch die Be-rührung und die Kontinuität damit zusammenhängen und im Übrigen relevant für die Geometrie sind.

Im Hinblick auf die metrischen Bestimmungen lässt sich mit Bezug auf Aristoteles einiges besser verstehen. Die Grundfiguren werden bei Euklid mit Hilfe von "Länge-", "Breite-", "Höhe" bestimmt. Diese sind aus der Sprache genommen Unterscheidun-gen, wobei die Frage ist, wie sie bei Aristoteles (und damit eventuell bei Euklid) auf-zufassen sind. Die Alternativen, die sich zur Auffassung dieser Begriffe anbieten, sind m.E. die folgenden:

1. Sie sind synonym. Dafür spricht, dass „Breite" mit „Ebene", aber auch „Fläche" bzw. „flach" im Griechischen verwandt sind. Aristoteles bestimmt die Linie als "be-grenzte Länge". In Met.1020a11ff. heißt es "begrenzte (bestimmte) Länge" für "Li-nie". Also ist mit "Länge" wohl auch "Linie" gemeint (Heath 1926, Bd.1, S.159). Die-se Synonymie ist jedoch bei Euklid nicht gegeben.

2. Sie bezeichnen metrische Begriffe orientiert an alltäglichen Unterscheidungen. Ein Gegenstand ist nach Aristoteles nämlich eine Länge (MHKOΣ) insofern, als von ihm ausgesagt werden kann, er sei lang, kurz, länger oder kürzer als ein anderer, zwei Ellen lang usw. Eine Länge zu haben (MHKOΣ EXEIN) schließt nicht aus, dass der Gegen-stand ein Körper ist. Entsprechendes gilt für Breite und Tiefe. Um eine Linie zu be-stimmen, ist es also erforderlich den Zusatz "breitenlos" zu verwenden, so wie es Euk-lid tut. Hierbei ist nicht die Messung wichtig, sondern nur die kategoriale Unterschei-dung, die man traditionell etwa mit dem nicht minder problematischen, da unscharfen Begriff der „Ausdehnung" beschrieben hat, der als nicht metrischer Begriff verstanden schließlich auf die Grundfiguren verweist. Das macht jedoch die Sache nicht einfa-cher, da sich dadurch keine methodische Reihenfolge ergibt, sondern eine an der (da-

maligen) griechischen Sprache orientierte Bestimmung. Die euklidischen Definitionen sind unter diesem Aspekt des stark sprachbedingten Anfangs zu sehen. Der Schlüssel zum Verständnis dieser Bestimmungen ist im Sprachgebrauch der Alten zu sehen, in dem die Auffassung der Figuren qua Ausdehnungsgrößen (megéthi) als elementar für die Geometrie angesehen wurde, was aber einer kritischen Analyse nicht standhält. [34]

Damit lässt aber auch Aristoteles das methodische Problem offen, da einerseits die Definitionen der Figuren als Grenzen nicht „aus Früherem" (ek proteron), also nicht wissenschaftlich sind, andererseits die üblichen Definitionen ausgehend vom Punkt problematisch sind und eher einen Ausgangspunkt für terminologische Klärungen als eine Antwort auf das Problem der Bestimmung der Grundfiguren in der Geometrie darstellen.

8.3.3 Euklids Definitionen der Grundfiguren auf dem Hintergrund der aristotelischen Phänomenologie

Als Ergebnis der Diskussion der aristotelischen Auffassung der Grundfiguren der Geometrie ergab sich, dass ihre Einführung als Ausdehnungsgrößen, also aufgrund von Länge, Breite und Tiefe, wie sie in Euklid erfolgt, jedenfalls angreifbar ist. Streng genommen ist dieser Versuch, wenn man die metrische Auffassung dieser Begriffe zugrunde legt, die sie auch in der Umgangssprache haben, unbrauchbar. Die aristotelischen Betrachtungen haben jedoch nicht diese Definitionen als Ergebnis, sondern sind in explikativer Hinsicht, wie dargelegt wurde, weiterreichend. Sie haben aber soweit in der antiken Grundlagendiskussion weder bei Euklid noch in der antiken Mathematik etwas bewegt. Man sollte aber auch berücksichtigen, dass Aristoteles keinen unmittelbaren Ansatzpunkt bei den Fragen, die hier systematisch diskutiert werden, bietet, da seine Ausführungen nicht als systematischer Beitrag zur Grundlegung der Geometrie intendiert waren. Bisher konnten sie daher auch kaum so verstanden werden, vor allem deswegen, da sich darin auch keine Ergebnisse finden lassen, die den logisch-axiomatischen Aufbau der Geometrie direkt berühren.

Die Kommentatoren von Euklid zeigen in Bezug auf die hier erörterten Grundlagenfragen nur teilweise ein Problembewusstsein und bieten auch keine neuen Gesichtspunkte. Es werden von ihnen auch keine Figuren an Körpern betrachtet, sondern substanzlose, ideelle, räumliche Schnitte. Auch die Deckung ist an solchen Figuren gedacht, körperliche Figuren jedenfalls nicht von diesen unterschieden. Relative Bewegungseigenschaften von Figuren, wie sie anlässlich der Einführung der Grundformen ab Kap. 5 betrachtet wurden, kommen nicht vor (nur in Bezug auf die Gerade bei Heron), sondern nur relative Lageverhältnisse. Aber auch hierbei ist die Auffassung von Figuren die von substanzlosen, idealen Gebilden, die wohl in der anschaulichen Vor-

---

[34] Diese Auffassung der Grundfiguren als Größen ist bis in die Neuzeit bemerkbar. Die allmählich erfolgte Herausstellung der nicht-metrischen Eigenschaften von Figuren ist wahrscheinlich der Anlass für eine auch terminologisch manifeste Entfernung der elementaren Terminologie der Geometrie von der metrischen Auffassung, die der antiken Geometrie zugrunde liegt. In Paschs Werk (Pasch 1882) wird das explizit ausgesprochen. (Vgl. hier II, Kap. 10.)

stellung, aber nicht begrifflich geklärt gegeben sind. Auch Aristoteles selbst hatte jedoch leider nicht genau bestimmt, wie die gedankliche Abstraktion verstanden werden sollte, trotz seiner Hinweise, dass sie sich in der zuvor explizierten Weise als spezielle Rede auf die geometrischen Gegenstände bezieht.

Die Rolle der Bewegung bei der Erzeugung von Figuren ist in Euklids Definitionen noch präsent. Körper entstehen, z.B. durch Drehung von ebenen Figuren (Euklid, XI.Buch). Doch in der Theorie spielt die Bewegung von Figuren keine Rolle mehr, sondern nur die geometrischen Verhältnisse der Elemente der betrachteten Figuren. Eine Erörterung der Beziehung der Bewegungen zur Erzeugung von Figuren und zu ihren geometrischen Verhältnissen sucht man später vergebens, nur bei Heron lassen sich vereinzelt Bezüge darauf finden.

8.4 Zur Bestimmung von Ebene und Gerade in der antiken Tradition

Nicht nur die Bestimmung der Grundfiguren, sondern auch die Bestimmung der Grundformen Ebene und Gerade bereiteten der antiken Geometrie erhebliche Schwierigkeiten. Die euklidischen Definitionen der Grundfiguren Gerade und Ebene sind, wie die antike Diskussion bezeugt, die Manifestation einer durchgängigen terminologischen Bemühung, die wohl elementare Eigenschaften herauszustellen vermocht, aber nicht richtig einzuordnen gewusst hat. Das Problem ist erst gegen Ende des 19. Jahrhunderts in logischer Hinsicht erfolgreich angegangen worden, seine Aufklärung in methodischer Hinsicht ist jedoch bisher nicht systematisch angegangen worden.

Wir wollen zunächst einen Überblick über die in der Antike gegebenen Definitionen der Geraden und Ebene gewinnen. Es folgt eine Klassifikation nach den benutzten Eigenschaften.

A. Definitionen der Ebene

1. „Eine ebene Fläche ist eine solche, die zu den geraden Linien auf ihr gleichmäßig liegt."(1) (Euklid, Elemente Buch I.Def.7)

2. "Eine ebene Fläche ist eine solche, die eine den auf ihr befindlichen Geraden gleichmäßige Lage hat(1) gleichlaufend ausgespannt(2); und wenn eine Gerade zwei ihrer Punkte rührt, fällt auch die ganze Gerade an jeder Stelle vollkommen (auf jede Art) mit ihr zusammen, also eine Fläche, die mit der ganzen Geraden zusammenfällt(3), und die kleinste von allen Flächen, die dieselben Grenzen haben(4), und eine solche, deren sämtliche Teile die Eigenschaft haben, unter sich zusammenzufallen (5)." (Heron, Definitionen, Def.9)

3. "Denn diese ist diejenige, die zu den auf ihr liegenden Geraden gleichmäßig liegt(1), welche auch andere, das gleiche dem Sinn nach wiedergebend, sie als vollkommen ausgespannt bezeichnet haben(2), und wieder andere als diejenige, auf deren sämtlichen Teilen eine Gerade vollständig fällt(5). Man könnte auch sagen, sie sei die kürzeste aller Flächen, die dieselben Grenzen haben(4)... " (Proklos (Friedlein), S.117)

B. Definitionen der Geraden.

1. "Eine gerade Linie (Strecke) ist eine solche, die zu den Punkten auf ihr gleichmäßig liegt." (Euklid, Elemente Buch I.Def.4)

2. "Eine gerade Linie ist eine solche, die zu den Punkten auf ihr gleichmäßig liegt(1), gleichlaufend und wie völlig ausgespannt zwischen den Endpunkten(2). Sie ist zwischen zwei gegebenen Punkten die kleinste der Linien, welche dieselben Endpunkte haben(3), sie ist so beschaffen, dass alle Teile mit allen Teilen vollständig zusammenfallen(4), und wenn die Endpunkte bleiben, bleibt sie auch selbst, wenn sie gleichsam in derselben Ebene und um dieselben Endpunkte gedreht wird, indem sie immer denselben Ort einnimmt(5). Weder eine noch zwei Geraden bringen eine Figur zustande(6)."(Heron, Definitionen, Def.4)

3. "Archimedes wiederrum definierte die Gerade als kürzeste Linie von allen, die dieselben Endpunkte haben. Weil sie nämlich, wie Euklids Worte besagen, auf derselben Strecke liegt, wie ihre Endpunkte, deshalb ist sie die kürzeste von allen Linien, die dieselben Endpunkte haben. Denn gäbe es eine kürzere, so läge sie nicht auf derselben Strecke wie ihre Endpunkte." (Proklos (nach Friedlein))

Ich habe in den Definitionen als Zusatz in Klammern die Varianten der Bestimmung der Geraden mit der gleichen Ziffer bezeichnet. Demnach sind in der antiken Mathematik verschiedene Bestimmungen vorhanden, welche eine „Gleichmäßigkeit zu ihren Punkten" (1), das völlige „Ausgespannt sein" zwischen ihren Endpunkten(2), die Minimaleigenschaft der Länge(3), die Kongruenz in allen Teilen(4), die Invarianz bei Drehungen(5) und die Unmöglichkeit mit einer oder zwei Geraden eine Figur zu bilden(6).

Die Definitionen der Grundformen bei Euklid sind als Homogenitätsaussagen auch anders interpretierbar, je nach der Deutung von „gleichmäßig", wie man auch bei den obigen Zitaten von Heron und Proklos feststellen kann. (Vgl. dazu auch Heaths Schriften.) Die Eigenschaften, die in diesen Bestimmungen vorkommen, sind:

1. Deckungseigenschaften von Figuren gleicher Art, oder von Ebenen und Geraden (jedoch nicht als Passungen von Figuren auf Körpern betrachtet, sondern auf einer abstrakteren Stufe).
2. Bewegungseigenschaften (Erzeugung durch Bewegung von Figuren anderer Art).
3. Metrische (Distanz) Eigenschaften.

Anders als bei Euklid deuten die Definitionen von Proklos und Heron an, dass später Bestimmungen in die Definitionen Euklids aufgenommen wurden, die als gleichwertig (Proklos), oder vielleicht als komplementäre Bestimmungen (bei Heron) angesehen wurden. Jedenfalls wurden sie systematisch nicht richtig eingeordnet.

Allen Definitionen gemeinsam ist die Grundauffassung, dass Ebenen Flächen und Geraden Linien sind, die sich von anderen gleichartigen Figuren durch gewisse Eigenschaften unterscheiden. Nach Proklos unterscheidet Platon und Aristoteles jedoch noch nicht zwischen Fläche und Ebene, erst bei Euklid wird diese Unterscheidung durchgeführt.

8.5 Euklids Figurentheorie und die Protogeometrie

Die Ergebnisse der Untersuchung können thesenartig so zusammenfasst werden:

1. Ich behaupte, dass die antike Auffassung der Figuren als Schnitte in Kapitel 3 angemessen rekonstruiert wurde. Die griechischen Geometer hatten dazu keine hinreichende Theorie, aber deren Bemühung um die elementare Terminologie und die implizit vorhandene Auffassung der Figuren in den mathematischen Schriften, wie die in den Schriften von Aristoteles auch explizit geäußerten Ansichten lassen sich am besten so verstehen.

2. Die Geometrie ist bis zum 19. Jahrhundert wesentlich eine systematische Figurentheorie. Diese Auffassung liegt m.E. auch dem Euklidschen System zugrunde. Die Definitionen Euklids im I. und XI. Buch der Elemente sind, wie ich darzulegen versucht habe, die Manifestation dieser Auffassung und ein Ausdruck der Bemühung der griechischen Geometer, ihre Elemente zu erfassen und sie exakt zu gestalten. Aufgrund dieser, zuvor explizierten Funktion und auf dem Hintergrund der systematischen und kritischen Untersuchungen in der vorliegenden Schrift erscheinen sie mir daher eine stark unvollständige und revisionsbedürftige vorgeometrische Bemühung darzustellen. Sie ist jedenfalls der Versuch, inhaltlich den Bereich abzugrenzen, von dem die Geometrie handelt, durch die Bestimmung ihrer Grundgegenstände, also eine Terminologie-Bemühung.

3. Die vorgeometrischen Definitionen in Euklids Elementen haben in der vorliegenden Fassung keine logische, aber auch keine methodische (das ist der entscheidende Punkt, vgl. Protogeometrie) Funktion in der Theorie, da sie die Grundgegenstände (Grundfiguren) mittels (vermeintlich) einfacherer Begriffe zu bestimmen suchen. Wie man der obigen Betrachtung entnehmen kann, sind die euklidischen vorgeometrischen Definitionen problematische Bestimmungen der Grundobjekte der Geometrie, deren Theorie in Euklids Elementen schon aufgrund der verwendeten Begrifflichkeit nicht befriedigend, und wegen des Fehlens von Bestimmungen für eine Reihe anderer inhaltlich benutzter Begriffe (z.B. Inzidenz, Deckung, Anordnung, Schnitte) auch sonst unzureichend ausgeführt ist.

4. Das Verhältnis der Definition der Geraden zum Postulat über deren Fortsetzbarkeit bei Euklid lässt sich auf dem Hintergrund meiner Ausführungen in I, Kap. 5 aufklären. Wenn die Geradendefinition Euklids eine Formbestimmung der Geraden bedeutet, so kann man nicht erwarten, dass deren Fortsetzbarkeit daraus logisch folgt. Genau das wurde (a.a.O.) aber auch im Hinblick auf die erfolgte Formbestimmung der Geraden (ebenso der Ebene) herausgestellt. Damit ist eine Brücke von Euklid zu Moritz Pasch, was die Eigenschaften der Geraden betrifft, gelegt (dazu siehe nächstes Kapitel), was den hier angestrebten expliziten Anschluss an die altehrwürdige Tradition der Geomet-

rie und Philosophie der Mathematik in besonderer Weise unterstreicht, da man sie nun, hoffentlich, etwas besser in ihrem systematischen Zusammenhang verstehen kann.-

9. Neuere Ansätze zur Begründung der Geometrie als Figurentheorie

9.1 Lobatschewskis Anfangsgründe der Geometrie als Figurentheorie

9.1.1. Kritik an Euklid

Wir haben gesehen, dass die antike Tradition die begrifflichen Probleme in Verbindung mit der Bestimmung der geometrischen Grundfiguren und Grundformen nicht lösen konnte. Diese Situation blieb bis zum Aufkommen der ersten Axiomatisierungen im 19. Jahrhundert, die nicht auf dieser Ebene ansetzen, im Wesentlichen unverändert bestehen.

Was die Grundsätze der „Elemente" betrifft, so kann wohl (angesichts der begrifflichen Mängel in den Grundbegriffen und dem Fehlen wichtiger Grundsätze für die Anordnung und Kongruenz) nicht überraschen, dass auch hierbei schwerwiegende Probleme vorhanden sind. Die Frage nach der Begründung der Euklidschen Axiome bzw. der Klärung ihres Bezugs wurde jedoch nach Euklid zumeist durch die Berufung auf die "Evidenz" dieser Sätze völlig in den Hintergrund gedrängt.[1] Für ein Axiom freilich, das **Parallelenaxiom**, welches bei Euklid als Forderung und nicht als Grundsatz aufgestellt wird, schien dies nicht möglich zu sein. Mit Proklos Behauptung, dass das Parallelenaxiom beweisbar sei und deswegen aus der Reihe der Forderungen zu streichen wäre[2], begann eine lange Reihe von Bemühungen um dessen Beweis aus dem System der anderen geometrischen Grundsätze. Den Mathematikern ging es dabei zunächst weniger um die Grundlagen der Geometrie als Figurentheorie, als um die Behebung der Beweisdefizite Euklids bezüglich des Parallelenaxioms.[3] Die „Parallelenfrage" hat so bis zur Mitte des 19. Jahrhunderts die Grundlagendiskussion der Geometrie dominiert, aber die Geometer - naturgemäß - zugleich angespornt, neben der axiomatischen auch die begriffliche Seite der euklidischen Theorie eingehender zu untersuchen.

Bis zum Beginn des 19. Jahrhunderts wurde die Kritik an den Grundlagen der Geometrie Euklids nur in Verbindung mit der Parallelenfrage vorgetragen. Doch im Zusammenhang mit der Behandlung dieser Frage war es unerlässlich, den Aufbau der Geometrie genauer zu untersuchen. Damit wuchs in der Folge auch die Kritik an den begrifflichen Grundlagen der euklidischen Geometrie. Bemerkenswert scharf und treffend formuliert diese Kritik Bernhard Bolzano, der für seine grundlegenden Arbeiten auf dem Gebiet der Grundlagen der Analysis bestens bekannt ist.

---

[1] Charakteristisch ist die Argumentation von Proklos gegen Appollonios Versuch einer Begründung der Gleichheitsaxiome als Kongruenzaxiome (Proklos, Kommentar zu den Axiomen 1.-5.), wobei Evidenzargumente ins Feld geführt werden.

[2] Vgl dazu Proklos Kommentare zum Postulat 5 und Satz I.29 der Elemente.

[3] Eine ähnliche Haltung gegenüber der Geometrie ist auch heute wirksam.

Bolzano (1781-1848) führt in seiner Schrift „Anti-Euklid"[4] die Kritik an den begrifflichen Grundlagen der damaligen Geometrie radikal durch. Er vermisst nicht nur eine mangelnde Explikation des Raumbegriffes, sondern viel mehr:

> "Aber nicht nur den Begriff des *Raumes selbst* hat die bisherige Geometrie unerklärt gelassen, sondern noch eine ganze Menge anderer in der Raumwissenschaft wesentlich gehörender Begriffe, die sogar jeder Nichtgeometer kennt und gebraucht, haben dasselbe Schicksal erfahren, und werden entweder ganz mit Stillschweigen übergangen oder zwar aufgeführt und benützt, ohne dass gleichwohl für eine genauere Bestimmung ihrer Bestandteile, also für ihre Verdeutlichung etwas Genügendes geschähe. Hierher gehören die so wichtigen Begriffe des räumlichen Ausgedehnten und der drei Arten desselben: der Linie, der Fläche und des Körpers;" (Bolzano 1966, S. 209)

Unmittelbar nach diesen Äußerungen gibt Bolzano eine ganze Reihe von Begriffen an, die seiner Meinung nach ebenfalls unbefriedigende Fassungen hätten. Dazu gehören nach Bolzano auch die Begriffe „von den zwei *Seiten*, die jeder Punkt in einer Linie, jede Linie in einer Fläche, jede Fläche in einem Körper neben sich hat" (ebda.) Wahrscheinlich ist damit das anlässlich der Besprechung Euklids erläuterte Problem der Auffassung von Figuren als Grenzen bzw. Schnitte gemeint.

Genau an dieser Stelle setzen nun auch die folgenden historisch früheren Vorschläge Lobatschewskis zur Einführung geometrischer Grundbegriffe bzw. zum Aufbau der Geometrie ein.

9.1.2 Lobatschewskis Ansatz einer Figurentheorie

Der Name von N. I. Lobatschewski (1793 – 1856)[5] ist mit der Entwicklung des ersten Systems einer nicht-euklidischen Geometrie verbunden, das von ihm 1829-30 veröffentlicht wurde. Sein Versuch einer Grundlegung der Geometrie als Figurentheorie, der von ihm den einschlägigen Arbeiten zur nicht-euklidischen Geometrie vorangestellt wird, ist hingegen unbekannt. Lobatschewski bemüht sich darin, den begrifflichen Defiziten der Geometrie in ihrer klassischen Fassung durch Euklid im Hinblick auf ihre Grundbegriffe zu begegnen. Seine Vorschläge sind wahrscheinlich die Ersten seit der Antike, die neben der Kritik an Euklids Grundlagen diese Probleme auch methodisch neu angehen. Sie sind aber keineswegs nur aus historischer Sicht eine Diskussion wert. Auf dem Hintergrund der Protogeometrie, insbesondere in der im Teil I vertretenen Form, erhalten Lobatschewskis Vorschläge neue Aktualität (und Brisanz, da sie protophysikalische Orientierungen im Grundsatz vorwegnehmen). Lobatschewskis Ausführungen führen nämlich auf zentrale Probleme einer Grundlegung der Geometrie als Figurentheorie, die in der Tradition ungelöst geblieben sind, mit Folgen für das Vorgehen der modernen Axiomatik seit M. Pasch und besonders D. Hilbert.

---

[4] Bolzano 1966.

[5] Zu Lobatschefskis Leben und Wirken vgl. Lobatschefski, 1895 und Mittelstraß, 1980, Bd. 2.

Ihre Diskussion verspricht daher zweifachen Gewinn: In systematischer Sicht können dabei Argumente, die für oder gegen den Ansatz einer Figurentheorie sprechen bzw. ihre Funktion und ihre Grenzen beleuchten, herausgearbeitet werden. In historisch-kritischer Sicht vermag dadurch der Unterschied der traditionellen Vorgehensweise zu derjenigen der modernen Axiomatik besser hervorzutreten.

Nikolai Lobatschewski

Bei jedem neuartigen, originellen Ansatz ist natürlich die Frage nach seiner Entstehung von besonderem Interesse. Sie betrifft vor allem auch die Quellen, die der Urheber hatte, und aus denen er zumindest Anregungen empfangen konnte. Eine Aufklärung darüber kann nur eine historische Studie bringen, die ich hier gewiss nicht vorhabe. Ich möchte nur meine Überlegungen dazu mitteilen, und damit einige Hinweise für eine gezielte historische Studie geben. Zunächst ist es wohl kaum eine Frage, ob Lobatschewski bei seinen neuen Versuch der Geometriebegründung auch Anregungen aus der Tradition empfangen hat. Im Zusammenhang mit seinem Ansatz findet sich jedoch bei ihm kein Bezug auf irgendein anderes früheres Werk, sodass man hier nur plausible Vermutungen anstellen kann. Es könnten demnach zumindest (direkt oder vermittelt) Einsichten aus der aristotelischen Physik eine Rolle gespielt haben, da die Ausführungen Lobatscherfkis zum Raumbegriff einiges mit Erörterungen zum Raumbegriff im Buch IV der aristotelischen Physik gemein haben. Die damaligen kommentierten Ausgaben Euklids könnten eine Rolle gespielt haben[6] oder Werke aus der französischen geometrischen Tradition von Desargues bis Legendre.[7] Jedoch zum Umstand, dass der Ansatz dieses Versuches auf der Grundlage der antiken Tradition zumindest nicht sehr naheliegend ist, kommt hinzu, dass die ihm zugrundeliegende Analyse und die Durchführung argumentativ so eng miteinander zusammenhängen, dass man, aufgrund der Originalität Lobatschewskis, höchst wahrscheinlich davon ausgehen kann, dass dieser Versuch das Produkt seines eigenen kreativen Denkens ist.

Im Folgenden wird in zwei Etappen vorgegangen: Zunächst werden in diesem Kapitel Lobatschewskis Vorschläge zu den Anfängen der Geometrie auf dem Hintergrund der Tradition der Grundlagen der Geometrie bis zu seiner Zeit dargestellt, erörtert und gewürdigt. Im nächsten Kapitel wird im Anschluss an die Darstellung der axiomatischen

---

[6] Die damals gängige Ausgabe von Simson enthält im Kommentar zur Definition 1 der Elemente Erläuterungen, die mit der Fläche als der gemeinsamen Grenze von Körpern, sowie Linien und Punkten als Grenzen von Körpern, Flächen und Linien zu tun haben. (Vgl. Heath 1926, Bd. 1, S. 148)

[7] Im Lehrbuch von Legendre wird allerdings immer noch in der Manier Euklids vorgegangen.

Systeme von Pasch und Hilbert auf die Veränderungen in der Auffassung der geometrischen Theorie, die durch die moderne Axiomatik eingetreten sind, eingegangen und mit Bezug auf einschlägige Beiträge von Paul Bernays die Haltung der modernen Axiomatik zum traditionellen Ansatz einer Figurentheorie erörtert. Am Ende wird eine Vermittlung zwischen einigen, aus meiner Sicht berechtigten traditionellen Anliegen mit der modernen Axiomatik, auf dem Hintergrund der im Teil I erfolgten Vorschläge versucht.

Der systematisch-kritischen Untersuchung des Lobatschewskischen Ansatzes liegen Teile aus folgenden zwei Schriften von ihm zugrunde:
1. Über die Anfangsgründe der Geometrie (im Folgenden als AG zitiert), Einleitung, Paragraph 1 bis 3.
2. Neue Anfangsgründe der Geometrie mit einer vollständigen Theorie der Parallellinien (im Folgenden als NAG zitiert), Einleitung und Kapitel 1.[8]

9.1.3 Grundlegende Einsichten

Die Bemühung Lobatschewkis um eine Neubegründung der Geometrie als Figurentheorie beginnt mit einer Analyse des Problems der Grundbegriffe der Geometrie Euklids und Überlegungen zu einem neuen Lösungsansatz. Bei der folgenden Darstellung werde ich seiner Gedankenlinie folgen und ihn selbst möglichst oft durch Zitate zu Wort kommen lassen, um damit einen unmittelbaren Eindruck von seinen Überlegungen, die klar und deutlich sind, zu vermitteln.

Die Vorschläge Lobatschewskis sind seinem eigenen Bekunden nach im Zusammenhang mit seinen Untersuchungen zur Parallelentheorie entstanden.

> „Zu den Unvollkommenheiten der Parallelentheorie sollte man auch die Erklärung des Parallelismus selbst rechnen. Doch hing diese Unvollkommenheit keineswegs, wie Legendre es vermutete, von einem Mangel in der Erklärung der geraden Linie ab, geschweige denn, füge ich hinzu, von den Mängeln, die in den ersten Begriffen versteckt waren, und die nachzuweisen ich hier vorhabe, aber auch ihnen abzuhelfen, soweit ich vermag." (Lobatschewski 1898, S. 79)

Er kritisiert anschließend den herkömmlichen, euklidischen Beginn der Geometrie, da er sich beeile,

> „verfrühte Begriffe durch Worte mitzuteilen, denen die gesprochene Sprache bereits einen gewissen, für die strenge Wissenschaft freilich noch unbestimmten Sinn beilegt." (Lobatschewski 1898, S. 81)

Das Ergebnis seiner Kritik ist, dass unter anderem die Begriffe *Raum*, *Ausdehnung*, *Ort*, *Körper*, *Fläche*, *Linie*, *Punkt*, im herkömmlichen, euklidischen Aufbau der Geo-

---

[8] Beide Arbeiten Lobatschewski, 1829-30, sowie Lobatschewski, 1835-37 sind in Engel 1898 zu finden. Ich beziehe mich im Folgenden nur auf dieses Werk.

metrie nicht durch klare Begriffe gegeben sind.[9] Den Grund für die Unbestimmtheit dieser Begriffe erblickt Lobatschewski in ihrer Abstraktheit, die seiner Meinung nach durch den Bezug auf die wirkliche Messung von Linien, Flächen und Körpern beseitigt werden könnte:

> „Die Flächen, Linien und Punkte, wie sie die Geometrie erklärt, sind nur in unserer Vorstellung vorhanden, während wir die Ausmessung der Flächen und Linien ausführen, indem wir dazu Körper anwenden. Aus diesem Grund brauchen wir von Flächen, Linien und Punkten nur so zu sprechen, wie wir sie uns bei wirklicher Messung zu denken haben, und dann werden wir uns nur noch an eben die Begriffe halten, die in unserm Verstande mit der Vorstellung von Körpern unmittelbar verbunden sind, an die unsre Vorstellung gewöhnt ist und die wir in der Natur unmittelbar prüfen können, ohne uns zuvor auf andere, künstliche und fremdartige einzulassen." (Lobatschewski 1898, S. 80)

Die konkreten Messungen vollziehen sich nach der Analyse Lobatschewskis durch den Umgang mit Körpern. Aus diesem Grund sollte seiner Meinung nach auch bei den operativ verfügbaren Verhältnissen von Körpern angesetzt werden, die als konstitutiv für die Messung und somit auch für die Geometrie gelten können. Als Konsequenz daraus ergibt sich auch eine Orientierung der Anfänge der Geometrie (als Figurentheorie), die das grundsätzliche Verhältnis der synthetischen zur analytischen Geometrie berührt. Sie erscheint ihm aus der damaligen Situation heraus, in welcher die Dominanz der analytischen Geometrie bestand, wohl besonders hervorhebenswert. Es geht dabei um die Priorität der synthetischen Methode, durch welche das spezifisch Geometrische gegeben ist, gegenüber der analytischen Methode beim Aufbau der Geometrie. Diese Priorität steht für ihn außer Zweifel:

> „...es ist unstreitig, dass in den Anfangsgründen der Geometrie und der Mechanik die Analyse niemals die einzige Methode sein kann. Der Geometrie wird bis zu einem gewissen Grade immer etwas eigenthümlich geometrisches zugehören, das ihr auf keine Weise genommen werden kann. Man ist im Stande, das Gebiet der Synthese einzuschränken, aber es ganz zu beseitigen ist unmöglich." (Lobatschewski, 1898, S. 81)

> „Die reine, überhaupt von jeder Beimischung der Synthese freie Analyse kann in der Geometrie nicht eher ihren Anfang nehmen, als nachdem zuvor jede Abhängigkeit durch Gleichungen dargestellt ist, und für jede Art geometrischer Größen Ausdrücke gegeben sind." (Lobatschewski 1898, S. 82)

Was Lobatschewski unter „Synthese" bzw. „Methode des Aufbauens" versteht, ist aufgrund des paradigmatischen Charakters des Vorgehens im euklidischen Werk hinreichend bestimmt. Dieses Vorgehen, welches also methodisch der Benutzung analytischer Hilfsmittel vorgelagert ist, möchte er konsequenter als bisher (in der zuvor ange-

---

[9] Lobatschefski, 1898, S. 80.

gebenen Weise) einschlagen, bei den Verhältnissen zwischen Körpern ansetzend, die der Messung zugrunde liegen, nämlich ihren Berührverhältnissen.[10]

9.1.4 Zur Bestimmung der Grundfiguren mit Hilfe räumlicher Verhältnisse

Lobatschewski hat die Absicht, die geometrischen Grundtermini (Grundfiguren) auf Unterscheidungen, die der Messung zugrunde liegen und elementar zugänglich sind, zurückzuführen. Diesem Ansatz liegt seine Einsicht in die Priorität der Berührbeziehung(en) und der damit zusammenhängenden Verhältnisse bei der Teilung bzw. Zusammensetzung von Körpern für die Geometrie zugrunde.

> „Die B e r ü h r u n g bildet das unterscheidende Merkmal der Körper, und ihr verdanken sie den Namen: g e o m e t r i s c h e K ö r p e r, sobald wir an ihnen diese Eigenschaft festhalten, während wir alle andern, mögen sie nun wesentlich sein oder zufällig, nicht in Betracht ziehen. Gegenstand der Beurteilung sind ausser den Körpern zum Beispiel auch Zeit, Kraft und Geschwindigkeit der Bewegung; aber der Begriff, der in dem Worte Berührung enthalten ist, bezieht sich nicht darauf. In unserem Verstande verbinden wir ihn blos mit den Körpern, wenn wir von deren Zusammensetzung oder Zerlegung in Theile reden. Diese einfache Vorstellung, die wir unmittelbar in der Natur durch die Sinne empfangen haben, geht nicht aus anderen hervor und unterliegt deshalb keiner Erklärung mehr." (Lobatschewski 1898, S.83)

Die Berührung wird also als geometrisches Grundphänomen bzw. als die elementarste geometrische Eigenschaft von Körpern angesehen, vermöge welcher sie als Raumteile verstanden werden können. Daher wird sie auch sofort mit der Zusammensetzung und Zerlegung von Körpern in Verbindung gebracht, bei der Einführung des (relativ verstandenen) Begriffes „Schnitt":

> „Zwei Körper A und B (Fig. 7), die einander berühren, bilden einen einzigen geometrischen Körper C, in dem jeder der zusammengefügten Theile A, B einzeln erscheint, ohne in dem ganzen C verloren zu gehen. Umgekehrt wird jeder Körper C durch einen beliebigen Schnitt S in zwei Theile A und B zerlegt. Hierbei verstehen wir unter dem Worte Schnitt nicht etwa irgendeine neue Eigenschaft des Körpers, sondern wieder die Berührung, indem wir eben diesmal die Zerlegung des Körpers in zwei berührende Theile ausdrücken. Wir werden die beiden Teile A und B die S e i t e n des Schnittes in dem Körper C nennen. Auf diese Weise können wir uns alle Körper in der Natur als Theile eines einzigen ganzen Körpers vorstellen, den wir R a u m nennen." (Lobatschewski 1898, S. 84)

---

[10] Diese Priorität der synthetischen Methode liegt auch Hilberts Bemühung zu Grunde. Sie ist auch explizit Gegenstand des letzten Buches von Paul Lorenzen (Lorenzen 1984).

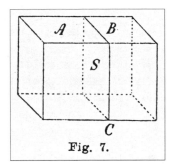

Fig. 7.

„Die geometrischen Eigenschaften der Körper erkennen wir, indem wir diese auf verschiedene Weise in Theile zerlegen." (Lobatschewski 1898, S. 3)

Das beschriebene Berührverhältnis von Körpern bildet also den Ausgangspunkt einer Rekonstruktion der geometrischen Auffassung von Figuren als Schnitte, ein Problem, das in Euklids Theorie offen geblieben ist (vgl. Kap. 8). Die Rede vom „Schnitt" ist Lobatschewskis Meinung nach nur eine Art des Redens über die Berührverhältnisse von Körpern, wobei die Berührung als eine elementare Relation zwischen Körpern angesehen wird. Folgerichtig versucht er dann, alle anderen geometrischen Unterscheidungen auf diese Beziehung zurückzuführen. (Insbesondere werden dann auch die Begriffe „Raum" und „kongruent" mit Bezug darauf erklärt, was aber hier nicht weiter interessieren soll.)

Die Beschränkung auf die elementare Relation der Berührung von Körpern, (genauer auf die Grundbegriffe „ist Körper", „berührt" und „ist Teil von") zwingt Lobatschewski insbesondere dazu, die Grundfiguren Fläche, Linie und Punkt als Berührverhältnisse von Körpern in besonderen Konstellationen zu bestimmen. Diesem Versuch liegt, wie zuvor dargelegt, die aus der Betrachtung der Messung gewonnene Überzeugung, dass gerade solche Konstellationen bzw. Verhältnisse von Körpern zur Messung von Linien und Flächen (von Körpern ja ohnehin) verwendet werden und somit auch für die Geometrie konstitutiv sind. Seine Ansicht erhält einen sehr hohen Grad von Plausibilität dadurch, dass z.B. bei der elementaren Messung von Linien durch Maßstäbe bekanntlich jeweils zwei Körper, als Messobjekt und Maßstab, durch „Berührung an einer Linie" (wie wir zu sagen pflegen) verglichen werden. Es ist daher naheliegend, den Begriff „Linie" durch eine entsprechende, näher zu bestimmende Art der Berührung von zwei Körpern einführen zu wollen.

Zur Bestimmung der Begriffe Fläche, Linie und Punkt aufgrund von Berührverhältnissen sind offenbar auch Forderungen über die Herstellbarkeit entsprechender Körperkonstellationen erforderlich.

Die erste Forderung lautet:

„Jeder Körper kann in Theile zerlegt werden, bei denen über einen Theil hinaus keine gegenseitige Berührung stattfindet. Derartige Schnitte werden wir R e i h e n s c h n i t t e nennen. ...In Figur 9 sind die Theile A, B, C, D, E eines Körpers dargestellt, die der Reihe nach durch Berührung verbunden sind, während A weder C noch D noch E berührt und ebenso B weder D noch E berührt. Die Schnitte S, S′, S′′, S′′′, durch die eine derartige Zerlegung erzeugt ist, werden Reihenschnitte sein." (Lobatschewski 1898, S. 85-86)

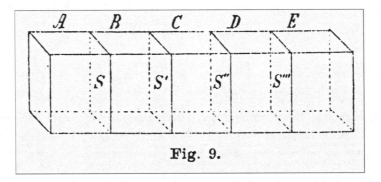

Fig. 9.

Die nächste Forderung betrifft eine andere Konstellation, die später zur Einführung des Linienbegriffes benutzt wird:

„Der erste Schnitt zerlegt den Körper in zwei Theile; ein zweiter, der von der einen Seite auf die gegenüberliegende Seite übergeht, erzeugt bereits vier. In diesem Falle kann man die beiden Schnitte immer derart führen und alsdann noch neue hinzufügen, so dass bei jedem Male die Zahl der Theile um zwei vermehrt wird und alle einander gegenseitig berühren. Derartige Schnitte, deren Zahl folglich unbegrenzt ist, werden wir W e n d e s c h n i t t e nennen.

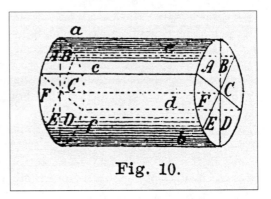

Fig. 10.

In Figur 10 zerlegt der Schnitt ab den Körper in zwei Theile; die Schnitte cd und ef fügen noch je zwei hinzu, so dass alle sechs Theile AA, BB, CC, DD, EE, FF einander gegenseitig berühren....Die drei Schnitte ab, cd, ef werden Wendeschnitte sein." (Lobatschewski 1898, S. 86)[11]

---

[11] Die Bezeichnung der Teilkörper auf S. 86 durch zwei gleiche Buchstaben ist nicht weiter von Bedeutung. Es hätte ein Buchstabe genügt, was Lobatschewski sonst im ganzen Kapitel auch tut. Die Bezeichnung der Schnitte durch kleine Buchstaben ist so zu verstehen: ab ist der Schnitt, der durch Berührung von A und B gegeben ist.

Eine weitere Forderung schließlich betrifft die Verhältnisse, die aus einer durch Wendeschnitte gegebenen Körperkonstellation durch einen zusätzlichen Reihenschnitt entsteht.

> „Jeden Körper kann man durch drei Schnitte in acht einander gegenseitig berührende Theile zerlegen, dass Reihenschnitte zu jedem dieser drei Schnitte immer je vier einander gegenseitig berührende Theile absondern. In diesem Falle werden wir die drei Schnitte H a u p t s c h n i t t e nennen. ... Die drei Hauptschnitte ab, cd und ef (Fig. 14) zerlegen den Körper in acht Theile: A, B, C, D, A´, B´, C´, D´, die einander gegenseitig berühren." (Lobatschewski 1898, S. 87)

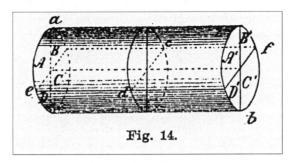

Fig. 14.

Der nächste Schritt ist die Einführung von Beziehungen, welche die Berührverhältnisse der Teile in einem durch Hauptschnitte geteilten Körper bezeichnen.

> „Sind in einem Körper drei Hauptschnitte gelegt, womit dann zugleich acht Theile entstanden sind, die einander gegenseitig berühren, so berühren zwei durch den ersten Schnitt entstandene Theile einander f l ä c h e n h a f t, zwei Theile, die in Bezug auf zwei Schnitte übers Kreuz liegen, berühren einander l i n i e n h a f t, zwei Theile, die sich in Bezug auf jeden der drei Schnitte auf gegenüberliegenden Seiten befinden, berühren einander i n e i n e m P u n k t e." (Lobatschewski 1898, S. 88-89)

Mithilfe dieser Beziehungen werden schließlich die geometrischen Grundbegriffe eingeführt.

> „Wenn wir blos von der Berührung zwischen zwei Körpern reden und infolgedessen bei jedem von beiden die Theile nicht in Betracht ziehen, die den andern nicht berühren, so erhalten die beiden Körper den Namen: F l ä c h e , L i n i e oder P u n k t, je nach der Art, von der die Berührung zwischen ihnen ist: flächenhaft, linienhaft oder in einem Punkte." (Lobatschewski 1898, S.89).

In seinen weiteren Ausführungen bemüht sich Lobatschewski darum, eine Erläuterung dessen zu geben, was es heißt, die Teile der zwei Seiten eines Schnittes, also die Körper, „nicht in Betracht zu ziehen". In seiner Auffassung bedeutet das, die Körperkonstellationen so zu betrachten (oder über diese so zu reden), als wären Teile der beteiligten Körper, die nicht in Berührung sind, durch Reihenschnitte abgetrennt, so dass man die berührenden Körper qua Flächen z.B. als dünne Papierblätter, qua Linien als Haare und qua Punkte als Sandkörner realisiert denken könne.[12] Die Grundfiguren sind gemäß dieser Ansicht also immer noch Körper, über die aber nur noch hinsichtlich ihrer Berühreigenschaften in den zu ihrer Einführung postulierten Konstellationen geredet werden darf.

Nach der Einführung der geometrischen Grundbegriffe Fläche, Linie und Punkt erfolgt der Ausbau der weiteren Theorie, die zur Definition der geometrischen Grundformen Ebene und Gerade und zum Beweis von Lehrsätzen über sie führt. Die Ausführungen Lobatschewskis sollen hier, anders als die Einführung der Grundfiguren, nicht im Hinblick auf ihre Stichhaltigkeit diskutiert werden.[13] Der Zweck meiner folgenden Darstellung besteht lediglich darin, die Basis für die Erörterung des Verhältnisses der von Lobatschewski entworfenen Figurentheorie zur modernen axiomatischen Geometrie im nächsten Kapitel zu schaffen. Von besonderem Interesse ist natürlich dabei das Verständnis der Anliegen dieses Entwurfes auf dem Hintergrund der Tradition der Geometrie als Figurentheorie.

Zentral für die nach der Einführung der Grundfiguren erfolgenden Ausführungen Lobatschewskis ist der Begriff des Abstandes zweier Punkte, der ebenfalls mit Bezug auf die Berührungen von Körpern bestimmt wird.

> „Die relative Lage zweier Punkte heisst deren A b s t a n d und wird durch die Berührung zweier Körper bestimmt, bei denen alle Veränderungen zulässig sind, die die Punkte selbst nicht verändern, so dass der Abstand als derselbe gilt, wenn der Unterschied von solchen Theilen des einen Körpers herrührt, die den anderen nicht berühren, oder von verschiedenen Wendeschnitten, denen die Punkte auf gleiche Art angehören." (Lobatschewski 1898, S. 93)

Mithilfe dieses Begriffes wird zunächst die „Kugel" bestimmt.

> „Die K u g e l ist ein Körper, dessen äußere Fläche, die K u g e l f l ä c h e, so beschaffen ist, dass ihre sämmlichen Punkte gleiche Abstände ...von einem Punkt im Innern haben, dem M i t t e l p u n k t e der Kugel oder der Kugelfläche." (Lobatschewski 1898, S. 93)

Die „Ebene" wird als die Fläche definiert, auf der sich gleiche Kugelflächen um zwei feste Mittelpunkte („Pole") schneiden. (Lobatschewski 1898, S. 95) Zwei solche Kugelflächen bestimmen einen „Kreis". In der Folge versucht Lobatschewski neben der Unendlichkeit der Ebene und der Eigenschaft, dass sie als Fläche den Raum in zwei

---

[12] Als andere Realisierungen betrachtet Lobatschewski auch die Strich- und Punktmarkierungen auf dem Papier, doch diese wären dann wohl auch als (potentielle) Berührverhältnisse zu deuten.

[13] Schon der Übersetzer der beiden hier diskutierten Schriften Lobatschewskis Engel äußert sich verständnisvoll für diesen Versuch und möchte ihn nicht allzu streng beurteilt wissen. (Lobatschewski, 1898, S. 319.)

Teile teilt, auch traditionelle Charakterisierungen der Ebene in folgendem Lehrsatz zu beweisen.[14]

„Die Ebene deckt sich selbst, sowohl mit ihrer anderen Seite als auch bei Drehung um die Pole."
(Lobatschewski 1898, S. 96)

Die Gerade wird als Linie definiert, „die zwischen zwei Punkten sich selbst in allen Lagen deckt." (Lobatschewski 1898, S. 99)[15] Lobatschewski begründet zugleich, dass der Durchmesser des Kreises diese Eigenschaft besitzt.

Auf der Basis dieser Definitionen werden dann Lehrsätze begründet, die bei Hilbert zu den Axiomen gezählt werden, z.B. „Gerade Linien fallen zusammen, sobald sie durch zwei Punkte gehen.", „fallen zwei gerade Linien entweder zusammen oder sie schneiden sich in einem Punkte", „Wenn zwei Ebenen einander schneiden, so entsteht eine gerade Linie", „Eine Gerade liegt ganz in einer Ebene, sobald sie durch zwei Punkte auf dieser hindurchgeht" oder „Durch drei nicht in gerader Linie liegende Punkte kann man eine Ebene legen und zwar nur eine".[16]

Die Theorie Lobatschewskis weist bis zu dieser Stelle abgesehen von den Lücken in der Beweisführung vor allem auch erhebliche begriffliche und axiomatische Defizite auf (z.B. Verwendung von ungeklärten Bewegungsbegriffen etwa auf S. 94 und 96, oder der anschaulichen Operation der „Deckung" von Figuren, Fehlen von Grundsätzen über die Anordnung). Insbesondere werden die Grundeigenschaften der Distanz (oder besser Abstandsgleichheit) nicht aufgeführt. Dies alles ist jedoch, wie gesagt, hier nicht unser Thema.

9.1.5 Würdigung und Kritik

Auf dem Hintergrund der Tradition der Elemente Euklids erscheint die Kritik Lobatschewskis an den Anfängen der Geometrie gleichermaßen zutreffend, wie sein Ansatz neu und sachlich gut begründet. Er versucht den Grundbegriffen Fläche, Linie und Punkt eine spezifisch geometrische Deutung zu geben, eine Aufgabe, die auf jeden Fall im Hinblick auf eine Figurentheorie ansteht. Seine Idee, den Bezug dieser Grundbegriffe auf einen passenden Praxisbereich, die Messpraxis, herzustellen, ist ebenfalls sofort verständlich und nimmt im Übrigen die grundsätzliche Ausrichtung der Bemühungen in der Protophysik entschieden vorweg. Seine bemerkenswerte Grundeinsicht

---

[14] Die Eigenschaft der Ebene, den Raum in zwei kongruente Teile zu teilen, sollte nach Leibniz die Ebene charakterisieren. Vgl. Heath, 1926, Bd. I, S. 176. Die Eigenschaft der Deckung der Ebene mit sich selbst ist verwandt mit Herons Definition 9 (Definition der Ebene als Fläche, deren Teile einander decken können.) Herons Definition enthält wohl auch die Deckung der beiden Seiten der Ebene; vgl. Heath, 1926, Bd. I, S. 172. Im Hinblick auf die Deckung der Ebene mit sich selbst betrachtet Lobatschewski nur Drehungen um die Mittelpunkte der die Ebene erzeugenden Kugelflächen.

[15] Auch diese Eigenschaft ist mit Herons Definition 4 (Definition der Geraden: ...alle ihre Teile decken alle anderen auf gleiche Art) verwandt; vgl. Heath, 1926, Bd. I, S. 168.

[16] Vgl. Lobatschewski, 1898, 101-106.

in die Relevanz der Berührbeziehungen konkreter Körper für die Konstitution der geometrischen Auffassung von Figuren als Schnitte und sein expliziter Rekonstruktionsversuch reichen sogar darüber hinaus.

Lobatschewskis Vorstellung ist es, dass die Rede über Grundfiguren als eine Rede über die Berührverhältnisse von Körpern in speziellen Konstellationen rekonstruiert werden kann. Als Hilfsmittel fungieren anschauliche Operationen, die konkrete Erfahrungen mit Körpern durchaus nachbilden. Aufgrund unserer Handlungserfahrungen mit Körpern erscheinen ja sowohl der Zugang zu den Grundfiguren über die Schnitte als auch die Erklärungen Lobatschewskis zunächst sehr plausibel, ja geradezu operativ abgestützt zu sein. Seine Absicht ist von der Geometrie her gesehen, in der Figuren als Schnitte Verwendung finden, ebenfalls sofort nachvollziehbar. Es ist auch naheliegend, eine einheitliche Rekonstruktion der Auffassung von Figuren als Schnitte auf der Basis der Berührungen von Körpern erreichen zu wollen. Die Frage ist nur, ob Lobatschewskis Ansatz stimmig und brauchbar ist für die theoretischen Zwecke, die damit verfolgt werden. In dieser Hinsicht sind einige gewichtige Einwände geltend zu machen.

1. Lobatschewski charakterisiert die Rede über Figuren qua Schnitte als eine Art des Redens über Berührungen bzw. als Beschränkung der Rede auf Berühraussagen, also als abstrakte Rede. Abgesehen davon, dass diese Abstraktion nicht logisch explizit erfolgt, ist dabei vor allem problematisch, dass die Berühraussagen lediglich Körper betreffen; diese können sich aber nach Lobatschewskis Ausführungen auf unterschiedliche Art berühren. Die Bestimmung von „Schnitt" macht daher von einer speziellen Konstellation von Körpern Gebrauch, die zunächst begrifflich unbestimmt bleibt. In Lobatschewskis Sprachgebrauch ist später durch einen solchen Schnitt eine „flächenhafte Berührung" zweier Körper gegeben, im Unterschied zu „linienhaften" und „punkthaften" Berührungen, die in speziellen Konstellationen mehrerer Körper vorliegen. Es ist daher die Frage berechtigt, ob der Begriff „Schnitt" nicht doch den Begriff der Fläche bzw. die Unterscheidung der Grundfiguren Fläche, Linie und Punkt bereits inhaltlich voraussetzt.

2. Dieser Versuch zur Rekonstruktion des in der Geometrie einschlägigen Gebrauchs (bzw. Auffassung) von Figuren als Schnitte nimmt auf den alltäglichen praktischen Gebrauch leider keine Rücksicht. „Berühren" ist in unserer geläufigen Auffassung „Berühren von Grundfiguren". Diese Grundfiguren sind uns also keineswegs erst über Berührungen gegeben. Sie sind zunächst über elementare technische Handlungen (Markierungen) operativ vermittelt. Lobatschewski betrachtet aber nur Berührungen von Körpern und möchte Grundfiguren als besondere Berührverhältnisse von Körpern einführen. Das eigentliche Problem des Ansatzes liegt in dieser, m.E. grundsätzlich falschen Entscheidung, von Berührverhätlnissen bzw. Berührkonstellationen von Körpern auszugehen. Erst dadurch ergibt sich der Zwang, die Grundfiguren als sich berührende Körper bestimmen zu müssen. Eine Konsequenz dieses Zwanges ist es auch, dass die Inzidenz von Grundfiguren immer auf eine bestimmte Art zu interpretieren sein würde. Die Aussage „Der Punkt P liegt auf der

Fläche E" beispielweise müsste nach Lobatschewskis Erklärungen immer durch geeignete Berührkonstellationen von Körpern erklärt werden, eine wohl kaum angemessene Vorgehensweise.

3. Gemäß diesem Vorschlag sind die Grundfiguren aufgrund ihrer Bestimmung an Berührverhältnisse von zwei Körpern gebunden; sie sind sogar selbst zwei solche (durch Reihenschnitte reduzierte) Körper. Es ist überhaupt nicht einzusehen, dass der traditionellen Frage nach der doppelten **Grenze** von Figuren, die bei Berührung einfach wird, auf diese Weise logisch gerecht werden kann.

4. Bedenken sind auch im Hinblick auf die theoretische Relevanz dieser Einführung der Grundfiguren als Schnitte anzumelden. Das Ausgehen von Grundfiguren scheint (wie bei Euklid) keine Auswirkungen auf die nachfolgende Theorie zu haben; dies läuft gewissermaßen leer. Die so bestimmten Gegenstände spielen insbesondere beim Nachweis der elementaren Eigenschaften der Grundformen (Ebene, Gerade) keine entscheidende Rolle. Damit verstärkt sich der Eindruck, dass der Zweck dieser Bemühung ein anderer sein muss.

Aufgrund dieser Bedenken erscheint Lobatschewskis Ansatz eher als ein Versuch zur Explikation des speziellen Problems, wie die geometrische Auffassung von Figuren als Schnitte zu rekonstruieren sei. Auch wenn sein Weg nicht zur Konstitution der Grundfiguren führt, so sind die betrachteten Zusammenhänge für die genannte Anschlussaufgabe relevant. Als Fortschritt gegenüber der Tradition kann zweifellos sein methodisches Anliegen gelten, den Bezug geometrischer Termini auf die Verhältnisse von Körpern bei Berührung herzustellen.

Auf dem Hintergrund der vorgebrachten Einwände ist es nunmehr ratsam, für die weitere Diskussion zwei Fragestellungen zu unterscheiden:

1. Ist eine allgemeine Figurentheorie, wie sie Lobatschewski im Anschluss an die klassische Tradition versucht, exakt möglich und kann sie einen Rahmen für die Konstitution der bekannten Geometrie abgeben?

2. Wie lässt sich die geometrische Auffassung von Figuren als Schnitte mit Bezug auf die elementare Praxis des Umgangs mit Figuren rekonstruieren? (Diese Fragestellung hängt nach den Ausführungen zuvor nicht mehr so eng mit der ersten Fragestellung zusammen, da die Grundfiguren offenbar nicht erst als Schnitte zur Verfügung stehen.)

Im Hinblick auf die erste, umfassendere Aufgabe ist es sinnvoll, auch den Bezug zu neueren, verwandten Bemühungen herzustellen, die von den Erörterungen des nächsten Kapitels gleichermaßen betroffen sind.

Das Problem der Konstitution einer allgemeinen Figurentheorie ist in der neueren Zeit zunächst von H. Dingler wiederholt angegriffen worden. Seine Entwürfe (Dingler

1933, Dingler 1964) haben explizit zum Ziel, die Ableitung des Hilbertschen Axiomensystems in einer operational-anschaulich begründeten Figurentheorie zu leisten.[17] Im Anschluss an Dingler versucht seit 1961 die von P. Lorenzen initiierte Protophysik eine Figurentheorie („Protogeometrie") auf der Basis von Berührbeziehungen zu konstituieren, also genau im Sinne Lobatschewskis, obgleich im Detail wichtige Unterschiede bestehen. Lobatschewskis grundlegende Einsicht in die Bedeutung der Anknüpfung an die Messungspraxis bzw. den Umgang mit Körpern für die Rekonstruktion der Geometrie liegt jedenfalls auch den protophysikalischen Bemühungen zugrunde.

Bei der Kritik des Lobatschewskischen Vorschlags zur Einführung der Grundfiguren und zuvor in Kap. 8 ist das <u>Problem einer begrifflichen Rekonstruktion der geometrischen Auffassung von Figuren als Schnitte</u>, als spezielles Problem, das den Bezug geometrischer Grundbegriffe auf konkrete Figuren betrifft, herausgestellt worden. Die bisherigen Erörterungen geben Hinweise dafür ab, dass Lobatschewskis unzulänglicher Versuch einer Bestimmung geometrischer Grundfiguren über die Berührverhältnisse von Körpern auch anders gewendet werden kann. Diese Berührverhältnisse von Körpern verlieren nämlich durch das Misslingen eines Rekonstruktionsversuchs nichts von ihrer Realität und Relevanz für die Geometrie. Geometrische Grundformen wie Ebene und Gerade sind uns ja als solche Schnitte gegeben und werden in der Geometrie auch so betrachtet.

Das begriffliche Problem in meinen Untersuchungen bestand daher darin, die Rede über diese Grundformen als Schnitte, eventuell unter Rückgriff auf die von Lobatschewski betrachteten Körperkonstellationen, stimmig, d.h. methodisch, insb. terminologisch korrekt zu rekonstruieren. Ob die Rede über Schnitte bereits für Grundfiguren Sinn macht, erscheint nach der hier erfolgten Diskussion Lobatschewskis vielleicht zweifelhaft, wäre aber noch genauer zu diskutieren. Durchaus sinnvoll erscheint sie jedenfalls beim bereits eingeschlagenen Weg einer Rekonstruktion in Teil I, Kapitel 3.

Diese Rekonstruktion konnte wohl zunächst nur bei den Verhältnissen ansetzen, die uns Figuren in der Praxis zuerst vermitteln, also bei den durch die Praxis der elementaren Erzeugung und Verwendung von Figuren (Markieren, Zeichnen usw.) vermittelten Grundfiguren nebst ihren Inzidenz- und Anordnungseigenschaften. In einer zweiten Stufe waren die Berührbeziehungen dieser Grundobjekte zu formulieren und ihr logisches Verhalten gegenüber Inzidenz und Anordnung, welches in der Praxis normativ unterstellt wird, durch Postulate zu fassen. Auf dieser Basis konnte dann der Versuch unternommen werden, die Rede von Figuren als Schnitte im Sinne einer abstrakten Rede (also durchaus im Sinne Lobatschewskis) exakt einzuführen.

---

[17] Zu Dinglers Beiträgen vgl. im folgenden III, Kap. 11, auch Amiras 2002 oder (ausführlicher) Amiras 1998.

Dazu mussten natürlich die dieser Rede zugrunde liegenden (Äquivalenz-)Relationen, welche zur Abstraktion der verschiedenen Schnitte (Flächen, Linien, Punkte) führen, mit Hilfe von Inzidenz- und Berührrelationen von Grundfiguren erst definiert werden. Bei diesem Vorgehen wurde (anders als bei Lobatschewski) durch die explizite Fassung der Berührrelationen als Relationen von (zuvor auf andere Weise) eingeführten Grundfiguren neben einer angemessenen Rekonstruktion auch eine logisch korrekte Abstraktion möglich.

9.1.6 Schlussbemerkungen

In der zeitgenössischen Wissenschaftstheorie wird vor allem H. Dingler am Anfang einer Bemühung wahrgenommen, die sich auf die Bezüge der Geometrie zur technischen Praxis, insb. Messpraxis, zu besinnen versucht. Doch diese Besinnung auf das praktische Fundament der Geometrie findet sich nach den vorangegangenen Ausführungen zuerst bei Lobatschewski. Seine Vorschläge stellen wohl den ersten Versuch seit der Antike dar, die Geometrie mit Bezug auf körperliche Verhältnisse aufzubauen und damit den begrifflichen Defiziten der euklidischen Elemente zu begegnen. Trotz der gewichtigen Bedenken gegen sein konkretes Vorgehen erweisen sich seine Grundeinsichten als treffend und seine Anliegen als überaus berechtigt.

Ein wichtiger Aspekt bei der Verwendung von Grundfiguren bzw. Grundformen in der Geometrie kommt in der Rede über Figuren als Schnitte zum Ausdruck. Zur Rekonstruktion der damit verbundenen Auffassung von Figuren ist der Ansatz Lobatschewskis zwar nicht direkt brauchbar, lässt sich aber, wie bereits ausgeführt wurde, im Sinne der damit verfolgten grundsätzlichen Zielsetzungen einer Figurentheorie kritisch weiterentwickeln. Diese Auffassung von Figuren scheint ein wichtiger Aspekt dessen zu sein, was das „spezifisch Geometrische" (N. Lobatschewski, P. Bernays) in einer „eigentlichen Geometrie" (F. Klein) ausmacht, und ist daher auch einer Rekonstruktion zugeführt worden.

Der im nächsten Kapitel unternommene Versuch, die Anliegen der Tradition mit der modernen Axiomatik zu vermitteln erscheint auf der Basis der hier erfolgenden, eingehenden systematischen und (schon aus Gründen der Umsicht) historisch-kritische Untersuchungen aussichtsreich. In systematischer Hinsicht geht es ja darum, eine methodische Ordnung in der geometrisch einschlägigen Rede über Figuren herzustellen, welche die relevanten Zusammenhänge von Rede und Praxis mit Figuren so offenlegt, dass die grundlegenden Bezüge der Geometrie deutlicher und expliziter als bisher hervortreten können. Lobatschewskis Bemühungen um die Anfangsgründe der Geometrie als Figurentheorie können nunmehr als ein bedeutender Beitrag zur Behandlung dieses Grundlagenproblems gewürdigt werden.-

9.2 Cliffords Phänomenologie räumlicher Grundverhältnisse

Der Mathematiker W.K. Clifford (1845-1879) wendet sich mit seinem Buch „The common sense in the exact sciences" (Clifford 1868) an den gebildeten Leser mit „common sense", der bereit ist, ausgehend von Beobachtungen des täglichen Lebens die ersten Prinzipien der Mathematik zu verstehen. Dieses Buch war am Ende des 19. Jahrhunderts weit verbreitet und auch von B. Russell (der ein Vorwort 1945 schrieb) geschätzt. Von besonderem Interesse für uns sind darin Ansätze zu einer Phänomenologic von Figurenverhältnissen, die auf alltäglichen Erfahrungen beruhen.

William Clifford

Die Ausführungen, auf die es mir hier ankommt, finden sich auf den Seiten 43 bis 63. Sie betreffen drei Phänomenbereiche bzw. Klassen von Unterscheidungen, die auch Gegenstand meiner Untersuchungen waren: die Phänomene, durch welche uns die Grundfiguren (Punkte, Linien, Flächen) gegeben sind, diejenigen Figurenverhältnisse, welche die Gestalt von Figuren vermitteln, und schließlich die praktischen Eigenschaften der Ebene und ihre Bestimmung als Gestalt.[18] Die Ausführungen Cliffords sind in mehrfacher Hinsicht bemerkenswert, was im Folgenden hervortreten wird.

Nach Clifford ist die Geometrie eine physikalische Wissenschaft (S. 43). Sie beschäftigt sich mit der <u>Größe</u>, der <u>Form</u> und den <u>Entfernungen</u> von Dingen. Sein Ausgangspunkt sind einfache Beobachtungen, „simple obvious observations", aus denen er Folgerungen zu ziehen gedenkt. Die erste Beobachtung ist, dass Dinge ohne Größen- und Formänderung von einem Platz zum anderen bewegt werden können. Die zweite, dass Dinge möglich sind, welche die gleiche Form, aber unterschiedliche Größe haben. Dann kommt er zu den ersten vorgeometrischen Unterscheidungen.

"Things take up room. A table, for example, takes up a certain part of the room where it is, and there is another part of the room where it is not. The thing makes a difference between these two portions of space. Between these two there is what we call the *surface* of the table." (S. 43, alle Angaben beziehen sich auf Clifford 1955)

Clifford betrachtet die Auffassung der Oberfläche des Tisches als dünnes Stück (oder Schicht) von Holz auf der Außenseite des Tisches als fehlerhaft. Denn, so Clifford, aus

---

[18] Diese Einordnung der Ausführungen Cliffords erfolgt auf dem Hintergrund von Teil I.

dem gleichen Grund würde man auch eine dünne Schicht von Luft um den Tisch herum als diese Fläche ansehen.

Daher kommt er zu dem Schluss, dass

„The surface in fact is common to the wood and to the air, and takes no room whatever." (S. 44)

Entsprechendes zu den Körpern kann auch auf Oberflächen beobachtet wurden. Diese können durch Färbungen, Markierungen z.B. in Gebiete eingeteilt werden, sodass es nötig wird, zwei Sorten von Raum zu unterscheiden:

„space-room, in which solid bodies are, und in which they move about; and surface room, which may be regarded from two different points of view. From one point of view it is the boundary between two adjacent portions of space, and takes up no space-room whatever. From the other point of view it is itself also a kind of room which may be taken up by parts of it. These parts in turn have their boundaries." (S. 44)

Eine solche Grenze ist wohl eine Linie zwischen beiden Flächen. Sie aber nimmt ihrerseits keinen Flächen-Raum ein.

„And yet it has a certain room of its own, which may be divided into parts, and taken up or filled by those parts." (S. 45)

Auch diese Teile von Linien haben Grenzen, das sind Punkte. Ein Punkt ist kein Teil einer Linie und nimmt keinen Linien-Raum ein.

Über den Status dieser Beobachtungen sagt Clifford:

„The important thing to notice is that we are not here talking of ideas or imaginary conceptions, but only making common-sense observations about matters of every-day experience. The surface of a thing is something that we constantly observe. We can see it and feel it, and it is mere common-sense observation to say that this surface is common to the thing itself and to the space surrounding it. " (S. 45-46)

"It is not an idea got at by supposing a small particle to become smaller and smaller without any limit, but it is the boundary between two adjacent parts of a line, which is the boundary between two adjacent portions of a surface, which is the boundary between two adjacent portions of space. A point is a thing which we can see and know, not an abstraction which we build up in our thoughts." (S. 46)

Clifford scheint für die Priorität der Verfügbarkeit der Grundfiguren als Grenzen zu plädieren, die dem common-sense unmittelbar zugänglich sind. In der Tat können diese als Markierungen durchaus gegeben sein. Die durch direkte Markierung gezeichneten Linien haben immer eine gewisse Dicke. Für Clifford ist die Grenze, die durch den Farbwechsel am Rand erfolgt, die Linie, so wie sie in der Geometrie betrachtet wird.

„This determination of the meaning of our figures is of no practical use. We lay it down only that the reader may not fall into the error of taking patches and streaks for geometrical points and lines." (S. 47)

Die Frage ist nur, was damit erreicht wird. Grenzen können diffus sein. Grenzen, die durch geometrische Grundfiguren gegeben sind, hängen mit vielen Handlungen zusammen (insb. Bewegungen). Diese Betrachtungen können daher nur ein Anlass für Rekonstruktionen der praktischen Verhältnisse sein und auf keinen Fall das letzte Wort bedeuten. Insgesamt lesen sich aber Cliffords Ausführungen als ein Versuch, die Unterscheidungen von Euklid betreffs Figuren aus einfachen alltäglichen Beobachtungen plausibel zu machen. Ein Anliegen Cliffords ist es, wie er selbst versichert, der Verwechselung von realen Figuren, z.B. gegeben durch Markierungen, mit den geometrischen Gebilden zu begegnen, also auf den idealen Charakter der Figuren hinzuweisen.

In §3 werden zunächst Unterscheidungen von Oberflächenteilen angesprochen: glatte Teile einer Fläche, Kanten, Spitzen oder Ecken. Kanten als Linien (daher ohne Flächen-Raum), Ecken als Punkte. Bemerkenswert ist nun, dass Clifford im Anschluss daran versucht, Charakterisierungen der Gestalt (shape) von Oberflächen über eine Unterscheidung von Punkten auf ihnen hinsichtlich ihres <u>Berührverhaltens</u> mit anderen Körpern zu treffen. Dabei werden zwei Arten von Punkten unterschieden: <u>Glatte Punkte</u> und <u>Eckpunkte</u>. Glatte Punkte werden über solche Berührstellungen vermittelt, die sich ändern, sobald der Körper bewegt wird, Eckpunkte erlauben mehrere mögliche Lagen ohne Aufgabe der Berührung. Clifford stellt dann fest, dass

"all surfaces are of the same shape at all smooth-points" (S. 55)

Dies genügt natürlich nicht, um eine Charakterisierung der Gestalt zu erreichen. Diese Betrachtungen Cliffords können daher nicht theoretisch wirksam angewendet werden, insbesondere nicht, wenn es darum geht, Ebene und Gerade als Formen zu bestimmen.

In § 5 kommt Clifford zu den Eigenschaften und der Definition der Ebene als Gestalt:

"The plane surface may be defined as one which is of the same shape all over and on both sides." (S. 61)

Gemäß seiner Erklärung der Gestalt bedeutet das, dass die Punkte der Ebene überall und auf beiden Seiten von der gleichen Art sind (smooth-points), sich also gleich verhalten, wenn man die Fläche mit anderen Körpern berührt. Das ist eine Homogenitätseigenschaft, die bisher in Cliffords Äußerungen nicht bemerkt worden ist. Damit findet sich die erste Formulierung eines Homogenitätsprinzips der Ebene bezogen auf Berühreigenschaften wohl bereits bei Clifford, obwohl ihr damit natürlich noch keine theoretische Funktion im Aufbau der Geometrie zugewiesen wird. (Das bedingt trotzdem eine wichtige Änderung der bisherigen Sicht der Historie der Protogeometrie.)

Direkt danach kommt Clifford zur Betrachtung der Herstellung von Ebene und Gerade sowie ihrer darauf bezogenen Definition. Clifford nimmt explizit Bezug auf das 3-Platten-Schleifverfahren zur Herstellung von Ebenen und erläutert die technischen Eigenschaften der Flächen (Passung und Gleiten aufeinander), die damit erzeugt werden können. Anschließend erfolgt sogar der Bezug auf die Definitionen der Ebene, welche Leibniz gibt, und die sich an die in Kapitel 8 aufgelisteten antiken Definitionen anschließen, wobei eine mit der Kongruenz der Seiten einer Ebene im Raum zusammenhängt. Damit ist in der Literatur zum ersten Mal, soweit ich weiß, eine Verbindung hergestellt worden zwischen der geometrischen Kongruenz und dem Herstellungsverfahren von konkreten Ebenen (3-Platten-Verfahren), jedoch ohne dass damit, oder mit der Charakterisierung der Gestalt über Berühraussagen, weiterreichende theoretische oder didaktische Absichten verbunden wären.

Cliffords Äußerungen fallen in eine Zeit, in der England von der industriellen Revolution geprägt wird. Insbesondere ist dies die Zeit der Maschinenindustrie und der großartigen Tradition der englischen mechanischen Werkstätten, die bald zu berühmten Fabrikationsstätten für Maschinen, auch Werkzeugmaschinen, werden. Die Herstellung von Ebenen war eine zentrale Technik dabei, sodass 1941 auch ein Aufsatz des berühmten Mechanikers Joseph Whitworth im Mechanics Magazine darüber erscheint. Clifford hat sicher aus dieser oder einer ähnlichen Quelle von diesem Verfahren Kenntnis erhalten.

Zusammenfassend kann man feststellen, dass bei Clifford die Aspekte, die aus protogeometrischer Sicht hier wichtig sind, sich in einer informellen, aber relevanten Form vorfinden. Sie sind es wert beachtet zu werden, als Überlegungen, die auch mit der Absicht angestellt wurden, den Bezug der Geometrie auf belangvolle, alltägliche Phänomene im Umgang mit Figuren und zur technischen Praxis herzustellen. Darin deutet sich bereits der wirkungsvolle Unterschied zur antiken Phänomenologie, die bei Clifford gegenüber Lobatschewski operative Aspekte aufnimmt. Seine Überlegungen können damit als eine beachtenswerte Vorstufe der Bemühungen um eine operativ fundierte Protogeometrie eingeordnet werden.-

10. Grundlagen der Geometrie und moderne Axiomatik

Es ist innerhalb der Mathematik üblich geworden, die mathematische Disziplin, welche die geometrischen Strukturen und ihre Beziehungen zu algebraischen Strukturen zum Gegenstand hat, mit dem Namen Grundlagen der Geometrie zu bezeichnen (ein Sprachgebrauch, gegen den sich mancherlei einwenden ließe). (Bachmann/Behnke/Fladt 1967, Vorwort)

10.1 Einleitung

Wir haben zuvor gesehen, dass im 19. Jahrhundert eine massive logische Kritik an den Elementen Euklids einsetzte, die insbesondere das Parallelenproblem und die begrifflichen Grundlagen der Elemente erfasste. In diesem Zusammenhang wurde auch von Lobatschewski der bereits besprochene Erneuerungsversuch der Grundlagen entworfen. Neben Lobatschewski hat sich auch Gauß, der führende Mathematiker seiner Epoche, zu den Grundlagen geäußert, speziell zu einer Diskussion über die Definition der Ebene, die von Crelle und anderen geführt wurde, sowie anlässlich der fehlenden Grundsätze der Anordnung.[1]

Es ist schließlich das Verdienst von Moritz Pasch (1843-1930) die erste logisch solide Axiomatisierung der Geometrie geschaffen zu haben. In seinen Untersuchungen erkannte er die Lücken in der euklidischen Axiomatik, besonders die Defizite Euklids, die mit den Begriffen der Anordnung und Kongruenz verbunden sind. Diese Lücken wurden von Pasch durch ein neues Axiomensystem geschlossen.[2] In der Folge untersuchten insbesondere David Hilbert (1862-1943) und seine Schule, sowie, bereits vor Hilbert, die italienische Schule (G. Ingrami, G. Veronese, M. Pieri u.a.) um Giuseppe Peano (1858-1932) die Teilsysteme der Geometrie (als spezielle "Geometrien" gängig) eingehend auf der Basis von Axiomensystemen und ihrer Modelle. In Hilberts Werk „Grundlagen der Geometrie" (1899) wurde dann ein Axiomensystem vorgelegt, das aus Axiomen der Verknüpfung (Inzidenz), der Anordnung und Kongruenz besteht, sowie Stetigkeitsaxiome und Vollständigkeitsaxiome, wobei das Parallelenaxiom für die euklidische Geometrie hinzutritt (oder seine Negation für die Bolyai-Lobatschewski-Geometrie). Dieses Axiomensystem stellt seitdem einen Referenzpunkt für alle folgenden grundlagentheoretischen Untersuchungen zur Geometrie dar, die im Übrigen bis in unsere Zeit fortgeführt werden.[3]

Die Frage, die sich angesichts der Axiomatisierung Hilberts auf dem Hintergrund der Euklidschen Elemente und der Forderungen Bolzanos stellt, ist, ob damit eine geometrische Theorie erreicht ist, die als Figurentheorie im Sinne Euklids gelten kann. Was

---

[1] Vgl. dazu Heath, Bd. 1, S. 172 und für die Quellen Stäckel/Engel 1895, S. 226-227 und Zacharias 1930, S. 18.

[2] Pasch 1882.

[3] Vgl. dazu Schwabhäuser/Szmielew/Tarski 1983.

bei der Hilbertschen Axiomatisierung nämlich im Vergleich zu Euklid sofort auffällt, ist der Ansatz bei Axiomen, die <u>Beziehungen zwischen geometrischen Formen</u> (Ebene, Gerade) untereinander und mit Punkten zum Gegenstand haben. Es ist aber keineswegs so, dass diese Grundobjekte der axiomatischen Theorie <u>als Figuren</u> bestimmt sind. Die axiomatische Theorie beschränkt sich somit auf einen Teil der Figurentheorie, die Euklid und die antiken Mathematiker im Auge hatten.

Hilbert geht von Anfang an explizit zu einer formalen Betrachtung dieser axiomatisch festgelegten geometrischen Theorie über, in der das Axiomensystem nicht mehr als Aussagensystem, sondern von vornherein als ein System von Aussageformen betrachtet wird. Damit wird historisch der Anspruch der Geometrie eine Figurentheorie darzustellen seitens der Mathematik vorläufig aufgegeben. Diesen Anspruch formuliert jedoch vor Hilbert explizit F. Klein im bereits genannten Anhang zum Erlanger Programm. Von Kleins Anliegen führt die Linie nun direkt zu Hugo Dinglers Entwürfen einer operativen Geometriebegründung, die im nächsten Kapitel betrachtet werden.

Im Folgenden möchte ich ausgehend von Paschs Bemühungen die Entwicklung im Hinblick auf die Geometrie als Figurentheorie etwas genauer betrachten. Zunächst gilt mein besonderes Interesse den Bemühungen Paschs aus folgenden Gründen: Pasch ist der Pionier der modernen geometrischen Axiomatik und verfolgt einen anderen Ansatz als Hilbert, der nicht nur in logischer Hinsicht begründungsrelevant ist. Er hat durchaus die Begründung der Geometrie als Figurentheorie noch im Auge und trennt die Aufgabe der Anknüpfung geometrischer Begriffe und Grundsätze an eine logisch geläuterte Anschauung vom weiteren Vorgehen in der geometrischen Theorie auf der Basis dieser Grundsätze ab. (Diese methodische Trennung vollziehen auch Klein und Hilbert.) Im Hinblick auf Hilbert kann ich mich, da seine Axiomatik bereits in Teil I, Kapitel 7 zum Einsatz kam, denkbar kurzfassen. Viel

Moritz Pasch

wichtiger ist hier die Frage, wie die moderne Axiomatik sich zu einer Figurentheorie verhält, so wie sie ansatzweise von Lobatschewski versucht oder in der vorgelegten Protogeometrie entwickelt wird. Diese Frage versuche ich schließlich, mit Hilfe von einschlägigen Äußerungen von Paul Bernays weiter zu klären.

Es ist nicht Absicht dieses Kapitels die historischen Verhältnisse umfassend darzustellen, sondern auf Fragestellungen zu fokussieren, welche den Beitrag der hier unterbreiteten Vorschläge zur Protogeometrie auf dem Hintergrund der Tradition deutlicher hervortreten lassen. Das Ziel ist, die systematischen Untersuchungen in Teil I durch die Erörterung des Verhältnisses der Protogeometrie zu den mathematischen Grundlagen der Geometrie besser einzuordnen.

10.2 Paschs Axiomatisierung der Geometrie

Die Geometrie ist nach Pasch eine empirische Wissenschaft. Im Vorwort seines Buches wird diese Auffassung wie folgt beschrieben, wobei zugleich seine theoretische Absicht klar hervorbricht:

> „Wenn man die Geometrie als eine Wissenschaft auffaßt, welche durch gewisse Naturbeobachtungen hervorgerufen, aus den unmittelbar beobachteten Gesetzen einfacher Erscheinungen ohne jede Zutat und auf rein deduktivem Wege, die Gesetze komplizierter Erscheinungen zu gewinnen sucht, so ist man freilich genötigt manche überlieferte Vorstellung auszuscheiden oder ihr eine andere als die übliche Bedeutung beizulegen; dadurch wird aber das von der Geometrie zu verarbeitende Material auf seinen wahren Umfang zurückgeführt und seiner Reihe von Kontroversen der Boden genommen." (Pasch 1882, Vorwort)

Die erfolgreiche Anwendung, welche die Geometrie in den Naturwissenschaften und im praktischen Leben erfährt, beruht nach Pasch darauf, dass die geometrischen Begriffe ursprünglich genau den empirischen Objekten entsprachen, obwohl sie allmählich mit einem Netz von künstlichen Begriffen für theoretische Zwecke übersponnen wurden. Indem sich die Geometrie von vornherein auf den empirischen Kern beschränke, bleibe ihr, so Pasch, der Charakter einer Naturwissenschaft erhalten. Sie zeichne sich von den anderen Teilen dadurch aus, dass sie nur eine sehr geringe Anzahl von Begriffen und Gesetzen unmittelbar aus der Erfahrung zu entnehmen brauche.

In der Einleitung wird auf die geometrischen Begriffe eingegangen:

> „Die geometrischen Begriffe sind eine besondere Gruppe innerhalb der Begriffe, die zur Beschreibung der Außenwelt dienen; sie beziehen sich auf die Gestalt, Maß und die gegenseitige Lage der Körper.[4] Zwischen den geometrischen Begriffen ergeben sich unter Zuziehung von Zahlbegriffen Zusammenhänge, die durch Beobachtung erkannt werden. Damit ist der Standpunkt angegeben, den wir im Folgenden festzuhalten beabsichtigen, wonach wir in der Geometrie einen Teil der Naturwissenschaft erblicken." (Pasch 1882, Einleitung)

Die einleitenden Ausführungen Paschs enden mit einigen Bemerkungen zur Anwendung der Begriffe „Punkt", „Linie", „Fläche" und „Körper". Pasch kommt es darauf an, dass die geometrischen Verhältnisse zwischen ihnen durch Beobachtung erkennbar sind.

---

[4] Und somit der Figuren, die an den Körpern festgelegt werden können. (Anmerkung von mir.)

Als Erstes werden von ihm die Verhältnisse bei geraden Linien betrachtet. Pasch wendet sich gegen die Vorstellung von der „Unendlichkeit" der geraden Linie, da sie keinem wahrnehmbaren Gegenstand entspreche.

> „Man sagt: durch zwei Punkte kann man eine gerade Linie ziehen. Die Linie kann aber verschieden begrenzt werden; die Unbestimmtheit der Begrenzung hat dahin geführt, daß von der geraden Linie gesagt wird, sie sei nicht begrenzt, sie müsse unbegrenzt, in unendlicher Ausdehnung „vorgestellt werden". Diese Forderung entspricht keinem wahrnehmbaren Gegenstand; vielmehr wird unmittelbar aus den Wahrnehmungen nur die wohlbegrenzte gerade Linie, der gerade Weg zwischen zwei Punkten, die *gerade Strecke*, aufgefaßt." (Pasch 1882, S. 4)

Er geht daher von der geraden Strecke aus. Dann werden die allereinfachsten Beobachtungen über gerade Strecken und Punkte in einer Reihe von Beziehungen zusammengefasst und als -von Pasch sogenannte- Kernsätze (Axiome) formuliert. Ich beziehe mich im Folgenden auf die verdienstvolle Rekonstruktion des Paschschen Axiomensystems (kurz PAS) durch G. Pickert (Pickert 1980) und referiere die dort erreichten Ergebnisse. Pasch spricht von den „inneren Punkten" einer geraden Strecke und auf S. 6 seines Buches explizit von der Verlängerung einer Strecke über einen Punkt hinaus und den praktischen Erfahrungen mit dieser Verlängerung von Strecken, welche Anlass zu den Kernsätzen geben. Als Kernbegriff (Grundbegriff) wird das „Enthaltensein in einer Strecke" genommen, wobei diese durch ihre Enden angegeben wird. Das entspricht der Zwischenbeziehung, sodass die Relation „ABC" (zwischen drei Punkten A,B, C) als „B liegt zwischen A und C" gelesen werden kann.

Paschs Axiomensystem der geraden Linie (nach Pickert)

0. $\bigvee_{A,B} A \neq B$

I. $ABC \rightarrow CBA \wedge A \neq B \wedge A \neq C \wedge B \neq C$

II. $A \neq B \rightarrow \bigvee_{C} ACB$

III. $ACB \rightarrow BCA$

IV. $ACB \wedge ADC \rightarrow ADB$

V. $ACB \wedge ADB \wedge C \neq D \rightarrow ADC \wedge CDB$

VI. $A \neq B \rightarrow \bigvee_{C} ABC$

VII. $ABC \wedge ABD \wedge C \neq D \rightarrow ACD \vee ADC$

VIII.   ABC ∧ BAD → CAD

IX. A≠B → $\underset{C}{\vee}$ C≠A,B ∧ ¬(ABC ∨ BCA ∨ CAB)

In der Arbeit von Pickert wird gezeigt, dass man auf dieser Basis eine Ordnung auf der Geraden einführen kann. Man erkennt an dieser Fassung des Axiomensystems die Nähe zur geläufigen (reduzierten) Axiomatik der Anordnung, die in I, Kap 7 benutzt wurde.

Die Axiomatik der Ebene verläuft analog. Auch hierbei geht Pasch, getreu seinem Grundsatz, nur von wahrnehmbaren Gegenständen auszugehen, von einer begrenzten ebenen Fläche aus.

> „Die neuen Kernsätze sind der Ausdruck von Beobachtungen an Figuren, die aus Punkten, geraden Strecken und ebenen Flächen bestehen. Durch drei beliebige Punkte A, B, C kann man eine ebene Fläche legen, aber nicht nur eine. Zieht man nun eine gerade Strecke durch A und B, so brauchen nicht alle Punkte der Strecke in jener Fläche zu liegen, aber man kann die Fläche nötigenfalls zu einer ebenen Fläche erweitern, die die Strecke, d.h. alle ihre Punkte enthält." (Pasch 1882, S. 19)

Ebenen werden als Grundobjekte betrachtet. Als Grundbegriff wird "Ein Punkt liegt auf Ebene E" genommen. Pickert geht gleich von einer Definition der Ebene aus, die mit Hilfe der Kollinearität und dieser Beziehung in Mengenschreibweise erfolgt, wobei die Menge der Ebenen F als Teilmenge der Potenzmenge P der Menge der Punkte aufgefasst wird.

ABC ⇌ {D | f ∈ F ∧ ¬k(A,B,C) ∧ {A,B,C,D} ⊆ f}
(In Worten: ABC ist die Menge der Punkte, die mit drei nicht kollinearen Punkten A, B, C auf einer Ebene liegen.)

Paschs Axiomensystem der Ebene (nach Pickert)

I.   ¬k(A,B,C) → $\underset{f}{\vee}$ (f ∈ F ∧ {A,B,C} ⊆ f)

(Zu drei nicht kollinearen Punkten gibt es eine Ebene, die sie enthält)

I'.   ¬k(A,B,C) → $\underset{D}{\vee}$ $\underset{f}{\wedge}$ ¬{A,B,C,D} ⊆ f

(Zu drei nicht kollinearen Punkten gibt es einen Punkt, der in keiner sie enthaltenden Ebene enthalten ist.)

II. $\bigvee\limits_{f'}$ $(f \in F \wedge A \neq B \wedge C \neq D \wedge A,B \in f \cap \overline{CD} \rightarrow f' \in F \wedge f \cup \overline{CD} \subseteq f')$

(Enthält eine Ebene zwei verschiedene Punkte einer Strecke, dann gibt es eine Ebene, die die erste Ebene und diese Strecke enthält.)

III. $f,f' \in F \wedge A \in f \cap f' \rightarrow \bigvee\limits_{B} \bigvee\limits_{f_1,f_2} f(_1 , f_1' \in F \wedge A \neq B \wedge \{B\} \cup f \subseteq f_1 \wedge \{B\}$

$\cup f' \subseteq f_1')$

(Haben zwei Ebenen einen Punkt gemein, so gibt es zwei Ebenen, die diesen Punkt und einen weiteren Punkt enthalten.)

IV. $\{A,B,C,D,E\} \subseteq f \wedge f \in F \wedge \neg k(A,B,C) \wedge D \neq E \wedge \neg A,B,C \notin DE \wedge AFB \wedge F \in DE$
$\rightarrow DE \cap (AC \cup BC) \neq \emptyset$

(Sind auf einer Ebene die Punkte A, B, C nicht kollinear und noch zwei weitere Punkte D, E gegeben, die von A, B, C verschieden sind, so gilt: Wenn AFB, dann hat DE mit der Geraden AC oder BC einen gemeinsamen Punkt.)

Aus dem letzten Kernsatz ergibt sich mit der Definition der Ebene das später zu Ehren von Pasch sogenannte „**Pasch-Axiom**" als Lehrsatz.

Die Kongruenz wird bei Pasch mit Axiomen eingeführt, die so nah den Axiomen in Borsuk/Smielew stehen, dass auf eine Darstellung hier verzichtet werden kann. Am Ende des Aufsatzes von Pickert wird die Äquivalenz des Paschschen Systems der Axiome der Geraden, Ebene und Kongruenz mit dem System der Inzidenz-, Anordnungs- und Kongruenzaxiome von Borsuk und Szmielew nachgewiesen. Der Unterschied des Systems von Pasch zum Hilbertschen System ist genau der in I, Kap. 7 genannte: Pasch geht von der Kongruenz von Strecken aus und führt Axiome ein, welche die kongruente Erweiterung von Figuren auf der Basis der Kongruenz von Ausgangsfiguren regeln. Hilbert verwendet Axiome für die Winkelkongruenz.

Aus dieser Betrachtung lässt sich nun erkennen, dass ein wesentlicher Gesichtspunkt bei der Konstruktion des Systems durch Pasch die Erfassung der Erweiterung der Geraden und Ebene (ähnlich verhält es sich mit den Kongruenzaxiomen, die auch die kongruente Erweiterung von Figuren zum Thema haben) darstellt. Die Gesichtspunkte, die mich zur Frage nach der Transformation der protogeometrischen Eigenschaften in die Geometrie geführt haben, sind übrigens in der Auseinandersetzung mit Paschs Axiomensystem und den daran orientierten neueren Fassungen gewonnen worden.

10.3 Zur Konstitution einer Figurentheorie aus der Sicht der Axiomatik

Wir wollen zunächst einen Blick auf die weitere Entwicklung der Axiomatik nach Pasch werfen. Sie ist gekennzeichnet durch eine lebhafte Entwicklung, an der neben italienischen (vor allem um G. Peano) und deutschen Mathematikern (F. Schur, D. Hilbert u.a.), bald auch Forscher aus Amerika (E.H. Moore, O. Veblen, E.v.Huntington u.a.) wesentliche Beiträge geliefert haben.[5]

David Hilbert

Hilberts Werk „Grundlagen der Geometrie" stellt eine besondere Marke in der Geschichte der Grundlagen der Geometrie dar. Hilbert hat darin vor allem versucht, die geometrischen Strukturen, die sich aus der Betrachtung der axiomatischen Teiltheorien ergaben, mit den Strukturen der Algebra, insbesondere der Körpertheorie zu verbinden.[6] Dieser Ansatz ist natürlich nicht begründungsorientiert, daher ist auch der formale Standpunkt, den Hilbert anlässlich des damit initiierten Forschungsprogramms eingenommen hat, durchaus zu verstehen. Das bedeutet jedoch keineswegs, dass hinsichtlich der Axiomatik Dissens zwischen Pasch und Hilbert besteht, im Gegenteil.

Über die logischen Anforderungen an sie besteht weitest gehende Übereinstimmung[7], wie die rungen Paschs bezeugen, in welchen die Unabhängigkeit der Beweise von der Anschauung verlangt wird, indem nur logische Gründe zugelassen sind.[8]

Die Frage, die sich angesichts der Axiomatisierung von Pasch bis Hilbert auf dem Hintergrund der Euklidschen Elemente und der Bemühungen Lobatschewskis stellt, ist, ob damit eine geometrische Theorie erreicht ist, die als Figurentheorie im Sinne Euklids hervortreten kann. Was bei diesen Axiomatisierungen nämlich im Vergleich zu Euklid sofort auffällt, ist der Ansatz bei Axiomen, die Beziehungen zwischen geometrischen Formen (Ebene, Gerade) untereinander und mit Punkten zum Gegenstand haben. Es ist aber keineswegs so, dass diese Grundobjekte der axiomatischen Theorie zuvor als Figuren bestimmt sind. Die axiomatische Theorie beschränkt sich also auf einen Teil der

---

[5] Zur Geschichte vgl. die Darstellungen in Scriba/Schreiber 2000 (8.1: Grundlagen der Geometrie) und Dieudonné 1985 (13. Axiomatik und Logik.).

[6] Vgl. die eingehende Untersuchung von Toepell (Toepell 1986) zu Entstehung von Hilberts Buch.

[7] Im Übrigen war es bereits Kleins Absicht im Erlanger Programm die mathematischen Betrachtungen von den Grundlagenproblemen (die als philosophische Probleme betrachtet wurden) zu trennen ohne die Grundlagenprobleme zu vergessen, die er, wie auch die räumliche Anschauung, als etwas Selbständiges hinstellt.

[8] Dazu vgl. Pasch 1882, besonders S. 15-16, 42-45.

Figurentheorie, die Euklid und die antiken Mathematiker, aber auch alle Geometer zur Zeit Lobatschewskis im Auge hatten.

Bei Pasch finden sich jedoch Bemerkungen, welche einige Grundsätze der Geraden auf andere Linien beziehen:

> „Die Lehrsätze 4,5 (Bem. von mir: Betreffend die Existenz und Eindeutigkeit der Geraden durch zwei beliebige Punkte) drücken die Eigentümlichkeit der geraden Linie aus. Die Sätze 6-11 dagegen passen auf jede begrenzte (sich selbst nirgends schneidende oder berührende Linie)." (Pasch 1882, S. 11)

Daran anschließend werden auch die Trennungsrelationen auf ebensolche geschlossene Linien bezogen. Diese Ausführungen Paschs können daher der Protogeometrie zugeordnet werden. Für die Ebene fehlt eine solche Betrachtung, da dieser Begriff in den entsprechenden Kernsätzen mit dem Begriff der Geraden verknüpft wird. Eine entsprechende protogeometrische Interpretation ist dann natürlich nicht mehr möglich. Doch lassen sich meine Ausführungen in Teil I als eine Vortheorie verstehen, die diese aus meiner Sicht methodische Lücke schließt. Das erfolgt aber nicht so, dass ein Teil der herausgestellten Eigenschaften von Gebieten (z.B. glatten) ohne Transformation durch geometrische Termini (und konstitutive Erfahrungen!) einfach in die geometrische Theorie übernommen werden kann, wie dies bei den Linien und den Geraden gemäß Paschs Bemerkungen der Fall ist.

In der Zeit nach Pasch scheint durch Hilberts Beschränkung auf die logischen Zusammenhänge jedenfalls historisch der Anspruch der Geometrie, eine Figurentheorie darzustellen, seitens der Mathematik vollends aufgegeben worden zu sein. Symptomatisch für diese Haltung ist folgende, überaus problematische Äußerung (die ich hier nicht weiter kommentieren will):

> „Über die Frage, was der Raum sei, hat man sich besonders im 19. Jahrhundert herumgestritten. Sie wurde erst durch HILBERT entschieden. Die Antwort lautet: Die Frage geht die Geometrie nichts an. – Was sind Punkte, Geraden, Kreise usw.? Antwort: Das wird –implizit – durch die Axiome festgelegt, in denen diese Worte vorkommen. Ob es in der Natur etwas gibt, das den Axiomen genügt, und wie das aussieht, geht den Physiker, nicht den Mathematiker an. Der Mathematiker wird von einem Axiomensystem verlangen, daß aus ihm keine Widersprüche folgen; der Physiker, daß er es irgendwie nützlich anwenden kann." (Freudenthal/Baur 1967, S. 28)

Die Stellung der modernen Axiomatik zur traditionellen Bemühung um eine „eigentliche" Geometrie[9] als Figurentheorie kann im Folgenden auf dem Hintergrund des Lobatschewskischen Entwurfs mithilfe expliziter Äußerungen von Paul Bernays (der lange Zeit Mitarbeiter Hilberts war) erhellt werden. Zwei Aufsätze Bernays liegen der Darstellung zugrunde: Der erste Aufsatz (Bernays, 1928) ist die Rezension eines Bu-

---

[9] Von einer „eigentlichen" Geometrie in diesem Sinne redet F. Klein im Erlanger Programm (Klein, 1872, Noten No. III).

ches von R. Strohal, in welchem Lobatschewskis Vorschläge als Alternative zum Hilbert'schen Ansatz dargestellt werden. Der zweite, lehrreiche Aufsatz (Bernays, 1979) ist ein Beitrag zur Lorenzens Festschrift und enthält Stellungnahmen Bernays zu Lorenzens Philosophie der Mathematik.

Zunächst zur grundsätzlichen Frage des „spezifisch Geometrischen", die nicht nur für Lobatschewski wichtig ist. Bernays stimmt im zweiten Aufsatz in dieser Frage der Haltung Lorenzens zu:

> „LORENZEN wendet sich mit Recht gegen die Aufspaltung der Geometrie in eine physikalische und eine bloß formal-abstrakte Theorie. Auf diese Weise wird in der Tat das spezifisch Geometrische ignoriert. Die Tendenz hierzu erklärt sich wohl, mindestens zum Teil, daraus, dass man den Schwierigkeiten einer angemessenen Charakterisierung der geometrischen Anschauung zu entgehen sucht." (Bernays 1979, S. 10)

Die Anerkennung des „spezifisch Geometrischen" und der Bezug auf die Anschauung sind auch die Ausgangspunkte Lobatschewskis. Bernays erwähnt die Schwierigkeiten der Lehre Kants von der reinen Anschauung und der Apriorität der Geometrie und zitiert den Hinweis Lorenzens, dass diese nicht ausreichend für eine Begründung der Geometrie durchgeführt sei. (Angesichts der „Vorgängigkeit" der Anordnungsaxiome gegenüber metrischen Begriffen möchte er, anspruchsloser und weniger problematisch, das „a priori" in der Begründung der Geometrie in diesem Sinne deuten.) Bernays verweist dabei auch auf die Komplikationen bei der Erforschung der Anschauung und des damit verbundenen erkenntnistheoretischen Status der Geometrie hin.

Die zentrale Frage ist nun, ob gegen Lobatschewskis Ansatz zu einer Figurentheorie seitens der modernen Axiomatik entscheidende Bedenken formuliert werden können, die über die bereits erörterten, direkt darauf bezogenen Einwände hinausgehen, insbesondere ob diese Bedenken die Anliegen Lobatschewskis bzw. der Figurentheorie im Kern treffen.

Bernays (Bernays 1926) macht sinngemäß zwei Einwände gegen die (an die traditionelle Behandlungsweise angelehnten) Vorschläge R. Strohals geltend, die sich auch gegen eine Figurentheorie, wie sie Lobatschewski vorlegt, vorbringen lassen:

1. Sie stelle kein Muster an Methodik dar. Die Betrachtungen zur Gewinnung der elementaren Grundbegriffe der Fläche, Linie und Punkt seien „von der Präzision, wie wir sie heute bei der Behandlung solcher topologischer Fragen gewöhnt sind, sehr weit entfernt". Man könne nicht feststellen, ob ein solcher Aufbau möglich ist. (Bernays 1926, S. 199) Dieser Einwand trifft auf Lobatschewskis Versuch nach den Ausführungen in II, Kap 9 zweifellos zu.[10]

---

[10] Gegen Dinglers Entwürfe (Dingler 1933; Dingler 1964) lassen sich noch massivere Einwände erheben. Vgl. ausführlich (Amiras 1998, Kap. 2) und (Amiras 2002).

2. „die inhaltliche Festlegung der Grundbegriffe gänzlich leerläuft, d.h. gerade denjenigen Sachverhalt, um dessentwillen man in der neueren Axiomatik der Geometrie von der inhaltlichen Fassung der Elementarbegriffe abgesehen hat." (Bernays, 1926, S. 199) Das ist ein gewichtiger Einwand, der sich allerdings in einer gewissen Diskrepanz zum Anliegen befindet, für die Geometrie einen spezifischen Bereich, nämlich den Bereich der räumlichen Anschauung, vernünftig zu konstituieren. Die angemessene Charakterisierung dieses Bereichs erkennt auch Bernays (vgl. Zitate zuvor) als das Problem an, das wesentlich zur Aufspaltung in eine formale und eine physikalische Geometrie geführt habe. Diese Aufspaltung erscheint ihm als unangemessen.

Paul Bernays

Bernays macht neben seiner Kritik an Strohals Ausführungen auch grundsätzliche Aussagen über die Absichten der modernen Axiomatik auf dem Hintergrund der Tradition, die für uns hier, vor allem zur Klärung seines 2. Einwandes, relevant sind. In der Tradition seit Euklid (und in Strohals Buch) besteht nach Bernays Ausführungen ein Zwiespalt zwischen der anschaulichen Einführung der Grundbegriffe und der

„...ganz unanschaulichen Art, nach der das geometrische Lehrgebäude als reine Begriffswissenschaft, ausgehend von der durch die Postulate gegebenen Definitionen des geometrischen Raumes, entwickelt werden soll...." (Bernays 1926, S. 199)

Angesichts dieser Situation sei das Vorgehen der modernen Axiomatik eine methodische Maßnahme:

„Was durch die HILBERTsche Axiomatik vermieden werden soll, ist die Berufung auf die *Raumanschauung*. Der Sinn dieser Methode ist, daß an anschaulichem Inhalt nur dasjenige beibehalten wird, was *wesentlich* in die geometrischen Beweise *eingeht*. Durch die Erfüllung dieser Forderung machen wir uns von dem speziellen Vorstellungsbereich des Sachgebietes der Räumlichkeit los..." (Bernays 1926, S. 203)

„Diese methodische Loslösung von der Raumanschauung ist nicht gleichzusetzen mit einem Ignorieren des raumanschaulichen Ausgangspunktes der Geometrie. ...Vielmehr werden ja geflissentlich die Namen der räumlichen Gebilde und der räumlichen Verknüpfungen für die entsprechenden Gegenstände und Beziehungen des Axiomensystems beibehalten, um den Zusammenhang mit den räumlichen Vorstellungen und Tatsachen zum sichtbaren Ausdruck zu bringen und dauernd gegenwärtig zu erhalten." (Bernays 1926, S. 203)

Bernays spricht an gleicher Stelle von der „methodischen Neuerung", welche „der formale Standpunkt der Axiomatik gegenüber der inhaltlich-begrifflichen Einstellung bringt."

Hilbert vollzieht in seiner Axiomatik der Geometrie in der Tat eine Beschränkung auf
die Begriffe der geometrischen Theorie und deren Verhältnisse, die durchgängig sind,
d.h. der Theorie als <u>logische Elemente</u> dienen (Ebene, Gerade, Punkt und Grundsätze
über ihre räumlichen Beziehungen). Auf dem Hintergrund meiner Kritik am Versuch
Dinglers in III, Kap 12 erscheint dieser „Rückzug" auf Grundformen (statt Grundfiguren) sogar methodisch überaus gerechtfertigt, da diese Begriffe elementare räumliche
Verhältnisse erst zu konstituieren scheinen.

> „Insbesondere bietet die übliche elementare Begründungsweise den großen methodischen Vorteil,
> daß hier die Geometrie, so wie die elementare Zahlentheorie, von der Betrachtung bestimmter, ein-
> facher, leicht faßlicher Objekte ausgeht..." (Bernays, 1926, S. 198)

Das ursprüngliche Problem nach dem Bezug der geometrischen Sätze und Begriffe auf
Figuren, das Lobatschewskis Ansatz angeht, verbleibt trotzdem unbeantwortet. Bernays spricht zwar auch von räumlichen Gebilden und Verknüpfungen, aber ohne spezifisch zu werden. Das Anliegen Lobatschewskis ist aber gerade die Behandlung dieses
Problems einer spezifischen Bestimmung geometrischer Grundbegriffe. Daran ändert
sich natürlich wenig, wenn man sich auf die Eigenschaften von Ebenen, Geraden und
Punkten in einem System unvermittelter (oder mit bloßen Hinweisen auf die Anschauung vermittelter) Grundsätze zurückzieht. Die Aufgabe diese Begriffe und ihre Relationen auf Figuren an Körpern zu beziehen, so wie es Lobatschewski für die Grundfiguren Fläche, Linie und Punkt versucht, bleibt u.E. (vermutlich auch nicht entgegen
Bernays Auffassung) weiterhin bestehen.

Diese Frage nach dem Bezug des Axiomensystems der Geometrie auf Figuren ist jedoch überhaupt keine Frage, welche die geometrische Axiomatik im Sinne einer not-
wendigen Revision berührt. An der Axiomatik als einer methodischen Maßnahme, so
wie sie Bernays darstellt (und so wie sie auch Pasch und Hilbert verstehen), ist wohl
überhaupt nichts zu bemängeln. Es erscheint eher eine Ergänzung wünschenswert,
welche das offene Problem der Rekonstruktion des Bezuges der Geometrie auf konkrete Figuren angeht. Lobatschewskis Beitrag liefert entscheidende Hinweise auf die
Auffassung von Figuren, die für die Geometrie in ihren Bezügen bzw. Anwendungen
einschlägig ist, und traditionell, wegen der inhaltlichen Konzeption von Geometrie,
natürlich auch in ihrer Begrifflichkeit gewirkt hat und weiterhin wirkt.

10.4 Versuch einer Vermittlung

Aus den vorangegangenen Erörterungen ist deutlich geworden, dass gegen eine Figurentheorie als Rahmen für die geometrische Theorie gewichtige Bedenken vorgebracht werden können. Sie erscheint, zumindest in der Weise, wie sie von Lobatschewski (und später auch Dingler) angesetzt wird, methodisch fragwürdig. Angesichts dieser Situation erhält die grundsätzliche Frage zunehmende Bedeutung, ob man dem berechtigten Anliegen der Tradition, zu der Lobatschewskis Beitrag zählt, den Bezug der geometrischen Grundgegenstände und Grundsätze auf konkrete Verhältnisse begrifflich zu rekonstruieren, nicht doch auf andere Weise gerecht werden kann.

In Verbindung mit der Kritik an Lobatschewskis Vorschlag und Teil I kann man einen alternativen Weg erkennen, der bei einer Rekonstruktion der Unterscheidungen und Grundforderungen der elementaren technischen Praxis ansetzt, welche mit den Grundfiguren zusammenhängen. Die dabei herausgestellten Einsichten und Grundsätze über die Grundfiguren geben einen theoretischen Rahmen (Figurentheorie) ab, der ergänzt durch zusätzliche Bestimmungen über die Grundformen die bekannte geometrische Theorie methodisch vorzubereiten gestattet. Genau dies scheint auch die traditionelle Absicht gewesen zu sein, der auch Lobatschewski und Dingler (letzterer wohl mit noch weitergehenden Ansprüchen) anhängen.

Wie stellt sich nun die moderne Axiomatik dazu? Sie vertritt nach Bernays die Ansicht, dass die Grundobjekte und Beziehungen, bei denen sie ansetzt (bei Hilbert sind es Ebenen, Geraden, Punkte und ihre Beziehungen), einfach, leicht fassbar, elementar sind. Von zentralem Interesse ist daher die Frage, ob die Grundformen die Objekte darstellen, die zur Aufstellung geometrischer Grundbeziehungen (Inzidenz, Anordnung, Kongruenz) Anlass geben, oder die elementarer zugänglichen Grundfiguren.

Betrachtet man sich die geometrischen Axiome genauer an, dann erkennt man, dass viele Axiome sich nicht erst auf Grundformen beziehen müssen, also für diese spezifisch sind, sondern für Grundfiguren bereits Sinn machen.[11] Dies gilt zumindest für viele Inzidenz- und Anordnungsaxiome und gewiss auch für Kongruenzaxiome. Daher erscheint auch eine auf die Inzidenz, Anordnung und Kongruenz von Grundfiguren bezogene vorgeometrische Theorie oder lokale Axiomatik einer Grundrelation (so wie sie bereits Pasch bezüglich der Anordnung der Geraden entwirft) in Teilen denkbar zu sein. Diese kann, sofern die Rekonstruktion als gelungen anzusehen ist, in eine geeignete Axiomatik der Geometrie transformiert oder zumindest in Bezug dazu gesehen werden und vermag dann als „motivierte Axiomatik" (Bernays 1979), also als eine besser auf die praktischen Verhältnisse bezogene Axiomatik zu überzeugen. Hierin

---

[11] In anderen Axiomatisierungen werden andere Grundobjekte (z.B. Punkte in Tarskis System) gewählt. Die hier gestellte Frage nach den Bezügen ist aber genauso wie für das Hilbertsche System virulent.

bietet sich m.E. eine Chance zur Vermittlung zwischen der Tradition und der modernen Axiomatik, die bisher so nicht gesehen wurde.[12]

Die Möglichkeit einer Figurentheorie in diesem Sinne hängt aber entscheidend von der Qualität der Analyse und Rekonstruktion der geometrisch einschlägigen Praxis ab, die als systematische Aufgabe gewiss den **Grundlagen** der Geometrie zuzurechnen ist. Theoretische Instrumente, wie die Axiomatik, können aus meiner Sicht auf dieser Basis methodisch in eine Figurentheorie, welche die traditionelle Aufgabe einer angemessenen Erfassung unserer räumlichen Anschauung (Bernays) zu leisten vermag, eingeordnet werden.

10.5 Rückblick

Wir haben gesehen, wie Paschs begründungsorientierter Ansatz sich besonders darum bemüht, den Übergang von der Anschauung zur geometrischen Theorie an ihrer Axiomatisierung, die er als Erfassung des Kerns der geometrisch relevanten Erfahrungen mit Figuren begreift, zu motivieren. Besonders bemerkenswert ist seine Theorie der Geraden, die sich in plausibler Weise erschließt und nah an den protogeometrischen Phänomenen entwickelt wird. Auch seine Theorie der Ebene und vor allem der Kongruenz lassen die Merkmale erkennen, die in I, Kapitel 7, an den weiterentwickelten Axiomensystemen seiner Nachfolger, die ebenfalls protogeometrische Anknüpfungspunkte aufweisen, festgestellt wurden.

Hilberts Untersuchungen gelten eher innermathematischen Gesichtspunkten und sollte treffender den Namen „logische oder mathematische Grundlagen" tragen. Mag man sich als Mathematiker auf dieses Fundament zurückziehen, so ist doch eine Vortheorie der Geometrie als Figurentheorie wünschenswert, die keinen Abstrich an logischen Ansprüchen bedeutet und den Bezug auf Figuren herstellt.

Mein Versuch, die Anliegen der Tradition mit der modernen Axiomatik zu vermitteln profitiert nunmehr vom Hintergrund eines systematischen Entwurfs, in dem es darum geht, eine methodische Ordnung in der geometrisch relevanten Rede über Figuren herzustellen. Damit können die belangvollen Zusammenhänge von Rede und Praxis mit Figuren so offen legt werden, dass die grundlegenden Bezüge der Geometrie an der Schnittstelle ihrer Axiomatik deutlicher bzw. expliziter hervortreten können.-

---

[12] Das gilt insbesondere auch für alle protophysikalischen Entwürfe, welche die Axiomatik der Geometrie nicht hinreichend zur Kenntnis nehmen.

11. Von der protophysikalischen Geometriebegründung zur Protogeometrie

11.1 Vorbemerkungen

Zur protophysikalischen Geometriebegründung liegt inzwischen eine Reihe von kritischen Beiträgen meinerseits vor.[132] Es besteht daher an dieser Stelle kein Bedarf nach einer ausführlichen kritischen Diskussion, sondern nur nach einer orientierenden Betrachtung im Rahmen der vorliegenden Studien zur Protogeometrie. Sie soll die protophysikalischen Bemühungen in die Tradition der Bemühungen um die Geometrie als Figurentheorie stellen und auf diesem Hintergrund beleuchten.

Der systematische Kern des Forschungsprogramms der protophysikalischen Geometrie ist das Problem eines methodischen Aufbaus der euklidischen Elementargeometrie unter Verwendung einer Figurentheorie, die seit 1977 (Lorenzen) als **Protogeometrie** bezeichnet wird. Mein Anliegen in Teil I ist eine kritische Weiterführung der Behandlung dieses traditionellen Grundlagenproblems auf der Basis meiner bereits früher unterbreiteten Vorschläge zur Revision des protogeometrischen Programms durch einen neuen, „funktional-operativen" Ansatz.[133] Daher soll hier auch keine bloße Zusammenfassung von Ergebnissen der detaillierten, kritischen Diskussion, die in der genannten Studie leicht zu finden sind, erfolgen. Der Schwerpunkt liegt auf der Darstellung und grundsätzlichen Kritik der bisherigen Ansätze und einem Vergleich mit der neuen Perspektive.

Zum Vorgehen: Nach einer kurzen Orientierung über die Entwicklung der protophysikalischen Geometriebegründung werden deren drei wichtigsten Ansätze im Überblick dargestellt und in grundsätzlicher Hinsicht kritisch hinterfragt. Auf dieser Basis können die zentralen Probleme der Protogeometrie und mein operativ phänomenologischer Ansatz, der sich als Neuorientierung des Programms der Protogeometrie versteht, genauer spezifiziert bzw. erläutert werden.

11.2 Zur Entwicklung der protophysikalischen Geometriebegründung

Wie wir in den vorangegangenen Kapiteln gesehen haben, hat die Geometrie seit ihrer Konstitution als Theorie bei den Griechen mit einem Reduktionsproblem ihrer Bezüge bzw. mit einer Ablösung ihrer Begrifflichkeit von Unterscheidungen an konkreten Figuren zu kämpfen. Die griechische Geometrie beansprucht zweifellos, eine Figurentheorie darzustellen. Doch die begrifflichen Schwierigkeiten, die sich bereits bei der Konstitution ihrer Grundgegenstände einstellen und in den Elementen Euklids manifest sind, führen auch zu einer ersten Reduktion ihres Bezugs: Grundgegenstände sind in der Theorie Euklids nicht mehr Figuren und Formen an realen Körpern, sondern anschaulich gegebene Figuren. Seit Hilberts Axiomatisierung der Geometrie folgt darauf noch eine zweite Reduktion: Gegenstand der Theorie sind nicht mehr Eigenschaf-

---

[132] Insbesondere die umfangreichen Untersuchungen in Amiras 1998.

[133] Bereits in Amiras 1998 programmatisch angelegt.

ten räumlicher Figuren, sondern nur noch formale Relationen. Damit wird der traditionelle Anspruch der Geometrie eine Figurentheorie darzustellen seitens der Mathematik aufgegeben.

Diesen Anspruch formuliert jedoch vor Hilbert explizit Felix Klein; er stellt ihn auch, wie in II, Kap. 10 festgestellt wurde, neben die Mathematik als etwas selbständiges hin. Die Anregung Kleins wirkt Anfang des 20. Jahrhunderts auf Hugo Dingler weiter. Sie wird von ihm programmatisch übernommen und sehr intensiv systematisch und historisch weiterverfolgt. Sie liegt somit auch den Beiträgen um die Grundlagen der Geometrie in der **Protophysik** (eines von P. Lorenzen im Anschluss an H. Dingler initiierten Forschungsprogramms um die Grundlagen der Physik) zugrunde.

Die Protophysik bemüht sich um das Problem einer eigentlichen Geometrie als Figurentheorie mit dem ausdrücklichen Ziel, die angesprochenen Reduktionen des Sinnbezuges der geometrischen Theorie aufzuheben, indem sie ihn methodisch, insbesondere begrifflich exakt, zu rekonstruieren, also die Geometrie an die technische Praxis des Umgangs mit Figuren und dem Reden darüber theoretisch anzubinden versucht.

Die Entwicklung dieses Forschungsprogramms lässt sich im Überblick so darstellen:

Ausgehend von der durch die genannten Reduktionen bedingten begrifflichen Diskrepanz zwischen geometrischer Theorie und Praxis unternimmt Dingler in der ersten Hälfte des 20. Jahrhunderts erste Schritte zu einer operativen Begründung der euklidischen Geometrie als Theorie räumlicher Figuren. In seinen Entwürfen unterbreitet er insbesondere neue Vorschläge zur Einführung geometrischer Grundformen, allen voran der Ebene, über Ununterscheidbarkeitsforderungen.

Dabei wird die Ebene schließlich als eine Fläche charakterisiert, deren beide Seiten in jedem Punkt keinen gestaltlichen Unterschied aufweisen. Paul Lorenzen sieht (Lorenzen 1961) in dieser Charakterisierung eine Möglichkeit zu einem neuen Aufbau der Geometrie, der an traditionelle Bemühungen zur Charakterisierung geometrischer Grundobjekte anschließen würde. Dazu präzisiert er zunächst die von Dingler erkenntnistheoretisch begründeten Relationen der Ununterscheidbarkeit logisch als Substitutionsregeln (Invarianzformeln), sogenannte **Homogenitätsprinzipien**[134]**,** und schlägt ein Programm zur Begründung der euklidischen Geometrie auf dieser Basis vor.

---

[134] Die inhaltlichen Anliegen Dinglers finden dabei keine Berücksichtigung. Aus neuerer Sicht (vgl. Amiras 1998, Kap. 2 und 4) betrifft Lorenzens Anschluss an Dingler in dieser Entwicklungsphase nur die logische Präzisierung der Ununterscheidbarkeit als Homogenität.

Das bekannteste Homogenitätsprinzip ist das (innere) <u>Homogenitätsprinzip der Ebene</u>:

$$P \varepsilon E \wedge P' \varepsilon E \wedge A(P,E) \rightarrow A(P',E)$$

(A(P,E) ist eine Formel, die nur P und E als freie Variablen enthält; E, E' bzw. P,P' sind Variablen für Ebenen bzw. Punkte, ε symbolisiert die Inzidenzrelation. Die Primformeln der Homogenitätsgeometrie sind nach Lorenzens Vorschlägen elementare geometrische Aussagen über Inzidenz, Anordnung und Orthogonalität.)

Als methodisches Hauptproblem der Homogenitätsgeometrie erweist sich bald nach ihrem Aufkommen die Konstitution der in die Homogenitätsprinzipien eingehenden Aussageformen. Die Homogenitätsprinzipien sollten gemäß der ursprünglichen Absicht Lorenzens, eine Einführung geometrischer Grundformen im Anschluss an die geometrische Praxis leisten. Die Lösung dieser Aufgabe kann jedoch durch das Operieren dieser Substitutionsregeln auf eine Formelklasse Ω geometrischer Aussageformen grundsätzlich nicht gelingen, weil dazu deren methodische Konstitution vorausgesetzt wird. Auf diesen schwerwiegenden methodischen Mangel wird im Anschluss an die letzte Version der Homogenitätsgeometrie Lorenzens besonders von Janich (Janich 1969) hingewiesen. Bereits in der Arbeit von Steiner (Steiner 1971) wird daher versucht, den Homogenitätsprinzipien nicht nur eine handwerkliche Interpretation als Herstellungsnormen zu unterschieben, sondern (konsequenterweise) auch die Formelklasse Ω mit Bezug auf elementare Unterscheidungen im technischen Umgang mit Figuren zu konstruieren, jedoch ohne Erfolg.

Paul Lorenzen

Lorenzens Hoffnung auf einen baldigen Abschluss seines Programms eines Aufbaus der Geometrie aus Homogenitätsprinzipien erfüllt sich somit lange Zeit nicht, erst 1976-78 wird eine Lösung der ursprünglich aufgeworfenen (aber letztlich nicht begründungsrelevanten) Aufgabenstellung erreicht, just zu der Zeit, als die Homogenitätsgeometrie in der Protophysik von Lorenzen selbst verlassen (Lorenzen 1977) und durch einen neuen, verbesserten Ansatz ersetzt wird.[135]

Auf dem Hintergrund der Arbeiten Dinglers versucht zuvor Peter Janich (Janich 1976) erneut allen aktuellen Problemen der protophysikalischen Geometriebegründung mit

---

[135] Aus kritischer Sicht wurde mit der Homogenitätsgeometrie aufgrund einer unzulänglichen Interpretation Dinglers durch Lorenzen ein begründungstheoretisch fragwürdiger Weg eingeschlagen, hin zu einer axiomatischen Variante statt in Richtung der von Dingler anvisierten Figurentheorie. (Dazu vgl. Amiras 1998, Kap. 2 und 4.)

einem (bereits 1969 als Programm skizzierten) produktiv-operativen[136] Ansatz zu begegnen. Sein Entwurf erhebt den Anspruch, eine methodische, operative Begründung der Geometrie auf der Basis von Homogenitätsprinzipien im Prinzip zu leisten.

Janich greift zu seiner operativen Geometriebegründung, die vor allem eine Begriffsbildung unter Rückgriff auf elementare Unterscheidungen im handwerklichen Umgang mit Körpern vorsieht (operative Begriffsbildung), explizit auf Dinglers Vorschläge, aber auch auf die Arbeiten von Erich Bopp, der zuvor, in den Jahren 1956-58, sich intensiv um die operativen Bestimmungen geometrischer Grundformen bemüht, zurück. Janich verwendet, im Gegensatz zu Lorenzen, Homogenitätsprinzipien, die mittels operativ deutbarer Aussageformen formuliert werden. Die Eindeutigkeit der Gestalt der Grundformen der Geometrie, wird von ihm (in Aufnahme Dinglerscher Vorschläge) zum zentralen Gegenstand der protophysikalischen Geometriebegründung erhoben.

Die Aufmerksamkeit der protophysikalischen Geometrie richtet sich in dieser Phase der Entwicklung, Janich folgend, besonders auf die Definition der Ebene und der Begründung ihrer Eindeutigkeit (der Gestalt), also der Erwartung, dass alle, auch unabhängig voneinander hergestellte, ebene Flächen aufeinander passen. Zu diesem Eindeutigkeitssatz werden auch mehrere Beweise publiziert (von Janich, Katthage, Lorenzen und sogar zweimal von Inhetveen), die in der Auffassung ihrer Urheber diese Begründung leisten.

Im Jahre 1977 spaltet sich die protophysikalische Geometriebegründung schließlich in zwei Ansätze, die sich voneinander signifikant unterscheiden: Lorenzen und Rüdiger Inhetveen entwickeln eine (euklidische) Formengeometrie, deren Grundlage eine vorgeometrische Theorie bilden soll, die von Lorenzen Protogeometrie genannt wird. Diese Protogeometrie kommt ohne Homogenitätsprinzipien aus und hat vor allem die Aufgabe, die Einführung der Grundformen der Geometrie und den Beweis ihrer Eindeutigkeit zu leisten. Die konstruktiv (im methodischen und geometrischen Sinne) angesetzte Formengeometrie soll in erster Linie eine formentheoretische Definition der Kongruenz bzw. der Längengleichheit von Strecken liefern. Dazu wird insbesondere ein Formprinzip formuliert, welches zugleich als innertheoretische Begründung für die Geltung der Parallelität fungiert.

Nach anfänglicher Zustimmung distanziert sich Janich mit der Zeit zunehmend vom Vorhaben der Formengeometrie. Explizit erfolgt seine Kritik an der Formengeometrie zuerst in einem Aufsatz (Janich 1992), in dem er zugleich einen Versuch zur Einführung der Parallelität auf operativer Grundlage und unter Verwendung eines Homogenitätsprinzips unternimmt. Er schließt dabei an seine alten Vorschläge von 1976 an, die

---

[136] Diese Kennzeichnung charakterisiert einen Ansatz, der auf der Basis der Normierung von Herstellungshandlungen (Produktion) zur Herstellung geometrischer Grundformen bzw. ihrer Ergebnisse (Produkte) einen methodischen Aufbau der Geometrie anstrebt. Einen solchen Ansatz hat Dingler als erster verfolgt, jedoch später de facto aufgegeben. (Vgl. dazu Amiras 1998, S. 38-39.)

zuletzt in unwesentlich veränderter Form abgedruckt werden (Janich 1997). Gelegentlich bezeichnet er den Ansatz der Formengeometrie sogar explizit als „Irrweg"[137]. Diese Unterschiede zwischen Janichs operativem Ansatz und der Formengeometrie finden auch an anderer Stelle ihren Niederschlag[138], wobei von einer „Konkurrenz" von Vorschlägen die Rede ist.

Alle Beiträge zur protophysikalischen Geometriebegründung werden in der genannten Studie eingehend erörtert, mit ziemlich ernüchternden Ergebnissen angesichts ihrer hochgesteckten Ziele und Ansprüche. Bevor die Perspektive der Neuorientierung dargestellt wird, soll zunächst der kritische Rückblick auf das Grundsätzliche der bisherigen Ansätze und Entwürfe unter Einbeziehung neuer Aspekte gerichtet werden.

11.3 Ansätze zur Grundlegung der Geometrie als Figurentheorie

11.3.1 Dinglers Grundlegungsversuch der Geometrie als Theorie räumlicher Verhältnisse

Dingler geht von der Feststellung aus, dass die theoretische Geometrie in ihrer axiomatischen Fassung keine eindeutige Bestimmung der Gestalt ihrer Grundgegenstände (Ebenen, Geraden) bietet. Diese Unbestimmtheit erscheint ihm paradox angesichts konkreter Interpretationen dieser Grundgegenstände durch körperliche Figuren in der technischen Praxis. Daraus und aus einer begrifflichen Kritik des Kongruenzbegriffes sowie dessen (früh-)empiristischen Interpretation (Dingler 1911) erwächst das Programm einer Begründung der Geometrie als Theorie räumlicher Figuren, welche die Aufgabe hätte, die axiomatische Geometrie besser an die technische Praxis anzuschließen.

Die Frage nach den Bezügen der Geometrie, insbesondere nach dem Sinn der geometrischen Grundbegriffe, führt Dingler (vgl. Dingler 1911) auf die Frage, wie erste geometrische Geräte (Geraden) hergestellt werden können. Er erfährt dabei vom Herstellungsverfahren von Ebenen in der mechanischen Industrie (3-Platten-Verfahren) und von seiner Bedeutung für die Präzisionsmesstechnik, insbesondere von der Herstellung von Stahllinealen aus solchen Standard-Ebenen. Seine Idee ist es, die Gestalteigenschaften der Produkte dieses Verfahrens, welches er als ein Verfahren der "Urzeugung" (also der voraussetzungslosen, insbesondere geometriefreien Herstellung) von Ebenen betrachtet, zur Grundlage eines neuen Aufbaus der Geometrie als Figurentheorie zu machen.

Die Umsetzung dieser Idee erfolgt ansatzweise im Anhang des Geometrie-Buches von 1911. Darin wird versucht die Gestalt der Ebene begrifflich auf der Grundlage von Verhältnissen zwischen Flächen, die auf Körpern liegen, zu erfassen.

---

[137] Janich 1997, S. 75.

[138] Vgl. Mittelstraß (Hg.), Enzyklopädie Philosophie und Wissenschaftstheorie, Bd. 3, S. 380.

Auf der Basis einer Passungsrelation (Dingler: Adhäsion) und plausibler Eigenschaften gelingt Dingler dabei eine erste, bemerkenswerte, exakte Charakterisierung der Kongruenz und Ebenheit von Flächenstücken.[139] „Eben" heißt demnach ein Flächenstück, dass zu jedem passenden Flächenstück kongruent, also eine Kopie davon ist. Zwei Probleme lässt Dingler jedoch offen: Zunächst ist es nicht möglich, die in seiner Definition der Ebene formulierten Verhältnisse (Passung kongruenter Flächenstücke) elementar zu realisieren, sondern erst dann, wenn die Flächenstücke spezielle Formen haben (z.B. Scheiben sind). Damit ist diese Definition in methodischer Hinsicht entscheidend angreifbar, da sie geometrisches Wissen vorauszusetzen scheint. Das zweite, noch gewichtigere Problem ist, dass überhaupt nicht erkennbar wird, auf welche Weise diese Miniatur-Theorie an die übliche geometrische Theorie angeschlossen werden könnte, da jene traditionell eigentlich nicht von Figuren an Körpern, sondern von anschaulichen Raumelementen, Schnitten usw. handelt

Hugo Dingler

und zudem nicht nur auf Gestaltaussagen aufbaut. Zusätzlich hat diese Beziehungen zwischen Elementarformen (Punkt, Gerade, Ebene) zum Gegenstand. (Die zunächst von Dingler vertretene Ansicht, dass daraus alle geometrischen Eigenschaften der Ebene abzuleiten wären, wird von ihm später daher nicht mehr vertreten.)

Dingler versucht mit seinen späteren Entwürfen einer Figurentheorie (Dingler 1933, Dingler 1964) vor allem das zweite Problem zu lösen. Dabei verliert er jedoch seine ursprüngliche Fragestellung nach der Bestimmung der Gestalt geometrischer Grundformen (allen voran der Ebene) durch Rückgriff auf praktische Verhältnisse, auf die er 1911 rekurriert (Passungseigenschaften), aus dem Blick, mit gravierenden Konsequenzen für die methodische Qualität seiner Entwürfe. In diesen Entwürfen wird nicht mehr auf der konkreten Ebene der "körperlichen" Figuren angesetzt, sondern gleich auf eine Reihe anschaulich motivierter räumlicher Verhältnisse und Raumelemente zurückgegriffen. Das folgende Schema gibt einen Überblick über Dinglers Konzeption des Aufbaus der euklidischen Geometrie als Figurentheorie.

Ausgehend von der Tagessprache werden von Dingler gewisse Begriffe, die sich auf anschaulich-räumliche Unterscheidungen von Figuren beziehen, durch definitorische Festsetzungen (Definitionen und Postulate) normiert.

---

[139] Vgl. Amiras 1998, Kap. 2 für eine detaillierte Studie der Beiträge Dinglers. Dort findet sich auch eine Wiedergabe des hier genannten Anhangs aus Dingler 1911 mit Kommentar.

In dieser (sehr unzulänglich aufgebauten) Figurentheorie versucht er Flächen, Linien und Punkte als Raumelemente so weit durch Bestimmungen zu spezifizieren, dass durch Hinzunahme von Definitionen geometrischer Grundformen (z.B. für die Ebene und Gerade) die in der Axiomatik Hilberts geläufigen Axiome (z.B. Inzidenz- und Anordnungsaxiome) ableitbar werden. Gemäß Dinglers Absicht sollte sich diese Theorie dadurch vom Hilbertschen System unterscheiden, dass sie direkter und besser als jenes durch Figuren interpretiert werden könnte.

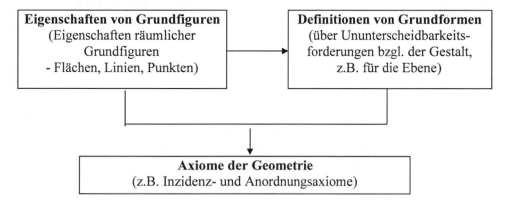

Der Ansatz bzw. das Vorhaben Dinglers kann nun grundsätzlich hinterfragt werden:

1. Die Konzeption einer allgemeinen Figurentheorie erscheint angesichts der Tradition der Grundlagen der Geometrie vor Hilbert fragwürdig. Es ist stark zu bezweifeln, dass man allgemein mit "Grundfiguren", also Flächen, Linien und Punkten als anschaulichen Raumelementen, eine exakte Theorie aufbauen kann, in deren Rahmen man die gesamte Geometrie konstituieren kann. In methodischer Hinsicht spricht m.E. bereits die Tatsache dagegen, dass Grundformen wie Gerade und Ebene sehr früh in die Praxis eingreifen und damit auch die Konstitution räumlicher Verhältnisse leiten. (So habe ich auch in I, Kapitel 7 argumentiert.) Es erscheint daher auch inkonsequent, die Grundformen der Ebene (und Geraden) als universelle Bausteine der geometrischen Praxis, so wie es Dingler mit vollem Recht tut, hervorzuheben, aber zugleich den Versuch zu unternehmen, die vielfach durch sie erzeugten räumlichen Verhältnisse über eine komplexe, allgemeine Figurentheorie gewissermaßen zu hintergehen.[140] Der Weg der neueren, axiomatischen Geometrie scheint de facto, und teilweise wohl auch aus methodisch einsichtigen Gründen, eher umgekehrt zu verlaufen.

---

[140] Die kritische Frage nach dem Verhältnis einer solchen Figurentheorie zu den Axiomatisierungen der Geometrie, angesichts des Vorhabens die Hilbertschen Axiome darin abzuleiten, kommt überhaupt nicht in Dinglers Blickfeld.

2. Die ursprüngliche Absicht Dinglers war es, eine Paradoxie aufzulösen, welche das Verhältnis der geometrischen Praxis zur Geometrie in Bezug auf die Eigenschaften geometrischer Grundformen betrifft. Dingler versucht, durch eine begriffliche Rekonstruktion der Praxis zur axiomatischen Theorie vorzustoßen. Doch bereits seine Einführung der Ebenheit von Flächen, von der zuvor die Rede war, gibt Anlass zum Nachdenken darüber, ob das, was er als eine vorgeometrische Eigenschaft betrachtet, tatsächlich eine solche ist. Die Crux in Dinglers Ansatz besteht m.E. aber vor allem darin, dass nicht kritisch danach gefragt wird, welchen Status seine (wohl nur partielle) Rekonstruktion der Ebenheit von Flächen im Hinblick auf einen methodischen Aufbau der Geometrie eingedenk ihrer Axiomatik haben kann. Seine Einordnung dieser Eigenschaft als Definition der Ebene in die geometrische Theorie ist unschlüssig vom Ansatz her (beschränkte Fläche), von der Formulierung seiner späteren Theorie her gesehen ohnehin völlig unzulänglich. So gesehen kann die Paradoxie in der Diskrepanz zwischen Praxis und Theorie der Geometrie von ihm nicht aufgelöst werden. Seine Beiträge jedoch, und darin liegt auch die Bedeutung ihrer kritischen Rezeption, lieferten bereits viele Anregungen und Problemstellungen für alle folgenden Bemühungen, zu welchen auch meine Untersuchungen gehören.

11.3.2 Zum produktiv-operativen Ansatz von P. Janich

Die frühe Idee Dinglers, aus den in der Herstellung von Ebenen realisierten Gestalteigenschaften alle geometrischen Eigenschaften von Ebenen abzuleiten, findet ihre programmatische Umsetzung bei Peter Janich. Janichs ambitioniertes Vorhaben ist es, aus einer Rekonstruktion der Herstellungsnormen elementarer geometrischer Formen die euklidische Elementargeometrie zu gewinnen. Auch hierbei (wie bei Dingler) spielen die Charakterisierungen der Gestalt geometrischer Grundformen, insbesondere der Ebene, eine zentrale Rolle. Janichs operativer Ansatz ist jedoch wesentlich schärfer als Dinglers, da dabei die Rolle des einzelnen Herstellungsverfahrens herausgehoben wird.

Janich strebt eine Rekonstruktion von Ersten, seiner Ansicht nach methodisch ausgezeichneten Verfahren (z.B. des 3-Platten-Verfahrens zur Ebenenherstellung) mittels Homogenitätsforderungen an, zu deren Formulierung ein auf körperliche Figuren bezogenes, vorgeometrisches Vokabular dient (Janich 1976). Die Zielsetzung ist zweifach: Erstens sollen daraus alle geometrischen Eigenschaften, also schließlich die geometrische Theorie abgeleitet werden; zweitens soll auch die (Gestalt-)Eindeutigkeit der Grundformen (insbesondere der Ebene) logisch daraus folgen. Letzteres betrachtet Janich als erforderlich zur Rechtfertigung der prototypenfreien Reproduzierbarkeit geometrischer Grundformen (z.B. der Ebene), die wiederum die Objektivität von Aussagen über sie sichern soll.

Dieser, von mir zuvor als <u>produktiv-operativ</u> (auf die Produktion, Herstellung fokussierend) bezeichnete Ansatz, wird an anderer Stelle detailliert untersucht.[141]

Ich beschränke mich hier auch auf eine kurze Zusammenfassung der grundsätzlichen Kritik des Vorhabens von Janich anhand einer schematischen Darstellung (Figur) seiner dreistufigen Begründungskonzeption.

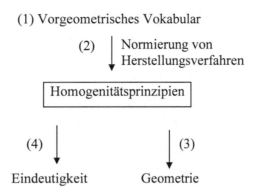

Es ist unschwer zu erkennen, dass der Normierung von Herstellungsverfahren durch Homogenitätsprinzipien eine Schlüsselrolle für den ganzen Ansatz zukommt. Alle Teile des Entwurfs orientieren sich an den Funktionen von Homogenitätsprinzipien. Das gilt natürlich auch für die vorgeometrische Terminologie (1)[142], die den Charakter eines Vokabulars erhält, um durch die Homogenitätsprinzipien von der vorgeometrischen auf die (angeblich erst ideale) geometrische Ebene befördert zu werden.

In meiner genannten Studie (Amiras 1998) wird sehr eingehend die Frage erörtert, ob die Homogenitätsprinzipien Janichs die ihnen zugewiesenen Funktionen übernehmen können: Das ist die <u>Normierungsfunktion</u> für Herstellungsverfahren von Grundformen (2), die <u>Ideationsfunktion</u>, wodurch sie den Übergang zu geometrischen Aussagen (3) ermöglichen sollen, und die Möglichkeit die <u>Eindeutigkeit</u> von Grundformen zu beweisen (4), wodurch sie (über die prototypenfreie Reproduzierbarkeit) die Situationsinvarianz von geometrischen Aussagen und damit die Objektivität der Geometrie und Längenmessung sichern sollen. Bereits bei der Untersuchung der Normierungsfunktion stellt sich ein negatives Ergebnis ein, welches gemäß Janichs Entwurf auch die anderen Funktionen nachhaltig beeinflussen muss. Es daher auch zu bezweifeln, dass mit den Homogenitätsprinzipien Normierungen im Sinne Janichs vorliegen, d.h. sich die Homogenitätsprinzipien als Beschreibungen der durch die Bearbeitung verfolgten Verfahrensziele, die durch Passungskontrollen usw. überprüft werden, verstehen bzw. rechtfertigen lassen.

---

[141] Vgl. Amiras 1998, Kap. 5. Gezielt dazu auch Amiras 2003a.

[142] Die Zahlen in Klammern beziehen sich auf das obige Schema des Janichschen Entwurfs.

Das Vorhaben Janichs Herstellungs- und Kontrollhandlungen normieren zu wollen, um damit eine methodische Bestimmung geometrischer Grundbegriffe und die Ableitung des geometrischen Axiomensystems zu leisten, macht aber auch aus grundsätzlichen Überlegungen heraus überhaupt keinen guten Sinn; denn, auch die Frage, ob die praktisch so offensichtliche Normativität geometrischer Sätze wirklich (oder gar nur) auf Herstellungs- und Kontrollnormen für die Grundformen beruhe, wird an gleicher Stelle von mir negativ beantwortet. Zugleich wird dafür argumentiert, dass stattdessen der Verwendungspraxis von Figuren für die Rekonstruktion der Bezüge der Geometrie eine grundlegende Rolle zukommt, die der produktiv-operative Ansatz offenbar völlig verkennt. (Vgl. auch I, Kap. 6)

Im Unterschied zu Dingler liegt bei Janich jedoch auch kein plausibler Theorie-Entwurf vor; denn die vernünftigerweise bei Dingler als vorgeometrische Theorie angelegte Stufe wird in Janichs Entwurf (Janich 1976, auch Janich 1997) als bloße vorgeometrische Terminologie eingeführt, damit über die Homogenitätsprinzipien ein (angeblich möglicher) Übergang zur geometrischen Terminologie und Theorie vollzogen werden kann. Insgesamt ist das ganze Vorhaben also bereits aus grundsätzlichen Gründen als gescheitert anzusehen. Jedoch ist der Versuch einer umfassenden Rekonstruktion der auf körperliche Figuren bezogenen Terminologie (die auch auf vorangegangene Arbeiten zurückgreift) verdienstvoll, obwohl in der Ausführung letztlich vielfache, gravierende Mängel vorliegen.[143]

11.3.3 Zur Protogeometrie im Entwurf der Formengeometrie

In den Entwürfen von Dingler und Janich bleibt (wenn auch aus unterschiedlichen Gründen) die Aufgabe der Konstitution einer elementaren Figurentheorie als Basis für den Übergang zur geometrischen Theorie ungelöst. Eine solche Theorie ("Protogeometrie") wird im Entwurf der Formentheorie von seinen Urhebern Lorenzen (Lorenzen 1977) und Inhetveen (Inhetveen 1983) in ihrer Funktion durchaus unterschiedlich gesehen. Während Inhetveen darin eine erste Stufe der geometrischen Theorie erblickt, die einen methodisch bruchlosen Übergang zur (Formen-) Geometrie gestatten soll, weist ihr Lorenzen später (Lorenzen 1984) lediglich eine propädeutische Funktion zu.[144] Im Folgenden soll vor allem auf den ausgearbeiteten Vorschlag Inhetveens eingegangen werden, der sich an die ihm vorausgegangenen Bemühungen anschließt.

Das gemeinsame Charakteristikum der Protogeometrie in den Arbeiten Inhetveens und Lorenzens ist die Hinwendung zu konkret interpretierten geometrischen Operationen und mit ihrer Hilfe formulierten Eigenschaften (Klappeigenschaften), die als Funktionseigenschaften geometrischer Grundformen ausgegeben werden, offenbar in der Absicht damit einen reibungslosen Übergang zur geometrischen Sprache und Theorie

---

[143] Vgl. dazu meine Arbeiten (Amiras 1998, 2003a).

[144] Die Herausarbeitung dieser propädeutischen Funktion der Protogeometrie erfolgt leider nicht überzeugend. Der Gedanke an sich ist nicht uninteressant, da er zugleich auf die didaktische Relevanz der Protogeometrie hinweist.

zu schaffen. Insgesamt wird nunmehr zur Begriffsbildung, aber auch zur Begründung von Sätzen gleich auf Erfahrungen mit bereits geformten Körpern (woran bereits E. Bopp angeknüpft hatte) zurückgegriffen.

Inhetveen beginnt in seinem Buch (Inhetveen 1983) mit einer (unzulänglichen) begrifflichen Fassung von Berührbeziehungen (Berührung, Passung) und geht dann sofort zur Definition von Grundformen über. Die Definition der Ebene erfolgt mittels der "Abdruckstabilität" (dies ist Dinglers Ebenheit) und spezieller Operationen („Klappungen") mit Oberflächenstücken. Gegen beide Begriffsbildungen wird meiner genannten Studie der Einwand erhoben, dass sie auf geometrisch motivierten, aber methodisch nicht verfügbaren Begriffsbildungen beruhen, wodurch ihr protogeometrischer Status fragwürdig bleibt. Betrachtet man diese Begriffe zudem noch unter dem Blickwinkel der Rekonstruktion von praktischen Funktionseigenschaften von Ebenen, so darf man sehr bezweifeln, dass all das, was die technische Praxis Ebenen in gestaltlicher Hinsicht abfordert in diesen Vorschlägen begrifflich angemessen erfasst und methodisch geordnet worden ist. (Ähnliches lässt sich hinsichtlich der Geraden sagen.)

Über den Charakter dieser Theorie, die als „inhaltlich" bezeichnet wird, kann hier nur so viel gesagt werden: Sie wird unter Zuhilfenahme zahlreicher inhaltlicher Voraussetzungen, operativer und begrifflicher Art, aufgebaut, die ungeklärt bleiben. Angesichts der Beweisführungen wird dieser Entwurf entscheidend angreifbar, weil dabei weder die Voraussetzungen der Beweise explizit angeführt werden noch auf die angegebenen Definitionen und Forderungen bezogen argumentiert wird. Zudem kommen in den Beweisen neue Begriffe vor und liefern entscheidende Gründe. Die Beweise brauchen also zuerst eine Rekonstruktion, um überhaupt verständlich zu sein, was im Hinblick auf das verfolgte Ziel einer begrifflichen Klärung oder gar Explikation von Grundlagen der exakt aufgebauten geometrischen Theorie nicht akzeptabel ist. Gerade in logisch-methodischer Hinsicht muss sich wohl jeder Begründungsversuch dieser Art bewähren, wenn er überhaupt eine Chance haben soll, vor der Mathematik zu bestehen, die vernünftigerweise auf die erreichten Standards nicht verzichten will.

11.4 Problematische Orientierungen

In den bisherigen Beiträgen zur Geometrie in der Protophysik sind einige als Orientierungen fungierende Fragestellungen von besonderem Interesse, die einer Kritik nicht standhalten, ja sogar eine vernünftige Sicht der Dinge behindern und damit m.E. einen Ballast darstellen, dessen Ausräumung den Blick für die folgende neue Perspektive freizumachen vermochte. Auf diese zentralen Fragen soll jetzt eingegangen werden.

1. In allen bisherigen Entwürfen spielt die Frage nach der Eindeutigkeit der Grundformen (allen voran der Ebene) eine entscheidende Rolle. Sie wird bei Janich sogar zum zentralen Punkt des protophysikalischen Programms überhaupt erhoben. Auch Inhetveen betrachtet den Nachweis der Eindeutigkeit der geometrischen Grundformen als die wichtigste Aufgabe der Protogeometrie. Man hat diese Aufgabe wiederholt, aber ohne überzeugenden Erfolg, mit vorgeometrischen Mitteln zu lösen versucht.

Es ist jedoch überhaupt nicht zwingend, die Frage der (Gestalt-) Eindeutigkeit protogeometrisch zu erörtern. Sogar in Janichs Konzeption gedacht erscheint diese Bemühung völlig unschlüssig, da die Homogenitätsprinzipien auch zur Konstitution der Geometrie führen sollen. Die Konstitution der Geometrie kann daher völlig unabhängig von der Beantwortung dieser Frage erfolgen.

2. Die zweite Frage betrifft die Rolle der Ebene in allen bisherigen protogeometrischen Entwürfen. Die explizit unterstellte Priorität der Ebene gegenüber anderen Grundformen, die sich in der auschließlichen Suche nach einer Definition ihrer Gestalt (und nicht z.B. der Geraden) manifestiert, ist nur vom produktiv-operativen Ansatz (in Dinglers und besonders in Janichs Konzeption) her plausibel. Sie ist aber in allen bisherigen Entwürfen durchgängig. Aus kritischer Sicht gibt es keinen stichhaltigen Grund für eine methodische Priorität der Ebene gegenüber der Geraden bei der Rekonstruktion der Bezüge der Geometrie oder im Aufbau der Geometrie. Genau genommen verhält sich sogar der produktiv-operative Ansatz auch in dieser Sache inkonsequent, weil zur Herstellung von Geraden durchaus erste Verfahren existieren, die sich zwar nicht zur Präzisionsherstellung eignen (gespannte Seile, Schnüre, Fäden), aber für viele Praxisbereiche Geraden hinreichend realisieren. Die Ausräumung dieses zentralen „Reliktes" hat weitreichende Konsequenzen für die Sicht der ganzen bisherigen protogeometrischen Bemühung und natürlich auch für jede (abgeklärte) Fortsetzung.

3. Vor allem in Janichs Entwurf erhalten die Charakterisierungen geometrischer Grundformen (mehr als bei Dingler) eine zentrale Rolle im Aufbau der Geometrie, die von ihrer Aussage her als Gestalteigenschaften gewiss nicht zusteht. Denn man kann wohl kaum hoffen, die gesamte geometrische Theorie daraus konstituieren zu können, wie ein Blick auf die Axiomatik der Geometrie oder die Ergebnisse der Homogenitätsgeometrie[145] lehrt. Welcher theoretische Status kommt den gegebenen Charakterisierungen geometrischer Grundformen, insbesondere der Ebene, überhaupt zu? Angesichts der zuvor geäußerten Kritik an den Definitionen der Ebene von Dingler bis Inhetveen kann ihr protogeometrischer Status in allen diesen Entwürfen als ungeklärt gelten. Wenn ihre Rolle zu relativieren ist und zudem die Priorität einer Form (nach 2.) gegenüber der anderen nicht besteht, so erscheint die Revision dieser Protogeometrie als eine notwendige Maßnahme.

4. Ist bisher eigentlich konsequent Praxisrekonstruktion betrieben worden? Mein Eindruck ist, dass sehr schnell der Anschluss an die geometrische Theorie gesucht worden ist (vor allem in der Formengeometrie). Die Rekonstruktion von

---

[145] Vgl. Amiras 1998, Kap. 4.

Phänomenen, Unterscheidungen und Normen der geometrischen Praxis ist in allen bisherigen Entwürfen nur punktuell gelungen.

11.5 Neuorientierung der Protogeometrie

11.5.1 Protogeometrische Grundaufgaben

Ziel der eingangs genannten Studie war es, die einschlägigen Beiträge zur protophysikalischen Geometriebegründung auf dem Hintergrund der traditionellen Probleme der Grundlagen der Geometrie, allen voran das Konstitutionsproblem ihrer Gegenstände, systematisch-kritisch zu erörtern. Neben einer neuen Einschätzung der Entwicklung der protophysikalischen Geometrie und der Relativierung der angeblichen „Konkurrenz" der letzten Entwürfe von Janich und Inhetveen wurden dort schließlich die noch offenen, systematischen Probleme herausgestellt und eine neue Bemühung darum angeregt. Besonders die Diskussion der Beiträge Dinglers (welcher als der eigentliche Initiator der protophysikalischen Geometrie anzusehen ist) ergibt, dass nicht seine systematischen Lösungsvorschläge selbst, sondern vielmehr ihre Anliegen als sein wichtigster Beitrag anzusehen sind. Die Herausarbeitung dieser Anliegen führte in meiner Dissertation von 1998 zur Explikation von Grundaufgaben, welche eine „Protogeometrie" als Theorie, die den Bezug der Geometrie zu konkreten Figuren methodisch herstellt, zu bewältigen hätte. Folgendes war demnach zu leisten:

1. Eine methodische Einführung der Grundfiguren und der damit einhergehenden Grundbeziehungen (insbesondere Gestalttermini) der Geometrie im Zusammenhang mit der technischen Praxis des Umgangs mit Körpern (1. und 2. protogeometrische Rekonstruktionsaufgabe).

2. Eine Rekonstruktion der geometrischen Auffassung von Figuren als Schnitte (3. protogeometrische Rekonstruktionsaufgabe).

3. Eine exakte Charakterisierung der Grundformen der Geometrie hinsichtlich ihrer Gestalt, soweit möglich und erforderlich zum Aufbau der geometrischen Theorie, unter Rückgriff auf 1. und eventuell der Beweis ihrer Gestalteindeutigkeit. (4. protogeometrische Rekonstruktionsaufgabe).

Auf der Grundlage der zuvor formulierten grundsätzlichen Kritik an den bisherigen Ansätzen zur Protogeometrie und des ersten Teils der vorliegenden Schrift kann nunmehr eine genauere Beschreibung dieser Aufgaben, so wie sie mir vorgelegen haben, erfolgen. Eine Leitlinie zu ihrer Behandlung lieferte die auch dem ersten Teil zugrunde liegende Fragestellung: Welche Phänomene und Handlungszusammenhänge (einschließlich Redepraxis) liegen unseren Erfahrungen mit geometrischen Grundformen zugrunde und können als Ansatzpunkt für die Rekonstruktion der geometrischen Terminologie bzw. Theorie dienen? Ich habe den Ansatz dazu als „operative Phänomenologie" bezeichnet, was sich einerseits aus der Handlungs- und Phänomenorientierung der Rekonstruktionsbemühung und andererseits aus der Tradition seit Aristoteles rechtfertigen lässt.[146]

Zunächst ging es darum, den bisherigen theoretischen Defiziten zu begegnen, im Hinblick auf die Rekonstruktion der Unterscheidungen, welche die Grundfiguren (Flächen, Linien, Punkte) und die Bezüge, die der Rede von der „Inzidenz" von Figuren in der Geometrie zugrunde liegen, betreffen. Dann kamen auch elementare Anordnungseigenschaften in Betracht. (Aufgabe 1) Auf die Praxis der Gestaltreproduktion bezieht sich die Rede von der „Gestalt" (und „Gestaltkonstanz") von Figuren, die schließlich zur geometrischen „Kongruenz" führte. Dies wurde in I, Kapitel 4 ausgeführt, wobei entscheidende Erweiterungen gegenüber den Ausführungen Dinglers in (Dinger 1911) und der weiteren Entwicklung erreicht wurden. Zuvor waren die in der genannten Studie (Amiras 1998) festgestellten Mängel der bisherigen begrifflichen Fassung der Berührbeziehungen (Berühren, Passen) zu beheben. (Aufgabe 2) Die Auffassung geometrischer Figuren als Schnitte ist ein Problem, das zuerst in meiner Dissertation als Rekonstruktionsaufgabe gesehen und herausgestellt wurde. Die Notwendigkeit ihrer Behandlung ergab sich hier natürlich schon aus dem Umstand heraus, dass die Rekonstruktion bei körperlichen Figuren ansetzen musste, durch welche Schnitte erst realisiert werden können. (Aufgabe 3)

Alle Bemühungen bis zu dieser Stelle waren in gewisser Weise Vorbereitungen auf die Aufgabe 4, die hier in ihrer Orientierung aufgrund der Ausführungen in I, Kapitel 5 verändert wurde. Zunächst war, wie zuvor begründet, nicht nur die (bisher auch erfolgte) Behandlung der Ebene in Betracht zu ziehen, sondern besonders auch der Geraden. Es ging also darum, eine begriffliche Rekonstruktion der elementaren Funktionseigenschaften dieser Formen in der technischen Praxis des Umgangs mit Figuren zu leisten. In diesem Zusammenhang wurde auch die von Dingler als Paradox aufgeworfene Frage nach der Gestalt dieser Grundformen beantwortet, sowie die Frage nach der Beziehung der herausgestellten Eigenschaften zur geometrischen Theorie bzw. geläufigen Axiomatisierungen. Diese letzte Frage war angesichts der geäußerten Zweifel am vorgeometrischen Charakter bisheriger Definitionen der Ebene unbedingt zu erörtern. Man muss ja bedenken, dass das Ergebnis der Rekonstruktion (Analyse) von Bezügen nicht unbedingt mit der Rekonstruktion geometrischer Grundsätze zusammenfallen muss, d.h. auf solche Eigenschaften führen muss, die im Sinne der Theoriebildung elementar sind. Erst nach einer geeigneten Analyse der herausgestellten Eigenschaften ließ sich daher die Frage nach dem Anschluss der skizzierten Figurentheorie an die theoretische Geometrie, d.h. die Frage nach der Konstitution der geometrischen Gegenstände bzw. eines geeigneten Axiomensystems der Geometrie auf dieser Basis (wohlgemerkt: nicht im logischen Sinne, also als logische Folge davon) vernünftig angehen. Bis dahin war aber wohl ein weiter und schwieriger Weg zu gehen.

---

[146] In III, Kap. 5 wird sich eine passende, didaktisch orientierte Abrundung bei Hans Freudenthal dazu finden.

Aus diesen Ausführungen ergibt sich als Aufgabe der revidierten Protogeometrie, die Funktionseigenschaften geometrischer Grundfiguren und Grundformen so weit zu rekonstruieren und zu ordnen, dass der Bezug der geometrischen Theorie auf Handlungen und Phänomene im Umgang mit Figuren in unserer technischen Praxis und ein methodischer Übergang (d.h. ein solcher, der den methodischen Weg der Geometrie zur Beherrschung von Figuren und Figurenkomplexen offen legt) zur Theorie hergestellt wird. Dieser, seit Euklid offenen Aufgabe stellt sich der hier vertretene Ansatz also mit einer völlig veränderten Orientierung, die auf eine Vermittlung der berechtigten Anliegen der protophysikalischen Bemühungen mit denen der modernen Axiomatik hinausläuft.

11.5.2 Funktional – Operativer Rekonstruktionsansatz

Entscheidendes Merkmal der hier unternommenen Neuorientierung der Protogeometrie ist insbesondere das Ansetzen bei Phänomenen und den <u>Funktionen von Figuren in ihrer Verwendungspraxis</u>. Bereits Dingler ist es eigentlich um eine Rekonstruktion der Messpraxis auf der Grundlage einer Explikation der <u>Funktionsnormen von Messgeräten</u> gegangen. Auch die anschließende Bemühung der Protophysik hatte zum Ziel, die normativen Grundlagen der empirisch-experimentellen Praxis herauszustellen, wobei Geometrie und Chronometrie als Rekonstruktionen der Normen, die der Längen- und Zeitmessung zugrunde liegen, verstanden wurden. Im Fall der Geometrie erfolgte jedoch fatalerweise der Ansatz bei der Herstellung von Grundformen (insb. der Ebene), was aus vielen Gründen (auch technikgeschichtlichen) naheliegend ist, aber einer kritischen Sichtweise, wie wir sahen, nicht standhält.[147]

Bei meiner Rekonstruktion handelt es sich, gemäß der zuvor erfolgten näheren Beschreibung der Aufgaben der Protogeometrie, um elementare Funktionseigenschaften der Ebene und Geraden in der technischen Praxis. Bei Dinglers Charakterisierung der Ebenheit über die Kongruenz und Passung hat man es mit einer solchen Funktionseigenschaft ebener Oberflächenstücke zu tun, die wohl nicht geometriefrei ist (aber nach I, Kapitel 5 durchaus protogeometrisch interpretiert werden könnte; freilich wäre diese Eigenschaft noch nicht hinreichend zur Bestimmung der Ebene).

Die entsprechende Eigenschaft zur Charakterisierung von geraden Linienstücken ist jedoch weniger problematisch; sie lässt sich elementar fassen und operativ verankern, was an der Figurenart und den damit verbundenen Handlungsmöglichkeiten (gleichzeitige Anpassung mehrerer Linien) liegt. Auch die Ergänzbarkeit ist für gerade Linienstücke, als Folge davon, einfacher als für Ebenenstücke begrifflich zu fassen. Man sieht, wie die zuvor angesprochenen Beschränkungen, hier die angebliche Vorgängigkeit der Ebene, eine angemessene Sicht der Dinge behinderten.

---

[147] Vgl. dazu Teil I, Kapitel 5.

Durch die Befreiung vom produktiv-operativen Ansatz wurde der Blick für die eigentliche Aufgabe frei. Sie hat zunächst nichts zu tun mit der in einer (angeblich) primären Herstellung der Ebene oder der Geraden erzeugten Formeigenschaft, sondern mit deren praktischen Funktionseigenschaften, die aus den elementaren technischen Bezügen der Geometrie rekonstruiert wurden. Die Formulierung dieser Funktionseigenschaften sollte sich auf jeden Fall an den praktischen Verhältnissen orientieren und die Unterscheidungen durch verfügbare technische Handlungen und Orientierungen vermitteln (Forderung nach einer operativ verankerten Begriffsbildung). Beide Merkmale, der Versuch der Rekonstruktion von elementaren Gerätefunktionen als Basis für die Behandlung des Konstitutionsproblems geometrischen Wissens und die Forderung nach einer operativen Vermittlung der einschlägigen Unterscheidungen sind in der Bezeichnung des Ansatzes als **„funktional-operativ"** zusammengefasst.

11.6 Nachbemerkungen

Die in meiner Dissertation eingeläutete Neuorientierung der Protogeometrie führte hier zu einer weitergehenden Klärung der Aufgaben, die im Anschluss an die protophysikalische Geometriebegründung zu bewältigen waren. Was hier gefordert war, war kein erneuter Versuch, die Axiomatik der Geometrie schnell zu erreichen. Solche Versuche haben in der Vergangenheit nicht zum Erfolg geführt. Gefragt waren vielmehr zunächst umsichtige und gründliche Analysen der geometrisch gestützten technischen Praxis mit den Mitteln moderner Sprachphilosophie und Logik, um die Bezüge der Geometrie auf Figuren zu explizieren und zu ordnen. Dazu hatte ich auch die Tradition der Grundlagen bzw. der Philosophie der Geometrie ernsthaft zur Kenntnis zu nehmen, in der die begrifflichen Probleme, die hier zu erörtern sind, wenn auch mit jeweils anderer Orientierung, durchaus nicht fremd sein können, und auch, wie wir gesehen haben, keineswegs fremd sind. Damit bietet sich nun die Chance einer vielfach wirksamen Integration, was angesichts der überragenden Bedeutung der Geometrie als Kulturwissen nur wünschenswert sein kann.

Mit der Perspektive der (aufgrund der pragmatischen Orientierung) in grundsätzlicher Hinsicht engen Beziehung der Protogeometrie zur vorliegenden operativen Geometriedidaktik (Bender/Schreiber 1985), deren Ansatz auf dem Hintergrund der protophysikalischen Bemühung entstanden ist (vgl. Schreiber 1978), scheint die Erwartung berechtigt zu sein, dass die Ergebnisse der hier geleisteten systematischen und kritischen Arbeit auch nicht ohne Wirkung auf die Didaktik bleiben werden, zunächst im Hinblick auf die Einführung geometrischer Grundbegriffe im Unterricht. Damit befasst sich eingehend Teil III der vorliegenden Schrift.-

TEIL III

DIDAKTIK

Weißt du, was ein Dreieck ist? Unentrinnbar wie ein Schicksal: es gibt nur eine einzige Figur aus den drei Teilen, die du hast, und die Hoffnung, das Scheinbare unabsehbarer Möglichkeiten, was unser Herz so oft verwirrt, zerfällt wie ein Wahn vor diesen drei Strichen. So und nicht anders! Sagt die Geometrie.

(Max Frisch, Don Juan oder die Liebe zur Geometrie)

Einleitung

Im Teil I wurde der Versuch unternommen zwischen der geometrischen Axiomatik und einem grundlegenden Bereich der geometrischen Anschauung, wie er sich in technischen Handlungen und Redeweisen darbietet, systematisch zu vermitteln. Die historische Perspektive zur Vertiefung des Verständnisses kam in Teil II hinzu.

Es ist offensichtlich, dass die Geometrie als Wissenschaft mit einer (methodisch gerechtfertigten) auf die Struktur reduzierten Auffassung ihres Gegenstandsbereichs nicht richtig gedacht werden kann. Auch in der Didaktik der Geometrie machen sich die methodischen Defizite, die damit zusammenhängen drastisch bemerkbar. (Das ist das Thema vieler Äußerungen von Mathematikern und Didaktikern von Klein bis Freudenthal.) Das tatsächliche didaktisch-methodische Handeln und seine Hintergrundtheorie klaffen so ziemlich auseinander. Denn, die Didaktik kann sich grundsätzlich, das ist kaum zu bestreiten, der Geometrie als Figurentheorie, ohne folgenreiche Verkürzungen in Kauf zu nehmen, nicht entziehen. Angesichts der lange ungelöst gebliebenen Grundlagenprobleme der Geometrie als Figurentheorie kann erwartet werden, dass besonders im Hinblick auf die Behandlung geometrischer Grundbegriffe im Unterricht manifeste Defizite vorhanden sind.

Das eingangs von Teil I angesprochene Problem der Bestimmung der geometrischen Grundbegriffe wirkt in der Tat bis in die Schulbücher hinein, sodass die Aufgabe dieses dritten Teils in der konstruktiven Erörterung der Frage besteht, in welcher Weise die erreichten Einsichten für die sinnerfüllte Behandlung der geometrischen Grundbegriffe im Unterricht genutzt werden können. Darüber hinaus soll auch auf die Beziehung von Grundlagen und Philosophie der Geometrie zur Didaktik kritisch eingegangen werden.

Zum Glück muss man nun dabei nicht ganz neu ansetzen. Zu jeder Zeit haben sich nämlich neben den systematischen Fragen der Geometrie (einschließlich ihrer Grundlagen bzw. ihrer Philosophie) auch Fragen der Vermittlung geometrischen Wissens gestellt und zu Überlegungen und Vorschlägen geführt, die eine genauere Erörterung verdienen. Besonders erfreulich ist jedoch der Umstand, dass seit Langem auch ausgearbeitete Vorschläge zur Behandlung geometrischer Grundbegriffe auf dem Hintergrund der Protogeometrie, soweit sie bis 1985 vorlag, existieren, obwohl sie bis heute kaum breitere Wirkung haben entfalten können. Diese Vorschläge gilt es nun, auf der Grundlage der hier vorgelegten Untersuchungen zu überdenken und weiter zu entwickeln.

In **Kapitel 12** erfolgt zunächst eine Untersuchung der Behandlung geometrischer Grundbegriffe im Unterricht der Orientierungsstufe (ab Klasse 5) unter dem Gesichtspunkt ihrer Eignung zu einer vernünftigen Begriffsbildung nach anerkannten didaktischen Kriterien. Dazu werden typische Darstellungen aus Schulbüchern des deutschen Sprachraumes und ein englischsprachiges Werk herangezogen. Die dabei herausgestellten Probleme formulieren Anfragen an die Fachdidaktik bzw. Lehrerbildung, die jedoch bisher nicht mit einer befriedigenden Antwort aufwarten können, da die Probleme, wie wir jetzt wissen, tiefer liegen und fachwissenschaftlich induziert sind.

Anhand von Beispielen aus der Literatur zur „Geometrie für das Lehramt" und mit Blick auf die Tradition wird versucht eine Brücke zur Protogeometrie und zur operativen Geometriedidaktik, die in Kapitel 13 vorgestellt wird, zu schlagen. Ziel dieses Kapitels ist es also eine Situationsanalyse voranzustellen, um auf dieser Basis den Beitrag der protogeometrisch orientierten Entwürfe besser einschätzen zu können.

In **Kapitel 13** werden die Beiträge von Alfred Schreiber und Peter Bender zu den Grundlagen der operativen Geometriebegründung und Geometriedidaktik zunächst unter grundsätzlichen, didaktischen Gesichtspunkten erörtert. Angesichts der im Teil I revidierten Protogeometrie und auf dem Hintergrund von Teil II steht das von den beiden Didaktikern vorgeschlagene Prinzip der operativen Begriffsbildung (POB) im Fokus. Dann ist die von ihnen vorgeschlagene „Einschränkung des operativen Ansatzes auf didaktische Zwecke" kritisch zu erörtern. Das Hauptinteresse der weiteren Diskussion gilt natürlich der didaktischen Orientierung des POB, die als Umwelterschließung im weiteren Sinne verstanden wird, und den Fragen dessen Umsetzung unter dieser Maxime.

In **Kapitel 14** erfolgt die Untersuchung der Unterrichtsvorschläge zur Einführung geometrischer Grundbegriffe, die im Anschluss an die Entwürfe zur protophysikalischen Geometriebegründung von Dingler bis Inhetveen vorgelegt wurden. Zunächst werden Gedanken von Inhetveen erörtert, welche interessante Perspektiven zur Verankerung der protogeometrischen Terminologie im Unterricht ansprechen. Den Schwerpunkt der Diskussion bilden jedoch die ausgearbeiteten und erprobten Unterrichtsentwürfe von Konrad Krainer und Dieter Volk.

Alle Beiträge werden sowohl unter fachwissenschaftlichen wie auch didaktischen Aspekten mit zweifacher Zielsetzung untersucht: Einmal gilt es, ihre fachwissenschaftliche Grundlage auf dem Hintergrund der entwickelten Protogeometrie kritisch neu zu sehen und gegebenenfalls zu aktualisieren. Zum Zweiten geht es darum, sie auch aus didaktischer und methodischer Sicht zu beleuchten, um sie weiterentwickeln zu können.

In **Kapitel 15** wird zuerst auf der Grundlage der gewonnenen Einsichten versucht, die Problem- und Themenkreise, um die es hier in didaktischer Absicht geht, modular aufzuteilen. Dazu werden zunächst Unterrichtsvorschläge zu den grundlegenden Phänomenbereichen unterbreitet, die zur Einführung von Gerade und Ebene auf dem Hintergrund der Protogeometrie geeignet sind. Zusätzlich werden Themenkreise abgesteckt, die sich als Ergänzung bzw. zur Orientierung von Unterrichtsentwürfen empfehlen.

Nach curricularen Betrachtungen über den Einsatzbereich protogeometrisch orientierter Entwürfe wird ein Minimalprogramm, das unmittelbar als Ergänzung geeigneter Schulbücher gedacht ist, vorgeschlagen. Schließlich werden auch umfangreichere Kurse skizziert, die sich teilweise an vorliegende Unterrichtsentwürfe oder Vorschläge orientieren und auf die Fragestellungen und Aktivitäten aus den vorgestellten Modulen zurückgreifen.

In **Kapitel 16** wird etwas ausgeholt mit Betrachtungen, die in historischer und sachlicher Hinsicht einen Bogen spannen, zwischen der Tradition des geometrischen Unterrichts und den Bemühungen der Protogeometrie unter dem Blickwinkel der Didaktik. Dabei interessiert natürlich vor allem die Stellung der Grundlagenforschung bzw. Philosophie (oder Wissenschaftstheorie) der Geometrie zur Didaktik. Zwei Beiträge aus der konstruktiven Wissenschaftstheorie, die diesen Problemkreis berühren, werden auf diesem Hintergrund kritisch diskutiert. Schließlich wird der Ansatz Hans Freudenthals zu einer didaktischen Phänomenologie mathematischer Strukturen in Beziehung zum vorgelegten Ansatz einer operativen Phänomenologie (Teil I) gesetzt. Weder in historischer noch in anderer Hinsicht erheben die Betrachtungen jedoch einen Anspruch auf Vollständigkeit. Es handelt sich vielmehr um eine Auswahl von Beiträgen und Themen, die Anlässe für die Diskussion wichtiger Aspekte der hier erörterten Fragen und Perspektiven für ihre Behandlung bieten.-

12. Geometrische Grundbegriffe im Unterricht und Lehrerbildung

12.1. Geometrische Grundbegriffe in der Orientierungsstufe

In diesem Abschnitt wird durch eine Betrachtung von Schulbüchern erkundet, wie die Behandlung der geometrischen Grundbegriffe in der Orientierungsstufe erfolgt. Ziel ist es dabei, typische Probleme herausstellen, die einen Bezug zur Protogeometrie haben. Dazu werden zunächst einige Seiten aus Schulbüchern verschiedener Schularten als Beispielmaterial angefügt (Anlagen) und kurz kommentiert.

1 Gerade, Halbgerade und Strecke

Aus: Einblicke 5

Der Begriff „Geometrie" stammt aus der griechischen Sprache und bedeutet Erdmessung (Landmessung).
Erst 1820 legte man, um genauere Landkarten zeichnen zu können, ein verbundenes Netz von Dreiecken über das Land. Dazu musste **eine** Strecke als Grundmaß festgelegt und genau vermessen werden.
Der Tübinger Professor F. Bohnenberger wählte hierfür die 13 032,24 m lange und schnurgerade Allee von Schloss Solitude nach Ludwigsburg aus. Ein Gedenkstein erinnert noch heute an den einen Endpunkt in Ludwigsburg.

Gerade Linien haben in der Geometrie eine große Bedeutung. Unter den geraden Linien unterscheidet man **Gerade**, **Halbgerade** und **Strecke**.

Gerade: gerade Linie ohne Anfangs- und Endpunkt ··· ———— ···

Halbgerade: gerade Linie mit Anfangspunkt

Strecke: durch zwei Punkte begrenzt

Beispiel 1: Gerade

Geraden werden immer mit Kleinbuchstaben (a, b, c, ...) bezeichnet. Da Geraden keine bestimmte Länge haben, kann man immer nur einen Ausschnitt der Geraden zeichnen.

Beispiel 2: Halbgerade

*Eine Halbgerade wird oft auch als **Strahl** bezeichnet.*

Bei der Halbgeraden wird der Anfangspunkt mit Großbuchstaben, die Halbgerade mit Kleinbuchstaben bezeichnet.

Beispiel 3: Strecke

Die Begrenzungspunkte einer Strecke werden mit Großbuchstaben bezeichnet. Eine Strecke kann man auf zwei Arten bezeichnen:

1. Möglichkeit (mit Begrenzungspunkten) $\overline{AB}$ = 3 cm

2. Möglichkeit (mit Kleinbuchstaben)   a = 3 cm

Hier wird die Gerade als ein bekanntes Objekt vorausgesetzt.
Die Bemühung gilt in erster Linie der Unterscheidung verschiedener Erscheinungsformen gerader Linien und ihrer Bezeichnung.

2 Geraden, Halbgeraden und Strecken

1 a) Versuche, mit freier Hand eine möglichst gerade Linie zu zeichnen. Zeichne eine weitere Linie mit dem Geodreieck. Kontrolliere beide Linien durch Entlangvisieren.
b) „Entziffere" die Geheimschrift am Rand dieser Seite.
c) Was bedeuten die Worte: geradlinig, geradebiegen, pfeilgerade?

<table>
<tr><td>

Unbegrenzte gerade Linien heißen **Geraden.**

Gerade g   A⊢— Strecke $\overline{AB}$ —⊣B

Halbgerade h

Punkt P •

Eine **Gerade** hat keinen Anfangspunkt und keinen Endpunkt.
Eine **Halbgerade** (Strahl) hat einen Anfangspunkt, aber keinen Endpunkt.
Eine **Strecke** ist von zwei Punkten begrenzt.
</td></tr>
</table>

2

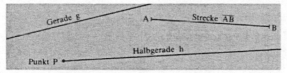

Beschreibe die geraden Linien, die hier dargestellt sind.
Beispiel: Strecke $\overline{PQ}$

3 Beschreibe, was hier gemeint ist.
a) Zielgerade, geradeaus, schnurgerade, geradewegs
b) Lichtstrahl, Sonnenstrahl, Leitstrahl, Wasserstrahl, Zahlenstrahl
c) Laufstrecke, Durststrecke, Meßstrecke, Rennstrecke, streckenweise

22

Aus: Gamma 5 (Gy)

Ausgehend von Erfahrungen und mit Bezug auf alltagssprachliche Redeweisen werden hier Objekte terminologisch gefasst und sogleich zeichnerisch realisiert.

Es wird versucht, den Bezug der Begriffe vielfältig in Redeweisen und Handlungen zu verankern.

Aus: Welt der Zahl 5

5. Geometrische Grundfertigkeiten

Hier wird der Bezug zum Erfahrungsbereich „Bauen" hergestellt.

Die Seite kann als Anregung zum Besuch einer Baustelle (außerschulischer Lernort) verstanden werden.

1. Auf einer Baustelle gibt es viel zu sehen. Beschreibe.

2. Es sind viele gespannte Schnüre zu sehen, welchen Zweck haben sie?

3. Maurer benutzen verschiedene Werkzeuge. Mit welchen Werkzeugen sorgen sie für gerade Linien?

4. Wie laufen in einer Ecke Mauern und Fußboden zusammen?

Gerade Linien und Geraden

1. In vielen Berufen sind gerade Linien wichtig. Kennst du die Berufe und die Werkzeuge? Nenne weitere Arbeiten, bei denen gerade Linien wichtig sind.

2. Beim Falten von Papier entsteht eine gerade Faltlinie. Zeichne aus freier Hand drei möglichst gerade Linien. Prüfe durch Falten nach.

3. Nimm ein Stück Wellpappe und fünf Stecknadeln. Stecke die Nadeln so in die Wellpappe, daß sie in gerader Linie stehen. Prüfe nach wie im Bild: Nach Augenmaß, . . .

Ausgehend von Vorerfahrungen zur Herstellung und Prüfung von geraden Linien werden im Klassenzimmer Versuche zur Herstellung und Prüfung von Geraden angestellt: Visieren, Schnur, Faltblatt, Lineal.

4. Zeichne je drei gerade Linien mit einem gefalteten Blatt Papier und mit einem Lineal. Warum eignet sich das Lineal besser zum Zeichnen von geraden Linien?

5. Eine gerade Linie ohne Anfang und ohne Ende heißt Gerade. Lege zwei Punkte fest und zeichne eine Gerade durch die Punkte.

Zeichnen einer Geraden mit dem Lineal

Das Zeichnen wird schrittweise erklärt: Punkte markieren, Stift ansetzen am ersten Punkt, zweiten Punkt am Lineal anlegen, Linie zeichnen.

> Eine gerade Linie ohne Begrenzungen nennt man Gerade.
>
> A   B
> ————————————————————————————
>
> Durch zwei Punkte ist eine Gerade festgelegt.

77

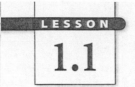

LESSON

1.1

*Nature's Great Book is written
in mathematical symbols.*

GALILEO GALILEI

Building Blocks of Geometry

Aus: Serra
2003

Three building blocks of geometry are points, lines, and planes. A **point** is the most basic building block of geometry. It has no size. It has only location. You represent a point with a dot, and you name it with a capital letter. The point shown below is called P.

A tiny seed is a physical model of a point.

P
•

Mathematical model of a point

A **line** is a straight, continuous arrangement of infinitely many points. It has infinite length but no thickness. It extends forever in two directions. You name a line by giving the letter names of any two points on the line and by placing the line symbol above the letters, for example, $\overline{AB}$ or $\overline{BA}$.

A piece of spaghetti is a physical model of a line. A line, however, is longer, straighter, and thinner than any piece of spaghetti ever made.

B

A

Mathematical model of a line

A **plane** has length and width but no thickness. It is like a flat surface that extends infinitely along its length and width. You represent a plane with a four-sided figure, like a tilted piece of paper, drawn in perspective. Of course, this actually illustrates only part of a plane. You name a plane with a script capital letter, such as $\mathcal{P}$.

$\mathcal{P}$

A flat piece of rolled-out dough is a model of a plane, but a plane is broader, wider, and thinner than any piece of dough you could roll.

Mathematical model of a plane

The ancient Greeks said, "A point is that which has no part. A line is breadthless length." The Mohist philosophers of ancient China said, "The line is divided into parts, and that part which has no remaining part is a point." Those definitions don't help much, do they?

A **definition** is a statement that clarifies or explains the meaning of a word or a phrase. However, it is impossible to define point, line, and plane without using words or phrases that themselves need definition. So these terms remain undefined. Yet, they are the basis for all of geometry.

Using the undefined terms *point, line,* and *plane,* you can define all other geometry terms and geometric figures. Many are defined in this book, and others will be defined by you and your classmates.

Keep a definition list in your notebook, and each time you encounter new geometry vocabulary, add the term to your list. Illustrate each definition with a simple sketch.

Here are your first definitions. Begin your list and draw sketches for all definitions.

Collinear means on the same line.

Points A, B, and C are collinear.

Coplanar means on the same plane.

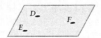

Points D, E, and F are coplanar.

Name three balls that are collinear. Name three balls that are coplanar but not collinear. Name four balls that are not coplanar.

30 CHAPTER 1 Introducing Geometry

In diesem Buch findet man von Anfang an massive Verstöße gegen Worteinführungspflichten. Wörter bzw. Ausdrücke wie „Ort", „Größe", „physikalisches Modell eines Punktes", „Darstellung eines Punktes", „stetige Anordnung von Punkten" u.a.m. werden benutzt, um Objekte (Grundformen) zu beschreiben, die dann als nicht definierbar erklärt werden, da sie angeblich nur durch Wörter oder Ausdrücke definiert werden können, die selbst eine Definition brauchen. (Das ist keine einleuchtende Argumentation.) Das Buch ist aber ansonsten dem entdeckenden, erkundenden Lernen verpflichtet, sodass diese Seiten eher als Indiz für ein grundsätzliches fachliches Problem anzusehen sind, das auch didaktische Auswirkungen hat.

Zwei Typen der Behandlung der geometrischen Grundbegriffe Gerade und Ebene lassen sich in den Beispielen unterscheiden:

1. Es wird eine (im günstigen Fall) durch zeichnerische Handlungen geometrischer Grundobjekte oder konkrete Beispiele von geformten Objekten unterstützte Namengebung bzw. **Festlegung einer Terminologie** betrieben (z.B. im Fall von Strecke, Strahl und gerader Linie). Diese Objekte werden als anschaulich bekannt vorausgesetzt.

2. Es werden vielfältige konkrete Operationen (insb. Falten, Zeichnen und andere Erzeugungsverfahren) vorgeschlagen, als Basis einer durch manuelle Handlungen unterstützten Begriffsbildung. (Vgl. z.B. Gamma 5, Welt der Zahl 5.) Dabei wird versucht, den Schülern **Erfahrungsbereiche** zu eröffnen, indem (durch Vergegenwärtigung oder Aktionen) auf die Praxis der Herstellung und Verwendung von Geraden und Ebenen Bezug genommen wird.

Zwischen diesen zwei (gewiss stilisierten) Polen, die bloße Festlegung von Namen für bekannte Objekte und dem Bezug auf Erfahrungsbereiche der geometrischen Praxis und einer durch vielfältige konkrete Handlungen der Schüler unterstützten Begriffsbildung bewegen sich die Vorschläge aller geläufigen Schulbücher der Orientierungsstufe.[148]

Zweifellos erscheint Typ 1. angesichts offensichtlicher Bedenken hinsichtlich der Methodik des Begriffslehrens (Vollrath, 1984, S. 209f) als unzulänglich. Die geometrischen Zeichnungen, die hier verwendet werden, sind gewiss kein Selbstzweck in der Geometrie und technischen Praxis. Sie dienen als Hilfsmittel zur Planung und Konstruktion von räumlichen Komplexen und zur Untersuchung räumlicher Konfigurationen. Damit sie in dieser Funktion erfahren werden können, müsste der Bezug zu Kanten, Ecken und Flächen auf Körpern im Unterricht (sogar durchgängig) hergestellt werden. Übrigens ist sowohl die Förderung der Vorstellung als auch die Anwendung geometrischer Begriffe nur so zu sichern. Aber nicht nur die bloße graphische Realisierung von Grundformen, also die eingeschränkte Sinngebung und der mangelnde Bezug zu Körpern sind zu beanstanden, sondern auch die vielfach fehlende Problemorientierung und damit einhergehende Isolierung der Begriffsbildung von Problemkontexten.[149] Trotzdem ist diese Art der Behandlung aus vielen Gründen wohl sehr weit verbreitet.

---

[148] Im bekannten „Zahlenbuch" (Müller/Wittmann) ist die Begriffsbildung in die 4. Klasse vorverlagert.

[149] Realisierungsfragen, die auch an Zeichnungen diskutierbar sind, also Fragen nach dem Unterschied zwischen idealen und realen Figuren kommen in den üblichen Schulbüchern leider nicht ins Blickfeld.

Im Mittelpunkt steht im Folgenden die zweite Variante. Sie erscheint bereits aufgrund ihrer Handlungsorientierung als ziemlich anspruchsvoll, besonders im Hinblick auf die Organisation des Unterrichts. Angesichts der weitreichenden, überaus vernünftigen Anforderungen an das Lehren und Lernen von Begriffen (konkrete Operationen, Problemorientierung, Integration) stellt sich aus didaktischer Sicht daher vor allem die Frage nach geeigneten konkreten Lehrgängen bzw. Unterrichtskonzeptionen.

Diese Problematik sei an dieser Stelle aber zurückgestellt, um die Aufmerksamkeit auf ein grundsätzliches begriffliches Defizit zu lenken. Auffällig am Vorgehen nach Typ 2. (vgl. die obigen Beispiele in den Anlagen) ist der folgende Umstand, hier am Beispiel der Behandlung der Geraden exemplifiziert: Geraden werden durch unterschiedliche Verfahren erzeugt bzw. realisiert. Die Frage, was für ein Merkmal an diesen empirischen Gegenständen mit dem Begriff „gerade" bezeichnet wird, bleibt jedoch unbeantwortet. Auch Fragen nach der besseren oder hinreichenden Realisierung von Geraden kommen in diesem Zusammenhang nicht immer ins Blickfeld. Im Hinblick auf eine Stufung des Begriffslernens scheint hier zwar ein unverzichtbarer Anfang vorzuliegen (Begriff der Geraden als Phänomen). Die nächste Stufe jedoch (Geradenbegriff als Träger von Eigenschaften), wird an dieser Stelle nicht mehr beschritten, jedenfalls nicht im Hinblick auf technische, relative Eigenschaften von geraden Linien zueinander (z.B. das Passen von geraden Kanten in jeder Lage aneinander). Geraden erscheinen somit als empirische Gegenstände (gegeben als Kanten, Striche auf dem Papier, gespannte Schnüre, Lichtstrahlen usw.), die „anschaulich" wohl etwas gemeinsam haben; was das aber ist, bleibt unausgesprochen.

12.2 Geometrische Grundbegriffe in der Lehrerbildung

Auch ein Blick auf die fachdidaktische Literatur zur Orientierungsstufe bringt keine befriedigende Antwort zu unserem Fragenkomplex. Dort wird dieses Problem durchaus gesehen (Bigalke/Hasemann 1978, S. 208f) und „praktisch", durch den Bezug auf Linealkanten als Standard, mit denen Geraden gezeichnet werden, beantwortet. Andere Autoren beschreiben die Begriffsbildung, die zu geometrischen Grundbegriffen führt, als „Abstraktionsvorgang", der bei der Betrachtung von Körpern ansetzt. (Schwartze 1984, S.87). Die „Idealisierung" von den materiellen Objekten hin zu den geometrischen Gegenständen wird an geeignet erscheinenden Realisaten vollzogen (z.B. werden Schnüre zu „Linien ohne Dicke" idealisiert). Sowohl der Abstraktionsvorgang als auch die Idealisierung werden dabei in erster Linie als psychologische Vorgänge betrachtet, die durch geeignete Redeweisen bzw. Vorstellungen zu unterstützen sind.[150]

Um ein vollständigeres Bild zu gewinnen, soll im Folgenden das Problem der Bestimmung der Grundbegriffe Ebene und Gerade anhand von Lehrbüchern zur Geometrie, vornehmlich für künftige Lehrer, erörtert werden. Diese ausgewählten Bücher nehmen nicht von vornherein einen axiomatischen Standpunkt ein, sondern versuchen

---

[150] Diese sind jedoch auch, was hier relevanter erscheint, Begriffsbildungsprozesse, die vor allem eine logische Seite haben. (vgl. I, Kapitel 3 und Winter 1982)

zunächst auf den Sinn der Begriffe bzw. auf ihre anschauliche Basis einzugehen und somit die Axiomatik bzw. die geometrischen Axiome besser zu motivieren.

D. Hendersons „Experiencing geometry" (Henderson 2001, 2. Auflage) bringt zum Begriff der Geraden (in Kapitel 1, S. 1 – 14) für uns hier willkommene Anlässe zur kritischen Diskussion. Perrons „Nicht-Euklidische Elementargeometrie der Ebene" (Perron 1962) bietet eine fast parodistisch anmutende Antwort auf die Frage nach dem Sinn von Ebene und Gerade und der Vermittlung von Axiomensystemen an. Ewalds „Geometrie" schließlich beginnt mit dem redlichen Versuch, geometrische Grundgegenstände mit anschaulichem Sinn zu füllen, so wie zuvor die im Hinblick auf unsere Anliegen besseren Schulbücher.

Für Henderson ist der Begriff der geraden Linie ein für den Menschen natürlicher Begriff (natural human concept) (S. 1). Trotzdem wird hier problemorientiert weitergefragt. Das erste Problem (Problem 1.1) ist mit der Aufforderung verbunden, sich eigene Erfahrungen mit geraden Linien zu vergegenwärtigen bzw. Erklärungen für den Begriff der Geraden zu finden. Angeregt wird zum Nachdenken durch folgende Fragen (S. 2, hier in freier Wiedergabe):

- Wie können Sie praktisch überprüfen, ob etwas gerade ist, ohne ein Lineal zu verwenden? (Denn sonst könnte man fragen, „wie prüft man, ob das Lineal gerade ist?")
- Wie können Sie etwas Gerades herstellen? Z.B. legen Sie Zaunpfähle in einer geraden Linie hin oder zeichnen Sie eine gerade Linie!
- Welche Symmetrien hat eine gerade Linie?
- Können Sie eine Definition (Erklärung) von „gerade Linie" aufschreiben?

Folgende Anregungen zur Beantwortung dieser Fragen werden gegeben:

- Schauen Sie nach Beispielen für physikalische Realisierungen von Geraden. Gehen Sie raus und versuchen Sie auf einer geraden Linie zu wandern und dann auf einer gekrümmten Linie. Zeichnen Sie eine gerade Linie und überprüfen Sie, ob sie gerade ist.
- Schauen Sie nach Dingen, die sie „gerade" nennen würden. Wo sehen Sie gerade Linien? Warum sagen Sie, dass sie gerade sind? Schauen Sie nach physikalischen geraden Linien und nach nicht-physikalischen Gebrauchsweisen des Wortes „gerade".
- Sie werden wohl viele Ideen für Geradlinigkeit herausstellen. <u>Dann ist es nötig, darüber nachzudenken, was diesen geraden Phänomenen gemeinsam ist</u>. (Unterstreichung von mir.)

Henderson versucht danach einen „mächtigen Zugang" (für seine Zwecke, d.h. im Hinblick auf die Übertragung der Begrifflichkeit auf andere Oberflächen als der Ebene) zu diesem Problem, nämlich über die **Symmetrien der geraden Linie**.

Zunächst werden zwei Symmetrien betrachtet:

1. Die Spiegelsymmetrie an der Linie selbst.

2. Die Halbdrehung (Drehung um 180°) um einen beliebigen Punkt auf der Linie.

Beide Operationen betreffen Isometrien der Geraden. Die weitere heuristische Anregung des Autors ist nun, solche <u>Symmetrien für Linien</u> (nicht nur Geraden) zu suchen und die herauszuziehen, welche für die gerade Linie spezifisch sind.

Zuvor werden auf die Fragen nach der Konstruktion bzw. Prüfung von Geraden folgende Herstellungsweisen genannt:

- Falten von Papier
- Steinmetz-Methode

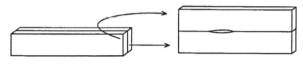

Figure 1.3 Carpenter's method for checking straightness

Aus: Henderson 2001, S. 5

Im weiteren geht Henderson auch auf das Schleifverfahren für Ebenen ein und fragt zuerst nach einer Erklärung, warum es als Herstellung von Ebenen funktioniert; dann weiter, was das Verfahren mit den Eigenschaften bzw. Symmetrien der Geraden zu tun hätte und schließlich, <u>ob man eine Symmetrie der Geraden nutzen kann, um eine Definition der Geraden zu geben</u>. Eine weitere Fragestellung ist hier von Interesse: Der Schnitt von zwei Ebenen ist eine Gerade, warum funktioniert das immer? Hilft das uns, um den Begriff „gerade" zu verstehen?

Henderson gibt alle diese Anregungen und Fragen auf, sowie einige Informationen (wie das Verfahren zur Herstellung von Ebenen), und versucht damit weiteres Nachdenken und Diskussionen über diesen Themenkreis in Gang zu setzten. Seine grundsätzliche Anregung an den Leser lautet, in kartesischer Manier, nichts zu akzeptieren, dessen Begründung man nicht eingesehen hat.

Schließlich beschreibt er die gerade Linie mittels Symmetrien und versucht sie so von anderen Linien auszuzeichnen. (Henderson 2001, S. 6-9; daraus auch die folgenden Bilder)

Die Symmetrien der geraden Linie sind:

1. Spiegelsymmetrie in der Linie

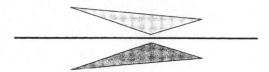

Figure 1.5   Reflection-in-the-line symmetry

2. Spiegelsymmetrie senkrecht zu der Linie

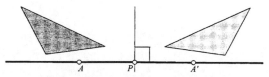

Figure 1.6   Reflection-perpendicular-to-the-line symmetry

3. Halbdrehung

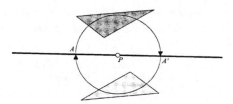

Figure 1.7   Half-turn symmetry

4. Starre Bewegung längs sich selbst

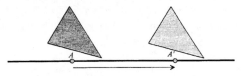

Figure 1.8   Rigid-motion-along-itself symmetry

5. 3-dimensionale Rotationssymmetrie (mit sich selbst als Achse)

end view

Figure 1.9 3-dimensional-rotation symmetry

6. Punktsymmetrie

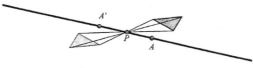

Figure 1.10 Central symmetry

7. Selbstähnlichkeit, „Quasi-Symmetrie" (jedes Stück einer geraden Linie ist ähnlich zu jedem anderen Stück).

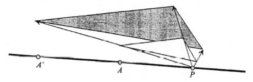

Figure 1.11 Similarity "quasi-symmetry"

Während andere Kurven oder Linien einige dieser Symmetrien aufweisen, so Henderson, hat die Gerade als einzige Linie alle diese Symmetrien. Bezogen auf radikale Frage des Autors (Definition der Geraden) besteht jedoch das Problem darin, dass diese Symmetrien ohne die Inanspruchnahme von Geraden zu erklären wären. Für alle diese Überlegungen[151] gilt nämlich, dass sie nicht protogeometrisch sind, und erst nach dem Aufbau der Geometrie bzw. der Konstitution eines Axiomensystems angestellt werden können, was sich auch in der verwendeten Terminologie zeigt. Hendersons Vorschläge taugen also nicht dazu, den Begriff der Geraden zu erklären, sondern sind eine wichtige, geometrisch vermittelte Betrachtung. Es ist daher nötig, die herausgestellten Symmetrien (oder einige von ihnen) auf eine andere Weise, vorgeometrisch, zu interpretieren, wozu man aber ebenso über die ihnen zugrunde liegende Kongruenz von Figuren in konkreter Interpretation mit Figuren verfügen muss. Genau das wurde im Teil I versucht.

---

[151] Die Überlegungen Hendersons haben viel gemeinsam mit Benders Ausführungen in (Bender 1978, S. 78-79), die gleichermaßen problematisch sind.

Der Wert der Symmetrien für die geometrische Unterscheidung und die Diskussion von relevanten Funktionen von Figuren und Formen soll hier überhaupt nicht bestritten werden, im Gegenteil. Sie sind heuristisch und didaktisch überaus relevant und wertvoll. Für die Zwecke Hendersons jedoch, also wenn es darum geht, die elementaren Begriffe, wie „gerade", zuallererst auf der Basis von zugänglichen Erfahrungen zu bestimmen, sind sie nicht tauglich. Im Kern übergehen seine Betrachtungen, trotz der redlichen Bemühung um Sinnbezug, unseren Sprachgebrauch, worin „gerade" (auch „eben") als Formeigenschaft fungiert. Sie werden so dem Problem einer exakten Fassung der Rede von der Form (oder Gestalt) von Figuren als Voraussetzung zur Rekonstruktion des Formprädikats „gerade" nicht gerecht. Genau das war in Teil I ein Hauptanliegen und auf dem Hintergrund der Ausführungen Hendersons mag man die Leistung der vorgetragenen Protogeometrie im Hinblick auf erforderliche methodische Ergänzungen bzw. begriffliche Klärungen geläufiger, auch verdienstvoll bemühter Zugänge ermessen.

O. Perrons „Einführung in die nicht-euklidische Geometrie der Ebene" ist ein Buch, das vornehmlich für Lehrerstudenten geschrieben wurde (Perron 1962, Einleitung). Perron setzt bei Euklid und Hilbert an. Die Definitionen Euklids wollten, so Perron, die Gegenstände, um die es in der Geometrie handelt (also die Grundfiguren, sowie Ebene und Gerade), definieren. Dieser Versuch habe nicht zum Erfolg geführt, vor allem würden diese Erklärungen nirgends gebraucht. Hilbert verabschiede bekanntlich den Bezugsbereich und beschränke sich auf die Struktur. Vom Standpunkt der Logik gibt Perron Hilbert recht, jedoch nicht in didaktischer Hinsicht.

> „Aber anschaulich ist es nicht, und der Geometrieanfänger, der nicht schon allerhand von abstrakten mathematischen „Strukturen" gehört hat, wird sich schwer damit befreunden. Er wird sich vorkommen wie der Schüler, der beim Doctor Faust was lernen möchte, aber im Vorzimmer von Mephisto mit Sophismen genarrt wird. Er kann mit Dingen, die ohne reale Existenz bloß gedacht werden sollen, nicht viel anfangen; er möchte lieber in einem wirklichen Raume leben, wo sich bekanntlich die Sachen stoßen, und möchte wissen, von was für Sachen in der Geometrie, also in der Wissenschaft vom Raume, gesprochen wird. Deshalb wollen wir es hier anders machen." (S. 10)

Die Frage nach der Definition von Gerade und Ebene sieht Perron in Analogie zur Definition von „Hund" an. Bei der Definition von Hund gehe man nicht von Merkmalen aus, sondern nimmt eine Einführung über Beispiele und Gegenbeispiele vor. Perron appelliert an die Intelligenz (=gesunder Menschenverstand), welcher sofort die charakteristischen Merkmale herausfindet, wenn auch er sie nicht in Worte fassen kann. Nach Perron besitzt man so eine **Vorstellung** von dem, was ein Hund ist. Ihm scheint die beste Definition eines Begriffes die durch Aufzeigen von Beispielen zu sein. Er macht daher den (so wörtlich) „ketzerischen" Vorschlag mit der Definition von Gerade und Ebene es genauso zu halten. Aufgrund der in der Schule gemachten Erfahrungen habe jeder, er selbst eingeschlossen, eine Vorstellung von diesen Dingen gebildet. Als Beleg dafür sieht er die Tatsache an, dass Zeichnungen just dazu benutzt werden, um geometrische Sachverhalte zu veranschaulichen.

Hinzu käme, dass kein Geometer von Euklid bis Hilbert auf Figuren verzichtet habe und das setze voraus, dass man dieselbe Vorstellung von den Dingen habe.

> „Und wovon handelt eigentlich die Geometrie wenn nicht von Figuren? Aber da kann man sich nur verständigen, wenn jeder kraft seiner menschlichen Intelligenz dieselbe Vorstellung von den (vielleicht sehr ungenau gezeichneten) Figuren hat..." (S. 11)

Die Definitionen des Punktes und der Geraden werden so unter Berufung auf die Vorstellungen, die der „intelligente, harmlose und unverbildete Leser" von diesen Dingen hat. Die Ebene ist nach Perron einfach ein Blatt Papier bzw. eine Schultafel. Die darauf gezeichneten Figuren vermitteln dann auch die Grundbegriffe der Inzidenz und der Anordnung auf Figuren, natürlich sind Lineal und Zirkel und das Messen bzw. Zeichnen damit, sowie die Längengleichheit klare Vorstellungen. Auf diesen Vorstellungen baut die Axiomatik der Geometrie dann auf. Die Frage, die sich aufdrängt, ist natürlich dann, ob man überhaupt darüber Worte zu verlieren braucht, wenn man sowieso von uns allen geläufigen Vorstellungen ausgeht. Dieses Beispiel vermag aus meiner Sicht daher nur die begrifflich eher naive Art, mit der man auch in der Mathematik von „Anschauung" die Rede ist, zu verdeutlichen.

Ich möchte hier nicht, Perrons Berufung auf eine Vorstellung, die auf der Basis einer funktionierenden Praxis entsteht, und als Parodie anmutet, aber mutig ist, anzweifeln. Die Frage ist nur, ob damit etwas Substantielles für unser Verständnis getan ist. Ich behaupte, dass in dieser Hinsicht mehr möglich ist! Im Übrigen sind Gerade und Ebene als Phänomene anders als Hunde geartet, z.B. kann hier die Frage nach einer mehr oder weniger guten Realisierung gleich gestellt werden, wie auch die Frage nach der Herstellung überhaupt. Bevor solche Unterschiede bedacht worden sind, darf man nicht einfach quasi-empirische, enge Schulvorstellungen zur Basis einer Geometrie für Lehrer machen, vor allem dann nicht, wenn man so löbliche Absichten wie Perron hat. Sein Beharren auf eine Geometrie als Figurentheorie ist jedenfalls ermutigend und sehr zu begrüßen.[152]

In einem Punkt muss man Perron recht geben: Der Gebrauch von gezeichneten Figuren zwingt geradezu, nach einer Erklärung zu suchen, die seiner Ansicht nach die Existenz von gemeinsamen Vorstellungen (dieses Wort braucht nicht als psychologischer Terminus verstanden zu werden) bei den Menschen unserer Kultur nahe legt. Nun, dies ist wohl der Fall, viel ist aber mit ein paar Marginalbemerkungen dazu nicht gewonnen, weder für ein besseres, umfassendes Verständnis der Grundlagen der Geometrie, noch für die Didaktik der Geometrie. Der Weg, der in den vorliegenden Untersuchungen beschritten wurde, besteht stattdessen darin, sehr viel genauer auf die gemeinsame Praxis und die gemeinsamen Unterscheidungen im Umgang mit Figuren zu schauen. Sie stellen die (pragmatischen) Grundlagen der Geometrie dar, und auch un-

---

[152] Auch an anderer Stelle ist Perron ermutigend. In der Einleitung seines letzten Auflage seines bekannten Buches über Kettenbrüche verzichtet er explizit auf „logische Hieroglyphen" und „geheimnisvolle Räume" und möchte lieber bei der normalen Sprechweise und den klassischen Rechenmethoden verbleiben. (Perron 1977)

sere geometrischen Vorstellungen konstituieren sich in einschlägigen manuellen und symbolischen Handlungen. In den Äußerungen Perrons möchte ich daher einen etwas zu simplen Versuch zur Verankerung der Geometrie erkennen, der auf ein grundsätzliches Problem hinweist.[153] Die obige Ansicht Perrons ist im Übrigen kein Einzelfall. Sie scheint den Stand der Dinge seit Langem darzustellen.

Eines der im Hinblick auf die Begegnung mit dem Problem des Sinns der Grundgegenstände der Geometrie besten Darstellungen für Lehrer ist, soweit ich sehe, **G. Ewalds „Geometrie"** (Ewald 1971). Gleich zu Anfang, nach der Vergegenwärtigung phänomenaler Eigenschaften von konkreten Geraden und Punkten, wird in diesem Buch nach der geometrischen Bedeutung dieser Objekte gefragt (S. 9).

Ewald sieht in der Definition der Geraden als kürzester Entfernung zwischen zwei Punkten zwei Defizite: 1. Diese sagt nur über begrenzte Stücke der Geraden etwas aus, 2. Sie setzt voraus, dass man weiß, was <u>Länge</u> und was unter einer <u>Minimaleigenschaft</u> zu verstehen ist. Er sieht darin nur den Versuch, einen einfachen Begriff durch mehr oder weniger kompliziertere Begriffe erklären zu wollen.

Ewald versucht nun selbst zunächst eine andere Definition, die seinem Ansatz gemäß wäre: Gerade heißt das, was unter einer ebenen Spiegelung konstant bleibt. Auch diese Erklärung scheint ihm aber das Problem auf ein anderes zu verschieben, nämlich auf Kenntnisse über Spiegelungen. Nach einigen Betrachtungen über geometrische Beweise, die vom Sinn der Grundgegenstände, der bei ihm und bei Euklid gesucht wird, wohl keinen Gebrauch machen, wird die Frage gestellt, ob damit für eine „Unabhängigkeit der Geometrie von der Anschauung, der Natur und der technischen Welt" ein Argument bereitsteht. Diese Frage wird (erfreulicherweise) folgendermaßen negativ beantwortet.

> „Wir könnten zwar willkürliche Postulate über Punkte und Geraden aufstellen und die Gesamtheit der Folgerungen aus diesen Postulaten „Geometrie" nennen. Diese Geometrie wäre jedoch von geringem Wert. Die Quelle unserer Postulate und auch unser Leitfaden zur Entdeckung geometrischer Sätze ist die geometrische Anschauung, die aus der Erfahrung stammt. Die geometrischen Sätze jedoch sind Folgerungen aus diesen Postulaten.„ (S. 10)

Die offene Frage, wie diese Anschauung berücksichtigt werden könnte, beantwortet Ewald auf folgende Weise.

---

[153] Zu Anfang dieser Schrift wurde F. Kleins Erlanger Programm (Noten No. 3) zitiert, worin das Problem der begrifflichen (sogar mathematischen) Erfassung der geometrischen Anschauung explizit angesprochen wird.

Was Geraden angeht, hat unser Verstand die Fähigkeit, in folgenden Versuchen eine Gemeinsamkeit zu erkennen:

(a) Man spanne einen Faden zwischen den Händen (Fig. 1.1).
(b) Man falte ein Stück Papier (Fig. 1.1).
(c) Man ordne drei Stücke Pappe, die jeweils ein kleines Loch haben, so an, daß man gleichzeitig durch diese drei Löcher hindurchsehen kann (Fig. 1.2).

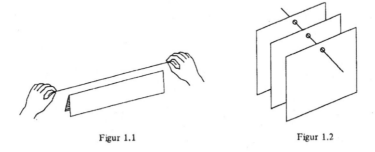

Figur 1.1   Figur 1.2

Die Gemeinsamkeit ist hierbei „Geradlinigkeit" — die des Fadens, die der Kante eines gefalteten Papiers, die eines Lichtstrahles. In all diesen drei Versuchen „sehen" wir eine Gerade.

Aus: Ewald 1971, S. 11.

Erst nach diesen Ausführungen werden, wie bei Perron, Inzidenzaxiome angegeben, welche diese „Beobachtungen in exakten mathematischen Worten ausdrücken" sollen.

Sowohl Perron wie auch Ewald unternehmen einen Versuch, ihre Leser im Hinblick auf die geometrischen Grundbegriffe dazu zu ermutigen, sich auf die gemeinsame Anschauung zu berufen. Sie sehen sich am Ende jedoch dazu genötigt, von der Unterstellung, dass bei allen Menschen die gleiche Vorstellung eines Objektes mit bestimmten Eigenschaften existiert, Gebrauch zu machen.

Das kann aber zweierlei heißen:

1. Sie machen eine psychologische Annahme über unsere Vorstellungen oder

2. (harmloser und für Mathematiker angängiger) Sie unterstellen, dass wir auf gleiche Weise mit geraden Objekten handeln und über sie reden. (Das ist es zumeist, was man meint, wenn man „gleiche Vorstellungen" über eine Sache bei mehreren Personen konstatiert.) Auf diese gemeinsame Praxis und ihre Unterscheidungen müsste man aber dann noch genauer hinsehen. Hier gibt es also aus meiner Sicht schlicht nur etwas besser zu verstehen, und auch wenn es überhaupt nicht einfach zu sein scheint, so ist es in Teil I zumindest auf den Weg gebracht worden.

12.3 Ein Blick auf die Tradition

Nach diesem Versuch einer Bestandsaufnahme der aktuellen Situation hinsichtlich der Behandlungsweise geometrischer Grundbegriffe im Geometrieunterricht von der Schule bis zur Hochschule lohnt es sich kurz etwas auszuholen und nachzusehen, ob und wie die Tradition über diese Dinge nachgedacht hat, um unsere Orientierung darüber abzurunden. Es geht also darum, die Entwicklung von den Definitionsversuche Euklids bis zu den Bemühungen der Protogeometrie unter dem Blickwinkel der Didaktik zu betrachten.

Es scheint klar zu sein, dass die Definitionsversuche Euklids (II, Kapitel 12) nicht in didaktischer Absicht erfolgt sind. Sie erscheinen zuweilen als Nomenklatur[154] und sind in ihrer logischen Fassung didaktischen Absichten eher abträglich. Sie spielen wohl eine gewisse Rolle, wenn es darum geht, die Gegenstände, mit welchen im seit der Antike üblichen propädeutischen Geometrieunterricht gehandelt wird, zu erklären, aber sie geben nur partielle Auskünfte. In diesem propädeutischen Unterricht könnte der Umgang mit Figuren, die an Körpern gegeben sind, auch früher kaum anders als heute ausgesehen haben: Es sind wohl Figuren gezeichnet worden (Tontafeln zeugen davon), mit den damals geläufigen Mitteln realisiert worden (Seile, Kanten, Visieren), und es ist mit ihnen Geometrie getrieben worden, d.h. konstruiert, argumentiert, berechnet worden usw. Die spätere Dominanz des euklidischen Werkes, die bereits nach seiner Entstehung einsetzte, führte durch die Orientierung am logischen Aufbau der Elemente zu einer (didaktischen Zwecken entgegen arbeitenden) Kanonisierung des Unterrichts, die das Entdecken und autonome Erfahren, wenn überhaupt, nur eingeschränkt fördert.

In Frankreich versuchte man nach der Renaissance mit Petrus Ramus (1515-1572) und später in der Neuzeit mit Alexis Clairaut (1713-1765) die Landmessung, die nach Herodot einen Anlass zur Konstitution der Geometrie abgab, wieder als Erfahrungsbereich für den Anfangsunterricht zu etablieren, leider mit mäßigem Erfolg. Aber auch diese Orientierung hätte, kritisch betrachtet, keinen wirksamen Impuls bedeutet im Hinblick auf ein Überdenken des Sinns der Grundgegenstände der Geometrie. Man darf nämlich nicht übersehen, dass die Verfügung über diese Grundgegenstände als Formungen eine wesentliche Voraussetzung auch für diesen Ansatz darstellt. Die begrifflichen Probleme der Grundterminologie Euklids blieben daher bis zum 19. Jahrhundert in jeder Hinsicht unbewältigt. Erst dann sind, vor allem mit den Untersuchungen zur Parallelentheorie, auch begriffliche Defizite der Geometrie Euklids deutlich ins Blickfeld gerückt. (Vgl. dazu II, Kapitel 9.) Diese Entwicklung führte schließlich zur Axiomatisierung der Geometrie (Pasch, Peano, Hilbert) und auch zur Klärung einiger traditioneller terminologischer Probleme (vgl. II, Kapitel 10).

---

[154] So äußert sich J.H. Lambert in einem Brief aus dem Jahr 1765 (Stäckel/Engel 1895, S. 141).

Mit der Entstehung der nicht-euklidischen Geometrien kamen die Grundlagen der Geometrie als Theorie des Raumes insgesamt in Bewegung und es wurde von nun an eine immer innigere Verbindung zwischen Geometrie und Physik etabliert. Es war nämlich nicht mehr so einfach, sich auf die Anschauung zu berufen, da die Geometrie nunmehr, so die geläufige Auffassung, nicht in eindeutiger Weise auf die Wirklichkeit bezogen werden konnte. Insbesondere die formale Auffassung der Geometrie mit ihrer Loslösung von der Anschauung zwang die Wissenschaftstheoretiker zum Nachdenken über eine Interpretation ihrer Objekte durch physikalische Gegenstände.

Ins 19. Jahrhundert fällt nun auch die Zeit des Aufschwungs der Technik in allen ihren Bereichen. Im Hinblick auf die geometrischen Grundbegriffe gibt vor allem der Maschinen- und Apparatebau vereinzelt, aber schließlich wirksam, den Anstoß zu ihrer Interpretation durch technische Produkte und deren Funktionseigenschaften.

Die ersten Bezüge darauf, die mir in dieser Hinsicht bekannt sind, stammen vom Geometer W.K. Clifford (Clifford 1868). Wie bereits früher ausgeführt wurde[155], nimmt er in seinem populären Buch explizit Bezug auf das 3-Platten-Schleifverfahren zur Herstellung von Ebenen und erläutert die technischen Eigenschaften der Flächen (Passung und Gleiten aufeinander), die damit erzeugt werden können. Darauf bezugnehmend bestimmt er dann die Ebene als Fläche, die überall sowie auf beiden Seiten die gleiche Gestalt (shape) hat. (Auch die Gerade wird so definiert.) Damit wird historisch zum ersten Mal eine Verbindung zwischen der geometrischen Kongruenz und dem Erzeugungsverfahren von konkreten Ebenen (3-Platten-Verfahren) hergestellt, jedoch ohne dass damit, oder mit der Charakterisierung der Gestalt über Berühraussagen, weiterreichende theoretische oder didaktische Absichten verbunden wären.

Verbindungen zwischen Geometrie und Technik in Bezug auf den Sinn geometrischer Grundbegriffe sind auch Gegenstand der Ausführungen von E.Mach (Mach 1905), worin ebenfalls auf das 3-Platten-Verfahren Bezug genommen wird. Mach versucht jedoch auch nicht, in irgendeiner Weise die damit zusammenhängenden Eigenschaften der Ebene oder Geraden in einen systematischen Zusammenhang zur Geometrie zu bringen.

Diese Verbindung zwischen Eigenschaften von technischen Figuren und geometrischen Grundobjekten sollte in der Folgezeit aber nicht mehr abreißen, sondern sich zuerst im Hinblick auf den Geometrieunterricht explizit empfehlen durch keinen geringeren als Henri Poincaré (1854-1912). Poincaré hat neben seinen bahnbrechenden Arbeiten zur Mathematik auch Bücher zur Wissenschaftstheorie der Mathematik und Physik verfasst, die sehr populär geblieben sind. Im Zusammenhang mit anderen, bemerkenswerten Stellungnahmen zum Mathematikunterricht äußert er sich in einem dieser Bücher ("Wert der Wissenschaft") auch zur Behandlung geometrischer Grundbegriffe im Unterricht, die für uns hier bedeutsam sind:

---

[155] Vgl. II, Kapitel 9.

"Zu Beginn der geometrischen Studien begegnen wir dem Begriffe der geraden Linie. Kann man eine gerade Linie definieren? Die bekannte Definition als kürzester Weg zwischen zwei Punkten kann ich nicht als befriedigend betrachten. Ich würde einfach vom L i n e a l ausgehen und dem Schüler zuerst zeigen, wie man die Genauigkeit des Lineals durch Umdrehung desselben um seine Kante prüfen kann; durch diese Prüfung ist die wahre Definition der Geraden gegeben: Die gerade Linie ist eine Rotationsachse. Weiterhin wird man dem Schüler klarmachen, wie die Genauigkeit des Lineals auch durch Gleitung (durch Verschiebung des selben in sich oder längs einem zweiten Lineale) geprüft werden kann, und damit hätte man eine der wichtigsten Eigenschaften der geraden Linie gewonnen. Jede andere Eigenschaft, die darin besteht, daß sie den kürzesten Weg zwischen zwei Punkten darstellt, ist ein Lehrsatz, der sich exakt beweisen läßt, aber dieser Beweis ist zu schwierig, um in den Gymnasialunterricht aufgenommen werden zu können.

Für den selben genügt es, wenn ein vorher geprüftes Lineal an einen gespannten Faden angelegt und dadurch der erwähnte Lehrsatz verdeutlicht wird. Derartigen Schwierigkeiten gegenüber darf man nicht davor zurückschrecken, die Anzahl der Axiome zu vermehren, wenn man sie auch nur durch ziemlich rohe Experimente rechtfertigen kann.
....
Die Definition der Ebene enthält in sich ein Axiom, und das darf man nicht übergehen. Man nehme ein Zeichenbrett und mache darauf aufmerksam, daß ein bewegliches Lineal sich beständig an dies Brett anlegt und zwar mit drei Freiheitsgraden. Zum Vergleiche ziehe man den Zylinder und den Kegel heran, Flächen an welche man eine gerade Linie nur anlegen kann, wenn man ihr zwei Grade von Freiheit läßt; sodann nehme man drei Zeichenbretter; man zeige zunächst, daß je zwei aufeinander gleiten können, und zwar mit drei Freiheitsgraden; und um die Ebene von der Kugel zu unterscheiden, zeige man ferner, daß zwei dieser Bretter aufeinander gelegt werden können, wenn jedes von ihnen auf das dritte gelegt werden kann."

(Poincaré 1914, S. 121-123; Hervorhebungen durch Unterstreichung von mir.)

Es scheint so zu sein, dass die genannten Eigenschaften der Geraden für Poincaré nicht nur propädeutischen Charakter haben; denn hier ist die Rede von der „wahren Definition der Geraden". Später im Text wird auch von der Gewinnung einer der wichtigsten Eigenschaften der geraden Linie gesprochen. Auch hier drängt sich die Frage auf, worin dann der Bezug dieser Eigenschaften zur theoretischen Geometrie besteht, wie er überhaupt methodisch herzustellen ist. Alle diese Fragen fordern eine Explikation der systematischen Verbindung dieser Bestimmungen zur Geometrie geradezu heraus, eine Aufgabe, die sich, wie wir sahen, zuerst Hugo Dingler gestellt und zeitlebens verfolgt hat.

Als Fazit unserer Betrachtungen ergibt sich, dass man die diffuse Berufung auf die Anschauung, die heute noch überall präsent ist, sich im Laufe der Geschichte zuerst durch den Bezug auf die Landmessung und schließlich auf die Technik, insbesondere die Bearbeitung von Oberflächen und die Herstellung von Geräten zu konkretisieren versucht hat. Das ist der letzte, aus meiner Sicht konsequente Schritt, um die Sinngebung der geometrischen Grundbegriffe zu rekonstruieren.

12.4 Zusammenfassung

Wir haben einige offene didaktische Fragen in Verbindung mit geometrischen Grundformen kennen gelernt, die von der Schule bis zur Hochschule auf ein grundsätzliches, begriffliches Problem hinweisen. Das Problem besteht darin, die Rede von der geometrischen Anschauung bzw. von den Vorstellungen geometrischer Grundbegriffe begrifflich zu fassen. (Kleins Problem vom Anfang meiner systematischen Untersuchungen.)

Die diffuse Berufung auf die Anschauung in den Anfängen der Geometrie, die heute noch überall präsent ist, hat sich im Laufe der Geschichte zuerst durch den Bezug auf die Landmessung und schließlich auf die Technik, insbesondere die Bearbeitung von Oberflächen und die Herstellung von Geräten konkretisiert. Diese Konkretisierung erfolgte im Fall der Landmessung in Unterrichtswerken (Clairaut), die jedoch keine durchschlagende Wirkung entfalten konnten.

Im zweiten Fall kam es nicht über didaktische Anregungen hinaus, die letztlich ebenfalls wirkungslos geblieben sind. Der letzte, aus meiner Sicht konsequente Schritt, besteht nun darin, diese Anregungen, die mit der Protogeometrie verbunden sind, kritisch zu überdenken und versuchen zu nutzen, um die Sinngebung der geometrischen Grundbegriffe im Unterricht zu verbessern.-

13. Operative Geometriebegründung und Geometrie-Didaktik

13.1 Zum Hintergrund

Die Mathematikdidaktik hat bereits früh die Bemühungen Lorenzens zur Begründung der Geometrie (ab 1961) im Anschluss an Dingler wahrgenommen (Steiner 1966), aber bis zu den Beiträgen von A. Schreiber und P. Bender (ab 1978) nicht im Hinblick auf ihre didaktische Relevanz untersucht. Was die didaktische Perspektive der operativen Geometriebegründung betrifft, so lassen sich bei Dingler und bei Lorenzen bis 1979 eher implizit Bezüge erkennen.[156] Lediglich E. Bopps Beiträge, zuletzt auch in MU, lassen deutlichere Bezüge zum Geometrieunterricht hervortreten.[157] Die konstruktive Wissenschaftstheorie Lorenzens, in deren Rahmen auch der Versuch zur Geometriebegründung unternommen wurde, hatte jedoch von vornherein auch ein didaktisches Anliegen. Es ging darum, wie man sagte, Lehrbücher (insbesondere ihre ersten Seiten, in welchen sich Grundlagenprobleme am deutlichsten zeigen[158]) neu zu schreiben, d.h. eine bessere Darstellung von Wissen auf der Basis einer methodischen Begriffs- und Theoriebildung zu geben. Diese Bemühung wurde oft mit dem Begriff der „Rekonstruktion" beschrieben, was im konstruktiven Programm den Versuch bedeutet, das pragmatische Fundament einer wissenschaftlichen Theorie zu explizieren und auf dieser Grundlage die Terminologie und Theorie nachzukonstruieren. Aus diesem Anspruch heraus erscheint auch eine gelegentlich geäußerte Meinung verständlich, die besagt, dass methodisch aufgebautes Wissen bereits didaktisch gut genug aufbereitet sei, somit eine besondere Fachdidaktik neben der Fachwissenschaft nicht erforderlich sei (Inhetveen 1979, vgl. meine Kritik im folgenden Kapitel 16).

Mit den Beiträgen von A. Schreiber und P. Bender (1978, 1984) -im Folgenden „Autoren" genannt- setzt der großangelegte Versuch der Umsetzung von grundlegenden Einsichten der operativen Geometriebegründung in der Geometriedidaktik ein. (Diese Einsichten betreffen m.E. aber auch die Didaktik der Mathematik insgesamt.) Die Bemühung der beiden Autoren wird besser verständlich, wenn man neben dem fachwissenschaftlichen Hintergrund (operative Geometriebegründung) auch die didaktische Absicht ins Auge fasst, die den eigentlichen Anlass zur Beschäftigung damit hergibt. Es ist dies die Bemühung um einen vernünftig verstandenen umwelterschließenden Mathematikunterricht, so wie er in Beiträgen von Heinrich Winter zuvor (Winter 1976) problematisiert wird.

---

[156] Dingler kannte Machs und Poincarés Schriften gut und wusste wohl auch um die didaktischen Aspekte seiner Bemühung. Diese Verbindung ist eng, wie in Kapitel 16 hervorgehoben wird. Bei Dingler ist die Bemühung systematisch-methodisch angelegt, ohne eine spezielle didaktische Absicht. Die ganze protophysikalische Geometrie hat vor allem das systematische Grundlagenproblem im Fokus.

[157] Bopp 1969.

[158] Da methodische Haltungen durchgängig sind, ist es offensichtlich, dass es bei einer Revision der ersten Seiten allein nicht bleiben kann.

Winter bemüht sich darin um eine gründliche Betrachtung der Zielsetzungen eines Mathematikunterrichts zur Erschließung der Umwelt, also zum Nachvollzug der **Mathematisierung** als grundlegender Handlungsweise mathematischen Denkens aus didaktischer Sicht. In diesem Zusammenhang kommt der mathematischen Begriffsbildung eine Schlüsselrolle zu. Dieser Begriffsbildung widmet sich aber besonders die operative Geometriebegründung, sodass darin eine systematisch tiefer liegende Verbindung zur Didaktik der Geometrie vermutet werden kann, die von den Autoren auch gesehen wird.[159] A. Schreiber sieht so in Dinglers Versuch einer operativen Begründung der Geometrie die Möglichkeit, diese Umwelterschließung durch geometrische Konzepte **pragmatisch**, im Sinne einer Rekonstruktion von Handlungsorientierungen, die mit geometrischen Begriffen beschrieben werden, zu verstehen (Schreiber 1978). In dieser Bemühung liefert nach Schreibers Ansicht Dinglers operative Begriffsbildung geometrischer Grundbegriffe eine passende, grundsätzliche Orientierung.

Die operative Begriffsbildung wird von beiden Autoren didaktisch gedeutet und als Prinzip ausgesprochen: Unabhängig von historischen oder psychologischen Argumentationen zur Genese der Geometrie können durch Menschen geformte Produkte (z.B. Geräte jeglicher Art) daraufhin untersucht werden, welche **Zwecke** sie erfüllen sollen bzw. mit welchen technischen **Funktionen** (z.B. Gerätefunktionen) diese erreicht werden sollen. Diese Funktionen betreffen im Kern geometrische und physikalische Eigenschaften, die durch ideelle geometrische und andere physikalische (z.B. kinematische) **Normen** formuliert werden können. Einen entscheidenden, konstitutiven Beitrag zu diesen Funktionen bilden geometrische Eigenschaften, durch welche technische Gegenstände überhaupt erst beschrieben werden können.

Diese Gedanken sind, wie wir sahen (vgl. II, Kapitel 11), bereits in der Philosophie der Geometrie H. Dinglers und in der protophysikalischen Geometrie als Rekonstruktionsabsichten angelegt. Die didaktische Wendung besteht in dem Versuch, praktische Zwecke und technische Funktionen von Artefakten in Sachverhalten unserer Umwelt herauszustellen, um diese Artefakte und die Umwelt besser verstehen und besser gestalten zu können. Die Rekonstruktion dient also neben dem besseren Verständnis auch der Eröffnung von Alternativen bzw. Möglichkeiten des Transfers auf andere Sachverhalte. Im weiteren Sinne handelt es sich also um die konstruktive Auseinandersetzung mit der **Mathematisierung der Umwelt** und ihrem Verständnis als Kulturleistung, was auch kritische Momente einschließt. Die Chance, die sich in dieser konstruktiven (Bender/Schreiber: „konstruktiblen") Konzeption von Genese bietet, besteht darin, diese Mathematisierung, so wie die operative Geometrie in grundsätzlicher Absicht versucht, pragmatisch (nicht entwicklungspsychologisch), d.h. also bezogen auf Handlungsorientierungen, in methodischer Weise zu begründen.

---

[159] Das MU Heft Nr. 5 (1978) betitelt mit „Umwelterschließung im Geometrieunterricht" enthält eine Einführung Winters und Beiträge von A. Schreiber, P. Bender und H. Winter und stellt diese Verbindung explizit her.

Die Autoren versuchen damit die Umwelterschließung im Geometrieunterricht in umfassender Weise (insbesondere auch durch zahlreiche Beispiele) zur Geltung zu bringen.

Das Buch der Autoren (Bender/Schreiber 1985) ist aber nicht nur der großangelegte, verdienstvolle Versuch die operative Orientierung der Geometriebegründung nach Dingler auf die Didaktik zu beziehen bzw. in didaktischer Hinsicht durchgängig zu verwerten. Die Ziele des Buches sind vom Hintergrund und von den Anliegen her sehr weit gesteckt.

1. Es wird eine umfassende, kritische <u>Auswertung der Literatur</u> versucht, die sich mit operativen Aspekten der Geometrie nach Dingler beschäftigt hat. Die Autoren befassen sich dabei hauptsächlich mit der Homogenitätsgeometrie, die aber zur Zeit der Abfassung des Buches innerhalb der konstruktiven Wissenschaftstheorie modifiziert (Janich) bzw. ganz verabschiedet wurde (Lorenzen, Inhetveen). Mit den neueren Arbeiten aus der konstruktiven Wissenschaftstheorie hatten die Autoren zu Recht offenbar große Probleme, sodass sie sich auf kritische Bemerkungen beschränken. Trotzdem bringen sie auch eine Diskussion der Beiträge bis 1983, wobei die Protogeometrie Lorenzens und Inhetveens kritisch gestreift wird. Die Kritik Inhetveens an der Homogenitätsgeometrie, scheinen die Autoren jedoch nicht aufgenommen zu haben. Die Beiträge von Janich, Kathhage und Inhetveen werden daher auch nicht ausreichend berücksichtigt. Dabei ist erst in diesen Beiträgen der operative Ansatz, den die Autoren doch vertreten, nach Dingler erneut zur Geltung gekommen. Das ist jedoch den Autoren nicht anzulasten, denn es wäre schon eine schwierige Aufgabe gewesen, zusätzlich eine eingehende kritische Diskussion all dieser Arbeiten leisten zu wollen.[160] Viel wichtiger sind jedoch die **Beiträge zur wissenschaftstheoretischen Diskussion** grundlegender Konzepte der operativen Geometrie (Homogenität, Idealisierung, Exhaustion), die leider kaum beachtet wurden, aber keineswegs überholt sind, da sie von den konkreten Entwürfen relativ unabhängig sind.

2. Auf dem Hintergrund dieser Bemühungen wird der Versuch der **Grundlegung einer operativen Geometriedidaktik** mit Hilfe eines didaktischen Prinzips zur operativen Begriffsbildung unternommen.

3. Schließlich erfolgt eine eindrucksvoll detaillierte und umfangreiche Konkretisierung des Ansatzes in **Unterrichtsbeispielen** bzw. **Unterrichtsentwürfen.**

---

[160] An anderer Stelle ist das inzwischen umfassend erfolgt (Amiras 1998) Daraus ergibt sich ein verändertes Bild, was alle diese Beiträge betrifft, aber auch Dinglers Entwürfe selbst.

13.2 Das didaktische Prinzip der operativen Begriffsbildung (POB)

Das hauptsächliche Ziel der Autoren ist nach eigenem Bekunden die Konkretisierung der Grundeinsichten der operativen Geometriebegründung für die Didaktik der Geometrie.

Ihre Grundüberlegung kann in ihren eigenen Worten wiedergegeben werden:

> ...geometrische Begriffe vornehmlich im Zusammenhang zweckgerichteter praktischer Handlungen herausgebildet werden....Wir betrachten Begriffe der Geometrie keineswegs als bloße Nachbilder bereits vorhandener, sondern vielmehr als Vorbilder erst noch zu realisierender Formen; deren Herstellung dient in der Regel der Erfüllung zweckgebundener Funktionen in der Praxis. Das ist im großen und ganzen der Inhalt dessen, was wir hier als operative Auffassung der Geometrie bezeichnen... (a.a.O., S.11)

Die operative Begriffsbildung in der Geometrie wird von den Autoren zu einem didaktischen Prinzip verdichtet. Es ist dies das didaktische **Prinzip der Operativen Begriffsbildung (POB)**- vgl. unten das Schema aus dem Buch-, welches so formuliert wird:

> Geometrische Begriffe sind operativ zu bilden, d.h.: Von bestimmten Zwecken ausgehend werden Normen zur Herstellung von Formen entwickelt, die jene Zwecke erfüllen. Die Normen, zumeist Homogenitätsforderungen, werden in Handlungsvorschriften zu ihrer exhaustiven Realisierung umgesetzt und sind somit inhaltliche Grundlage der ihnen entsprechenden Begriffe. (Bender/Schreiber, S.26).

Beispiele für die operative Begriffsbildung, die von den Autoren hier angesprochen wird, sind etwa die Realisierung der Ebene und der anderen Grundformen.

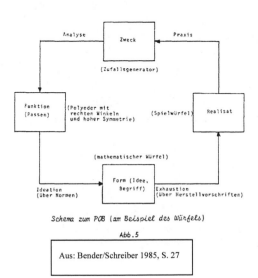

Schema zum POB (am Beispiel des Würfels)

Abb.5

Aus: Bender/Schreiber 1985, S. 27

Anhand des Beispiels der Konstruktion eines Spielwürfels als Zufallsgenerator geben die Autoren ein Schema zum POB an, welches seine Wirkungsweise verdeutlichen soll. Abgesehen von der nicht angezeigten Verwendung der Passungsrelation zur Beschreibung seiner Funktion (es sind hier eher geometrische Begriffe angebracht), lässt sich das Schema ohne weiteren Kommentar verstehen und auf die Herstellung der Ebene (diesmal mit der Passungsrelation) übertragen.

Aus diesem Beispiel wird klar ersichtlich, dass eine Funktionsbestimmung von Artefakten sich in der technischen Praxis am besten mit Hilfe von geometrisch (nicht protogeometrisch) bestimmten Formen formulieren lässt.

In der früheren Arbeit von Bender (Bender 1978) ist das Schema am Mauerbau ausgeführt und kommentiert. Ich beschränke mich auf dessen Wiedergabe und kurze Bemerkungen:

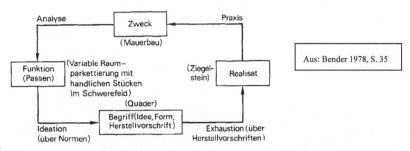

Abb. 11

Der Zweck der Ziegelsteine ist ihre Verwendung beim Bau ebener Mauern. Der Ziegelstein muss handlich sein, es muss u.a. möglich sein mehrreihig und ohne Lücken zu bauen, mit geraden Kanten abzuschließen und Lücken variabler Größe (z.B. Fenster) zu lassen. Daraus ergibt sich also als Funktion das Passen verbunden mit Optimalitätsgesichtspunkten (lückenlose Ausfüllung, Handlichkeit) und Aspekte des Messens (geeignete Verhältnisse der Kantenlängen) usw. Diese Anforderungen führen nun zum Begriff des Quaders, der ideativ, also nicht durch Abstraktion, sondern über Normbegriffe bestimmt wird, die seiner Herstellung in Form geometrischer Formbestimmungen zugrunde liegen. Die Realisierung des Quaders erfolgt über geeignete Herstellungsverfahren, die je nach Praxisanforderungen unterschiedlich ausfallen. Eine hinreichende Realisierung erfolgt in Bezug auf die jeweils zu realisierenden Funktionen und verfolgten Zwecke. Was die hier interessierende Begriffsbildung betrifft, so wird das Schema natürlich nicht nur einmal zu durchlaufen sein, sondern mehrmals, zumindest um Alternativen einzubeziehen, oder um gedanklich verschiedene Möglichkeiten durchzuspielen. Das Schema kann m.E. am besten als die Beschreibung eines Projektvorhabens verstanden werden, die Rekonstruktion der Praxis des Mauerbaus zu leisten.

Anhand dieses Beispiels wird deutlich, worin sich die Vorgehensweisen bei der pragmatisch oder operativ orientierten Rekonstruktion der Geometrie mit den Absichten der Autoren decken. Die operative Begriffsbildung kommt die in beiden Ansätzen gleichermaßen zur Anwendung. Jedoch darf hierbei nicht übersehen werden, dass die didaktischen Absichten von Bender und Schreiber weiterreichend sind. Sie wollen das Lernen der Geometrie überhaupt unter diesen Aspekt der operativen Begriffsbildung und Funktionalität bezogen auf praktische Zwecksetzungen stellen. Sie sind sogar der

Meinung[161], dass dieser Ansatz die Integration von Sichtweisen der Geometrie in didaktischer Hinsicht leisten kann.

13.3 Das POB und die operative Geometriebegründung

Die operative Begriffsbildung ist sowohl in der operativen Geometriebegründung wie auch in ihrer didaktischen Deutung über das POB von zentraler Bedeutung. Daher liegt auch die Vermutung nahe, dass es bei der systematischen Rekonstruktion (wie in der Protogeometrie Teil I) und der operativen Geometriedidaktik lediglich um Unterschiede in der Akzentuierung eines gemeinsamen Anliegens geht. Diese Unterschiede sollen nun auf der Grundlage eines, noch näher zu beschreibenden gemeinsamen Kerns besser herausgestellt werden. In diesem Zusammenhang kann auch die These Schreibers diskutiert werden, wonach er den Kern von Dinglers Philosophie der Geometrie in der didaktischen Auslegung seines operativen Ansatzes erblickt (Schreiber 1978, 1984).

Die erste, zentrale Aufgabe der operativen Geometrie, die in der Protogeometrie deutlich zum Ausdruck kommt, ist m.E. die phänomenologische[162] Analyse der geometrischen Anschauung, also der geometrischen Unterscheidungen auf der Basis operativer (in technischen Handlungen verankerten) Kriterien. In diesen Handlungen wird der Sinnbezug geometrischer Begriffe gesehen. Die beiden Autoren bringen Ähnliches zum Ausdruck:

„Wird ein Begriff operativ gebildet, so liegt sein Sinn, seine inhaltliche Grundlage in den Handlungen, die ihn verwirklichen, und den Zwecken die damit verfolgt werden." (Bender/Schreiber 1985, S. 21)

Der Rahmen, in dem alle hier relevanten Handlungen (manueller und sprachlicher bzw. symbolischer Art) miteinander zusammenhängen, ist unsere technische Praxis, in welcher geometrische Formen gezielt hergestellt und verwendet werden. In Teil I, Kapitel 6 haben wir gesehen, dass es hierbei nicht lediglich um den engeren Kreis von Herstellungshandlungen von Figuren geht (wie die, von mir so genannte, „produktiv-operative" Konzeption seit Dingler es ansieht), sondern vornehmlich um deren Verwendung. Sie stellt die Grundlage für die Erfassung der Funktionseigenschaften bzw. Normen von Formen von Figuren dar.

Die Formulierung des POB bietet kleine Interpretationsprobleme. Es heißt dort:

"Geometrische Begriffe sind operativ zu bilden, d.h.: Von bestimmten Zwecken ausgehend werden Normen zur Herstellung von Formen entwickelt, die jene Zwecke erfüllen. Die Normen, zumeist Homogenitätsforderungen, werden in Handlungsvorschriften zu ihrer exhaustiven Realisierung

---

[161] So Schreiber 2011, S. 23.

[162] Verstanden als „phänomeno-logische" Analyse.

umgesetzt und sind somit inhaltliche Grundlage der ihnen entsprechenden Begriffe." (Bender/Schreiber, S.26).

Sind nun die Normen die inhaltliche Grundlage der Begriffe oder die damit verbundenen Handlungen, welche sie exhaustiv realisieren? Das vorletzte Zitat wäre eigentlich in diesem letzten Sinne zu verstehen. Es müsste also statt „und sind somit inhaltliche Grundlage ...." heißen: „welche somit inhaltliche Grundlage der ihnen entsprechenden Begriffe sind". Problematisch wird es jedoch, wenn nur die Handlungsvorschriften zur ihrer exhaustiven Realisierung betrachtet werden. Das liest sich sehr „produktiv-operativ", was aber zur eigentlich funktionalen Ausrichtung des Ansatzes der Autoren und zur hier vorgestellten Protogeometrie nicht passt. Zur Aufklärung: Da die Autoren von praktischen Zwecksetzungen ausgehen, kommen vielfältige Funktionen von Objekten im Blick, daher kann die Realisierung von Normen, die diese Funktionen idealisieren, auch nur im Sinne einer Realisierung in ihrer Verwendung verstanden werden. Der Ansatz der Autoren ist damit also alles andere als produktiv-operativ, auch wenn sich das im Zitat zunächst so anhört. Die Formulierung im Zitat braucht nicht abgeändert zu werden, wenn man, wie in Kapitel 6 geschehen, die „Realisierung von Normensystemen" statt von isolierten ideellen Begriffen (oder Postulaten) in praktischen Kontexten ins Auge fasst. Dadurch wird neben der Herstellung sofort auch die Verwendung von Realisaten einbezogen, ohne die man schließlich kein vollständiges Bild der Verhältnisse erhalten kann.

Ich will versuchen, dies konkret am Beispiel der Ebene deutlich werden zu lassen: Technische Bedürfnisse und Zwecksetzungen führen zur Realisierung der bekannten Funktionseigenschaften der Ebene (z.B. Universelle Passung, Glattheit, Beziehungen zu Geraden usw.) in technischen Artefakten. Die Realisierung dieser Eigenschaften erfolgt durch technische Handlungen, welche auf die Herstellung bzw. die Verwendung von Ebenen (in Apparaten, Geräten) in den verschiedenen Bereichen der Technik zielen. Diese Handlungen (nicht nur Herstellungshandlungen) sind somit inhaltliche Grundlage des Begriffs der Ebene. Je nach Fortschritt der Technik werden immer mehr Zwecksetzungen und Funktionen (auch physikalischer Art) einbezogen, die mit der Form der Ebene erfüllt werden können. Dabei gestalten sich auch die technischen Handlungen zur Realisierung dieser Form entsprechend komplexer. Der Sinn geometrischer Grundbegriffe erscheint somit breit verankert in der technischen Praxis (und nicht zu vergessen: Theorie). So ist z.B. die Formung eines Quaders mit geometrischem und technischem Wissen, die Formung eines ebenen Teleskop-Spiegels mit physikalischen Funktionen von Ebenen und physikalisch-technischem Wissen verbunden.

Das Schema des POB erfasst mit den von mir genannten Akzentuierungen alle wesentlichen, den operativen Ansatz insgesamt betreffenden (systematisch und didaktisch wirksamen) Momente, und zwar besser (das ist bemerkenswert[163]) als dies in früheren

---

[163] Das liegt am umfassenden und durchdachten Zugehen auf die geometrische Praxis, den die operative Didaktik praktiziert.

Beiträgen zur protophysikalischen Geometrie erfolgt ist. Die Beziehung zwischen ihnen lässt sich jetzt so beschreiben:

Im Schema werden die Beziehungen zwischen den zwei Aspekten technischer Handlungen dargestellt, die zur Realisierung von Artefakten dienen: Zur Analyse der <u>Zwecke</u> von Artefakten werden <u>Funktionseigenschaften</u> von Artefakten formuliert, die in technischen Handlungen realisiert (erzeugt, angewendet) werden. Auf der Handlungsebene haben wir es damit mit einem <u>finalen</u> und einem <u>funktionalen</u> Aspekt technischer Handlungen zu tun. Diese operativen Funktionseigenschaften werden durch ideelle Begriffe (Ideen) normativ (als Funktionsnormen) formuliert. (Beispiel: Die Frage nach Zwecken der Ziegelformung führt u.a. auf Funktionseigenschaften von Ziegeln, die durch ihre geometrische Form gegeben sind, somit durch ideelle Begriffe.)

Bereits an den dargestellten Momenten zeigen sich die unterschiedlichen Schwerpunkte der grundlagenorientierten Protogeometrie bzw. methodisch-operativen Grundlegung der Geometrie zum POB: In der Protogeometrie, die wohl in umfassender Weise eine logisch-begriffliche Rekonstruktion betreiben muss, stehen Zwecke natürlich im Blick, aber nicht im Vordergrund. Es besteht eine systematische bzw. methodische Absicht beim Versuch einen Überblick über die operativ phänomenalen <u>Grundlagen der Geometrie</u> als Figurentheorie insgesamt zu gewinnen, d.h. in der Explikation des Zusammenhangs zwischen geometrischen Phänomenen und Handlungen und der geometrischen Begriffsbildung. Es geht hier darum, den Sinnbezug geometrischer Grundbegriffe und ansatzweise die Theoriebildung zu verstehen.

Der operative Ansatz in didaktischer Absicht ist mit der Mathematisierung und Umwelterschließung verbunden, also dem Bemühen, technische Artefakte (Produkte, Situationen) als Produkte zielgerichteten Handelns zu verstehen. Schon aufgrund dieser Orientierung steht das Verständnis der Funktion technischer Produkte und ihrer Realisierung in der Praxis ganz im Vordergrund. Damit wird der Standpunkt der <u>angewandten Mathematik</u> eingenommen, welcher naturgemäß die ganze Palette der Bezüge heranziehen kann und damit auch Aspekte bzw. Funktionen, die über den Fokus der operativen Geometriebegründung hinauszugehen scheinen. In einer methodisch aufgebauten, operativ oder pragmatisch begründeten Geometrie sollten sich jedoch auch alle Sinnbezüge der Geometrie integrieren lassen. Mein Ansatz ist methodologisch so breit angelegt, dass Gesichtspunkte der reinen und angewandten Mathematik integriert werden können.

Ich komme nun zur Diskussion der didaktischen Umdeutung des operativen Ansatzes Dinglers im POB, auf die Schreiber explizit Bezug nimmt. Schreiber (Schreiber 1978,

S. 11, 13) kommt nach einer kritischen Diskussion des Dinglerschen Programms und seiner Fortsetzung in der Protophysik zum Schluss:

> „Vieles spricht dafür, daß es angemessener wäre, den ganzen Ansatz im Sinne einer operativen Geometriegenese didaktisch umzudeuten." (S. 11)

> „Sämtliche Schwierigkeiten und Einwände prinzipieller Natur wiegen nur wenig oder gar nicht mehr, wenn man das Dinglersche Programm didaktisch umdeutet, nämlich als Konzept einer operativen Geometriegenese." (S. 13)

In einem anderen Aufsatz (Bender/Schreiber 1980) wird das POB als ein zweifaches Prinzip bezeichnet (POCF ist die englische Übersetzung von POB als „principle of operative concept formation"):

> "It will be shown that the POCF proves to be not only the essence of an epistemological understanding of geometry but also an efficient didactical concept." (Bender/Schreiber 1980, S. 74)

Damit ist natürlich zugleich ausgesprochen, dass in der didaktisch-methodischen Auslegung des operativen Ansatzes der Kern der Dinglerschen Philosophie der Geometrie zu erblicken ist. Bedenkt man die Einordnung des POB in den Kontext der angewandten Mathematik, so kann kein Zweifel darin bestehen, dass es sich tatsächlich so verhält, wie dies Schreiber beschreibt. Neben diesen, systematischen Zusammenhang ist noch Folgendes in Bezug auf Dinglers Ansatz von zentraler Bedeutung: Man darf auf keinen Fall übersehen, dass Dinglers Orientierung (nicht im Spätwerk) nicht primär auf die <u>Begründung der Geometrie</u>, sondern auf ihre <u>Anwendung</u> in der Technik und in den Grundlagen der Physik gerichtet ist. Seine Geometriebegründung zielt zunächst auf eine Figurentheorie als <u>Basis für Funktions- und Zweckanalysen des instrumentellen Handelns der Physik</u>, insbesondere im Experiment. Dingler agiert somit, was die Grundlagen der Geometrie als Figurentheorie und ihre Anwendungen betrifft, mit allen seinen Bemühungen bereits integrativ.[164]

Es macht also in jeder Hinsicht Sinn, den Ansatz der operativen Geometriebegründung didaktisch umzudeuten. Diese „Umdeutung" erweist sich jedoch bei genauerem Hinsehen, als eine auf didaktische Zwecksetzungen erfolgende Anpassung, und so ist sie eigentlich im Werk der Autoren auch angelegt. Aber macht operative Geometriedidaktik auch an sich Sinn ohne den Erfolg der operativen Geometriebegründung? Nun, es scheint so zu sein, dass eine operative Grundlegung der Geometrie, zumindest auf der Stufe der Protogeometrie, relativ wenig Auswirkungen auf die Anwendung des POB hat, da man sich bei Funktionsanalysen der Praxis meist geometrischer Formen bedienen kann. Insofern kann damit eine gewisse Unabhängigkeit vom Erfolg der Bemühungen um die Grundlagen erreicht werden. Durch die didaktische Deutung des opera-

---

[164] Neben den einschlägigen Schriften zur Physik sind beide Geometriebücher Dinglers (Dingler 1911 und 1933) explizit so ausgerichtet. Sein späteres Werk (Dingler 1964) ist systematisch ausgerichtet und hat die Begründung der geometrischen Axiome im Rahmen einer Figurentheorie im Fokus.

tiven Ansatzes verschwinden jedoch m.E. auf keinen Fall die Schwierigkeiten, denen er sich irgendwann stellen muss. Sobald man nämlich eine Systematisierung anstrebt (z.B. der Begriffsbildung, denn ohne sie ist eine stimmige Umwelterschließung kaum zu erhalten), wird die Begründungsfrage virulent.[165]

Schreiber hat neuerdings (Schreiber 2011) in einem zweiseitigen Postskriptum eine Kritik zu meiner Habilitationsschrift formuliert und auf diesem Hintergrund die oben genannte „Einschränkung" des operativen Ansatzes von Dingler bekräftigt.

Zunächst zur Kritik Schreibers an meiner Habilitationsschrift: Diese Kritik ist viel zu kurz und pauschal gefasst und daher kaum sinnvoll, d.h. konkret diskutierbar. Deswegen möchte ich nur zwei besonders gravierende Vorwürfe ansprechen, die aus meiner Sicht mein Vorhaben verkennen bzw. unbegründet sind (Schreiber gibt auch keine Begründung an!) Die Kritik Schreibers[166] gipfelt einerseits in pauschalen Vorwürfen, mein Vorgehen würde „mathematischen Standards" nicht entsprechen, die Argumentationen seien „in wesentlichen Teilen defizient" und würden von der „üblichen logisch axiomatischen Vorgehensweise beim Aufbau der Geometrie" abweichen und einige andere, für die im Einzelnen kein einziger Beleg beigefügt wird. Die Kritik gipfelt dann in der Behauptung, meine Ausführungen über Sachverhalte zur Anordnung, Passung, Bewegung und Formkonstanz würden „von wesentlichen Aussagen einer schon als Theorie vorausgesetzten Geometrie Gebrauch machen" müssen. Es dürfte klar sein, dass hier mehrere Keulen geschwungen werden, die, selbst wenn einige Vorwürfe zuträfen, die Anliegen meines Entwurfs völlig abblenden. Ich möchte diese, aus meiner Sicht fragwürdigen Vorhaltungen, mehr kann ich darin nicht sehen, da sie nur pauschal erfolgen, in einem anderen Kontext ausführlich und konkret erörtern.[167]

In vorliegenden Kontext möchte ich jedoch jetzt eigehender erörtern, ob die von ihm behauptete „Essenz" des epistemologischen und didaktischen Verständnisses der Geometrie im POB liegt und ob die Reduktion des operativen Ansatzes auf didaktische Zwecke Sinn macht. Zuvor (gleichlautend in meiner Habilitationsschrift) habe ich meine Bedenken gegenüber dieser Reduktion dargelegt und anlässlich der Besprechung von Krainers Ansatz und Hendersons Zugang zum Geradenbegriff auch konkret begründet.[168] Ich möchte jetzt deutlicher werden, d.h. anhand von konkreten Ausführungen der beiden Autoren dahingehend argumentieren, dass ohne die Protogeometrie

---

[165] Im nächsten Abschnitt werden wir genau diesem Umstand begegnen anhand der Diskussion des Unterrichtsvorschlages von K. Krainer.

[166] Schreiber 2011, S. 154.

[167] Inzwischen ist das Buch der Autoren in einem Reprint wieder erschienen. Aus meiner Sicht wären eine Reihe von Behauptungen systematischer und auch historischer Art (insb. zur Entwicklung der protophysikalischen Geometriebegründung seit Dingler) auf dem Hintergrund meiner Arbeiten einer Revision zu unterziehen. Zusätzliche wären noch die mit Schreibers Postscriptum aufgeworfenen Fragen grundsätzlich zu diskutieren.

[168] Schreiber bezieht sich (a.a.O, S. 154, Fussnote 24) lediglich auf die Einleitung meiner Arbeit und meint, ich „scheine" anzudeuten, dass mir die „Einschränkung des operativen Ansatzes auf didaktische Zwecke" nicht genüge.

eine vernünftige Begriffs- und Theoriebildung in der Geometrie kaum angeht und damit ihren Ansatz, so wie er ausgeführt wird, infrage stellen.

Die geometrische Terminologie, von welcher die Autoren bei ihren Funktionsanalysen freigiebig Gebrauch machen, hängt in wichtigen, elementaren Teilen, aufgrund ihrer mangelhaften Anknüpfung an die elementare technische Terminologie, buchstäblich „in der Luft". Damit wird auch die von den Autoren beabsichtigte Umwelterschließung fragwürdig, weil sie auf ungeklärten Begriffen, deren systematische Zusammenhang nicht expliziert wird, beruhen. Ich möchte dies exemplarisch am Beispiel der Ebene und Geraden, sowie beim Begriff der Inzidenz zeigen und mit der Protogeometrie kontrastieren.

Die oben ausgeführte Erfassung von Funktionen eines Ziegelsteins erfolgt mit Hilfe von Formbegriffen (Gerade, Ebene) und der Passung. Ebene und Gerade werden über eine nicht näher bestimmte Homogenität eingeführt (diese wird auch technisch interpretiert über Passung und Kongruenz, deren Zusammenhang unklar bleibt) und über Funktionsanalysen begrifflich weiter erschlossen, die von einem gemischten, geometrisch-technischen Vokabular Gebrauch machen. Die Analyse von Funktionen der Grundgeräte Ebene und Gerade (Bender 1978) bedient sich also freizügig der geometrischen Terminologie und Theorie ohne deren Bezug auf reale Figuren wirklich geklärt zu haben. Was dabei herauskommt (vgl. Bender 1978, S. 77f.), sind „anschauliche" Argumentationen über den Zusammenhang von geometrischen und mechanischen (kinematischen) Eigenschaften und Erklärungen, die auf geometrischen Eigenschaften von Grundformen zurückgreifen.

Ich bezweifle, dass diese Erklärungen eine umwelterschließende Funktion in didaktischer Absicht haben können. Genauso wie die von Henderson aufgeführten Eigenschaften der Geraden (oder Krainers Eigenschaften im nächsten Kapitel) sind sie innerhalb der Geometrie gewiss von Interesse, aber jedenfalls weder zur Bestimmung der Grundformen als Formbegriffe, noch didaktisch von irgendwelchem Nutzen.

Zuweilen werden auch Relationen wie „passen" über die Inzidenz erklärt (Bender 1978, S. 35), die selbst wohl „anschaulich" zur Verfügung steht. Die Autoren bleiben die Antwort schuldig, was der Sinn von Inzidenz, Kongruenz, Ebene, Gerade und vieles andere mehr betrifft. Die Rede von „Homogenitäten" und „Inhomogenitäten" ist vergeblich, damit verbleibt man (geometrisch formulierte Homogenitätsprinzipien) bestenfalls innerhalb der geometrischen Terminologie. (Das ist das bekannte Problem der Homogenitätsprinzipien: Ohne die methodische Konstitution der Terminologie bleibt alles, was diese Invarianzforderungen ausdrücken, in der Luft hängen.) Wie hier, ohne Anbindung der Basisterminologie der Geometrie an das technische Vokabular im Umgang Figuren hergestellt werden soll, ist ein Rätsel. Woran ist eine operative Begriffsbildung bei der Inzidenz, Kongruenz, Ebene und Gerade auszumachen? Wo werden Handlungen bei der Bestimmung von Inzidenz, Kongruenz, Anordnung usw. herangezogen? Mein Fazit lautet hierbei: Die elementare geometrische Begriffsbildung erfolgt bei Bender/Schreiber gerade nicht operativ!

Charakteristisch ist bei den geometrischen Grundformen die Berufung auf Symmetriegruppen und geometrische Einsichten, die zwar a posteriori völlig in Ordnung gehen, aber eben zur Begriffsbildung (operativ und auch noch in didaktischer Absicht, das ist hier ja das Thema!) nichts beitragen. Was ich hier konkret vermisse, ist die Methodik im Sinne der pragmatischen Ordnung der theoretischen Mittel, die hier eingesetzt werden. Bevor der Zusammenhang technischer Termini, wie Passen, Berühren und vieles mehr mit der geometrischen Terminologie geklärt ist, werden keinesfalls alle Gesichtspunkte erfasst und geordnet, die für eine angemessene Rekonstruktion geometrischer Begriffsbildung und eine darauf gestützte, einsichtige Umwelterschließung erforderlich sind.

Die „Einschränkung" des operativen Ansatzes auf didaktische Zwecke suggeriert zudem eine Trennung methodischer Anliegen bei der Theoriebildung von didaktischen Zwecken bei der Vermittlung geometrischen Wissens, die mir nicht einsichtig ist, im Gegenteil! Ich habe wiederholt in dieser Arbeit dafür argumentiert, dass viele didaktische Probleme bei der Begriffsbildung methodischen Mängeln beim Theorieaufbau geschuldet seien (was kein „logisch-axiomatischer" Aufbau beheben kann) und meine Protogeometrie gerade diese Zielsetzung habe, diesen Mängeln abzuhelfen. Ich bin daher der dezidierten Meinung, dass Schreibers Ansatz nicht angeht, d.h. keinen Sinn ergibt in Bezug auf geometrische Grundbegriffe (vgl. meine Kritik am Vorgehen Krainers im nächsten Kapitel). Die Beschränkung auf „didaktische Zwecke" halte ich für eine Selbsttäuschung, jedenfalls ist ein Verständnis der Grundlagen geometrischer Rede und Theoriebildung m.E. so nicht zu erreichen.

Aus diesen kritischen Anmerkungen ergibt sich folgendes Fazit: Eine Einschränkung des „operativen Ansatzes" (ich verstehe darunter die „pragmatischen Grundlagen" der Geometrie) auf didaktische Zwecke macht keinen guten Sinn, da die Didaktik auf eine systematische und durchgängig pragmatisch fundierte Begriffsbildung angewiesen ist, wenn sie ihrer umwelterschließenden Funktion gerecht werden will.

13.4 Das POB im Zusammenhang verwandter didaktischer Prinzipien.

Im Folgenden soll dargestellt werden, wie sich das POB in die Gruppe verwandter didaktischer Prinzipien einordnen lässt.

Das POB wird von den Autoren unter das **Genetische Prinzip** untergeordnet und in Bezug zum **Teleologischen Prinzip** und zum **Prinzip der Pragmatischen Ordnung** gebracht. Ein weiteres Anliegen der Autoren ist die Unterscheidung des POB vom operativen Prinzip der Piaget-Schule.

Das **genetische Prinzip** soll hier nicht in extenso entwickelt werden. Der Begriff der "Genese" kann auf drei unterschiedliche, für unsere Diskussion einschlägige Arten verstanden werden. Einmal betreffend die Entstehung und Entwicklung (historisch) der Geometrie, zum zweiten ihre entwicklungspsychologische Konstitution beim Heranwachsenden, dann aber auch ihre Begründung als Wissenschaft. (Das Problem der methodischen Trennung der ersten und dritten, natürlich eng miteinander zusammen-

hängenden Aspekten der Geometrie, wie jeder Wissenschaft wurde in der konstruktiven Wissenschaftstheorie unter den Stichworten der **faktischen** und **normativen** Genese geführt.) In diesem dritten Sinne lässt sich die Genese, welche die operative Geometriebegründung im Auge hat, verstehen. Sie besteht im Versuch, die Geometrie mit
Bezug auf die darauf bezogenen menschlichen Handlungen (insb. Herstellungshandlungen) zu rekonstruieren, also durch <u>Analyse der relevanten Zwecke und Funktionen
von Objekten</u> herausstellen, und der Mittel, praktischer und theoretischer Art, die eingesetzt werden (können), um diese zu erfüllen. Eine solche Genese, die final bestimmt
ist, nennen die Autoren **konstruktibel** im Unterschied zu einer faktischen Genese, die
kausal bestimmt ist. Die Fachdidaktik hat, so die Autoren, die Aufgabe, eine Integration verschiedener Aspekte zu leisten und neben faktischen auch „konstruktible" Genesen einzubeziehen.

Der Begriff der („konstruktiblen") Genese, den die Autoren, wie auch die konstruktive Wissenschaftstheorie in anderer Sprechweise, zugrunde legen, bedingt natürlich einen anderen operativen Standpunkt, als den von Piaget eingenommenen. Die Grundüberzeugung beider Standpunkte ist jedoch, dass Handlungen konstitutiv für Erkenntnisprozesse (wie für Lernprozesse) sind. Die Unterschiede haben die

	Prinzip der operativen Begriffsbildung	"operatives Prinzip"
Herkunft	Erkenntniskritische Analyse von Wissenschaft (Dingler)	Psychologische Beschreibung der Intelligenzentwicklung (Piaget)
Wesen	Entwicklung von Handlungsvorschriften aus Zweckanalysen, Herstellung und Gebrauch	Verinnerlichung von Handlungen und Organisation in Gruppierungen
Begriffsgenesen	interpretierend, final bestimmt	faktisch, kausal bestimmt
Stufeneinteilung	Heuristische Einteilung in Stadien mit fließenden Übergängen; frühere Stadien Thema in späteren	Essentieller Bestandteil der Theorie: 4-5 voneinander deutlich abgehobene Stufen, die in starrer Folge durchlaufen werden
Einsatz	nicht auf bestimmte Fächer beschränkt, jedoch vorläufig nur für Geometrie ausgearbeitet	nicht auf bestimmte Fächer beschränkt, besonders geeignet bei Affinität zu mathematischen Strukturen
Strukturierung des Unterrichts	fächerintegrierend; einsetzbar zur lokalen, mittleren und globalen Unterrichtsorganisation	eher lokal; über Stufentheorie auch global für größere Zeiträume
Realitätsbezug, Umwelterschließung	essentieller Bestandteil	davon unabhängige Kategorie

Tab.5

Autoren in einer Tabelle zusammengefasst, die hier wiedergegeben werden soll
(a.a.O., S.260).

Nach Ansicht der Autoren, die ich teile, ist der Hauptunterschied zwischen den beiden
operativen Prinzipien von ihnen selbst und "Piaget" der, dass die Bildung von Begriffen einerseits im Zusammenhang mit der Erfüllung von praktischen Zwecken und Gerätefunktionen (Bender/Schreiber) und andererseits im Zusammenhang mit der Entwicklung der Intelligenz (also allgemeinen Lernzielen oder Kompetenzen) gesehen
wird.

Das **genetische Prinzip** bedingt nach Wittmann (Wittmann 1975, S. 231, Beispiel) ein Bild von Mathematik, welches die Mathematik aus Problemkontexten heraus zu verstehen sucht, sowie die Integration der Anwendungen und der Wissenschaft verlangt und darüber hinaus die Forderung nach Einbeziehung des Vorverständnisses der Lernenden enthält. Die Folgerung der Autoren für ihren Ansatz ist, dass diesen didaktischen Forderungen durch eine entsprechende Gestaltung „konstruktibler" Genesen gerecht werden kann. Diese schließt die Berücksichtigung von tatsächlichen Entstehungszusammenhängen, die historische Entwicklung und eine Ausrichtung an die individuelle Entwicklung ein. (Vgl. Volks Entwurf im folgenden Kapitel.)

Die Diskussion des **teleologischen Prinzips**, das dem POB durch die Ausrichtung auf Zwecke zugrunde liegt, soll hier ebenfalls nicht ausführlich erfolgen. Worauf es den Autoren ankommt, ist Folgendes:
1. Die konstruktiblen Genesen, die dem Unterricht in der Geometrie die Orientierung geben soll (wie z.B. die Ziegelbauweise), sollten selbst einen finalen Sinnbezug einschließen. Das teleologische Prinzip besagt, dass ihr Ablauf auf die Ziele auszurichten ist, besonders auf solche, die Lernende als leitende Zweckanforderungen anerkennen können. Das ist nicht im Sinne einer Lernzielorientierung gemeint; es geht dabei um Ziele, die der Lernende selbst als sinnvoll anerkennt. (Bei der Herstellung von Objekten, z.B. eines Gefäßes sind die Überlegungen der Schüler und ihr Handeln bestenfalls an den Anforderungen an das Gefäß ausgerichtet, nicht an vom Lehrer gesetzte Lernziele).

2. Die Autoren wenden sich in diesem Zusammenhang gegen die Piagetsche Theorie, die als Ziele von Genesen nicht Zweckanforderungen, sondern Gleichgewichtszustände sähe. Die Diskrepanzen, die dabei die Motivation zum Problemlösen abgeben sollen, halten sie eher für eine Legende. In diesem Zusammenhang referieren sie Ergebnisse der neueren Motivationsforschung (G.Rosenfeld). Darin wird in Bezug auf den Antrieb zum Problemlösen, z.B. gefühlbetontes Interesse, Genugtuung an der eigenen Findigkeit, Entdeckerstolz (auch bei Wissenschaftlern ausgeprägt), Freude beim Erfüllen eines anerkannten Zweckes u.a. genannt. Die "personale Valenz" einer Problemsituation ist somit eher von Handlungszwecken und Bedeutungsgehalten bestimmt, die über diese Situation hinausführen.

Als praktische Konsequenz aus allen bisher genannten Aspekten ergibt sich eine Orientierung des Geometrieunterrichts an einen final ausgerichteten Werkunterricht.

Was die Beziehung des teleologischen Prinzips zum POB ausmacht, so wird besonders betont, dass es darum geht, Zwecke als konstitutiven Bestandteil von Begriffen erfahrbar zu machen, auch um sie als Instrumente der Auseinandersetzung mit unserer natürlichen oder technisierten Umwelt zu begreifen. Den Autoren ist aber auch bewusst, dass theoretische Konzepte innertheoretischen, sie verändernden Einflüssen ausgesetzt sind und nicht recht verstanden werden können, wenn man sie nur auf Zwecke beschränkt, die dem Bereich des praktisch nützlichen entwachsen. Diese, m.E. wichtige Einsicht, die in der konstruktiven Wissenschaftstheorie und in der Mathematik ebenfalls vorhanden ist, gilt es natürlich auch im Geometrieunterricht ausreichend zu berücksichtigen (z.B. Beweisen, Strukturaspekt, Systemaspekt).[169] Aber auch die prinzipielle Frage, ob die geometrische Begriffsbildung insgesamt als nur vom POB geleitet verstanden werden kann, insbesondere wenn es um Grundbegriffe der Geometrie geht, z.B. die Grundfiguren und ihren Inzidenz- oder Anordnungsbeziehungen, wäre zu stellen.

Das **Prinzip der pragmatischen Ordnung** (PO), das auf Dingler zurückgeht, ist sehr einfach zu durchschauen: Die Abfolge der Schritte einer „konstruktiblen" Genese (entsprechend der Rekonstruktion der Geometrie) sollte so erfolgen, dass kein Schritt von Leistungen Gebrauch macht, die erst in späteren Schritten erbracht sind, und dass er nicht Leistungen erbringt, die schon zur Verfügung stehen. Kurz: Es geht um die Vermeidung von pragmatischen Fehlern und um die Versicherung, dass alle begangenen Schritte auch nötig sind. An einem trivialen Beispiel verdeutlicht: Will man Tee kochen, so wäre es z.B. falsch, also ein Verstoß gegen das PO, erst das Wasser und den Tee zusammenzubringen und dann kochen zu wollen. Das Wasserkochen geht dem Übergießen des Tees mit Wasser voraus. In der Schule, namentlich bei geometrischen Konstruktionen, lassen sich Verstöße gegen dieses Prinzip in einem Konstruktionsplan meist dadurch feststellen, dass ein Schüler einem anderen diktiert, was er tun soll. Dabei kann es vorkommen, dass ein Punkt, der benutzt werden soll, noch nicht zur Verfügung steht, oder dass ein solcher, der schon konstruiert ist, nochmals konstruiert werden soll u.a.m. Ähnliches ließe sich über Beweise und Begründungen ausführen. Als ein Verstoß gegen dies Prinzip, was seine durchschlagende Bedeutung im Hinblick die Ordnung von Handlungen (besonders technischen Handlungen) zeigt, kann in didaktischer Hinsicht auch das Ausgehen von Axiomensystemen in einem Geometriekurs verstanden werden. Dabei wird übersehen, dass Axiomensysteme eben nicht vom Himmel fallen, sondern konstruiert worden sind, um auf ganz bestimmte Fragen zu antworten, die wenig mit einer vernünftigen Didaktik der Geometrie und (formalistisch gesetzt) mit einem methodischen Aufbau der geometrischen Theorie zu tun haben.

Dieses Prinzip liegt also nicht nur der Rekonstruktion der Begriffsbildung, sondern auch aller anderen, vor allem technischen, Tätigkeitsbereichen, die sich durch eine stufenweise Konstitution von Handlungen äußerlich auszeichnen und verstehen lassen, zugrunde (daher auch die "Baumetaphorik" der verwendeten Begriffe, wie "Aufbau", "Rekonstruktion" usw.).

13.5 Anwendung des POB im Unterricht

Nach der Diskussion der Ziele des Geometrieunterrichts, denen sich der operative Ansatz stellt, wird nun o.g. der Autoren Buch auf die Anwendung des POB im Unterricht eingegangen.

---

[169] Die in diesem Zusammenhang geäußerte Kritik von Weth (Weth 1999, S. 50-52) wäre sehr zu relativieren.

Als Hauptprobleme des Geometrieunterrichts werden von den Autoren zwei genannt:

1. Geometrie wird als Nebensache im Mathematikunterricht betrachtet.
2. Im Geometrieunterricht besteht kein echter Wirklichkeitsbezug.

Trotz der Neuorientierung des Unterrichts durch
1. die Orientierung an Phänomenen,
2. an Anwendungen und
3. an Problemen,
besteht nach Meinung von Bender und Schreiber nach wie vor die Gefahr der Isolierung des Geometrieunterrichts, da
1. eine theoretische Durchdringung und Herstellung von Querverbindungen fehlen und
2. das begriffliche System der Geometrie ohne echte Bezüge aufgebaut wird.[170]

Die These der Autoren ist nun:
Das POB kann die Integration von Theorie und geometrischer Praxis sowie von Alltagswelt und Schulunterricht leisten, wenn es dem Unterricht unterlegt wird.

Dabei gilt dem Aufbau eines Begriffssystems ein Hauptaugenmerk, mit der Zielsetzung, die räumliche Umwelt zu strukturieren. Ich habe zuvor am Beispiel des Ziegelsteins zu umreißen versucht, wie sich die Autoren die Vorgehensweise zur Begriffsbildung (Quader) vorstellen. Alle Begriffsbildungsschleifen nach dem POB werden unter verschiedenen Fragestellungen begangen, die eine allmähliche Herausbildung von Begriffen im Sinne zunehmender Aspektvielfalt zum Ziel haben.

Die Aufgabe des am POB orientierten, im explizierten Sinne "genetischen" Unterrichts sehen die Autoren in einer Orientierung an den vielfältigen Erfahrungen der Schüler mit geometrischen Formen. Diese Erfahrungen sollten bewusst gemacht, geordnet und ausgebaut werden. Obwohl die systematische Betrachtung der geometrischen Begriffsbildung von den menschlichen Bedürfnissen und Zwecken ausgeht (z.B. Verpackungen), gehen Schüler häufig von ihnen bekannten Realisaten aus. Diese Realisate sollten, so die Autoren, schon früh betrachtet werden, ihre Funktionen analysiert und die Bedürfnisse und Zwecke, die damit verbunden sind mit ihrer Form in Zusammenhang gebracht werden, sowie Herstellvorschriften für sie entwickelt werden.

Die Handlungsorientierung wird seit Langem vor allem im Unterricht der Grundschule angestrebt, wenn auch mehr aus psychologischen Gründen. Sie sollte nach Meinung der Autoren auch für die Sekundarstufe und darüber hinaus gelten, und zwar aus dem Grund, dass Handlungen integraler Bestandteil der Begriffsbildung sind, und Begriffe sich an ihnen zu bewähren haben, indem sie diese stützen. Das sei die Essenz der operativen Begriffsbildung. (Dies wird konkret in Teil III, Kapitel 15 am Beispiel von Form und Gerade ausgeführt.)

---

[170] Gerade solche „echte" Bezüge will gerade mein Entwurf der Protogeometrie, auch im Sinne der von den Autoren geforderten Dinglerschen pragmatischen Ordnung herstellen.

Ich gebe nun die Zusammenfassung der Erläuterungen von Bender und Schreiber für die Anwendung des POB im Unterricht in Form von Grundsätzen wieder (Bender/Schreiber 1985, S.193).

- Diskussion verschiedener Zwecksetzungen und Situationen, die zum selben Begriff führen,
- Erprobung alternativer Formen für denselben Zweck,
- keine bloße Nachahmung historischer Genese,
- Einbezug der zu bildenden Begriffe in ein geometrisches System,
- Problemlösen, zumindest in Modellen,
- wo irgend möglich: Herstellung von Realisaten, zumindest aber deren praktischer Gebrauch,
- Aufbau auf Vorerfahrungen und damit häufig Anfang der Schleife beim Gebrauch einer Form,
- Vermeidung eines starren Schematismus.

Als Ziele für den Geometrieunterricht ergeben sich aus den Überlegungen der Autoren eine Reihe von allgemeinen Lernzielen mit folgendem Hauptziel: "Strukturierung des wirklichen Raumes und die Erforschung der Nutzbarkeit dieser Struktur." (a.a.O, S.207)

Die Ziele im Einzelnen:

a) Geometrische Sachverhalte durchschauen und sich vorstellen können.
b) Den Zweck und die Zweckhaftigkeit geometrischer Sachverhalte erkennen und beschreiben können.
c) Geometrische Sachverhalte her- und darstellen, sowie Darstellungsweisen ineinander übertragen können.
d) Ein System geometrischer Begriffe bilden.
e) Ästhetische Momente der Geometrie erfahren.

Das POB soll dabei helfen, das Begriffssystem für die Strukturierung der räumlichen Umwelt aufzubauen. Dabei soll es als ein „wesentliches Organisationsprinzip" fungieren und „eine kontinuierliche Realitätsverbundenheit gewährleisten." (Bender 1978)

Besondere Schwerpunkte eines operativ orientierten Geometrieunterrichts sind:
1. Strategien: Mathematisieren (operative Begriffsbildung), Argumentieren (z.B. bei Funktions- und Zweckanalysen).
2. Soziale Kompetenzen: Bei der Herstellung erfolgt konkretes soziales Lernen, das auch Modellcharakter für die spätere Berufstätigkeit haben kann.
3. Affektive Einstellungen: Operativer Geometrieunterricht bringt eine Lebensbereicherung durch die Steigerung der intrinsischen Motivation mittels praktische Tätigkeit in Verbindung mit Zwecküberlegungen mit dem Ziel der Umwelterschließung, ausgerichtet an zentralen Ideen.

Das übergreifende Lernziel **Umwelterschließung** heißt nach Winter (Winter 1978) "die Beziehungen zwischen erfahrbarer Wirklichkeit und Geometrie durchgehend aufzudecken und zu nutzen, um dadurch gleichzeitig umweltliche und geometrische Sachverhalte in wechselseitiger Stützung zu entwickeln." (a.a.O., S.195; Unterstreichung von mir.)

Diese wechselseitige Stützung wäre an einem Beispiel deutlich zu machen. Das soll in den folgenden zwei Kapiteln an konkreten Beispielen nachgeholt werden.

Die didaktische Begründung dieser leitenden Zielsetzung lautet (ebenfalls nach Winter):
1. Die Wirklichkeit bietet seit der Antike Anregungen für geometrische Fragestellungen.
2. Durch den Wirklichkeitsbezug wird die Intuition des Schülers stärker angesprochen.
3. Die Erfahrung der praktischen Nutzbarkeit der Geometrie bedeutet einen Beitrag zur allgemeinen beruflichen Qualifikation.
4. Durch Konzentration auf substanzielle Inhalte arbeitet man den Tendenzen entgegen, aus dem Geometrie-Kurs einen Terminologie-Kurs zu machen.[171]
5. Die Erzwingung der Reorganisation vorhandenen Wissens führt zu mehr Beweglichkeit und besseren Verfügbarkeit dieses Wissens.

Winters Analyse (Winter 1976) gilt einer vernünftigen, nicht reduzierten Auffassung von Umwelterschließung im Mathematikunterricht und sollte in jener Zeit des Auflebens der angewandten Mathematik in der Didaktik einer möglichen Einengung der Perspektive entgegenwirken. Winter führt psychologische und pädagogische Gründe für ein kritisch verstandenes umwelterschließendes Mathematiklernen an. Dabei wird besonders die Rolle eines solchen Lernens für die Begriffsbildung hervorgehoben. Er fordert eine Orientierung an zentralen Ideen der Mathematik und plädiert für (fach-) integrative Zielsetzungen im Mathematik-, Sport-, Sach- und Kunstunterricht. (Dem von Winter festgestellten Mangel an grundlegenden Untersuchungen zur Umwelterschließung im Mathematikunterricht sind Bender und Schreiber mit ihrem operativen Ansatz begegnet).

Im umwelterschließenden Geometrieunterricht sind zwei Aspekte von zentralem Interesse.
1. Die Einbeziehung der räumlichen Geometrie und 2. die Berücksichtigung kinematischer Gesichtspunkte. Die Einbeziehung der räumlichen Geometrie, nicht nur wegen der praktischen Relevanz, sondern insb. auch zur Förderung der Einbildungskraft, ist eine Forderung, welche offensichtlich den Bezug auf die räumliche Umwelt bedingt wird. Die Berücksichtigung kinematischer Gesichtspunkte ergibt sich daraus, dass Grundfunktionen von Objekten ohne sie nicht erfasst werden können.[172]

---

[171] Die Auswirkungen dieser Tendenz machen sich an der Einführung geometrischer Grundbegriffe im Unterricht bemerkbar. Vgl. Kap. 12.

[172] Man erkennt an dieser Stelle auf dem Hintergrund der Protogeometrie, die kinematische Gesichtspunkte einbeziehen muss, welche Affinität didaktische und systematisch-methodische Orientierungen aufweisen.

Was die Orientierung des Geometrieunterrichts an zentralen Ideen der Geometrie betrifft, so unterscheiden die Autoren:

Universelle Ideen: Allgemeine Schemata (Logik, Algebra), die im Prozess der Mathematik eingesetzt werden (Abbildung, Invarianz usw.) und
Zentrale Ideen: Gebietsspezifische Ideen (Starrer Körper, Homogenität, Ideation[173],). Zentrale Ideen sind vor universellen Ideen zu behandeln (wegen größerer Nähe zu den jeweiligen Fachinhalten).

Für die Operative Geometrie sind solche relevante Ideen (in Klammern Manifestationen):
1. **Optimalität** (Zweckorientierung),
2. **Repräsentation** (Zeichnung, Modell)
3. **Quantität** (Messen)
4. **Abbildung** (Bewegung),
5. **Konstruktion** (Herstellung)

Beispiel: Symmetrie allgemein (bestimmt über die Invarianz bezüglich bestimmter Transformationen) und Spiegelsymmetrie operational (bestimmt über die Passungsrelation).

Was die Unterrichtsorganisation betrifft, so machen die Autoren die Unterscheidung zwischen lokaler (Stoff-) Organisation und globaler (curricularer) Unterrichtsorganisation. In Bezug auf die erste Unterscheidung habe ich bereits am Beispiel des Ziegelsteins dargestellt, wie sich das Schema des POB anwenden lässt. Das Durchlaufen der Schleife bildet dabei, so drücken es die Autoren aus, die "kleinste selbständige Organisationseinheit". Weiter geht es dann mit dem wiederholten Lauf durch die dieselbe Schleife, wobei Abkürzungen, die Wahl anderer Startpunkte, Verweilen bei den einzelnen Stationen (Zwecke, Funktionen usw.), Verzweigungen zu anderen Schleifen usw. Diese Maßnahmen dienen dem Aufbau des geometrischen Begriffssystems, der Strukturierung des Raumes usw.

Die globale Organisation der Geometrie-Genese im Unterricht wird von den Autoren (früher auch in Schreiber 1978) in Stadien eingeteilt, die den Schulstufen schwerpunktmäßig zugeordnet werden (Bender/Schreiber, S. 213ff.)

1. Stadium (Grundschule und Orientierungsstufe): Es werden Situationen und Phänomene aus der Umwelt der Schüler zugrunde gelegt, die Probleme bergen und Anlass zu zielgerichtetem geometrischem Handeln geben, d.h. zur Herstellung von geometrischen Sachverhalten. In der Grundschule wird vor allem der Zusammenhang mit den Themen des Sachunterrichts (Sport und Spiel, Haushaltsgegenstände usw.) gesucht.

---

[173] Die Homogenität ist logisch gesehen eine Invarianzregel, nur konkret interpretiert (mit Hilfe der Kongruenz!) ist sie gebietsspezifisch. Gleiches gilt für die Ideation, die keineswegs geometriespezifisch ist, gleichwohl sie in der Geometrie (auch historisch gesehen) ihre paradigmatische Rolle erhalten hat.

2. Stadium (Sekundarstufe I): Begriffe zur Beherrschung der Situationen werden entwickelt. Keine bloße Anwendung, isoliert vom Aufbau des Systems, sondern in wechselseitiger Abhängigkeit. Enge Beziehung zum textilen Gestalten, Werken, Technikunterricht und Architektur.

3. Stadium (Sekundarstufe II): Logische Abrundung des Begriffssystems auf axiomatischer Basis. Gefordert sind, so die Autoren, operativ interpretierbare, aus der Praxis gerechtfertigte Axiomensysteme.[174] Verbindung zu grundlagenbetonten physikalischen Problemen und Begriffen (Kinematik, Mechanik, Relativitätstheorie).

Die Einteilung der operativen Geometrie-Genese im Geometrieunterricht in Stadien möchten die Autoren auf keinen Fall als starr ansehen, sondern eher als heuristisch und durchlässig. Jedoch sind sie der Meinung, dass diese Stadien pragmatisch aufeinander aufbauen, sodass die Begriffsbildung auf dem einen diejenige der vorhergehenden voraussetzt.

Bereits in Bender 1978 finden sich zahlreiche Beispiele für Unterrichtsprojekte im Sinne der operativen Didaktik. Das Buch bietet jedoch eine umfangreiche Sammlung von Analysen für die verschiedenen geometrischen Formen, zentralen Ideen und Sachbereiche. Sie stellen eine Fundgrube für weitergehende operative Analysen und Unterrichtsprojekte dar.

13.6 Kritische Betrachtung des Ansatzes - Perspektiven

Bereits zuvor wurde die weitgehende Übereinstimmung der grundsätzlichen Orientierungen zwischen operativer Geometrie bzw. Protogeometrie und operativer Geometriedidaktik nach dem Ansatz von Bender/Schreiber hervorgehoben. Die Autoren steuern weitreichende operative Analysen einschlägiger Begriffe der Geometrie bei und versuchen, Didaktik und operative Geometriebegründung in kritischer Manier zusammen zu bringen. Die „Einschränkung des operativen Ansatzes auf didaktische Zwecke" (Schreiber 1978) mag angesichts der nicht gerade glücklich verlaufenen faktischen Entwicklung der protophysikalischen Geometriebegründung verständlich erscheinen, lässt sich aber in grundsätzlicher Hinsicht und auf dem Hintergrund von Teil I aus kaum mehr so vertreten.

Aus didaktischer Sicht lässt sich grundsätzliche Kritik nicht anbringen. Die Autoren argumentieren umsichtig und relativieren ihre Sichtweise, sodass man höchstens auf eine (im Moment kaum zu befürchtende) Überschätzung des operativen Aspekts in der Geometriedidaktik eingehen könnte. Dieser Aspekt, so scheint es zunächst, kann wohl nicht alle, auch für die Schule relevanten Aspekte der Geometrie abdecken. Es ist wahrscheinlich auch kaum möglich, dass ein einziges Prinzip, wie das POB, alle Aspekte von Geometrie abzudecken imstande ist. Gerade die Aspekte, die mit innertheo-

---

[174] Aus meiner Sicht wären diese Inhalte kritisch zu sehen, sie sind auch im Curriculum der SII kaum ein Thema.

retischen Gesichtspunkten (Axiomatik, Strukturen, Konzepte zur Vereinheitlichung der Betrachtung verschiedener Theorien usw.) oder einer Fähigkeit zur formalen Betrachtungsweise sind solche, die durch die operative Geometriebegründung vom Ansatz her, da materiale Zwecksetzungen im Begriffsbildungsschema dominieren, anscheinend nicht ausreichend berücksichtigt werden. Es ließe sich jedoch an dieser Stelle, wie wir im Abschnitt zuvor sahen, im Sinne der Wissenschaftstheorie argumentieren, dass auch diese theoretischen Tätigkeiten, obwohl sie nicht operativ im engeren Sinn sind (als technische Handlungen), trotzdem einer finalen und genetischen, und pragmatischen (nicht im manuellen Sinne natürlich) Betrachtungsweise keineswegs unzugänglich sind, sodass die bereits angedeuteten, methodischen Erweiterungen des operativen Ansatzes zu ihrer Einbeziehung naheliegend sind. Die in der vorgelegten Protogeometrie wirksame operativ (pragmatisch) - phänomenologische Orientierung erscheint mir tragfähig genug zur Integration aller Aspekte, die sowohl bei der Geometriebegründung als auch in der Geometriedidaktik relevant sind.

Eine andere Frage, die auch im Geometrieunterricht zunehmend an Bedeutung gewinnt, ist der Einsatz des Computers als Medium, vor allem als Werkzeug der Konstruktion und Untersuchung geometrischer Konfigurationen. Wie sich der operative Ansatz dazu stellt, dazu kann man dem Buch von Bender und Schreiber natürlich zeitbedingt (1985) nichts entnehmen. Die Vermutung, dass diese Frage nicht in den Focus der operativen Geometrie kommt, da sie sich grundlegenderen Fragen (im Sinne der Geometrie-Genese) stellt, wäre jedoch kurzschlüssig. Im Hinblick auf die Fragestellungen betreffend der Erschließung der Umwelt, welche der operative Ansatz im Auge hat, lassen sich vor allem in der **Modellierung** die relevanten Ansatzpunkte finden. Doch daraus sieht man auch, dass der operative Ansatz, zumindest in der vorliegenden Form, einer Aktualisierung bedarf, sicher nicht im Hinblick auf die grundsätzlichen Orientierungen, sondern im Hinblick auf den Einsatz der Mittel in den konkreten operativen Unterrichtsentwürfen. Dazu gibt die bekannte Software (z.B. GeoGebra, Cinderella, Cabri3D) in ihrer Ausrichtung auf die Modellierung und Simulation von Konfigurationen und Vorgängen wohl wesentlich Anlass. Ich bin daher sicher, dass gerade im operativen Geometrieunterricht dem Computereinsatz eine Rolle zukommt, die sich überaus mit Zielen des Einsatzes Dynamischer-Geometrie-Software (DGS) bzw. Mathematiksoftware verträgt. Umgekehrt gibt die operative Geometriedidaktik einen theoretisch-didaktischen Rahmen für deren sinnvollen Einsatz ab.

3. Was die Praktikabilität des Ansatzes betrifft, so sind kaum gewichtige Bedenken anzumelden. Der Ansatz ist einerseits bestechend in seiner sinnfördernden Leistung für den Schüler, doch genau diesen "Schüler", von dem so oft die Rede ist, als gäbe es einen typischen solchen, ist ein Problem. Die Ansprüche der operativen Didaktik sind relativ hoch; das betrifft sowohl die Ansprüche an die Intelligenz und Motivation der Schüler als auch an die Organisation des Unterrichts. Es geht jedoch auch mit weniger Ambitionen, wobei die Anforderungen an die Beteiligten abgestuft werden. Ich versuche dies in Kapitel 15 bei einer speziellen Thematik aufzuzeigen.

Mit leistungsfähigen Schülern lässt sich bekanntlich viel bewerkstelligen (qualitativ und quantitativ). Bei einer operativen Vorgehensweise sind die Anforderungen an die Schüler in jeglicher Hinsicht hoch. Wo bleiben aber dabei die Schwachen?

Die bisherige, weitgehende Orientierung der Didaktik an die Intelligenzentwicklung nach Piaget hat dabei natürlich den Vorteil, dass der Prozess der Entwicklung von Begriffen in den Blick kommt, und ihre Verinnerlichung durch die Erarbeitung von Handlungen zu Operationen. Zudem ist die eher lokale Strukturierung des Unterrichts und seine Aufteilung in kleine Schritte durch daran orientierte operative Prinzipien für schwache Schüler (zumindest zeitweilig) ein Vorteil. Dadurch sind Möglichkeiten gegeben, auf verschiedenen Stufen diagnostisch und didaktisch anzusetzen, die durch Fähigkeiten bzw. Defizite kriterial charakterisiert sind.

Der operative Ansatz der Autoren ist demgegenüber weniger an der Entwicklung von Schülern, sondern mehr an der Vermittlung sinnvoller Geometrie orientiert. Es scheint daher so zu sein, dass eine Berücksichtigung der Piagetschen (oder mit seinem Namen verbundenen) Einsichten der Entwicklung der Intelligenz auch für den operativen Ansatz unverzichtbar sind, da man sicher nicht an vielen Schülern vorbei Geometrieunterricht machen will. Dass hier kein Junktim besteht, sondern eine sinnvolle Bereicherung der operativen Sichtweise, die durch beide Ansätze sowohl methodologisch wie auch entwicklungs- und lernpsychologisch fundiert werden kann, haben wir im letzten Abschnitt gesehen.

Die Frage der Organisation des Geometrieunterrichts ist wahrscheinlich von der Praxis her die schwerwiegendste. Als naheliegende Organisationsform wird von den Autoren ein Fächerübergreifender Unterricht oder ein Projektunterricht angesehen. Diese Formen sind mitunter die theoretisch und praktisch anspruchsvollsten und daher auch diejenigen, die in der Praxis am wenigsten verbreitet sind. Die durchgeführten Unterrichtsbeispiele von Bender und Schreiber sind zudem eher von einer Thematik (die Autoren geben dies auch zu, a.a.O., S.218) die sich nicht in den normalen Unterricht einordnet, sondern etwas abseits liegt.

Ich meine, dass die Einführung operativer Elemente in den Geometrieunterricht aus den genannten grundsätzlichen Gründen vernünftig ist, aber keine Aufgabe darstellt, die sich von heute auf morgen mit allen Ansprüchen erledigen ließe. Es ist in der Grundschule wahrscheinlich eher möglich, die Gesichtspunkte der operativen Geometriedidaktik zu berücksichtigen, da fächerübergreifendes und handlungsorientiertes Arbeiten fest verankert sind. Doch in der Sekundarstufe sind je nach Schulart erhebliche Differenzierungen und Anpassungen notwendig, um den unterschiedlichen Begabungen und Möglichkeiten der Schüler in den verschiedenen Schularten und Organisationsformen gerecht zu werden, ohne Lehrer und Schüler zu überfordern. Die auch von den Autoren als problematisch herausgestellte Behandlung der Geometrie in der Schule (Nebensache) lässt sich eben nicht einfach ins Gegenteil wenden. Eine Annäherung könnte durch Vorschläge erfolgen, die nahe am normalen Unterricht liegen, sodass darin nach dem POB gearbeitet werden kann. Die Überzeugungskraft des Ansatzes könnte durch ausgearbeitete und erprobte Einheiten, die sich in den Geometrieunterricht einordnen lassen, wesentlich gestärkt werden. Es gilt wohl auch Einfluss auf die Schulbücher zu nehmen, was jedoch am besten wohl über kleine Veränderungen erfolgen kann. Das bedeutet natürlich keineswegs, dass man die Ansprüche an einen qualitativ hochstehenden Unterricht nicht konkret zu erfüllen trachten kann. Es lässt sich wohl beides tun, wenn auch nacheinander. (Vgl. meine Vorschläge in III, Kapitel 15.) Zuvor möchte ich aber bereits vorliegende, operativ orientierte Entwürfe zur Einführung geometrischer Grundbegriffe im Unterricht darstellen und diskutieren.-

14. Operative Entwürfe zur Behandlung geometrischer Grundbegriffe

> *Diese Methode....erfordert im Lehrer eine Flexibilität des Geistes, der sich den jeweiligen Bedingungen anpassen kann, und eine seltene Anmut in jenen, die der Routine ihres Berufes nachgehen.*
> (Voltaire zu Clairauts Geometrie-Buch, Artikel „Geometrie" im Dictionnaire philosophique, 1878)

Bei der Diskussion der Behandlung der geometrischen Grundbegriffe von der Schule bis zur Hochschule in Kapitel 12 ergaben sich Hinweise auf Defizite, die grundsätzlicher Natur sind. Wir sahen dort zuletzt auch, dass im Anschluss an traditionelle Definitionsversuche und unter dem Einfluss der Technik die Herstellung von Grundgeräten (Richtplatten, Linealen) und der Gebrauch von Zeichengeräten (Poincaré) als didaktisch geeignete Ansatzpunkte für Erklärungen der geometrischen Grundbegriffe Ebene und Gerade angesehen wurden. Diese Ansichten konnten jedoch nicht durch eine passende Theorie der Geometrie vernünftig aufgenommen werden und blieben auch ohne Wirkung auf die Didaktik der Geometrie. Unter dem Einfluss der operativen Geometriebegründung seit Dingler (zuletzt als Protogeometrie) entstand jedoch zunächst das Programm einer operativen Geometriedidaktik (Bender/Schreiber), welches mit der gleichen Orientierung die Aufgabe der Umwelterschließung im Geometrieunterricht angeht und in einer umfangreichen Beispielsammlung konkret umsetzt. Auf dem Hintergrund dieser Bemühungen (neben Gedanken von Inhetveen, die auch hier zuerst diskutiert werden) sind auch ausführliche Entwürfe zur Behandlung geometrischer Grundbegriffe im Unterricht entstanden und teilweise erprobt worden (Volk, Protogeometrie; Krainer, POB). Deren kritische Erörterung ist die Hauptaufgabe dieses Kapitels.

14.1 Zur Didaktik der Protogeometrie

Bereits nach der Neuorientierung der protophysikalischen Geometrie durch P. Lorenzen und R. Inhetveen ab etwa 1977 hat Inhetveen Gedanken zur Didaktik der Protogeometrie in einem Aufsatz (Inhetveen 1979a) veröffentlicht. Seine Äußerungen fallen in eine Zeit, zu der das Interesse der Didaktik am Ansatz der operativen Geometrie (Schreiber, Bender 1978) bereits geweckt worden war und D. Volk mit protogeometrisch orientierten Unterrichtsversuchen zur Behandlung geometrischer Grundformen in der Orientierungsstufe ansetzte. Der Aufsatz von Inhetveen enthält wertvolle Fragestellungen und Anregungen, gibt aber auch (teilweise massiv) Anlässe zur Kritik. Inhetveens „didaktisches Credo" heißt, dass begründetes Wissen zugleich auch didaktisch vernünftig aufbereitet sei, daher könne man auf eine Fachdidaktik verzichten, wenn ordentliche Begründungen von Fachwissen vorliegen. Um nicht vorschnell zu urteilen, empfiehlt es sich aber dieses Credo auf dem Hintergrund der noch zu diskutierenden Entwürfe und mit einer erweiterten Perspektive in einem geeigneteren Rahmen (Kapitel 16) kritisch zu besprechen. Das Credo Inhetveens muss man jedoch bereits bei der folgenden Erörterung berücksichtigen, da sich seine didaktischen Vorschläge ihm gemäß zu bewähren haben.

Ich möchte mich gezielt mit folgenden, von Inhetveen angesprochenen Fragen bzw. Themen auseinandersetzen, mit dem Blick auf die Unterrichtssituation, auf die er ebenfalls Bezug nimmt.

1. Welche Praxis eignet sich als Bezugspraxis für eine Begründung der Geometrie und somit auch für den einführenden Geometrieunterricht?

2. Die Praxis der Formung von Körperoberflächen als Bezugspraxis der Protogeometrie.

3. Die auf die Formungspraxis bezogene Terminologie und Theorie der Protogeometrie und ihren Nutzen für die Didaktik.

Den Übergang von der Protogeometrie zur Geometrie.

Zu 1: Geschichtlich wird vielfach die Landvermessung als Bezugspraxis der Geometrie angegeben. Bekannt ist Herodots Hypothese, dass die praktischen Bedürfnisse der ägyptischen Landvermesser zu deren Entstehung beigetragen hätten. Die Tradition hat diese (historisch wie sachlich sehr fragwürdige) Hypothese als quasi Tatsache überliefert. An die Landvermessung knüpfen im späten Mittelalter, im Zuge einer Kritik der Elemente Euklids in ihrer Funktion als Zugang zur Geometrie, Petrus Ramus (um 1550) und (zweihundert Jahre später) Alexis Clairaut (1741) mit Vorschlägen zum Elementarunterricht in der Geometrie.[175]

Inhetveen findet in der Hypothese Herodots keinen für den einführenden Geometrieunterricht brauchbaren Kern. Die Inanspruchnahme von geometrischem Wissen sei vielmehr Voraussetzung für die Verwendung von Knotenseilen (Pythagoras-Umkehrung), da man aus anderen Kontexten bereits wissen müsse, was z.B. ein rechter Winkel sei. Diese Praxis setze also ein Stück funktionierender Geometrie bereits voraus. Aber auch der Motivationswert dieser als Geschichte vorgetragenen Hypothese sei fragwürdig, da er nicht unmittelbar an der Lebenspraxis der Schüler ansetze. Das Fazit Inhetveens ist, dass die Landvermessung bereits aus sachlichen Gründen als Ansatzpunkt für den einführenden Geometrieunterricht der Orientierungsstufe nicht geeignet sei. Stattdessen sollte auf ein Stück Lebenspraxis, die Schülern näher liegt, zurückgegriffen werden. Diese erblickt Inhetveen in der Formungspraxis von Oberflächen für praktische Zwecke. Die Beschäftigung mit dieser Praxis, die noch nicht Geometrie ist, wenngleich sie auch theoretische Züge trägt, ist für ihn die „Protogeometrie". Im Folgenden geht es ihm um die Spezifikation dieser Praxis (2), ihres Gegenstandes und der

---

[175] Zur Geschichte des Geometrieunterrichts, insbesondere die in III, Kapitel 16 angesprochenen Fragen vgl. den mehr als nur lesenswerten Beitrag von Felix Klein in Klein 1925, S. 226ff.

Methode der Beschäftigung damit (3), sowie um ihre Rolle bei der Begründung der Geometrie (4). Neben der Darstellung dieser Überlegungen will ich auch dazu kritisch Stellung nehmen.

Zunächst zur obigen Behauptung Inhetveens: Gewiss ist es so, dass die Art und Weise, wie man die Landvermessung als Zugang zur Geometrie betreibt, für ihre Eignung im Elementarunterricht ausschlaggebend ist. Mir scheint jedenfalls, dass es nicht möglich ist, darin hat Inhetveen recht, ohne die Besprechung der Formung von Geräten (sei es auch Seilen) daran zu gehen, Messungen auszuführen. Damit ist eine pragmatische Priorität der Formungspraxis gegenüber einer wie auch immer gearteten Messpraxis gegeben, und mehr möchte, so unterstelle ich, auch Inhetveen nicht sagen.[176] Da man aber an dieser Formungspraxis geeignet ansetzen könnte, wäre die Landvermessung als Zugang zur Geometrie im Rahmen aller möglichen Alternativen kritisch zu überlegen und zu bewerten.

Zu 2: Nach Inhetveen handelt die Protogeometrie von der Tätigkeit, zueinander passende Körperoberflächen herzustellen.

Dazu sieht er eine dreistufige Folge vor:

1. Es werden **Beispiele** von praktischen Problemsituationen gesammelt, bei denen das Passen wichtig ist. Es gibt von jeher z.B. beim Gebäudebau das Bestreben, passende Bausteine zu verwenden, um dadurch das Bauen zu erleichtern und die Gebäude stabiler zu machen. Hier erfolgt der Hinweis auf die altehrwürdige Praxis der Ziegelherstellung, die Arbeit der Schneider (Anpassen von Kleidung), der Schuster usw. bis zu den Zahnärzten (passende Zähne, der Biss soll stimmen) und schließlich die Massenproduktion von Ersatzteilen.
2. Der zweite Schritt besteht darin, **Techniken** des Passend-Machens zu üben. Für die Schulpraxis kann aus einer Palette von Möglichkeiten gewählt werden: Kuchenteig passt in die Kuchenform, Gipsabdrücke (z.B. Masken), Abdrücke von Gegenständen, Schlüsselherstellung durch Feilen. Auch das Abschleifen von Gegenständen um Passung zu erzeugen lässt sich mit Gips oder Magnesia bewerkstelligen. Sogar mit Knetmasse ist das möglich (wenn es auch nicht unmittelbar zweckvoll erscheint).
3. Die **Reflexion** über die verfolgten Ziele. Dazu ist es nach Inhetveen erforderlich, in kontrollierbarer Weise über die Passung zu reden. Das heißt nun genauer, dass die Schüler über die logischen Eigenschaften dieser Relation (Symmetrie, schwache Transitivität und Existenz von Abdrücken zu jedem technischen Körper) Bewusstsein erlangen.

Man kann sich an dieser Stufenfolge des Eindrucks nicht erwehren, dass hier die Systematik eines Rekonstruktionsversuchs der Grundlagen der Geometrie der Geometrie-

---

[176] Ein Nachsehen in Clairauts Buch bestätigt diese Ansicht. Am Anfang von Teil I werden darin in der Tat zunächst gerade Linien und rechte Winkel erklärt und ihre Herstellung erörtert.

Didaktik übergestülpt wird. Aus didaktischer Sicht fehlt hier vor allem die perspektiv-reiche Problemstellung, die Schüler auf das Passen und die Betrachtung der Passungs-praxis hinführen soll. Die Frage Inhetveens nach der Herstellung zueinander passender Oberflächen führt zwar zur Stufe 1. und 2. und sogar zur Stufe der universellen Pas-sung, aber dass darüber hinaus sogar theoretische Zieldiskussionen angebracht sind, die eine Terminologie und Theorie von Relationen erforderlich werden lassen, ist überhaupt nicht ersichtlich.[177] Das Problem dieser Stufenfolge scheint mir auch darin zu liegen, dass es ihr an einer didaktischen Ziel-Orientierung fehlt. Das Ziel des ein-führenden Geometrie-Unterrichts in der 5. Klasse ist doch (vgl. III, Kapitel 12) zu-nächst über Geraden und Ebenen, die überall verfügbar sind, kontrollierbar und sinner-füllt (im pragmatischen Sinne, von mir aus heiße das „begründet") reden zu können. Alles andere, was auch Inhetveen über die Passung usw. vorträgt, kann nur verstanden werden, wenn es von vornherein als Beitrag auf dieses Ziel hin orientiert verstanden werden kann. Damit beträfe die erste Stufe in Inhetveens Stufenfolge nicht bloß die Praxis und das Reden über zueinander passende Körperoberflächen, sondern die **Figu-ren-Formungspraxis** und die Rede über die **Form** (oder **Gestalt**) von Figuren auf dem Weg zum Verständnis von Gerade und Ebene als besonders ausgezeichnete (dazu soll die Terminologie dann helfen) Formen von Figuren (Linien und Flächen). Erst diese Zielsetzung erlaubt es auch dem Lehrer, aus einer Palette von Möglichkeiten passende Maßnahmen auszuwählen. (Vgl. dazu III, Kapitel 15)

Zu 3: Nach Inhetveen ist die Protogeometrie eine wissenschaftliche Bemühung mit spezifischem Gegenstandsbereich und spezifischen Methoden. Dieser Bereich ist die handwerklich-technische Praxis, natürlich mit der damit zusammenhängenden begriff-lichen bzw. terminologischen Stützung. Die Protogeometrie zeichnet sich dadurch aus, dass sie Relationen (passen) auszeichnet und Forderungen (Axiome) darüber aufstellt. Diese Forderungen werden als „ideale" Forderungen der Praxis unterlegt, d.h. dienen als Normen für die Beurteilung der Qualität der realen Techniken.

> „Der Nutzen der Theorie als Maßstab für die Güte unserer Technik: das ist es, was man mit der Methode der Ideation auf den Begriff bringen kann." (S. 261)

> „Die Protogeometrie ist...eine ideativ vorgehende Wissenschaft, deren Termini aus einer lebens-weltlichen Praxis stammen und deren Axiome aus den diese Praxis leitenden Zielen gewonnen werden." (S. 262)

> „Die Resultate der Protogeometrie sind die Hilfsmittel zur Definition derjenigen nachweislich ein-deutigen Formen, die den Gegenstand der Geometrie bilden." (S.263)

Über den so beschriebenen Charakter der Protogeometrie sehe ich keinen Dissens, zumindest im Großen und Ganzen. Im letzten Zitat klingt auch eine Orientierung der

---

[177] Diese theoretische Betrachtung erscheint eher als Hintergrund für Mathematiklehrer geeignet.

Protogeometrie, die ich oben vermisste, welche eigentlich auch didaktisch durchschlagen sollte. Stattdessen versucht aber Inhetveen die Terminologie und Theorie der Formungspraxis aus den Bedürfnissen dieser speziellen Praxis heraus zu begründen, was gezwungen erscheint. Dabei wird auch verkannt, dass die Ideation bereits mit den Grundfiguren Punkt, Linie und Fläche beginnt und nicht erst mit den Passungsforderungen. Man hat hier auf jeden Fall den Eindruck, dass eine Art kleinschrittiger Aufbau von Unterscheidungen beabsichtigt ist, der völlig gekünstelt erscheint und gerade das nicht leistet, auf es hier ankommt, nämlich eine durchgängige, deutliche, kraftvolle und damit didaktisch tragfähige Orientierung.

Zu 4: Durch die Definition von Oberflächen mit universellen Passungseigenschaften wird bereits das Gebiet der Protogeometrie verlassen. Inhetveen sucht nun ein Problem, welches eine neue Unterscheidung motivieren soll. Er fragt:

> „ob sich in der Fülle der Oberflächen, die in der Passungstechnik hergestellt werden, einige durch besonders universelle Passungseigenschaften auszeichnen lassen." (S. 262)

Bevor Definitionen der geometrischen Grundformen Ebene und Gerade auf der Basis der protogeometrischen Unterscheidungen angegeben werden, wird auf die Geschichte der Definitionsversuche und auf die Möglichkeiten, diese im Unterricht anzusprechen, eingegangen. Dabei wird (leider nur sehr kurz) auch ein Themenkreis (Landmessung) angesprochen, der bereits in III, Kap. 12 berührt wurde und im Folgenden noch zu erörtern sein wird. Euklids Definitionsversuche bieten nach Inhetveen eine Fülle von Anregungen für Diskussionen mit Schülern über die Problematik der Aufstellung einer zirkelfreien Fachterminologie (so kann die Definition der Geraden bei Euklid –nach Heath platonischen Ursprungs– als Versuch gerade von krummen Linien zu unterscheiden gelesen werden). Die Schwierigkeiten bei der Entmengung der aus unterschiedlichen Ansätzen gegebenen Bestimmungen, z.B. der Geraden (über physikalische Beispiele, Formbestimmungen, Längenmessung usw.; vgl. dazu auch II, Kapitel 8) stellen sich sofort ein. Sie sind nach Inhetveen von Schülern, wenn überhaupt, nur teilweise zu bewältigen, z.B. bei der Definition der Geraden als kürzester „Linie" oder „Entfernung" zwischen zwei Punkten. Der Gewinn aus diesen Diskussionen sei zunächst, dass man auf die Probleme dieser Art aufmerksam machen könne. Sie eigneten sich auch dazu, um die Qualität des protogeometrischen Lösungsversuchs einzuschätzen, wenn es gelingen könnte, in diesem Problembereich aufzuräumen. Letzteres ist m.E. jedoch kaum ein Thema für den Unterricht in der Schule (vgl. hier, Kapitel 14 und 15), aber wohl für die Lehrerbildung an der Hochschule.

Der Abschnitt über die Geometrie beginnt mit der Präzisierung der Idee des universellen Passens (Ebene) auf der Grundlage praktischer Verfahren zu ihrer Realisierung. Inhetveen schlägt einen Rückgriff auf die Geschichte des 3-Platten-Verfahrens vor (falls Schüler Erfahrungen zur Ebenenerzeugung nicht direkt machen können, was m.E. aber gut angeht), die durch Bücher zur Technikgeschichte möglich wird. (Vgl. I, Kapitel 6.) Die Definition der Ebene erfolgt so:

„Eine Körperoberfläche heißt eine Ebene, wenn es zwei weitere Körperoberflächen gibt mit folgender Eigenschaft: Für je zwei der drei Oberflächenstücke ist jede Berührlage bereits eine Paßlage." (S. 264)

Es ist hier nicht der Ort, um auf die Sachprobleme dieser Definition einzugehen. So viel nur, da Inhetveen selbst die Begründungsqualität seines Entwurfes hervorhebt: Selbst, wenn man ein Verständnis von Berührlage und Passlage hätte (der terminologische Versuch dazu findet sich übrigens zum ersten Mal in I, Kapitel 2), wäre sicher nicht jede Berührlage zweier Körperoberflächen eine Passlage, da bei Berührung am Rand offenbar keine Passlage vorliegen muss. Abgesehen von solchen fachlichen Problemen, die m.E. die Protogeometrie betreffen, wird jedoch noch etwas behauptet, was man weder aus fachlicher noch aus didaktischer Sicht (gemäß Inhetveens Credo) akzeptieren kann:

„Die Ebene ist die systematisch erste Form, und die Geometrie als ganze wird bei unserem Aufbau verstanden als eine Theorie der Formen." (S. 265)

(Die Gerade wird im Anschluss daran definiert als Schnitt von zwei Ebenen und ein Punkt als Schnitt von zwei Geraden.)

Gegen die Behauptung von der systematischen Priorität der Ebene, die seit Dingler die protophysikalische Geometrie durchzieht, habe ich von Anfang an argumentiert. (Vgl. hier I, Kapitel 6.) Sie ist m.E. aus der Aufgabe der Rekonstruktion der Bezüge der Geometrie überhaupt nicht zu rechtfertigen! Aus systematischer Sicht ist sogar ein Aufbau auf der Basis der Geraden in jeder Hinsicht vorteilhafter (vgl. I, Kapitel 7). Die Zielsetzung Inhetveens fokussiert stattdessen ohne Rechtfertigung auf die Ebene als zentraler Gestalt und vernachlässigt die anderen Grundfiguren (Linien, Punkte). Die Protogeometrie in meiner Auffassung hat es mit allen diesen Gegenständen im Kontext der technischen Praxis zu tun und mit der Rede über sie. Eine Gegenüberstellung meines Entwurfs mit der Entwicklung bis zu Inhetveen (etwa 1985) ist in II, Kapitel 11 angestellt worden. Welche der geometrischen Grundformen zuerst betrachtet wird, das hängt, wenn es um die Didaktik geht, ganz von der Art der Problemstellungen eines Lehrgangs bzw. von dessen Orientierung ab. (In den nächsten Abschnitten wird dies an den konkreten Unterrichtsvorschlägen deutlich.)

Jedoch eines ist auf jeden Fall zu bedenken: Es ist nicht zu vertreten, dass einerseits von der **Form** von Gegenständen gesprochen wird, andererseits aber die operative Verankerung dieser Rede in geläufigen technischen Handlungen nicht explizit hergestellt, sondern geflissentlich übergangen wird, zugunsten einer eingeschränkten Betrachtung von Figuren, genauer einer Figurenart (Flächen). An dieser Stelle müsste man den Bezug der Rede von der Form von Figuren zur Formungspraxis und zur geometrischen Kongruenz vernünftig herstellen (vgl. I, Kap 4); denn, gerade diese theoretische Einsicht wird durch die Protogeometrie ermöglicht. Ihre konsequente Verfolgung führt dann zur Suche nach dem Sinn von „gerade" und „eben" als Gestaltprädikate für Figuren. Technik und Geometrie sind an dieser Stelle aber so eng aufeinander bezogen, dass diese Tatsache auch Konsequenzen für den Schulunterricht haben sollte.

In didaktischer Hinsicht sind daher die Hinweise Inhetveens auf konkrete Aktivitäten aus der Formungspraxis wertvoll und werden in III, Kapitel 15 im gerade geforderten Sinne berücksichtigt. Die Fächerverbindung von Technikunterricht und Geometrieunterricht, den Inhetveen ebenfalls im Blick hat, findet darin einen überaus geeigneten, auch inhaltlich bedeutungsvollen Ausgangspunkt. Diese Verbindung kommt im Buch von Bender und Schreiber und in den noch zu besprechenden Entwürfen von Krainer und Volk noch stärker und konkreter zum Ausdruck.-

14.2 Operative Gewinnung von Intuitionen nach K. Krainer

K. Krainer hat in seiner Diplomarbeit (1982) ein Konzept zur Behandlung geometrischer Grundbegriffe im Geometrieunterricht der 5. Klasse vorgelegt. Aus seinem Entwurf sollen hier die Vorschläge betreffend die beiden Grundformen Ebene und Gerade herausgegriffen werden. Sie sind erstens für unsere Thematik direkt relevant und zweitens lassen sich bereits daran typische Merkmale seines Ansatzes erörtern. Die Darstellung und Besprechung wird wie folgt gegliedert:

1. Beschreibung der Unterrichtskonzeption auf dem Hintergrund des POB.
2. Darstellung und Erörterung des Ansatzes zur Klärung der Bedeutung (Sinns) von „gerade" und „eben" und zu Gewinnung von Intuitionen.
3. Würdigung und Ausblick

14.2.1 Zum Unterrichtskonzept auf dem Hintergrund der operativen Geometriedidaktik

Die Absicht Krainers ist es, in kritischer Anlehnung an das POB eine Unterrichtskonzeption für einen Teil des Geometrie-Unterrichts der 5. Klasse zu entwerfen. Den Ausgangspunkt bildet die Frage: „Warum ist etwas gerade?" Dabei betrachtet er drei Situationen, worin gerade Linien auftreten (S. 16).

Situation	Warum ist das gerade?
Beim Falten eines Papiers entsteht eine gerade Linie.	Der Schnitt zweier ebener Flächen ist eine gerade Linie.
Die Kanten einer Schiebetür haben einen geraden Verlauf (es soll keine kreisförmige Schiebetür sein).	Gerade Linien kann man aneinander vorbeischieben.
Wenn man beim Laufen ein Ziel möglichst schnell erreichen will, so wird der zurückzulegende Weg einen geradlinigen Verlauf haben (bei Ebenheit ohne Hindernis).	Die kürzeste Verbindung zwischen zwei Stellen ist eine gerade Linie.

Nach Krainer entsprechen diese Antworten drei verschiedenen Intuitionen von geraden Linien. Falls diese Intuitionen der Idee einer Geraden genau entsprechen, müssten Sie nach Krainer innerhalb eines theoretischen Rahmens äquivalent sein. Dieser Rahmen ist die geometrische Theorie und man könne, so Krainer, durchaus eine zentrale Idee (Homogenität) herausstellen. Aber diese Idee sei wohl Schülern nicht adäquat vermittelbar bzw. könne nicht dazu herangezogen werden, um zu erklären, warum ein gespannter Faden eine Gerade darstellt. (Anmerkung: Die Frage ist, ob hier eine Erklärung möglich ist, bevor man weiß, was „gerade" heißt. Dazu später.) Die Idee der Homogenität steht damit wohl eine Stufe über den Intuitionen der Geraden, daher regt Krainer an:

> „Sollte man nicht bei den Intuitionen haltmachen? Zu verlieren wäre meiner Meinung nach nur eine deutlichere Loslösung von axiomatischen Hintergründen." (S. 18)

Krainer möchte auf folgende Art den operativen Ansatz des POB auf eine intuitive Basis stellen:

> „ Zu jedem geometrischen Begriff sollen möglichst viele verschiedene Intuitionen erzeugt werden, wobei diese Intuitionen überwiegend aus der Rekonstruktion von Zwecken in Verbindung mit konkretem Handeln (z.B. Herstellung von Objekten) gewonnen werden. Die geometrischen Begriffe sind gedachte Objekte, die in unserer Umwelt nur annäherungsweise realisiert werden können." (S. 19)

Sein Unterrichtskonzept wird an folgenden fachspezifischen Aspekten orientiert (S. 19-20):

1) Umwelterschließung
2) Rekonstruktion von Zwecken

Bei beiden Aspekten schließt sich Krainer den Ausführungen von Winter und Bender/Schreiber bzw. den Forderungen des POB an.

3) Geometrische Begriffe als gedachte Gebilde
4) Gewinnung von Intuitionen
5) Dreidimensionalität
6) Zeichnen als Grundtechnik und als Mittel zur Kommunikation
7) Reden über Mathematik

Hinzu kommen fachübergreifende Aspekte:

8) Ausgehen von der Erfahrungswelt der Schüler
9) Handeln im Unterricht
10) Hinterfragen von Sachverhalten, Situationen

Von diesen Aspekten ist die Gewinnung von vielfältigen Intuitionen sicher als Hauptmerkmal des Vorschlags in operativer Hinsicht anzusehen. Die Schüler sollen geometrische Formen als zweckmäßige Eigenschaften von Produkten unserer technischen Kultur erfahren, eine in diesem Sinne operative Begriffsbildung wird angestrebt.

Die Behandlung der einzelnen Formen gliedert sich in folgenden Schritten:

1. Formen in der Umwelt entdecken
2. Nach dem Zweck der Formung fragen, Diskussionen darüber anregen
3. Eigenschaften der Form aus ihrer Herstellung, aus Aktivitäten erschließen
4. Vielfältige Übungen, Experimente, Aktivitäten in Verbindung mit der eingeführten Form anbieten mit dem Ziel, umfassende Erfahrungen machen zu können und dadurch gefestigte Intuitionen aufbauen zu können.

Im Folgenden wird uns vor allem die Behandlung der Geraden und Ebene beschäftigen. An diesen Grundformen lassen sich die wesentlichen Aspekte des Vorschlags am besten erörtern, denn:

1. Der Vorschlag kann so auf dem Hintergrund der Protogeometrie diskutiert werden.
2. Ein ausführlicher Kommentar Krainers zur Einführung der Geraden liegt vor.
3. Diese Einführung der Geraden gibt auch dem Hauptmerkmal des Versuchs (Erzeugung von Intuitionen) die beste Exemplifikation, da es von Krainer selbst dazu herangezogen wird.

14.2.2 Zur Behandlung der Geraden und Ebene im Unterricht der 5. Klasse

Die Gerade

Mit der Geraden beschäftigen sich die ersten zwei Abschnitte der Schrift Krainers. Die Themen sind:

1. Was ist gerade?
2. Warum ist das Gerade.

Beide Abschnitte sind in einem Erarbeitungs- und einem Übungsteil gegliedert (wie auch die folgenden Abschnitte). Die Abschnitte sind mit fortlaufenden Nummern eingeteilt, auf die im Folgenden (unter Nr.) Bezug genommen wird.

Im ersten Abschnitt werden zuerst verschiedene Gegenstände genannt, bei denen gerade Linien auftreten. Dann wird auf die Frage fokussiert, ob man ganz gerade Gegenstände herstellen kann und was „gerade" eigentlich bedeutet.

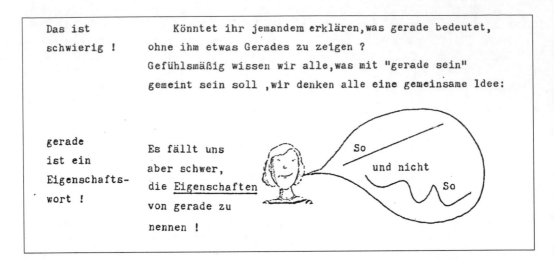

```
Das ist              Könntet ihr jemandem erklären,was gerade bedeutet,
schwierig !       ohne ihm etwas Gerades zu zeigen ?
                    Gefühlsmäßig wissen wir alle,was mit "gerade sein"
                    gemeint sein soll ,wir denken alle eine gemeinsame Idee:


gerade
                    Es fällt uns                          So
ist ein
                    aber schwer,                              und nicht
Eigenschafts-
                    die Eigenschaften                                    So
wort !
                    von gerade zu
                    nennen !
```

Aus: Krainer, S. 46

Was früher bei Perron und Ewald als gemeinsame „Vorstellung" angesprochen wurde, wird hier nun zur gemeinsamen „Idee". Jedoch wird zugleich nach den Eigenschaften von geraden Linien gefragt. Ohne auf gerade Gegenstände zu zeigen, erweist sich als schwer, die gestellte Frage zu beantworten. Daher wird in Beispiel 5 nun gefragt, wie man eine Gerade konkret herstellen kann. Diese Herstellung wird anhand einer gespannten Schnur durchgeführt.

Krainers Kommentar zu dieser Herstellung der Geraden:

„Der gespannte Strick deutet die kürzeste Verbindungslinie zwischen jeden zwei Stellen, an denen der Strick befestigt ist (im Klassenzimmer soll ein etwas längerer Strick gespannt werden). Durch stärkeres Spannen wird der benötigte Strick immer kürzer (er soll sich aber nicht dehnen) und er Verlauf des Strickes immer gerader. Danach soll eine vermehrte Loslösung vom konkreten Strick erfolgen und dieser soll durch eine gedachte Linie ersetzt werden. Dadurch soll auch der ideelle Charakter geometrischer Sachverhalte ausgedrückt werden. Wenn nun von einer geraden Linie die Rede ist, soll der Schüler sowohl den konkreten Herstellungsvorgang, als auch die von konkreten Dingen vermehrt abgehobene Idee der geraden Linie (als gedachte kürzeste Verbindungslinie zwischen zwei Stellen) nennen können. Dabei soll er wissen, daß der gespannte Strick die Idee nur näherungsweise wiedergibt." (S. 162)

(5.) Vielleicht hilft es uns etwas weiter,wenn wir
versuchen,etwas möglichst Gerades herzustellen!
Nehmt einen Strick (oder Faden) zur Hand ! Habt ihr
schon eine Idee ?

was tun ?

spannt den
Strick !

Damit man die Hände freibekommt,kann man den Strick auch
irgendwo befestigen :

spannt in
eurem
Klassenzimmer
einen Strick!

           Wo ist die kürzeste
           Verbindung zwischen
           diesen beiden Stellen?

Aus: Krainer, S. 47-48

Ist das schon
die kürzeste
Verbindung ?

Dann ist die
Verbindung
noch kürzer !

Ist das schon ganz gerade ?

Man könnte den Strick noch ein wenig stärker
spannen !
Dann ist er noch gerader !

Wir können aber nie behaupten,daß der Strick jetzt ganz
gerade ist.Wir können es nur nach unserem Augenmaß
abschätzen und feststellen,daß der Strick ziemlich
gerade ist.
Eine ganz gerade Linie können wir uns nur denken !

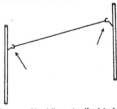

Anstatt Stelle   Denken wir uns die kürzeste Verbindung zwischen diesen
sagen wir   beiden Stellen !
auch Punkt.

Diese gedachte Linie nennen wir Strecke .

> Eine Strecke ist eine gedachte Linie.Sie entsteht,
> wenn man sich die kürzeste Verbindungslinie
> zwischen zwei Punkten denkt.

Krainer geht es im Folgenden darum,

„möglichst verschiedene Intuitionen zu einem Begriff zu erwerben (in Verbindung mit entsprechenden Anwendungen).

Intuitionen zur geraden Linie	Anwendungen
gerade als kürzeste Verbindung zwischen zwei Stellen	Straßenbau (ohne Hindernis) Person möchte möglichst schnell von A nach B gelangen
Gerade Linien kann man aneinander vorbeischieben (in sich verschieben)	Schiebetür Antenne Schublade
Gerade Linie als Schnitt zweier ebener Flächen	Papierfalten Blättern von Buchseiten
Gerade Linien liegen in einer ebenen Fläche ganz auf und können nach allen Richtungen hin verschoben werden	Kante der Schneeschaufel liegt auf Boden auf Kante der Klinge bei einem Hobel
Gerade Linie als „richtungsbeibehaltende Linie"	Flugbahn eines Geschoßes (Gewehrlauf) Autofahren: Man muß nicht lenken
Ununterscheidbarkeit der Stellen einer geraden Linie	Hochsprunglatte (beim Überqueren der Latte darf keine Stelle bevorzugt bzw. benachteiligt sein)

„Die Intuitionen sollen nicht (im Sinne einer Axiomatik) zueinander in Beziehung gesetzt werden, sondern sie sollen in ihrer Gesamtheit den jeweiligen Begriff (als komplexes Gefüge) mit „umwelterschließenden Eigenschaften" besser abdecken." (S. 25-26)

Das Fazit der Betrachtung ist, dass es in unserer Umwelt gerade Gegenstände vorkommen und von Menschen hergestellt werden, weil sie zweckmäßige Eigenschaften besitzen, die man bei ihrem Gebrauch erkennen kann. Zusätzlich zu den oben aufgeführten Eigenschaften kommt noch die Verlängerbarkeit von Geraden (S. 51) ebenfalls ins Blickfeld.

Im Entwurf werden viele Gegenstände betrachtet im Hinblick auf die Realisierung von Eigenschaften gerader Linien. (Bei einigen dieser Gegenstände ist durchaus hinterfragbar, ob sie als gerade gelten können, oder ob eine genauere Beschreibung das Wesen der Formung und deren Funktion nicht adäquater beschreiben könnte, so z.B. beim

Gewehrlauf und der ausziehbaren Autoantenne. Auch die Latte beim Hochsprung wird etwas schnell mit der Homogenität der Geraden in Verbindung gebracht.)

Die Ebene

Die Abschnitte 3. und 4. haben die Einführung der Ebene zum Gegenstand. Auch hierbei wird die Frage nach dem Sinn von „eben" und nach dem Sinn und Zweck eben geformter Gegenstände. Zunächst erfolgt die Betrachtung einer ebenen Tischplatte. „Eben" ist also ein Eigenschaftswort, bei dem auch eine Steigerungsmöglichkeit in Bezug auf die Genauigkeit seiner Realisierung gibt. Bei der Frage nach den Eigenschaften der ebenen Tischfläche wird zunächst durch einen Versuch herausgestellt, dass gerade Linien (durch gespannte Schnüre realisiert) ganz auf der ebenen Tischfläche aufliegen.

Ich gebe die Ausführungen Krainers zur Erzeugung der Ebene als Anlage wieder und versuche dann eine kritische Diskussion seiner Vorschläge.

Aus: Krainer,
S. 62

An welche   Machen wir einen weiteren Versuch:
Linien   Spannt einige Stricke auf der Tischplatte eurer
denken wir,   Schulbank!
wenn wir
einen ge-
spannten
Strick sehen?

Die kürzeste
Verbindungs-
linie zwischen
zwei Stellen
verläuft in
der ebenen   Man sieht,daß die gespannten Stricke zur Gänze auf dem
Fläche   Tisch aufliegen.Was würde passieren,wenn man den Strick
                  zwischen zwei Stellen des Erdbodens spannt?

                  Aus diesen Überlegungen können wir erkennen,daß ebene
                  Flächen die Eigenschaft haben,daß auf ihnen an jeder
                  Stelle gerade Linien genau aufliegen.

- 63 -

(5.)

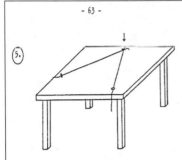

Befestigt an einer Stelle der Tischplatte des Lehrertisches
zwei Stricke.Spannt die beiden Stricke und befestigt sie
an zwei verschiedenen Stellen der Plattenfläche.
Bewegt einen,zwischen zwei Händen gespannten Strick auf
der Tischplatte hin und her.
Verlängert man in Gedanken die drei gespannten Stricke,so
kann man etwas Interessantes bemerken:
Wenn man den einen Strick auf der Plattenfläche bewegt,
so schiebt man ihn eigentlich entlang der beiden anderen
gespannten Stricke.Man kann den bewegten Strick so umher
gleiten lassen,daß man jede Stelle der Plattenfläche
damit erreicht.
Wir können also mit dem bewegbaren Strick(den man auf
den beiden befestigten Stricken bewegt) die Plattenfläche
andeuten.
Dazu brauchen wir aber gar nicht die ganze Plattenfläche.
Es sind eigentlich nur jene drei Stellen wichtig,an denen
die Stricke befestigt sind.
Wir könnten uns den Tisch wegdenken,trotzdem würden wir
uns noch vorstellen können ,wo die ebene Fläche verläuft!

Machen wir zu diesem Gedankenexperiment einen weiteren
Versuch !
Wählt im Klassenzimmer eine Stelle aus,an der ihr zwei
Stricke einfach befestigen könnt!

- 64 -

Sucht zwei weitere geeignete Stellen,um je einen der
beiden Stricke dort so zu befestigen,daß die Stricke
gespannt sind :

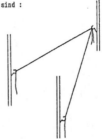

Halten wir einen weiteren gespannten Strick jetzt so,
daß er auf zwei Stellen der beiden vorher gespannten
Stricke aufliegt!

Erinnert   Verändern wir die Lage des gespannten Strickes!Aber immer
euch an das   so,daß er auf den beiden anderen Stricken aufliegt.
Strickspannen
auf dem Tisch!

Hier war der
Strick auch!

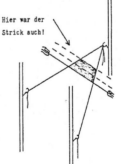

Gleiten wir
mit dem Strick
entlang der
anderen beiden
Stricke!

Dabei entsteht in unseren Gedanken eine ebene Fläche.

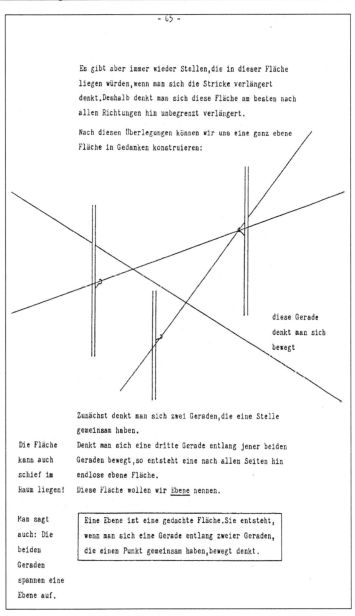

- 65 -

Es gibt aber immer wieder Stellen,die in dieser Fläche
liegen würden,wenn man sich die Stricke verlängert
denkt.Deshalb denkt man sich diese Fläche am besten nach
allen Richtungen hin unbegrenzt verlängert.

Nach diesen Überlegungen können wir uns eine ganz ebene
Fläche in Gedanken konstruieren:

diese Gerade
denkt man sich
bewegt

Zunächst denkt man sich zwei Geraden,die eine Stelle
gemeinsam haben.

Die Fläche   Denkt man sich eine dritte Gerade entlang jener beiden
kann auch   Geraden,so entsteht eine nach allen Seiten hin
schief im   endlose ebene Fläche.
Raum liegen! Diese Fläche wollen wir Ebene nennen.

Man sagt   Eine Ebene ist eine gedachte Fläche.Sie entsteht,
auch: Die   wenn man sich eine Gerade entlang zweier Geraden,
beiden   die einen Punkt gemeinsam haben,bewegt denkt.
Geraden
spannen eine
Ebene auf.

Nach diesen Ausführungen zur Entstehung der Ebene werden, wie bei der Geraden, viele Beispiele von Realisierungen der Ebene besprochen, die jedoch keine neuen Gesichtspunkte für unsere grundsätzliche Diskussion liefern.

14.2.3 Kritische Diskussion des Entwurfs

Die folgende Besprechung gliedert sich thematisch wie folgt:

1. Gerade als kürzeste Linie.
2. Ebene künstlich erzeugt.
3. Intuitionen ohne Systematisierung.
4. Umwelterschließung ohne begrifflichen Kern und methodische Ordnung.
5. Hintergrundtheorie nicht geklärt.

Zu 1: Gerade als kürzeste Linie

Zunächst wäre daran zu erinnern, dass bereits zuvor (III, Kapitel 12) schwerwiegende Einwände gegen die Erklärung der Geraden als kürzester Linie geäußert worden sind (H. Poincaré, G. Ewald).

Schauen wir jedoch direkt auf die Plausibilität der Argumentation Krainers. Geraden werden als kürzeste Verbindungen (Linien) zwischen zwei Punkten bestimmt. Aber sind diese deswegen mit einem einzigen Prädikat (gerade) zu belegen? Offenbar hängt dies davon ab, ob das Kriterium für „kürzeste Linie" eindeutige Resultate zeigt. Wir haben aber kein Kriterium in der Hand, um zu entscheiden, ob eine kürzeste Linie vorliegt, außer man vergleicht sie mit einer anderen Geraden, also z.B. einer anderen gespannten Schnur! Aber, was vergleicht man dann? Die Länge der Schnüre? Krainers Betrachtungen geben kein eindeutiges Ergebnis her, da man nicht weiß, wann man mit dem Ziehen aufhören muss! Durch die Betrachtung einer einzigen Schnur in verschiedenen Lagen (wodurch verschiedene Linien realisiert werden) kommt man zu keinem eindeutigen Ergebnis; denn, auch Schnüre, die unterschiedlich gespannt sind, können Geraden ergeben. Entscheidend ist hier die Gestalt-Eindeutigkeit, nicht die Kürze. Die Kürze wird durchaus so erfahren, wie es Krainer versucht zu vermitteln, aber zur endgültigen Entscheidung über die kürzeste Linie ist sie nicht geeignet, da sie undefiniert bleibt! Hingegen hat die protogeometrische Definition der Geraden, z.B. als universalpassende Linie (vgl. I, Kapitel 5) den Vorteil, dass das zugrunde liegende Prädikat gestalteindeutig ist und somit die verschiedenen Realisate (Papierkante beim Falten, Lineal, Ebenenkante bei Körpern usw.) formgleich sind.

Fazit: Dieser Vorschlag ist nicht tauglich zur Erklärung des Geradenbegriffs.

Zu 2: Ebene künstlich erzeugt

Die Art und Weise der Einführung der Ebene orientiert sich, wenn auch nicht explizit an die aus der Axiomatik bekannte (vgl. I, Kapitel 7) Definition der Ebene mithilfe eines Pasch-Axioms. Dagegen ist aus fachwissenschaftlicher Sicht nichts einzuwenden.[178] Die didaktische Frage ist jedoch, wie man Schülern die relevanten Erfahrungen vermitteln kann, ohne auf künstliche Arrangements zurückgreifen zu müssen, die keine Verbindung zur Praxis aufweisen, und so gewissermaßen klinischen Charakter haben. Krainer orientiert sich am Problem ihrer Erzeugung aus Geraden bzw. ihrer Bestimmung mit Hilfe von geraden Linien. Jedoch wird diese Erzeugung nicht durch eine praktische Problemstellung vermittelt. Er spricht statt dessen vom Entstehen der Fläche in Gedanken. Alle relevanten Erfahrungen, die Krainer künstlich zu vermitteln sucht, lassen sich viel einfacher vermitteln, wenn man schaut, wie in der Praxis gehandelt wird. Ein Vorschlag dazu, der auch in anderer Hinsicht hilfreich ist, findet sich hier später in III, Kapitel 15. Dort wird eine praktisch orientierte Aktivität vorgeschlagen, ausgehend vom Problem eine ebene Bodenfläche herzustellen, das in der Praxis sehr oft aufkommt (als Vorbereitung zum Bauen, Fließen, usw.). Schüler können dabei auch die Erweiterung von Geraden und Ebenen eingebunden in sinnvollen Handlungen praktisch erfahren.

Fazit: Die Erzeugung der Ebene ist in der Form künstlich und didaktisch fragwürdig, lässt sich aber sinnvoll umgestalten.

Zu 3: Intuitionen ohne Systematisierung

Das Argument Krainers zur Begründung seines Vorhabens lautete wie folgt: Da die Homogenität der Grundformen nicht auf der Stufe der Intuitionen liegt, so sollte man sich in didaktischer Hinsicht auf diese Intuitionen konzentrieren. Diese Argumentation ist jedoch nicht stichhaltig, wenn man sich die Interpretation der Homogenität zu eigen macht, die in Teil I gegeben wurde. Diese Interpretation wird konkret als Invarianz bezüglich Berühraussagen, insb. Passungen gefasst, und das ist keineswegs außerhalb der elementaren Handlungsmöglichkeiten (manuellen wie sprachlichen) von Schülern einer 5. Klasse. (Vgl. Volks Entwurf im nächsten Abschnitt.)

Der Gedanke Krainers, dass viele ungeklärte Intuitionen wünschenswert wären, ist jedoch an sich kritikwürdig. Denn so verbleiben beim Schüler nur diffuse, nicht systematisierte, auch begrifflich nicht geklärte Erfahrungen. Bei der Geraden wird dadurch z.B. die begriffliche Verbindung zwischen ihrer Formbestimmung und der Eigenschaft, kürzeste Verbindung zwischen zwei Punkten zu sein nicht hergestellt, was mit der Versuchsanordnung Krainers durchaus anginge.

Die Gefahr des Vorgehens von Krainer besteht darin, dass in der Fülle der Intuitionen der begriffliche Kern der Grundformen nicht herausgestellt wird, somit ein wesentlicher Aspekt der operativen Begriffsbildung verfehlt würde (ganz abgesehen davon, dass damit auch das Kernproblem eines Verständnisses der elementaren geometrischen Begriffe ungelöst bliebe). Das wäre dann keine Loslösung von axiomatischen Hintergründen (wie Krainer meint), sondern eine Loslösung von der begrifflichen Seite der

---

[178] Angemerkt sei jedoch, dass diese (sei sie auch implizit) vorhandene Orientierung an der Fachsystematik mit den erklärten Absichten Krainers nicht konform läuft.

Geometrie (gegen die sich bereits Platon wandte). Eine vernünftige Umwelterschlie-ßung ist so auch kaum möglich. (Vgl. im Folgenden Nr. 4.)

Inwiefern trägt das Nachdenken über einen geraden Gewehrlauf bzw. Autoantenne zu einer umfangreicheren bzw. besseren Intuition der Geraden bei? Sicher, irgendwie schon, aber Krainer vernachlässigt dabei den geometrischen Kern des Geradenbegriffs. Erhebliche Bedenken sind daher gegen die <u>lose Erfahrungssammlung ohne begriffli-che Systematik</u> angebracht. Es werden viele Begriffe benutzt, deren Zusammenhang mit dem Geradenbegriff ungeklärt bleibt. (z.B. ist „Richtung" ohne die Gerade gar nicht erklärt, Visierergebnis wird nicht verglichen mit konkreten Geraden, Linealkan-ten usw.; es wird nicht gefragt, was die Objekte geometrisch gemeinsam haben.)

Man braucht aber hier einen begrifflichen Kern zur Entscheidung über die Ordnung von praktischen Kriterien und deren Verbindung mit den benutzten Begriffen. Krainer gibt keine Antwort auf die Frage: <u>Was ist der geometrische Sinn von Gerade und Ebe-ne auf der Basis der Phänomene bzw. Erfahrungen mit Artefakten (Realisaten)?</u> Die relevanten Formbestimmungen von Gerade und Ebene werden jedenfalls nicht er-reicht.

<u>Zu 4: Umwelterschließung ohne begrifflichen Kern und methodische Ordnung</u>

Die Verfügung über den Geradenbegriff (gleichlautend für den Ebenenbegriff) ist un-abdingbar für die methodische Verfügung über neue Eigenschaften (Empirie), die da-von abhängen. Sonst sieht man sich einer Fülle von ungeordnet vorliegenden empiri-schen Kriterien gegenüber, wobei nicht klar wird, was primär mit dem Begriff be-zeichnet wird und was dann als empirisches Wissen hinzukommt. Der Umfang des Geradenbegriffs ist natürlich größer, je breiter er angewendet wird. Aber daraus ohne Weiteres ein Programm zu machen, ihn unter Zugrundelegung der daraus sich erge-benden Bestimmungen zu bilden, erscheint mir nicht schlüssig. Denn, dann stellt sich die Frage, welchen Begriff man in der Geometrie im Auge hat. Man kann unmöglich alle Anwendungen heranziehen und erklären, die damit gegebenen Eigenschaften von Geraden würden den Begriff erst konstituieren. Das wäre im Übrigen auch gar nicht der Fall: <u>Viele Eigenschaften konstituieren sich (technisch, also pragmatisch, aber auch wissenschaftlich, d.h. methodisch) schrittweise über die geometrischen Formkri-terien</u>. Also geht es zunächst darum, was konstitutiv für „gerade" ist, also hinreichende und notwendige Formkriterien. Erst über eine solche, vernünftige Definition können zusätzliche Eigenschaften (so auch bei der Parallelität) der Geraden in Anwendungen erschlossen werden. Es ist daher auch zu bezweifeln, ob unter den dargestellten Um-ständen eine wirkliche Umwelterschließung gelingen kann.

Krainers Absicht ist zwar lobenswert (Vielfalt der Anwendungen vermitteln), aber systematisch und didaktisch in der Form fragwürdig. Ohne (begriffliche) Systematisierung lässt sich insbesondere operative Geometriedidaktik nicht vernünftig treiben.[179]

Auch die Frage erscheint berechtigt, was bei diesem Vorgehen anders ist, als beim zuvor bei der Analyse der Schulbücher kritisierten. Statt nur verschiedene <u>Herstellungsweisen</u> ohne verbindende und orientierende Begriffe dort, haben wir es hier zusätzlich mit verschiedenen <u>Verwendungsweisen</u> von Objekten, aber ebenfalls ohne klare Begriffe, zu tun, was, wie man vermuten kann, keine prinzipiell neue Qualität bedeutet.[180]

Nicht alle Artefakte Krainers sind im Übrigen ohne Weiteres als Realisate von Geraden anzusehen (Antenne, Gewehr: Das sind Zylinder nicht Geraden. Beispiele, die nicht passen: Die Autoantenne besteht aus Zylindern, die Verwendung des Gewehres ist mit dem Begriff der Richtung verbunden.) Diese Beispiele werfen interessante Fragen auf, die aber auf dieser Stufe nicht gelöst werden. Umwelterschließung ist vom Ansatz her angestrebt, keine Frage! Aber die Beispiele können nicht direkt als Unterrichtsmaterial zur Behandlung der Grundbegriffe der Geometrie in einer 5. Klasse sinnvoll eingesetzt werden. Man braucht aus meiner Sicht eher die (exemplarische!) Konzentration auf die Kernaufgabe, geometrische Grundbegriffe unter Bezug auf direkt darauf bezogene technische Handlungen zu vermitteln, der Rest der Bezüge könnte als Ergänzung unter dem Gesichtspunkt der Umwelterschließung verwendet werden. Deren Auswahl kann je nach Interesse und mit kritischem Blick auf deren didaktische Eignung getroffen werden.

Zu 5: Hintergrundtheorie nicht geklärt

Noch ein Umstand vermittelt den starken Eindruck, dass Krainers Hintergrundtheorie nicht geklärt ist. Es wird wiederholt von „gedachten" Objekten, was auch als bloßer psychologischer Terminus verstanden werden kann, statt von „idealen Formen" oder „Normen" (logisch, die Begriffsbildung betreffend) gesprochen. Konkret ist oft die Rede von der Geraden als „gedachte Linie" oder von der Ebene als „gedachte Fläche" (psychologische Termini) statt von „idealer Linie" oder „idealer Fläche" (logische Termini). Natürlich ist hierbei so viel richtig, dass „gedacht" auch „in Begriffen gefasst", also nicht bloß vorgestellt, bedeuten kann. Insofern ist alles gedacht, worüber wir reden![181] Dass in dieser idealen Rede bezogen auf bestimmte Forderungen geredet wird, ohne Rücksicht auf deren konkrete Realisierung, wird jedoch aus den Ausführungen Krainers nicht unbedingt ersichtlich.

---

[179] Meine Einwände gegen das Vorgehen in Bender 1978 und Bender/Schreiber 1985 in Bezug auf die geometrischen Grundbegriffe habe ich zuvor, in Kapitel 13 formuliert.

[180] „Gedanken ohne Inhalt sind leer, Anschauungen ohne Begriffe sind blind." Kant, KrV B 75

[181] Volk redet hier auf dem Hintergrund der Protogeometrie treffender von „ideal gedacht".

Ein entscheidender Mangel des Entwurfs besteht darin, dass die geometrischen Grundtermini „Punkt", „Linie", „Fläche" nicht konkret vermittelt werden. Es fehlen die Bezüge auf Körper und Figuren an Körpern sowie der Art und Weise, wie diese gegeben
sind. Auch die Form von Figuren und die damit verbundenen Handlungen kommen
nicht wirksam ins Blickfeld. Alle diese Defizite sind jedoch mithilfe der Protogeometrie behebbar.

14.2.4 Würdigung und Ausblick

Nach der Kritik sind auch die Verdienste der Arbeit deutlich hervorzuheben: Sie stellt
als umfangreiche Sammlung eine wertvolle Vorlage für umwelterschließende Aufgabestellungen und Aktivitäten dar, die, wie wir gesehen haben, mit passenden Zeichnungen sehr schön veranschaulicht werden.

Die Aufgaben selbst sind sehr anregend und lassen sich vor allem als selbständige
Aufgabestellungen zur Umwelterschließung bzw. Funktionsanalysen nutzen, die vor-
geschlagenen Aktivitäten sind überaus motivierend. Sie können im Unterricht gut als
ein Ausgangspunkt oder als Anregungen zum Nachdenken über Zwecksetzungen von
Formungen dienen, sollten aber jedenfalls kritisch (sachlich und didaktisch) überlegt
werden.

In der Diskussion habe ich mich auf die Vorschläge zur Einführung von Ebene und
Gerade beschränkt. Die Arbeit Krainers enthält jedoch viel mehr, was nicht im Blickfeld der hier angestellten Betrachtungen fällt, z.B. interessante Erörterungen zur Behandlung des Zeichnens in der 5. Klasse oder weitere Aufgaben und Aktivitäten zum
Geometriestoff der 5. Klasse. Dies alles zusammen mit dem Bestreben, schülerorien-
tiert zu arbeiten, macht die Arbeit Krainers überaus wertvoll.

Wir haben in diesem Abschnitt gesehen, wie über eine Sammlung von vielfältigen, aus
unterschiedlichen Praxisbereichen stammenden Beispielen versucht worden ist, mit
umwelterschließenden, operativen Absichten geometrische Grundbegriffe einzuführen.
Im nächsten Abschnitt wende ich mich einem ebenfalls operativ und umwelterschlie-
ßend orientierten Versuch zur Einführung geometrischer Grundbegriffe zu, der sich
jedoch nunmehr auf eine einzige, grundlegende Bezugspraxis konzentriert.-

14.3 Geometrie aus dem Bauhandwerk – Unterrichtsreihen von D. Volk

14.3.1 Zum Hintergrund

D. Volk[182] entwarf seine Unterrichtsreihen zum einführenden Geometrieunterricht auf dem Hintergrund der Protogeometrie, wie sich um 1978-79 darstellte. Dabei nutzte er einschlägige Arbeiten von Inhetveen und Lorenzen, die zu jener Zeit eine Abkehr von der Homogenitätsgeometrie vollzogen, hin zu einer durch eine Protogeometrie untermauerte Formengeometrie. Die Unterrichtsreihen wurden nach mehrjähriger Erprobung durch Volk selbst und vielen anderen (vgl. Volks Nachwort, Beiträge von anderen Lehrenden sind in der Reihe enthalten) 1984 in MUED veröffentlicht, sind aber heute kaum noch zugänglich, da sie seit längerer Zeit vergriffen sind. Man kann davon auszugehen, dass das Material eine ziemliche Entwicklung hinter sich hat (nach Volks Bericht mehr als 6 Jahre) und daher darf man sich aus der Beschäftigung damit einiges erhoffen.

14.3.2 Die Unterrichtsreihen

Das schriftliche Material ist gegliedert in zwei Reihen (s. Anlage), deren eine Einleitung vorangestellt ist, und einen Nachspann („außer der Reihe") mit Kopien von Hintergrundliteratur, und allgemeinen Hinweisen für LehrerInnen („Hallo Paukerin!"), Erfahrungsberichten und Arbeitsblättern von Kollegen, welche die Reihen im Unterricht einsetzten und gelegentlich auch Rückmeldungen von Experten (Inhetveen, Bender). Das schriftliche Material ist als Lehrerhandbuch konzipiert. Darin werden Anregungen und Kommentare gegeben, zu praktischen Aktionen und zum Einsatz der (ausgefüllt vorliegenden) Arbeitsblätter, welche neben Lückentexten auch ausführliche Infos enthalten. In den Kommentaren finden sich auch kurze Berichte aus dem schulischen Einsatz der Unterrichtsreihen und über Erfahrungen in einzelnen Phasen des Unterrichts. Die Gestaltung der Arbeitsblätter ist sehr ansprechend (Comics und Bilder lockern auf, Gliederungshilfen sind vorhanden). Der Ton ist offen und direkt, sowohl an Schüler als auch an die Lehrer, was der schwierigen Materie, um die es hier geht, gut tut.

In der Einleitung werden bereits die **Merkmale des Unterrichtsvorschlags** herausgestellt, der von Volk so charakterisiert wird:

> „Ein Unterrichtsvorschlag der der Genese des wissenschaftlichen Denkens der Wissenschaft aus alltagsweltlichen Zusammenhängen, also von praktischen Bedürfnissen her, folgt, der das mathematische Denken als *einen* Typ der Auseinandersetzung mit unserer Welt einbettet in das Netz von handwerklicher, wissenschaftlicher, künstlerischer und spielerischer Auseinandersetzung" (S. 3)

---

[182] Volk hat sich u.a. besonders um die Verbindung von Wissenschaftstheorie und Didaktik bemüht. Vgl. dazu das Literaturverzeichnis.

Aus: Volk 1984, Inhaltsverzeichnis

Der Vorschlag möchte dazu beitragen (S. 3):

- Die Umwelt als Menschenwerk, gemäß Zwecksetzungen und Interessen gestaltet, wahrnehmen zu lassen.

- Geometrie als Teil der Bemühung, Umwelt zweckmäßig zu formen, zu begreifen.

- Den Umgang mit Handlungsorientierungen am Beispiel von technischen Handlungsorientierungen bewusst zu machen und zu üben.

- Die Verabsolutierung geometrischer Standardformen im Design und Umgebung kulturkritisch zu sehen.

Der Vorschlag zeichnet sich nach Volk aus dadurch, dass:

- Raumanschauung als sinnvolles Ziel des MU exzessiv verfolgt wird.

- Worteinführungen als zweckmäßige Handlungen verstanden werden.

- Eine schrittweise, methodische Vorgehensweise angestrebt wird.

Aus dem Inhaltsverzeichnis (Anlage) und folgendem Schema erkennt man, dass die Unterrichtsreihen Volks, didaktisch bedingt vielfältige Ziele verfolgen, aber sich im Kern (bzw. in ihren Hauptanliegen) um die <u>Sinngebung der geometrischen Grundbegriffe im Unterricht im Anschluss an die protogeometrischen Einsichten</u> bemühen.

Themenkreis der Unterrichtsreihen

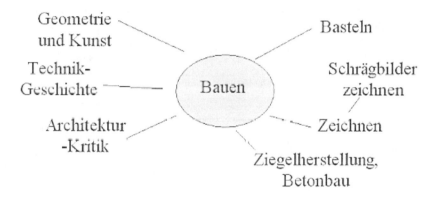

Das ist es auch, was uns im Rahmen der vorliegenden Arbeit in erster Linie interessiert. Daher soll die Hauptlinie des Aufbaus der Unterrichtsreihen (roter Faden) in diesem Sinne verfolgt werden.

Dieser „rote Faden" lässt sich kurz so beschreiben:

Nachdem die Schüler das Vorgehen beim Mauern (mit Wasserwaage und Senkblei) nachvollzogen haben, erfolgt eine genauere Betrachtung der Ziegelsteine. Ihre Elemente und ihre Form werden genauer untersucht. Diese Form wird dann über praktisch relevante (beim Bauen), jedoch ideal gefasste, Funktionseigenschaften bestimmt. Zur Kennzeichnung der Form dienen die geometrischen Grundwörter „eben", „gerade", „senkrecht" und „parallel". Am Ende wird mithilfe der eingeführten Terminologie und in Anknüpfung an den Ausgangspunkt der Reihe versucht, den Bau der Mauer nachzuvollziehen und somit besser zu verstehen. Zwischendrin wird auch nach der Idealität und hinreichenden Realisierung der geometrischen Formen gefragt, die auf die Unterscheidung zwischen Praxis und Geometrie als Wissenschaft idealer Formen führt.

Wir wollen uns nun den Unterrichtsgang an diesem roten Faden entlang genauer ansehen. Dazu wird die Form einer kommentierenden Darstellung gewählt. (Die wichtigsten Arbeitsblätter werden als Anlage beigefügt.). Aufgrund der Nähe meines Ansatzes zum Entwurf Volks und meiner grundsätzlichen Zustimmung zu dessen didaktischen Absichten und Maßnahmen scheint diese Vorgehensweise nicht nur vertretbar, sondern hinreichend gerechtfertigt zu sein.

Einladung zur Unterrichtsaktion

Am Anfang steht eine schriftliche **Einladung** zur „Lernaktion" mit dieser Unterrichtsreihe, die genauer beschreibt, was vorgeschlagen wird, und einige Initialfragen aufgibt. (Vgl. Anlage) eigegeben ist als Info für die Lehrerin eine Kopie aus einem Baufachbuch zur Ziegelherstellung. Die Schüler werden in der Einladung gefragt, ob sie mitmachen wollen, bei Zustimmung wird begonnen mit Diskussionen zu den Fragen, die sich auf dem Blatt der Einladung finden.

Aus: Volk 1984, S. 5

zur Lernaktion

GENAUER HINSCHAUEN:
beim
MAUERN UND HÄUSERBAUEN

Meine Damen und Herren der 5c,
ich will Euch einen Weg in eine Wissenschaft weisen, mit der wir uns bisher überhaupt noch nicht beschäftigt haben: einen Weg in die GEOMETRIE.
Einiges dazu habt Ihr schon in der Grundschule kennengelernt. Damit das dann auch alles richtig "sitzt", fangen wir nochmal ganz von vorn an, bei Adam und Eva sozusagen. Also:

1 Ich will Euch in Erinnerung rufen, wie man gerade Linien zeichnet, senkrechte und parallele Linien, wie man mit dem Lineal umgeht, und ähnliches.
Damit Ihr aber auch was dazu lernt, hab ich einen ganz besonderen Weg in die Geometrie überlegt:

2 Ich will Euch gleichzeitig zeigen, wie man zu dieser Wissenschaft kommt, woher die Wissenschaft GEOMETRIE kommt.
Meine Antwort auf diese Frage ist: diese Wissenschaft kommt aus dem Handwerk, aus der Arbeit der Menschen. Das will ich Euch am Häuserbauen zeigen, am Mauern: wie man da die ersten Schritte zur Geometrie machen kann.

Einige Fragen auf diesem Weg sind:

* Worauf kommt's beim Mauern an?
* Warum haben Ziegelsteine die Form, die sie heute haben?
* Ziegelsteine haben ihre heutige Form sicher nicht schon immer gehabt. Die ist irgendwie entwickelt worden. Wie?
* Worum bemüht sich ein Maurer wenn er eine Decke betoniert?
* Was macht der Maurer mit der Wasserwaage, was mit dem Richtscheit? Was mit dem Senkblei?
* Wie kommt es dazu, daß man eine Wissenschaft macht über Linien, Geraden, Senkrechten und sowas alles?
* Und was hat die Geometrie mit den Maurern und dem Häuserbauen zu tun?
* Was ist denn das überhaupt, "die Geometrie"? Und was soll sie?
* ...?

Junge, Junge, eine ganze Latte von Fragen ...

Reihe 1: Von der Mauer zu den Kanten und Flächen des Ziegelsteins

1. Ecken ansetzen, lotrecht mauern

In dieser Stunde werden Wandkanten mit Senkblei und Wasserwaage geprüft: Die Wand passt zum Lot. Die Wand soll lotrecht werden, daher wird sie mit dem Senkblei (Wasserwaage) geprüft. Das Vorgehen der Maurer wird vergegenwärtigt: Diese setzen zuerst die Mauerecke an (Eckenansetzen) und bauen senkrecht zum Boden. Die Wand wird so aufgebaut, dass sie zum Lot passt, dass sie senkrecht steht.

2. Genauer hinschauen – die Ziegelsteine

Die Begriffe Fläche, Kante und Ecke werden konkret am Ziegelstein erarbeitet. Die Schüler markieren Flächen, Kanten, Ecken mit farbiger Kreide und artikulieren manuelle Erfahrungen (glatt, scharf, spitz) mit diesen Gegenständen. Außerdem erkunden sie die verschiedenen Maße der Ziegelsteine und stellen Vermutungen auf über deren Zusammenhang. Hausaufgabe: Ziegelsteinmodell bauen. Die Absicht ist es, mit den Schülern damit später im Unterricht eine Mauer zu bauen.

Flächen, Kanten, Ecken werden von Volk also durch elementare phänomenale Eigenschaften im Umgang mit Figuren am Ziegelstein eingeführt. Kanten sind nach protogeometrischem Verständnis „Linien" und Ecken „Punkte". An dieser Stelle wären terminologische Ergänzungen möglich. Aus den Markierungshandlungen (Fläche ausgemalt, Linie gezogen -auf der Fläche, die auch die Kante enthält- und Eckpunkt markiert) könnte man diese auch leicht gewinnen. So würde es deutlich, dass auch beim Ziegelstein Inzidenzbeziehungen bestehen, d.h., dass der Ort der Figuren durch andere Figuren und Markierungen angegeben wird. An dieser Stelle sind allerdings nur der Körper und die Figuren auf ihm von Interesse, nicht die Inzidenzbeziehungen von Figuren untereinander.

Man könnte zusätzlich Beispiele von anderen Körpern mit nicht geraden Kantenformen, nicht ebenen Flächenarten ins Auge fassen und dabei die Entsprechung (Linie-Kante, Ecke-Punkt) noch deutlicher und allgemeiner (durchaus im Sinne der Protogeometrie, vgl. I, Kapitel 2) herausstellen.

3. Welche Eigenschaft die Flächen am Ziegelstein haben

Zunächst wird von der Form des Ziegelsteins gesprochen (vgl. Anlage) und welchen Zweck sie beim Mauern erfüllt. Die Form des Ziegelsteins (Quader) ist den Schülern der 5. Klasse eigentlich geläufig, aber diese Frage, wie auch die Frage nach der Form der einzelnen Flächen (Rechtecke) wird nicht gestellt.[183] Stattdessen wird direkt nach Eigenschaften, die Auflage- und Deckfläche zu erfüllen haben, damit man damit gut

---

[183] An dieser Stelle weicht meiner, an Volks Entwurf orientierter Vorschlag in Kapitel 15 ab.

mauern kann. Diese Eigenschaften ergeben sich somit aus den praktischen Anforderungen beim Bau der Mauer.

In erster Linie sollen diese Flächen keine Löcher bzw. Unebenheiten haben, also in verschiedenen Lagen zueinander gut aufeinander passen. Daraus werden drei Forderungen an ebene Flächen abgeleitet, wobei die zweite Eigenschaft (sich in jeder Richtung verschieben können) sich in dieser Form wohl kaum aus der Baupraxis rechtfertigen ließe. Das ist aber auch gar nicht nötig; denn, die erste Eigenschaft müsste eigentlich heißen: „die man überall aufeinanderlegen kann" bzw. „die überall aneinander passen", womit die universelle Passung in jeder Lage gemeint ist. (Ziegelsteine sollten auch quer gemauert werden können.)

Diese Eigenschaften lassen sich natürlich auch von anderen universell passenden Flächen wie Zylinder und Kugel erfüllen. Zylinder und Kugel haben jedoch nicht die Eigenschaft, dass beliebige Realisate jeweils auf diese Art zueinander passen.

WELCHE EIGENSCHAFT DIE FLÄCHEN AM ZIEGELSTEIN HABEN

 Alle Ziegelsteine, die wir bisher gesehen haben, haben ungefähr die gleiche Form. Ist das reiner Zufall? Oder gibt es irgendwelche Gründe für diese Form?

Worauf kommt es bei der Form der Ziegelsteine an?

Auf eine solche Frage findet man manchmal eine Antwort, wenn man erstmal andersherum fragt: Was wäre, wenn die Ziegelsteine eine andere Form hätten oder ganz verschiedene Formen?

"Die Form" eines Ziegelsteins: naja, nehmen wir uns zuerstmal das vor, was wir zuerst an einem Ziegelstein sehen: das sind die Begrenzungsflächen des Ziegelsteins. Wie steht's mit denen? Da gibt es auch wieder verschiedene Flächen. Die erste Fläche, die für den Maurer und für uns beim Bau der Modell-Mauer wichtig ist, wenn ein Ziegelstein auf den Untergrund gelegt wird, ist die "untere Fläche". Nennen wir sie die _Auflegefläche_ Die wird auf die "obere Fläche" des Steines darunter gelegt; nennen wir sie die _Deckfläche_ des Ziegelsteins.

 Welche Eigenschaft müssen nun Auflegefläche und Deckfläche erfüllen, damit der Maurer halbwegs bequem mauern kann?

Fragen wir erstmal wieder andersherum: Wie sehen Auflegeflächen aus, die für den Maurer besonders anstrengend sind? Was an einer Auflegefläche und was an einer Deckfläche behindert den Maurer besonders in seiner Arbeit?

Besonders störend sind Löcher in der Auflege- oder Deckfläche, oder Erhebungen: "Unebenheiten", wie wir sagen. Denn dann _passen_ die Steine nicht zueinander.

"Unebenheiten" behindern den Maurer
* wenn er die Steine aufeinanderlegt und
* wenn er die Steine verschieben will
* weil dann Hohlräume zwischen den Steinen entstehen.
Die Steine kommen nicht fest aufeinander zu liegen und die Mauer wird krumm und bucklig.

Soll die Mauer stabil werden und soll der Maurer die Steine nicht erst beim Mauern zurechtklopfen müssen, so dürfen solche "Unebenheiten" nicht vorhanden sein. Die Steine müssen so geformt sein, daß sie aufeinander _passen_. Auflegefläche und Deckfläche müssen folgende Merkmale erfüllen:

Volk, S. 13

Es müssen Flächen sein,
* _die man aufeinanderlegen kann_
* _die man dann in jede Richtung verschieben kann_
* _wobei keine Hohlräume zwischen ihnen entstehen_   eben

Solche Flächen nennt man _ebene_ Flächen.

— Und die anderen Begrenzungsflächen am Ziegelstein?
— Und an anderen Körpern?
Nenne viele Beispiele, wo an Körpern ebene Begrenzungsflächen sind!

Jede Ziegelsteinfläche hingegen kann als <u>Unterlage</u> bzw. als <u>Auflage</u>, und zwar in jeder festen Berührlage genommen werden. Aus protogeometrischer Sicht kann die entscheidende Eigenschaft der Ziegelsteinflächen als Homogenität bezüglich Berühraussagen, als <u>Ununterscheidbarkeit</u> durch Berührungen anderer Körper, als ein <u>Sich-Gleich-Verhalten</u> bei Berührungen und Passungen (das fordert man gewöhnlich von „Kopien") beschrieben werden. Genau diese Eigenschaft wird beim Mauern von den Bausteinflächen gefordert und erfüllt.

Nach der Einführung der Ebene werden im Unterrichtsgang Ziegelsteine gezeichnet. Dabei wird zunächst eine Freihandskizze des Ziegelsteins angefertigt. Es folgt eine Problematisierung der Skizzendarstellung daraufhin, ob die gezeichneten Flächen „hinreichend eben" sind. Diese Phase wird aber wohl auch deswegen eingeschoben, damit es nicht bloß beim Hinschauen und Nachdenken bleibt, was auf die Dauer ermüden oder gar überfordern kann.

4. Gibt es ebene Flächen? Zwei verschiedene Dinge: eben oder hinreichend eben

Im Mittelpunkt dieser Stunden steht die Frage, ob Flächen auf verschiedene Art eben sein können. Bei Ziegelsteinen sind Unterschiede leicht festzustellen. Aber auch Flächen, die man als eben ansieht, sind bei genauerem Betrachten (z.B. durch eine Lupe) nicht ganz eben, sie passen folglich auch nicht vollständig aneinander.

Das Ziel dieser Erörterung, die mit den Schülern in den verschiedenen Erprobungen als sehr lebhaft geschildert wird, ist die Unterscheidung zwischen idealen Flächen und konkreten, wirklichen Flächen. Die konkreten Flächen werden von Praxis zu Praxis verschieden ausgeführt im Hinblick auf die Genauigkeit beim Passen, das aber hinreichend für die konkrete Praxis realisiert wird. Das Hantieren mit idealen Flächen, also ohne Rücksicht auf die konkrete Praxis ist die Aufgabe der Geometrie als Wissenschaft. Es wird nicht ganz klar an dieser Stelle, warum es sich lohnt, Geometrie zu treiben. Es wäre natürlich möglich bereits hier noch etwas zu sagen, z.B. dass es sinnvoll ist, unabhängig von der konkreten Realisierung von Gegenständen ideal (also eingeschränkt) zu reden, was dann für alle Praxisbereiche gelten kann. Die Geometrie macht sich so davon frei, über die Ausdehnung der Hohlräume in den jeweiligen konkreten Ebenen reden zu müssen.[184] Diese Ökonomie des Vorgehens ist sicher auch Schülern einer 5. Klasse einsichtig zu machen. (Dies wird von Volk am Ende der Reihe in einer Reflexion auch nachgeholt.)

Die Erörterung des Unterschieds der <u>Güte einer Ziegelsteinfläche zum Mauern</u> und ihrer <u>Güte der Realisierung der Ebenen-Eigenschaft</u> mit den Schülern wird durch eine Anregung, über die Vor- und Nachteile beim konkreten Einsatz der Ziegelsteine nachzudenken (gegenläufige Zwecksetzungen) initialisiert. So kann bei einer nicht ganz

---

[184] Es ist in der Tat so, dass konkrete Ebenen (nano-)physikalisch jeweils als diskrete Mengen von komplanaren Punkten angesehen werden können, bei denen die Güte der gegenseitigen Passung durch die gleichmäßige Verteilung der Auflagepunkte bestimmt wird.

ebenen Fläche der Mörtel zum Mauern besser haften (daher wird auch gezielt die Ebenheit gestört, z.B. durch Rillen). In anderen Praxiszusammenhängen, z.B. wenn es um die Glattheit der Ebenen geht (Maschinenbau, optische Spiegel), sieht es natürlich anders aus.

6. Gerade Linien und Gerade Linien. Handwerkszeug dazu.

Im ersten Blatt werden gerade Linien als Figuren erklärt, die immer dort entstehen, wo ebene Flächen aufeinander treffen. Es folgen entsprechende Ausführungen wie bei der Ebene zur Idealität und hinreichenden Realisierung von geraden Linien. Im Kommentar ist eine Rückmeldung Inhetveens an Volk vermerkt, die eine Behandlung analog zur Ebene anspricht, welche jedoch sich in der Literatur nirgends findet (S. 20).

In der folgenden Stunde werden unterschiedliche Realisierungsverfahren für gerade Linien betrachtet und Aktivitäten bzw. die Beschreibung von Herstellung und Verwendung von Realisaten gerader Linien angeregt. Das Papierfalten (mit Erklärung), das Spannen von Schnüren, die Verwendung von Richtlatten und die Lichtstrahlen werden als solche Realisierungen diskutiert. Die gespannten Schnüre und die Richtlatten sind auch Instrumente beim Mauerbau. Es wäre eigentlich nötig, wie bei der Ebene, auf definierende Merkmale einzugehen (universelle Passung), welche Geraden untereinander und zur Ebene haben, sonst ist es nicht einzusehen, was diesen Realisierungen gemeinsam ist. (Ein Problem, das auch in Krainers Entwurf offen blieb.)

Die weiteren Ausführungen gelten der Einführung von Punkten als Zusammentreffen von Kanten, wobei hier einfach plötzlich von „Eckpunkten" und dann von Punkten die Rede ist. Schließlich werden auch Strecken als gerade Linien zwischen zwei Punkten A und B erklärt und die Strecke AB mit der Strecke BA (als gleiches Ergebnis zweier Zeichenvorgänge) identifiziert.

7. Senkrecht stehen

In dieser Stunde wird die Orthogonalität von Ebenen am Ziegelstein anhand der Zielsetzung beim Bauen motiviert. Der Übergang zur Orthogonalität der Kanten auf der Ebene ist jedoch ein Problem, da es hier darum geht, zu erklären, wann zwei Strecken zueinander orthogonal sind. Volk hat keine Erklärung gefunden, die er Schülern der 5. Klasse zumuten möchte.

Diese Erklärung könnte so heißen: a orthogonal b ⇄ die zu Figur F = (a, b) passende Figur F′ ist zugleich deren Kopie. Diese Figur F ist hier nichts anderes als eine Geradenkreuzung zweier Geraden a und b. Konkret können diese Abdrücke und Kopien mit durchsichtigen Folien (im Bild CD-Deckel) hergestellt werden. (Auch mit Farbabdrücken ließe sich hier hantieren.)

Bei sich schneidenden Geraden in anderer als zueinander orthogonalen Lage ist die Passung der Figuren nicht gegeben. Es handelt sich also hier ebenfalls um eine gestalt-eindeutige[185] oder universelle Grundform.

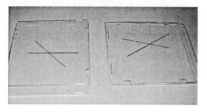
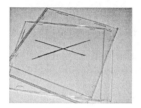

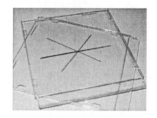
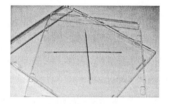

In der nächsten Stunde werden genauso wie bei der Geraden (die Ebene unterbleibt leider die Erörterung der Herstellung, was kein Wunder ist, da man diese gewöhnlich mit Hilfe von Geraden erzeugt, auch beim Mauern) verschiedene Herstellungsweisen von Orthogonalen besprochen. Falten, Zeichnen mit dem Geodreieck sind die in der Schule geläufigen Verfahren. Es mutet jedoch schon merkwürdig an, wenn man liest:

„Daß man beide Hälften ....nicht unterscheiden kann: das ist die Homogenitätseigenschaft der Senkrechten.-Später formuliert man dies als „Der rechte Winkel ist der Winkel, der seinem Ne-benwinkel gleich ist." (S. 34)

Dass hier die **Passung** der Winkel, die beim Aufeinanderklappen der Winkel herge-stellt wird, das praktische Kriterium ist, wird versteckt hinter der allgemeinen Formel (das ist tatsächlich nur eine Formel) der Homogenität, die eigentlich (logisch) eine „Invarianz" darstellt. Sie verlangt aber nach Prädikaten zum Einsetzen, damit sie etwas Sinnvolles ausdrücken kann!

Die folgenden zwei Seiten vermitteln einen Eindruck vom Vorgehen Volks bei der Einführung der Orthogonalität.

---

[185] Vgl. dazu I, Kapitel 5.

Aus: Volk, S. 31

SENKRECHT STEHEN

Worauf kommt es bei den Ziegelsteinen an, außer daß die Begrenzungsflächen hinreichend eben sind?

 Denk Dir einige Steine aus, die alle von ebenen Flächen begrenzt sind, und die aber doch ganz verschiedene Formen haben. Zeichne drei solcher Steine, freihändig oder mit dem Lineal.

Da gibt es also ganz krumme Sachen. Und alle diese Steine sind nur von ebenen Flächen begrenzt!

 Daß die Begrenzungsflächen hinreichend eben sind, das reicht also nicht. Um mit den Steinen bequem mauern zu können, müssen sie noch weitere Eigenschaften haben:

---

❶ Wenn man zwei Steine Stirnfläche an Stirnfläche legt:
   Da darf _Kein Hohlraum_ zwischen ihnen sein.
   Das ist eine Anforderung, wie die Stirnflächen stehen müssen.

❷ Wenn man die Steine aufeinanderlegt:
   Da dürfen die oberen _nicht abrutschen_ .
   Das ist eine Anforderung, wie Grund- und Deckfläche zueinander stehen müssen.

❸ Die Wandfläche insgesamt, die von den Steinen gebildet wird:
   Die soll _hinreichend eben_ sein.
   Das ist eine Anforderung, wie die Längsflächen stehen müssen.

 Zu den Stirnflächen

Zwischen den Stirnflächen zweier Steine dürfen keine (zu großen) Hohlräume entstehen. Betrachten wir zwei Steine und ihre Stirnflächen, die wir aneinanderstoßen lassen. Betrachten wir die Steine von der Seite, zuerst nur die Längsflächen:

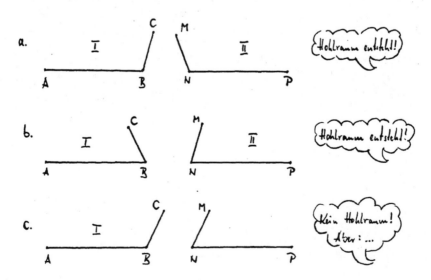

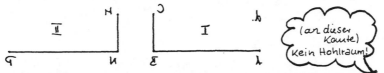

Wenn die Stirnflächen stehen wie in d, so entstehen keine Hohlräume. Dann passen Stein I und Stein II an den beiden Stirnflächenkanten zueinander. In diesem Fall steht die Kante $\overline{BC}$ zur Kante $\overline{AB}$ genauso wie die Kante $\overline{MN}$ zur Kante $\overline{NP}$. Darauf kommt es also bei den Stirnflächen an!

 Ist damit die erste Forderung an die Ziegelsteine erfüllt?

Schieben wir die beiden Steine aneinander und zeichnen wir die Kanten $\overline{BC}$ und $\overline{MN}$ aufeinander:

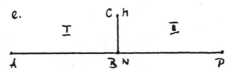

— Denkt Euch die Längsfläche I um die Kante $\overline{BC}$ geklappt und die Längsfläche II um die Kante $\overline{MN}$. Zeichnet, wie die beiden Flächen dann liegen.

— Vergleicht Eure Zeichnung mit der Zeichnung e.

Man brauchte nur die Buchstaben für die Ecken vertauschen! Alles andere bleibt gleich. Man hätte gar nicht neu zeichnen brauchen. Man kann die von A,B und C gebildete Figur *nicht unterscheiden* von der von M,N und P gebildeten Figur. Die beiden Figuren sind *ununterscheidbar*.

> Jeder Stein, bei dem die Stirnfläche steht wie bei Stein I oder Stein II, paßt daher an jeden anderen solchen Stein. — Jedenfalls an dieser Kante.

Damit ist die Anforderung an die Stirnfläche, jedenfalls an dieser Kante, erfüllt.

 Weil es auf diese Eigenschaft (auf die Erfüllung dieser Forderung) der Stirnflächen bei allen Ziegelsteinen ankommt (und auch noch bei vielen anderen Körpern), deswegen hat man ein eigenes Wort für diese Eigenschaft eingeführt. Geometrisch formuliert:

WE	Von zwei Strecken, die so zueinander stehen wie $\overline{BC}$ und $\overline{AB}$ in der Zeichnung d oder e, sagt man, sie **stehen senkrecht zueinander** (oder: sie **sind orthogonal zueinander**). Man schreibt dafür $\overline{BC} \perp \overline{AB}$.

 Zu Deiner Klapp-Zeichnung: Wohin kommt A zu liegen bei diesem Klappen, wohin B, wohin C? Wohin kommen M,N,P zu liegen? Wohin $\overline{AB}$, $\overline{BC}$, $\overline{MN}$, $\overline{NP}$?
Lege eine Tabelle an. Und zeichne jede Kante und ihre zugehörige Klappkante in gleicher Farbe.

— Mal hinschauen: Wenn die Strecke $\overline{BC}$ senkrecht steht zu $\overline{AB}$, wie steht dann $\overline{AB}$ zu $\overline{BC}$?
— Die Strecken $\overline{AB}$ und $\overline{BC}$ stehen senkrecht zueinander. Die Lineallinien $\overline{AB}$ und $\overline{BC}$ stehen — ?
— Wie steht es mit den Geraden AB und BC?

Aus: Volk, S. 32

8. Parallel liegen   Aus: Volk, S. 39

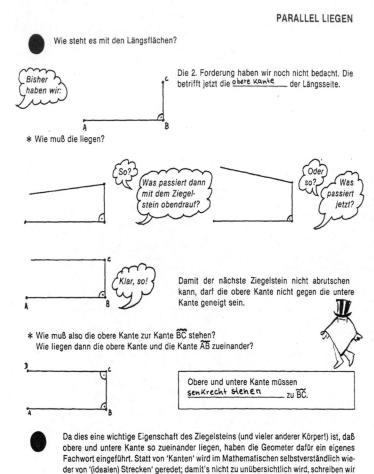

Die letzte Forderung an den Ziegelstein betrifft die obere Kante der Längsseite. (s. Anlage) Hier wird, noch wirksamer als zuvor, die Parallelität <u>mittels körperlicher Verhältnisse</u> (nicht wie üblich über Zeichnungen) <u>als ein Formungsmerkmal</u> eingeführt. Auch bei parallelen Geraden, wie zuvor bei Geraden und Senkrechten, wird die Herstellung geübt, wobei Faltungen und das Geodreieck zum Einsatz kommen. Dann werden Eigenschaften von parallelen Geraden im Zusammenspiel mit senkrechten Geraden erörtert und schließlich der Abstand erklärt sowie die Abstandseigenschaft von parallelen Geraden in Versuchen festgestellt.

Da dies eine wichtige Eigenschaft des Ziegelsteins (und vieler anderer Körper!) ist, daß obere und untere Kante so zueinander liegen, haben die Geometer dafür ein eigenes Fachwort eingeführt. Statt von 'Kanten' wird im Mathematischen selbstverständlich wieder von '(idealen) Strecken' geredet; damit's nicht zu unübersichtlich wird, schreiben wir hier nur 'Strecken':

Stehen zwei Strecken g und h zu einer dritten Strecke senkrecht, so sagt man:
WE   g und h <u>sind zueinander parallel</u> .
Man schreibt dafür: g ‖ h.

 Neue Wörter muß man lernen, neue Wörter zu gebrauchen muß man trainieren. Los geht's:

— 'Parallele' Kanten gibt es überall. Zeige 'parallele' Kanten im Klassenzimmer!
— Betrachte eines Deiner früheren Ziegelstein-Schrägbilder. Zeige daran Kanten, die in Wirklichkeit parallel liegen.
    Hast Du das damals gut getroffen?
— Zwei Strecken können zueinander parallel liegen. Wie steht's damit bei den Kanten irgendeines wirklichen Körpers?

Das letzte Blatt der Unterrichtsreihe dient der Reflexion über die Idealität der eingeführten Figuren und über die Aufgabe der Geometrie, welche durch die Verfügung
über ideale Gegenstände alle Praktiker beim technischen Handeln mit Figuren stützen
kann. Damit ist die 1. Unterrichtsreihe abgeschlossen.

Reihe 2: Von den Kanten und Flächen des Ziegelsteins zur Mauer

In der ersten Stunde dieser Reihe wird das Rechteck als Vorderansicht des Ziegelsteins
vorgestellt. Durch die Betrachtung von anderen Vierecken werden die Unterschiede
bzw. definierenden Eigenschaften des Rechtecks herausgestellt. Im weiteren Unterrichtsgang werden Rechtecke erkundet und gezeichnet. Mithilfe des Rechtecks wird
nun die Form des Ziegelsteins, der Quader, erklärt und als geometrischer Körper erkundet, längere Zeit gilt die Beschäftigung der Herstellung von Schrägbildern des
Quaders. Mit der folgenden Einheit (1 bis 2 Stunden sind veranschlagt) endet die Reihe, indem endlich eine aus Ziegelsteinen gemauerte Wand mit den eingeführten Begriffen bzw. Beziehungen beschrieben wird. Diese Einheit, die mit unserer Thematik
zusammenhängt, wollen wir uns anhand des Arbeitsblattes (Anlage) genauer ansehen.

Aus Steinen wird eine Wand

Die aus Quadern gebildete Wand ist selbst ein Quader. Diese Einsicht wird bereits am
Anfang eingeholt und ein Bild des Quaders an die Tafel gezeichnet. (So im Kommentar. Dieses Bild könnte man wohl aussagekräftiger gestalten, wenn die verbauten Ziegelsteine noch zu sehen wären.) Im Folgenden geht es um ein Verständnis der Prüfung
des Lotrechtsstehens der Wand durch ein Senkblei. Diese Prüfung wurde bereits beim
Eckenansetzen zu Beginn der U-Reihe benutzt. Die Einsicht, die jetzt einzuholen gilt,
ist, dass eine lotrechte Gerade, die zu der Wand passt (Senkblei-Schnur), genügt, damit
die Wand richtig lotrecht steht. Eine Ebene, die senkrecht zu einer lotrechten Geraden
steht, heißt, so im Arbeitsblatt, waagerecht (horizontal).

Die folgenden Ausführungen betreffen den Zusammenhang zwischen horizontalen
Ebenen und Geraden. Damit ist der Gang des Nachdenkens über die Erfüllung von
praktischen Zwecken beim Mauern durch die Realisierung geometrischer Grundformen vom Ziegelstein bis zur Wand vollendet. Die Zusammensetzung einer Wand aus
Bausteinen wird von Volk etwas verkürzt dargestellt. Es ist zwar bei jedem Baustein
herausgestellt worden, welchen Zweck die geometrischen Formen, Ebene, Gerade,
senkrecht und parallel für seine Formung spielen, aber nicht der Prozess der Entstehung der Wand, der einiges an Voraussetzungen birgt. Es ist natürlich so, dass die
Fortsetzbarkeit der Ebene und Geraden, die hier vor allem durchschlägt, erstens ziemlich selbstverständlich erscheint und zweitens zu keiner neuen Form führt, sodass es
gerechtfertigt ist, auf diese Art vorzugehen. Es ist trotzdem nicht so ganz selbstverständlich, dass ein Stück einer Ebene eine Ebene darstellt, und die Erweiterung einer
Ebene wieder zu einer Ebene führt, also einer Fläche mit universellen Passungseigenschaften. (Entsprechendes bei der Geraden. Diese Fortsetzbarkeit der Geraden wird
sowohl beim Zeichnen, wie auch beim Konstruieren benutzt.)

Nochmal Vertikal und Horizontal: AUS STEINEN WIRD EINE WAND

Die Backsteinwand eines Zimmers ist (näherungsweise) ein __Quader__ . Will man die Wand prüfen, ob sie 'im Lot steht', so genügt es, z.B. die __Innenfläche__ zu prüfen.
— Warum genügt das?

Ob die Innenfläche lotrecht ist, kann mit dem Senkblei (Lot) geprüft werden. Die gestraffte Schnur des Senkbleis verkörpert eine lotrechte Strecke (Gerade). Liegt die Schnur gleichmäßig an der Wand an, so geht die (hinreichend) ebene Fläche ABCD also durch diese lotrechte Strecke (Gerade) und die Wand steht richtig: so, wie sie stehen soll.

Um möglichst einfach und allgemein formulieren zu können, schreiben wir in Geometrisch:

> WE   Eine Ebene, die durch eine lotrechte Gerade geht, heißt __lotrechte Ebene__ .

Die Innenwand Deines Zimmers sollte also eine __(hinreichend) lotrechte ebene Fläche__ sein. Die Decke Deines Zimmers sollte eine Fläche sein, die __senkrecht__ steht zur Wand.
— Warum?
Auch das will man häufig; daher hat man auch dafür ein eigenes Fachwort eingeführt:

> WE   Eine Ebene, die senkrecht steht zu einer __lotrechten__ Geraden, heißt __waagerechte Ebene__ .

Die Decke Deines Zimmers sollte also eine (hinreichend) __waagerechte__ ebene Fläche sein.
— Andere ungefähr __waagerechte__ Flächen?
Statt 'waagerechte Fläche' sagt man auch **horizontale Fläche**; statt 'lotrechte Fläche' auch **vertikale Fläche**.
* Wenn wir einen Ziegelstein in die Hand nehmen und so halten, daß die Auflegefläche (hinreichend) horizontal liegt — wie liegen oder stehen dann die anderen Flächen, wie die einzelnen Kanten?

Maurer müssen oft prüfen, ob der frisch aufgetragenen Beton einer Wohnungsdecke eine (hinreichend) horizontale Oberfläche bildet.
* Wie machen sie das? Beschreibt das. Vergeßt nicht, worauf es ankommt. Daß man Flächen mit Richtscheit (astreine Latte) und Wasserwaage darauf prüfen kann, ob sie hinreichend horizontal sind, legt folgenden Wortgebrauch nahe:

> WE   Eine Gerade, die in einer horizontalen Ebene liegt, nennt man __horizontale Gerade__ .

— Gibt es in einer horizontalen Ebene auch Geraden, die nicht horizontal sind?
— Guck Dir Beispiele an. Probier aus. — Ergebnis:

> SATZ   1:   In   einer   horizontalen   Ebene   liegen __nur horizontale__ Geraden.

Das ist eine Behauptung. Von Behauptungen muß man zeigen, ob sie zutreffen oder nicht. Bitte schön, zeigen! —
Wie steht es mit dem

> SATZ 2: Horizontale Geraden liegen nur in horizontalen Ebenen.

— Ist der auch richtig? Bitteschön prüfen! —
Dann gibt's auch noch ebene Flächen, die weder vertikal noch horizontal sind:

> WE   Eine ebene Fläche (Ebene), die weder horizontal noch vertikal ist, heißt __schiefe Fläche__ (__schiefe Ebene__). Manchmal sagt man auch __schräge Fläche__ .

— Formuliert eine entsprechende Worteinführung für "schiefe Gerade/Strecke".

* Was ist richtig? Betrachtet die Geraden g und h:
Sven: "Ist g senkrecht zu der horizontalen Geraden h, so ist g vertikal".
Anja: "Ist g vertikal und h senkrecht zu g, so ist h horizontal".
Heiner: "Ist h horizontal und g auch, so sind g und h parallel."
Marie: "Ist g vertikal und h horizontal, so sind g und h senkrecht zueinander."
Macht Euch die Geraden durch Stifte anschaulich!

Aus: Volk, S. 65

Die Konstruktion von Ebenen ist jedoch ein Manko des Vorschlags. Alle anderen Formen werden auf unterschiedliche Arten hergestellt, nur die Ebene wird ausgelassen. Es werden Forderungen aufgestellt, die auf ebene Flächen (die Bodenfläche beim Bauen ist eine solche) führen, aber nicht erklärt, wie man Ebenen herstellt. Erst nach der Einführung der Geraden als Schnitt von Ebenen kommt auch die Herstellung von Ebenen durch Geraden ins Blickfeld. Das liegt wohl daran, dass, erklärtermaßen, die Ebene (wie in der damals vorliegenden Protogeometrie) als primär betrachtet wird (vgl. im Abschnitt 1 die Äußerungen von Inhetveen), was jedoch kaum zu rechtfertigen ist, weder aus fachlicher noch aus didaktischer Sicht.

Natürlich kann man sich auf den Standpunkt stellen, dass man nur die praktischen Zwecksetzungen beim Bau der Mauer und die Funktionsweise der Figuren (Flächen, Kanten) an den Bausteinen betrachten will. Man kann, so wie es Volk tut, auch mit den Eigenschaften der Flächen beginnen. Das Problem ist nur, dass nicht erst die Mauer, sondern auch die Unterlage (Bodenfläche) und die Ziegelsteine selbst Formungen des Menschen sind und es durchaus in diesem Kontext von Interesse ist, wie diese hergestellt werden. In dieser Hinsicht werden die Anregungen Krainers relevant (natürlich mit den bereits angekündigten Verbesserungen, die im Kapitel 15 dargestellt werden sollen).

14.3.3 Geometrie aus dem Bauhandwerk und Protogeometrie

Die folgenden Anmerkungen erfolgen unter zwei Perspektiven: Die eine betrifft die Art und Weise, wie Einsichten der Protogeometrie im Lehrgang Volks berücksichtigt werden; die andere hat damit zu tun, dass viele der bereits angeklungenen Kritikpunkte durch den Stand der operativen Geometriebegründung in der 1980-er Jahren bedingt und überhaupt nicht Volk anzulasten sind. Sie sollen hier aber benannt werden, damit die Unterschiede zur Protogeometrie in Teil I deutlich werden und so zur Klärung der Sachfragen beitragen.

Zunächst ist festzustellen, dass Volk durch die Betrachtung von Grundfiguren am Ziegelstein dem Aufbau der protogeometrischen Terminologie an dieser Stelle (im Gegensatz zu Krainers Vorschlag) vollauf gerecht wird. Die Vorschläge zur Bestimmung der Ebene und der anderen Grundformen sind zwar teilweise revisionsbedürftig, doch sind die Änderungen nicht von grundsätzlicher Art, da durch die Orientierung am protogeometrischen Vokabular (Passen) der operative Charakter der Vorschläge unverändert bleibt.

Die Stellen, an welchen Veränderungen im Detail auch Auswirkungen auf den Lehrgang haben können, sind:

1. Die Bestimmung der Ebene: Sie kann über die universelle Passung erfolgen. Die Glattheit kommt nur dann ins Spiel, wenn (vgl. III, Kapitel 15) der Kontext der Baupraxis verlassen wird, um einen breiteren Sinnbezug herzustellen. Das Gleiche gilt natürlich im Hinblick auf die Ununterscheidbarkeit von Ebenen bezüglich Berühreigenschaften mit anderen Figuren, was aber generell mit der

Form von Figuren und der Eigenschaft von Kopien von Figuren zu tun hat.

2. Die Form von Figuren ist ein Manko der früheren protogeometrischen Entwürfe, welches in der damaligen Fokussierung auf die Ebene als primären Grundform eine Erklärung findet. Die hier vorgestellte Protogeometrie sieht die operative Verankerung der Gestalt (Form) von Figuren (I, Kapitel 4) als unabdingbare Voraussetzung für alles weitere, insbesondere eine solide Erklärung der Grundformen an. Dass diese Ansicht auch didaktisch auswirken muss, klang bereits in den Ausführungen von Inhetveen an, soll aber in III, Kapitel 15 in umfassenderer Weise erfolgen.

3. Die Bestimmung der Geraden: Hier kann nunmehr direkt auf eine Formbestimmung als Linie, nicht nur als Schnitt von Ebenen zurückgegriffen werden. Dieser Umstand kann zu bedeutenden Veränderungen des Entwurfs führen.

4. Die Bestimmung der Orthogonalität: Sie kann völlig konform zu den Bestimmungen der Ebene und Geraden zuvor erfolgen, z.B. über die Passung von Figuren auf Ebenen, die durch Geradenkreuzungen gegeben sind.

5. Die Fortsetzbarkeit der Ebene und Geraden sind nun explizit als Phänomene anzusprechen; sie können in der Praxis konkret (Bauen, Zeichnen) veranschaulicht werden.

6. Zuweilen wird im Lehrgang von der Homogenität einer Figur geredet, ohne genauer anzugeben, was diese Eigenschaft genau bedeutet. In der protogeometrischen Terminologie heißt dies „Ununterscheidbarkeit einer Figur in Bezug auf Berühreigenschaften", insb. Passungen, mit anderen Figuren.

Volk wird der pragmatisch-phänomenologischen Ausrichtung der hier vorgelegten Protogeometrie voll gerecht, indem er die geometrischen Grundformen exemplarisch an einer grundlegenden Praxis, als Grundphänomene beim Bauen, expliziert. Zwei Fragen werden in diesem Zusammenhang konkret beantwortet:

1. Wozu ist der Ziegelstein bzw. die Mauer so geformt? Diese Frage betrifft die Zwecke, die mit dem Bauteil verfolgt werden, welche durch Funktionen des Bauteils und durch die Bauweise erfüllt werden.

2. Worin besteht die Formung des Ziegelsteins? Damit wird der Sinn des Terminus, es werden operational bestimmte Funktionseigenschaften aus der Baupraxis angesprochen, die sich dann zur Idee vereinigt normativ darstellen. Sie sind somit das pragma-

tische Bindeglied zwischen den praktischen Zwecken und der normativen Idee. (Daher ist die operational interpretierbare Fassung der Funktionseigenschaften so zentral.)[186]

Ein wichtiger Gesichtspunkt, der in diesem Unterrichtsentwurf zum ersten Mal überhaupt vorkommt, ist das Zusammenspiel zwischen protogeometrischer und geometrischer Terminologie. Volk kann nicht auf eine ausgearbeitete Theorie der Protogeometrie zurückgreifen, sodass der Wechsel der Sprachebenen und ihr Zusammenspiel auf die Inzidenzbeziehungen, die durch Markierungen gegeben sind, beschränkt bleibt. Daneben werden die Passungen gleichartiger Figuren untereinander betrachtet, die mit der Form der Figuren zu tun haben. Die Passungen unterschiedlicher Figuren (z.B. Ebene-Gerade) werden als Inzidenzbeziehungen interpretiert, auch wenn sie auf andere Weise als durch Markierungen (durch Passungen, Berührungen) gegeben sind. Mehr braucht man aber im Unterricht vorerst auch nicht zu bedenken.

Insbesondere kommen hier Erörterungen nicht in Betracht, wie sie in Teil I, Kapitel 3 (Schnitte) angestellt wurden. Diese sind natürlich zunächst kein Thema des Unterrichts. Das Zusammenspiel der protogeometrischen und geometrischen Terminologie ist so weit, wie es Volk vorführt, auch in Ordnung. Im Übrigen können auf dem Hintergrund der Protogeometrie Klärungen nach Bedarf herbeigeführt werden. Schließlich ist genau dies deren theoretische Funktion.

14.3.4 Didaktische Diskussion des Unterrichtsvorschlags

Im Folgenden geht es um die didaktische Qualität des Unterrichtsvorschlages aus verschiedenen Blickwinkeln: Zunächst werden seine Vorzüge im Hinblick auf die angestrebte integrierte Begriffsbildung betreffend die geometrischen Grundbegriffe durch eine Überprüfung an didaktischen Prinzipien erörtert. Insbesondere wird genauer daraufhin geschaut, wie hier Forderungen der operativen Geometriedidaktik erfüllt werden. Einige kritische Anmerkungen und die Perspektiven zur Weiterentwicklung sollen dann die Diskussion beschließen.

Die didaktischen Vorteile des Vorgehens von Volk liegen auf der Hand:

1. Es wird ein ganzer, <u>zusammenhängender Handlungsbereich</u> zugrunde gelegt, der elementar genug und ausbaufähig und zudem als ein Hauptfeld geometrischer Praxis anzusehen ist. Er ist Schülern zwar nicht als Mauerbau, aber ansonsten vom Prinzip her, natürlich mit Einschränkungen, durchaus vertraut. Das Bauen von Spielzeug, Möbeln, Apparaten ist im Übrigen auch eine weitverbreitete (als Heimwerken auch häuslich betriebene) Tätigkeit, zu der Schüler, wenigstens anschaulich, Zugang haben.

2. Schüler erhalten in diesem Unterrichtsentwurf die Möglichkeit, geometrische Grundformen als Mittel zur Erfüllung praktischer Zwecksetzungen beim Mau-

---

[186] Vgl. dazu die Ausführungen in III, Kapitel 13, Abschnitt 3.

erbau zu begreifen. Diese Begriffe werden also mit realen technischen Zwecken verbunden (herkömmlicher Unterricht: Papierfalten, Zeichnen mit fertigen Instrumenten), die Formungen voraussetzen. Damit können zugleich <u>konkrete und sachgerechte Anschauungen vermittelt werden, an welchen die Begriffe beispielhaft festgemacht werden können</u>, wobei der Kern der Sache (die Formbestimmung der Grundformen) noch besser als sonst herauskommt. Diese funktionale Einordnung der Begriffe in die Mauerbaupraxis ist daher didaktisch geschickt und überaus sinnvoll. Durch den durchgängigen Bezug auf diese Praxis können im Übrigen auch Überforderungen, die sonst durch die Variation der Bezüge entstehen können (so wie in Krainers Entwurf) vermieden werden.

Der Unterrichtsgang ist handlungsorientiert und enthält vielfältige <u>Motivationsmomente</u> durch seinen <u>fächerübergreifenden</u> Charakter. Durch die <u>Ausbaumöglichkeiten</u> wird dem curricularen Spiralprinzip Rechnung getragen. Das liegt natürlich am Bezug auf die Baupraxis. Dieser Praxis kann man, in einem umfassenderen Sinne, auf unterschiedlichen Ebenen begegnen (in Form von Gebäudebau, aber auch Maschinen- und Apparatebau). Dabei kann die <u>praxisstützende Funktion</u> der geometrischen Terminologie und Theorie auf eindrucksvolle Weise erfahren werden.

Neben der Handlungsorientierung und dem fächerübergreifenden Charakter des Unterrichtentwurfs ist der Versuch, die Schüler von vornherein einzubeziehen (durch die Einladung und die Offenlegung der orientierenden Fragestellungen) lobenswert. Es ist kaum zu übersehen, dass in diesem Entwurf etliche Dimensionen didaktischen Handelns angesprochen werden. Insbesondere die Art und Weise, wie dieser Entwurf entwickelt wurde, von der Idee einer Anknüpfung an operative Ansätze aus der Wissenschaftstheorie bis zur Weiterentwicklung mit Beteiligung von praktizierenden Lehrern, unterstreicht die Professionalität des Urhebers und verdient große Anerkennung.

Eine Überprüfung an zentralen didaktischen Prinzipien ergibt ein sehr günstiges Bild:

1. Die Ausbaumöglichkeit auf verschiedenen Ebenen (insbesondere Klassenstufen) ist bereits zuvor genannt worden (Spiralprinzip). Sogar bezogen auf das Mauern kann man sich eine Ausbaumöglichkeit denken: In Volks Entwurf wurde für die Orientierungsstufe auf das Mauern und dabei insbesondere auf die Form der Bausteine abgehoben. Die Betrachtung des Bauens an sich würde jedoch eine breitere technische Orientierung der Fragestellung abgeben, die erst in späteren Klassen eine vernünftige Behandlung erfahren könnte. So wären hier Gesichtspunkte relevant, die nicht nur mit der Form der Bausteine zu tun haben, z.B. die <u>Parkettierung</u> durch Bausteine und <u>Optimalitätsüberlegungen</u>, dadurch eine begründete Auswahl von Quadern als Bausteine, mechanische und sogar bauchemische Eigenschaften und vieles andere mehr.

2. Die Überprüfung am POB ergibt eine offensichtliche, weitgehende Erfüllung der dabei geforderten Ansprüche, die zugleich mit anderen didaktischen Prinzi-

pien (Operatives und Genetisches Prinzip – im doppelten Sinne –) zusammen-
hängen.[187] Orientiert an Zwecken der Baupraxis wird man zur Auswahl bzw.
Herstellung von geometrisch geformten Bausteinen geführt. Insbesondere die
Formung der Bausteine mittels der Grundformen Ebene, Gerade, Orthogonale
und Parallele wird aus diesen Zwecken heraus motiviert. Man kann erkennen,
dass hier ein Musterbeispiel der Umsetzung des POB im Unterricht vorliegt.
Neben der normativen Genese der Grundbegriffe und einiger Grundsätze der
Geometrie aus Zwecksetzungen heraus wird anhand der Vorgeschichte des
Bauens auch die historische Genese berücksichtigt.[188]

Das Hauptmerkmal des Entwurfs ist zweifellos die Integration vieler Aspekte (Zeichnen, Kunst, Kulturkritik, Geschichte, Umweltstudien), auch wenn in der Orientierungsstufe nicht alle zur Entfaltung kommen können. Volks Vorgehen ist in gewissem
Sinne dem Vorgehen von Krainer entgegengerichtet: Statt von vielfältigen Erfahrungen in verschiedenen Anwendungen geometrischer Grundbegriffe auszugehen, um
daraus viele (nicht systematisierte) Eigenschaften herauszustellen, geht er von einer
einzigen Praxis aus (also exemplarisch) und versucht durch Hinzunahme von Aspekten
die zuvor auf Formkriterien beschränkte, also geometrisch korrekt, erfolgte Begriffsbildung in geeigneter Weise in einen umfassenderen Kontext zu integrieren. Dadurch
kann er m.E. besser den Aspekten gerecht werden, die bei Krainer kritisiert wurden
(Systematisierung, Umwelterschließung). Auf diese Weise ist ein umwelterschließendes, integriertes Begriffsverständnis im besten Sinne zu erreichen.

Wir haben gesehen, dass im Hinblick auf die Sache einige Verbesserungen im Sinne
der Protogeometrie angezeigt sind. Die Stellen im Entwurf Volks, an welchen diese
Verbesserungen ansetzen können, sind bereits genannt worden: Die Erkundung der
Ebene und Geraden als Formen von Figuren und ihrer Funktionseigenschaften, wobei
die Baupraxis durchaus verlassen werden kann (indem z.B. die übliche Zeichenpraxis
genauer betrachtet wird), ohne sich auf Abwege zu begeben (zumindest nicht in der
Orientierungsstufe). Ich plädiere also an dieser Stelle für eine offenere, phänomenologische Betrachtung der geometrischen Praxis. Damit können Herstellung und Verwendung von Ebenen und Geraden in gezielter Weise für eine angemessene Begriffsbildung genutzt werden. Die Betrachtung der Zeichenpraxis ist im Übrigen aus meiner
Sicht dringend nötig, weil es kaum einzusehen wäre, dass man auf diese, Schülern
noch näher als das Bauen stehende Praxis, nicht genauer hinschaut. Hier sind Instrumente am Werk, die Geraden und Ebenen realisieren, und auch ihr Gebrauch ist inte-
ressant im Hinblick auf protogeometrische Eigenschaften.[189]

---

[187] Grundsätzliches dazu wurde zuvor in Kapitel 13, Abschnitt 2 ausgeführt.

[188] Volk vertritt in seinen Vorschlägen neben der protogeometrischen, systematischen These von der Verankerung der Geometrie in technischen Handlungen explizit auch die historische These, dass die Geometrie aus dem
Handwerk erwachsen ist, wobei der Bautechnik eine besondere Rolle zugesprochen wird.

[189] In den Bemerkungen Poincarés in III, Kap. 12, erkennt man bereits die Möglichkeiten einer solchen Betrachtung.

Einige Anmerkungen sind im Hinblick auf die Unterrichtsformen und den Medieneinsatz noch anzubringen:

Der Entwurf ist sehr anspruchsvoll im Hinblick auf die von den Schülern abgeforderten geistigen Leistungen. Das Nachdenken über Zwecksetzungen und die passende Formulierung von Eigenschaften stellen aber auch besondere Anforderungen an den Lehrer, an die Unterrichtsform und an den Einsatz von Medien. Aus den Erfahrungsberichten kann man entnehmen, dass wohl viel als Unterrichtsgespräch gelaufen sein muss (ohne dass dies von vornherein negativ zu bewerten wäre). Würde man nur die vorliegenden Arbeitsblätter im Unterricht (oder solche hauptsächlich) verwenden, so wären aber schon Bedenken anzumelden. Jedenfalls sind diese von Volk selbst eher als Leitlinie, als Orientierung zu verstehen, die sowohl vom Inhalt her als auch von der Art der Umsetzung im Unterricht veränderbar sind.

Die Unterrichtsreihen richten sich an Schüler der Orientierungsstufe (Klasse 5 bzw. 6). Es ist daher wünschenswert, dass die Problemstellungen mit konkreten Materialien und Aktivitäten vermittelt werden und das Nachdenken konkret unterstützt wird. Auch in dieser Hinsicht kann der Entwurf weiter entwickelt werden. Hier sind einige Stellen, an welchen mir dies sinnvoll erscheint:

- Neben der Unterscheidung von Grundfiguren am Ziegelstein können auch andere Flächen und Linienformen konkret angeboten, erfahren und beschrieben werden.
- Bei der Überlegung, wie die Flanke des Bausteins vorteilhaft auszusehen hat, könnte man verschiedene Formen von Bausteinen herstellen und probieren lassen, um den Vorteil der senkrechten Flanke konkret zu erfahren.
- Für die Ebene (entsprechend für die Gerade) könnte man einen passenden Unterrichtsvorschlag mit der oben genannten Zielsetzung entwerfen. Dazu in III, Kapitel 15 mehr.
- Zur Genauigkeit von Ebene und Gerade könnten verschiedene konkrete Realisate betrachtet werden.
- Ein modular aufgebauter Zeichenkurs könnte für sich stehen.

Neben den Arbeitsblättern könnte auch an ein Lerntagebuch gedacht werden. Nicht zuletzt kann natürlich an das Internet gedacht werden und an die Möglichkeiten, die neue elektronische Medien für die Präsentation und Aufbereitung von Informationen und den Austausch von Materialien und Ideen bieten (insbesondere auch für Schüler). Der Lehrer kann hier angepasst auf die Klassensituation mit den Schülern zusammen entscheiden, wie man vorgehen möchte.

14.3.5 Zusammenfassung

Inhetveens Vorschläge zur Einführung geometrischer Grundbegriffe schließen direkt an protogeometrische Entwürfe an, werden aber didaktischen Erfordernissen nicht ganz gerecht. Ihnen fehlt vor allem die durchschlagende Orientierung für eine vernünftige unterrichtliche Umsetzung. Trotzdem sind die Anregungen, die einen Bezug zur elementaren Technik der Formung von Körpern nahe legen, wertvoll und können weiter konkretisiert und genutzt werden.

Krainers Entwurf zeichnet sich vor allem durch die Vielfalt der Anwendungsbezüge und Aktivitäten, durch welche die Verankerung geometrischer Grundbegriffe bzw. die Förderung des Begriffserwerbs und eine Umwelterschließung versucht wird. Als grundsätzliches Defizit stellt sich die mangelnde Systematisierung der herausgestellten Eigenschaften der Grundformen Gerade und Ebene heraus, die sowohl einer geometrisch angemessenen Erklärung von Gerade und Ebene als auch einer methodisch stimmigen Umwelterschließung im Wege steht.

Volks Lehrgang erweist sich aus protogeometrischer und didaktischer Sicht als überzeugend. Er scheint am besten den Erfordernissen eines integrierten Begriffserwerbs zu entsprechen. Der Bezug zur Protogeometrie ist, mit einigen Abstrichen, die durch die damaligen Versionen der Protogeometrie bedingt sind, bemerkenswert eng und stimmig. In didaktischer Hinsicht kann man viele Vorzüge erkennen, die anhand einer Überprüfung an didaktischen Prinzipien herausgestellt wurden. Besonders eindrucksvoll ist die fächerübergreifende Potenz des Entwurfs, die sich zudem als „open-ended" erweist, da er auf unterschiedlichen Niveaus (insbesondere Klassenstufen) mit unterschiedlichen Schwerpunkten realisieren ließe.

Als Fazit aus der Darstellung und Diskussion der Vorschläge kann man festhalten:

1. Geometrische Grundbegriffe könnten aus didaktischer Sicht erheblich vorteilhafter als üblich mit einem (aktiv handelnden) Bezug zur elementaren Technik bzw. zu Formungen aus der Umwelt eingeführt werden. Diese Behandlung erlaubt es auch die bisher üblichen Aktivitäten (Zeichnen) zu integrieren. Damit kann eine weitgehend integrierte Begriffsbildung erreicht werden, die zugleich in vorbildlicher Weise Ansprüchen einer angemessenen Umwelterschließung gerecht wird.

2. Die operativ orientierten Unterrichtsvorschläge von Krainer und Volk versuchen mit vielfältigen, lehrreichen Bezügen geometrischer Grundformen die fundamentale Bedeutung der Geometrie für unsere Kultur für Schüler konkret erfahrbar zu machen.

Die Hauptfrage an dieses Kapitel, ob wir mit den erörterten Vorschlägen weiter gekommen sind, was die Behandlung der geometrischen Grundformen im einführenden Geometrieunterricht betrifft, kann somit positiv beantwortet werden. Was noch zu leisten wäre, ist deren anvisierte Integration und Weiterentwicklung, was auf dem Hintergrund der vorliegenden Untersuchungen aussichtsreicher erscheint als je zuvor. Diese Aufgabe wird ansatzweise, aber ebenfalls konkret, im nächsten Kapitel in Angriff genommen.-

15. Zur operativen Behandlung geometrischer Grundbegriffe im Unterricht

> *Das eigentliche Problem, dem sich der Mathematik-*
> *unterricht gegenübersieht, besteht nicht darin, ma-*
> *thematisch streng zu sein, sondern darin, den behan-*
> *delten Gegenständen eine inhaltliche Bedeutung zu*
> *geben.* (R. Thom auf dem „2. International Congress
> on Mathematical Education", 1972)

15.1 Hinführung - Grundgedanken

Die Protogeometrie versucht, das Konstitutionsproblem geometrischer Grundgegenstände durch eine Rekonstruktion des Sinns geometrischer Grundbegriffe zu lösen.
Dazu expliziert sie deren Bezüge zur Praxis und stellt eine vorgeometrische Terminologie zur Verfügung, die zur Interpretation geometrischer Grundbegriffe und Relationen dienen kann. In Teil I wurden auf diese Weise die geometrischen Grundobjekte
Ebene und Gerade als Grundformen von Figuren bestimmt.

Die Hauptfrage in diesem Teil III ist, wie diese Begriffe (später auch die Theorie darüber, also die Geometrie) auf dem Hintergrund der Protogeometrie im Unterricht besser als bisher behandelt werden können. Nach der Analyse einiger Schulbuchdarstel-
lungen und der Feststellung von grundsätzlichen Defiziten haben wir gesehen, wie in
den Entwürfen von Krainer und Volk diese Aufgabe angegangen wird: Krainer versucht die verschiedensten Erfahrungs- bzw. Bezugsbereiche anzusprechen, um die Begriffe vielfältig zu verankern. Volk legt didaktisch geschickt eine geeignete Bezugspraxis zugrunde und orientiert sich am POB, indem er nach den Zwecken des Bauens
und den Funktionen von Bausteinen fragt. Sein Zugang erweist sich als überlegen in
didaktischer Hinsicht und offenbart zugleich ein enormes Potential als Themenkreis,
sowohl in der Orientierungsstufe als auch in curricularer Hinsicht.

Im Folgenden sollen nun verschiedene Möglichkeiten zur Behandlung der geometrischen Grundbegriffe Gerade und Ebene im Unterricht aufgezeigt werden. Ich versuche
dabei Lösungen vorzuschlagen, welche die bisherigen Ansätze berücksichtigen, ergänzen und weiterentwickeln. Es handelt einerseits um relativ unmittelbar umsetzbare Unterrichtsentwürfe, andererseits um Bausteine und Skizzen von Lernarrangements, die
jedoch substantiell mit Fragestellungen und Aktivitäten ausgefüllt sind.

Den Vorschlägen liegen einige Grundüberlegungen zugrunde, die sich aus der bisherigen Diskussion ergeben haben: Zunächst ist bemerkenswert, dass protogeometrisch
beeinflusste Entwürfe (Krainer, Volk) es bisher nicht bis zur Schulbuchebene geschafft haben. Im Hinblick auf die Behandlung geometrischer Grundbegriffe sind bisher anscheinend keine entscheidenden Impulse aus der Protogeometrie oder operativen
Geometriedidaktik im normalen Unterricht angekommen.

Die Gründe für diese mangelnde Wirkung könnten in folgenden Umständen liegen:
Die Arbeiten von Krainer und Volk und das Buch von Bender und Schreiber sind lei-

der nur einem sehr kleinen Kreis von Didaktikern bzw. Lehrern bekannt geworden. Die Ansprüche der Entwürfe an den Lehrer sind durch die Handlungsorientierung bzw. Projektorientierung auch relativ hoch. Der operative Ansatz ist insgesamt (insbesondere Lehrern) auch kaum geläufig.

Aus diesen Gründen wird im Folgenden darauf zu achten sein, dass verschiedene Anforderungsniveaus bedient werden, damit sich die Chancen einer sinnvollen Umsetzung operativer Orientierungen erhöhen. Zwei Maßnahmen sollen dazu dienen:

1. Eine **Modularisierung** der zentralen Themen bei der Behandlung geometrischer Grundbegriffe: Es handelt sich hier um die Erkundung der Grundfiguren, die Form von Figuren, die Behandlung der Ebene und der Geraden. Darüber hinaus können viele andere Themen solche Module abgeben, die in Unterrichtsentwürfen (gegebenenfalls nach Anpassung) aufgenommen werden können.

2. Der **Entwurf eines Minimalprogramms**, welches an vorhandene, geeignete Lehrbücher anschließen kann. Es erscheint nicht ratsam, mit Maximalanforderungen an die Beteiligten (zunächst Lehrer, dann Schüler) herantreten zu wollen; man hat stattdessen zunächst an den bereits in Kapitel 12 (in den Schulbüchern) aufgezeigten Stellen anzusetzen und kleine Lösungen anzubieten, die sich im Standard-Unterricht leicht und ohne viel vorauszusetzen einordnen lassen. Auf einer solchen Basis können die Ansprüche wachsen, welche integrative Entwürfe bedienen wollen.

Die folgenden Vorschläge werden daher wie folgendermaßen gegliedert:

1. Zunächst werden die Inhalte (Fragen, Aufgaben, Aktivitäten) von möglichen **Unterrichtsvorschlägen** zur Erarbeitung der Form von Figuren, der Funktionseigenschaften von Gerade und Ebene dargestellt.

2. Orientiert an der Protogeometrie und den bisherigen Vorschlägen werden Fragestellungen bzw. **Themenkreise** entworfen, wobei gelegentlich Fragestellungen und Hinweise ihren Inhalt etwas näher beschreiben.

3. Dann wird für drei verschiedene Stufen versucht zu beschreiben, wie die Behandlung der hier angesprochenen Fragen aussehen könnte (Orientierungsstufe, Oberstufe und Lehrerstudium) und sie sich in das **Curriculum** einordnen ließe.

4. Schließlich werden mögliche Zugänge zu unserer Fragestellung, den Sinn geometrischer Grundbegriffe herauszustellen, in Form von Vorschlägen für Kurse, Projekte oder AGs vorgestellt, die auf den diskutierten Entwürfen und Ideen aufbauen.

15.2 Unterrichtsvorschläge

Das gemeinsame Merkmal aller drei Vorschläge ist das Ausgehen von Erfahrungen und Kenntnissen der Schüler aus der Grundschule (hier sind neben der Mathematik besonders die Fächer Sachunterricht und Kunst angesprochen, welche Techniken verwenden, die relevant sind) und ihrem Alltagsleben. Die Erfahrungsgrundlage der Schüler soll durch den Unterricht gesichert und systematisch erweitert werden. Die Vorschläge sind zwar sehr umfangreich gefasst, aber es kann jederzeit ohne Substanzverlust reduziert werden. (Später auch am Minimalprogramm zu sehen.) Der Unterricht kann durch den Einsatz von Lerntagebüchern und Berichten natürlich besser reflektiert werden und eine durchgängigere Wirkung entfalten.

15.2.1 Thema: Grundfiguren erkunden

Man muss hier nicht völlig neu ansetzen. Bereits bei der Diskussion des Entwurfs von Volk wurde diese Erkundung, die dort anhand des Ziegelsteins erfolgte, erörtert. Der anvisierte Zugang soll natürlich (falls er nicht in eine Unterrichtsreihe wie bei Volk eingebunden wird) nicht bloß die Grundterminologie liefern, sondern auch interessante Phänomene in Verbindung mit der Realisierung von unterschiedlichen Grundfiguren bieten.

Ziel des Vorschlags ist es, die Schüler mit den Grundbegriffen der geometrischen Sprache bekannt zu machen und die damit getroffenen Grundunterscheidungen auf technische Tätigkeiten und einschlägige Grundphänomene im handelnden Umgang mit Körpern zu beziehen. Darüber hinaus können sie auch besonders interessante Körper und Verhältnisse kennenlernen.

Man sollte sich vielleicht bei diesem Zugang zu den Grundfiguren nicht auf Werkstücke und einfache Figuren beschränken. Figuren wie das Möbius-Band geben Gelegenheit zum Nachdenken über die protogeometrischen (hier topologischen) Unterscheidungen. (Mit dem Möbius-Band kann man Schnitte realisieren, die dieses Band parallel zu den Kanten durchschneiden, mit erstaunlichen Effekten.) Man kann auch im Klassenzimmer viele Körper und Verhältnisse von Figuren entdecken, die über die einzelnen, kompakten geometrischen Formen hinausgehen (Stühle, Tische, Lampen, alltägliche Gegenstände usw.)

15.2.2 Thema: Figuren gleicher Form erkennen und herstellen

Das Hauptziel hier ist es, die Rede von der „Form" von Gegenständen operativ, d.h. in Verfahren zu ihrer Reproduktion zu verankern, wobei alle Arten von Figuren (Linien, Gebiete, Körper) einbezogen werden. Es soll (später) auch erkannt werden, dass die Reproduktion der Form ein Merkmal von Kopien darstellt, schließlich ist deren „Gleichheit" (oder Ununterscheidbarkeit) im Hinblick auf die Erfüllung von praktischen Funktionen das definierende Merkmal von Kopien. Darüber hinaus sollen auch die wirtschaftliche, kulturelle und die ethische Dimension von technischen Reproduktionsverfahren erkundet werden.

Zu den Lernvoraussetzungen: Die Praxis der Reproduktion von Formen durch Matrizen und Kopien, sogar das Thema Serienfertigung, wird im Technik-Unterricht behandelt. Im Fach Kunst ist das Kopieren von Figuren auf (meist ebenen) Oberflächen über Schablonen (als Matrizen) eine Grundtechnik. Auf diese Erfahrungsbereiche greift die Lernumgebung zurück, indem sie diese geeignet vergegenwärtigt bzw. gezielt bündelt.

Kern des Vorschlags sind die alltäglichen bzw. geläufigen Tätigkeiten zur Reproduktion von Formen, die Schülern seit der frühesten Kindheit geläufig sind.

Leitfragen, die nach der Bearbeitung zu beantworten wären, sind:

- Wie stellt man gleich geformte Gegenstände (Kopien) her?
- Sind Kopien gleich viel wert? Wo nicht? Wo ist es sogar erwünscht?
- Was sind „Ersatzteile"? Welche Anforderungen müssen sie erfüllen?
- Welche Probleme wirft die Verfügung über Kopiertechniken in der Praxis auf?

Der Unterricht könnte sich aus folgenden Aktivitäten bedienen (zum Teil nur in Stichworten angedeutet):

Ganze Gebiete, Körper

- Kleinkinder stellen bereits im Sandkasten mit Formen verschieden geformte Sandfiguren her. Auch mit Knet wird entsprechend verfahren. Frage: Kannst du das noch?

- Beim Backen werden Ausstechformen, Halbformen und sogar zweiteilige Formen benutzt (Bild).

 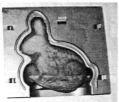 

- Im Werkunterricht wird mit Ton oder anderen Materialien (z.B. Gips, Knet) mit Hilfe von Matrizen (Formen) geformt. Das „Formen" ist ein Terminus der Technik, der eben mit speziellen Körpern, genannt „Formen" (also Matrizen) operiert.

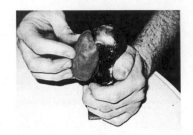

- Besonders eindrucksvoll ist das Herstellen von Gipsmasken im Kunstunterricht.

- Schließlich kann man die industrielle Reproduktion von Formen erörtern: Patrize, Matrize (Zugang im Technikunterricht, Erweiterung über Filme oder Lerngänge).

Linien, Figuren auf Flächen

- Abpausen von Umrissen auf Papier.

- Büroklammern, Drahtbügel, Kanten (mit Schablonen hergestellt), Spuren von Bewegungen, Wege auf der Landkarte.

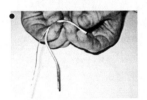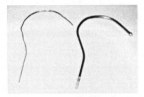

- Abpausen, Zeichnen mit Schablone, Draht formen, Muster, Ornamente, Schnittmuster.

Aus diesem Pool ausgewählte Aktivitäten könnten mit zusätzlichen Angeboten angereichert werden, z.B. zur Erarbeitung der kulturellen Bedeutung der Gestaltreproduktion. (Beispiel-Themen: Bausteine-Normierung, Ziegel, Arbeitsteilung, Kopien von CDs und Markenprodukten.)

Zur Gestaltung des Unterrichts: Einsteigend könnte man von einem Kunst-Fälschungsskandal ausgehen. Dabei kann, angesichts der unterschiedlichen Ansprüche von Kunst und Technik, der (facettenreiche) Unterschied zwischen Original und Kopie erörtert werden.

Dann wird auf Teilthemen, die in U-Abschnitten oder Lernstationen[190] bearbeitet werden, abgezweigt. Selbstverständlich sollten praktische Teile in Verbindung mit dem Technikunterricht durchgeführt werden.

Thema 1: *Herstellen von Figuren gleicher Form.*
Die Verfahren des Kopierens (Gebiete, Körper, Linien, Figuren) werden exemplarisch behandelt. Aufträge zur Herstellung von Kopien (Draht biegen, Herstellung eines Musters über eine Schablone, Kopieren einer Münze (Matrizen aus sich schnell verfestigenden Modellgips), eines Musters (Linie). Bilder vom Sandkasten, Backen zur Vergegenwärtigung anderer Bezüge.

Thema 2: *Prüfen auf Formgleichheit, Passen als Grundbeziehung.*

- Prüfe auf Vorliegen einer Kopie (Bildunterschiede, Fehler finden in „Kopien").
- Entscheide, ob Kopien vorliegen. (Matrizen und Kopien liegen vor, zuordnen, Beschreiben, was ihnen gemeinsam ist.)
- Beispiel, wobei die Passung (z.B. mit Folie beim Zahnarzt) verbessert werden kann.

Thema 3: *Kenntnis von Verfahren zum Formen in der Industrie, Bedeutung des Kopierens*

Bewusstwerden der Bedeutung des Kopierens bei der industriellen Reproduktion (Ersatzteile, Serienfertigung) anhand von Bildern oder Filmen. Kennen lernen von verschiedenen Verfahren zur Formreproduktion. Arten der Formung im Alltag, Handwerk und Industrie (Autos, Flaschen, Plastik: Formen, Gießen, Tiefziehen), eventuell Nachvollzug eines Verfahrens. Vorführung der Arbeit mit Tonscheibe und Schablone im Technikunterricht. Enge Verbindung zum Technikunterricht.

Thema 4: *Formgleich impliziert Kopie?*

Ersatzteile als Kopien. Gute und schlechte Ersatzteile. Gleiches Verhalten von Kopien ist nicht allein durch Formgleichheit gesichert.
Ersatzteile: Wenn sie nicht passen, werden sie weiter abgeschliffen (mechanischer Test). Schlechte Kopien von CDs (Diskussion, hier besteht die große Chance, möglichst viele Schüler einzubeziehen). Schlechte Kopien verhalten sich anders! Unterscheidbar im Hinblick auf eine relevante Eigenschaft! Die Form ist nur eine solche, spielt nicht immer eine Rolle.

Kopieren allein genügt nicht (gute und schlechte Ersatzteile, Original-Ersatzteile). Material wichtig, nicht nur Form! Auch in der Kunst: Original-Druck, Kopien. Was kann passiert sein, wenn trotz gleicher Herstellung keine Passung erfolgen kann? Material-Unterschiede, physikalische Einflüsse, Beispiele suchen lassen!

---

[190] Das bedeutet natürlich nicht, dass die Vorschläge auf diese Organisationsform angewiesen sind.

Thema 5: ***Problematik des Kopierens.***

Auflockernd könnte ein Bild von Zwillingen wirken (Andeutung der Problematik des Klonens, Kopieren der DNA). Angebote zur Thematik der Ethik des Kopierens (CD Kopien, Kunstkopien, Billigkopien von Markenprodukten, Unterschriftsfälschungen, auch Abschreiben in der Schule usw.)

Einsichten, die aus dieser Unterrichtsreihe gezogen werden, könnten in einer daran anschließenden Reflexionsphase besprochen und ließen sich so zusammenfassen:

1. Wenn von der Form von Gegenständen gesprochen wird, so lässt sich diese Rede an Linien, Flächen oder Körpern (Figuren) festmachen. Kopien von Figuren können durch Formen, Schablonen oder Matrizen hergestellt werden. Figuren haben gleiche Form, wenn sie in die gleiche Matrize passen.

2. Das Kopieren stellt eine zentrale Kulturtechnik dar, die vom Haushalt bis zur Industrie umfassend praktiziert wird. Die Problematik, die mit Kopiertechniken verbunden ist, ist vielfältig. Sie reicht vom unerlaubten Kopieren von CDs und Markenartikeln bis zum Klonen von Lebewesen und betrifft ökonomische, politische, ethische und kulturelle Aspekte.

15.2.3 Thema: Universelle eindeutige Formen

Das Hauptziel hierbei ist es, von Geraden und Ebenen als **Formen** von Linien bzw. Flächen reden zu können und in Verfahren ihrer Realisierung zu verankern. Die universelle Passung und die anderen elementaren Funktionseigenschaften dieser Formen sollen an praktischen Fragestellungen und durch konkrete Aktivitäten erfahren werden. Darüber hinaus soll die Bedeutung universeller Formen erkannt werden.

Zu den Lernvoraussetzungen: Die Reproduktion von Formen durch Matrizen und Kopien ist die Basis, auf der die Betrachtungen hier aufsetzen müssen, damit Gerade und Ebene als universelle Formungen erkannt werden können. Die relevanten Erfahrungsbereiche liegen nur zum Teil in Schülernähe, was aber kaum größere Probleme macht, da sie unschwer inszenierbar sind.

Den Kern der beiden Vorschläge bilden die Funktionseigenschaften von Ebene und Gerade und ihre Bedeutung für die elementare Technik und das Zeichnen. Es geht hier darum, die universelle Passung und die Gestalteindeutigkeit von Geraden und Ebenen, sowie ihre Glattheit und ihre Erweiterbarkeit praktisch zu erfahren (nicht nur beim Zeichnen, sondern in der elementaren Praxis überhaupt). Hier kann man einerseits das Material von Krainer und neue Aktivitäten nutzen, auch Hinweise auf die Geschichte von Herstellungsverfahren sind möglich. Trotzdem möchte ich zunächst auf einem einfachen Niveau bleiben (Orientierungsstufe), da die im Folgenden vorzustellenden Themenkreise den Umfang dieser Aktivitäten und der möglichen Fragestellungen in jeder Hinsicht enorm erweitern.

Leitfragen, die nach der Bearbeitung zu beantworten wären, sind:

1. Was bezeichnet die Eigenschaft eben bzw. gerade genauer?

2. Welchen Gegenständen kann man die Eigenschaft eben bzw. gerade zusprechen bzw. absprechen? Was ist an diesen Gegenständen eben bzw. gerade? Ein Merkmal, ein Teil ...

3. Wieso werden die Merkmale bzw. Teile an diesen Gegenständen mit der gleichen Eigenschaft belegt? Was ist an ihnen gleich? Was ist ihnen gemeinsam? Wie kann man das entscheiden?

4. Wie kann man Geraden herstellen? Wie Ebenen?

5. Welche technischen Funktionen erfüllen Geraden und Ebenen in der Praxis?

Der Unterricht könnte sich aus folgenden Aktivitäten bedienen:

Gerade

- Geraden herstellen mit Schnüren.

- Geraden herstellen über das Falten von Papier.

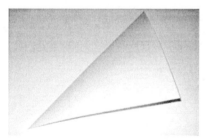

- Gerade Drähte ziehen, strecken wie auf einer Baustelle, auf Schmied-Arbeitsplatte gerade klopfen.

- Gleiten, Anwendung beim Zeichnen (Kanten).

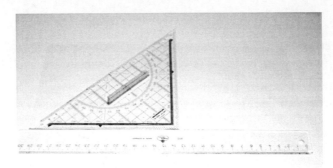

Eigenschaften von Geraden als Form von Linien (Papierfalz und Schnüre vergleichen).

- Dinge in gerade Reihe stellen: Einfaches Visieren, mit Vermessungsstäben, Schüler in gerader Reihe aufstellen lassen, Kübel ebenso aufstellen. Baustelle: Zaunpfähle.

- Über A hinaus über B hinaus verlängern. Mit Lineal, durch Visieren, mit Schnur, mit Licht (schwer zu realisieren, da zur Sichtbarkeit Rauch erforderlich)

- Mit einem geraden Lineal zeichnen und gerade verlängern.

- Geraden testen: Über das Passen zum Lineal, über Visieren.

<u>Ebene</u>

- Ebenen herstellen ohne Geraden (3-Platten-Verfahren, 3-Körper-Verfahren)
  Erweiterung: Mit Glas (Spiegelbau)

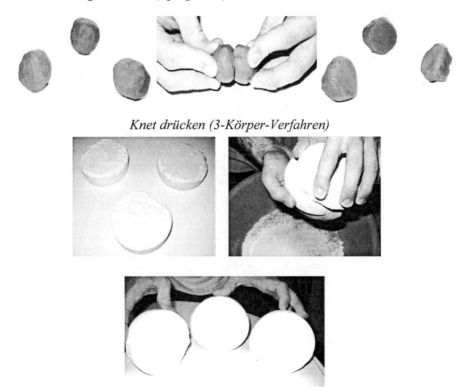

Knet drücken (3-Körper-Verfahren)

Modelgipsplatten mit Sand als Schleifmittel bearbeitet (3-Platten-Verfahren)

- Gleiten von Ebenen (Lineal, Geodreieck gleiten auf dem Tisch)

- Ergänzen einer ebenen Fläche durch Überlappen.

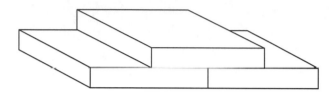

- Ebene testen durch Anpassen von Gerade an Ebene (wie die Ägypter, Bild), Visieren mit Geraden beim Schleifen in der Werkstatt.

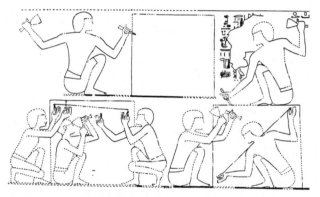

- Ebenen mit Geraden herstellen als „Robinson-Aufgabe" (mit einfachsten Mitteln).

- Mit Geraden Ebenen herstellen auf dem Schulhof. (Definition der Ebene, I, Kap. 5, 7 und Krainer, III, Kap. 14)

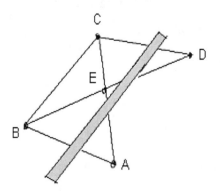

Herstellung einer ebenen Fläche im Gelände mit Hilfe von Schnüren: Zuerst werden mit Stöcken die Punkte A, B, C abgesteckt (Verbindungslinien waagerecht). Nun wird Gerade BE über E hinaus gespannt und dann mit einer Schnur von C aus eine Gerade gespannt, die mit der Geraden BE zum Schneiden gebracht wird; das ergibt Punkt D. Die Strecken AB und CD können dann mit Bausteinen oder Holz unterbaut werden, sodass auf ihnen eine Holzlatte geführt werden kann, welche die gesuchte Ebene überstreicht.

- Mit Ebenen Geraden herstellen (Keile) Styropor-Schnitt, in Technik mit Holz.

- Mit konkreten Geraden und Ebenen umgehen: Funktionseigenschaften beim Zeichnen.

- Beschreibung von Geraden und Ebenen in der Geometrie, über Punkte, die sie eindeutig bestimmen. Durch zwei Punkte nur eine Gerade, durch drei Punkte nur eine Ebene festgelegt.

Zur Gestaltung: (Ich rede von Stationen, aber es gilt hier auch, was zuvor zur Organisation gesagt wurde.) Einstieg im Unterrichtsgespräch: Nennen von geraden, ebenen Dingen. Von Natur aus so? Viele ja. Aber meist menschliche Produkte. Was ist an ihnen gerade? (Linie) Was eben? (Fläche) Wie gemacht?

1. Station: *Wie macht man gerade Linien?*

Falten von Papier, Schnüre spannen, Drahtziehen, Klopfen, Lineale verwenden. (Woher kommen Lineale? Wie macht man Sie?) Hier ist auch eine offene Gestaltung möglich, um technische Vorkenntnisse der Schüler einzubeziehen und eventuell zu aktivieren.

2. Station: *Haben gerade Linien die gleiche Form?*

Hier untersucht man zunächst verschiedene, auch nicht gerade Linien: Kreislinienstücke, Schraubenlinie, Wellenlinie usw. und die Passungsverhältnisse von Matrizen und Kopien davon untereinander. Der Unterschied: Bei jeder Geraden passen Matrize und Kopie in jeder Lage aneinander. Und nur diese Linien haben diese Eigenschaft! Gerade zu sein bedeutet also eine Linie zu sein mit der Eigenschaft, dass jede dazu passende Linie (Matrize) zugleich auch Kopie davon ist. Alle Geraden passen (geeignet ergänzt) aneinander, sie haben also gleiche Form! (Gestalteindeutigkeit) (Die Leitfrage dieser Station kann auch offener gestellt werden: Was haben Geraden untereinander gemein? Dann sollte man sich aber auch dazu Zeit nehmen, weil dabei auch die Thematik der 3. Station einbezogen wird.)

3. Station: *Welche anderen Eigenschaften haben Geraden untereinander?*

Universelle Passung von Geraden, Glattheit, Ergänzbarkeit. Experimentelle Untersuchung z.B. anhand von Linealen und Versuche der Formulierung. Anwendung dieser Eigenschaften in der Technik, bei der Realisierung von Apparaten und Bauten.

4. Station: *Dinge in gerader Linie aufstellen, Geraden erweitern*

Styropor, Visieren auf dem Schulhof, Fortsetzung von geraden Linien (Kurs von Schiffen, Treffpunkte bestimmen) Zeichnen, Geraden verlängern.

Völlig analog kann die Behandlung der Ebene erfolgen:

1. Station: *Wie stellt man ebene Flächen her?* (mit und ohne Geraden)

Vorschläge der Schüler werden aufgenommen und erweitert über ein Angebot gemäß der zuvor genannten Aktivitäten.

2. Station: *Welche anderen Eigenschaften haben Ebenen?*

Universelle Passung, Glattheit (Sprachgebrauch der Schüler aufnehmen: „Alle passen überall", behutsam weiter präzisieren lassen.) Dazu untersucht man auch Stücke anderer Flächen (Wellblech, Rohr, Kugelfläche). Hierbei sollte der Bezug zu den Funktionseigenschaften von Geräten (Zeichengeräte, Töpfe, Werkzeugmaschinen, usw.) hergestellt werden.

3. Station: *Haben Ebenen die gleiche Form?*

Die Eigenschaft von Ebenen „überall aufeinander passen zu können" ist offensichtlich von der Herstellung (über Schleifverfahren) her. Bei allen Ebenen haben sogar Kopien und Matrizen gleiche Form (bei speziell geformten Gebieten!) Ansonsten sind eine Ebene und ihre Matrize aber auch so nicht zu unterscheiden. Und nur diese Flächen haben diese Eigenschaft! „Eben" zu sein bedeutet also eine Fläche zu sein mit der Eigenschaft, dass jede dazu passende Fläche (Matrize) zugleich auch Kopie davon ist oder durch Ergänzung oder Beschneidung dazu gemacht werden kann (vgl. Station 4.).

4. Station: *Ebenen erweitern.*

Dazu kann man ein konkretes technisches Problem stellen, etwa die Erweiterung durch Anbauen bei Überlappung zweier Ebenen, eine in der Baupraxis ständig vorkommende Situation. Natürlich lässt sich hier auch das Arrangement zur Herstellung einer ebenen Bodenfläche (vgl. zuvor) nutzen. Im Übrigen sind auch Stücke von ebenen Flächen (Gebiete) gleichfalls eben und können zur „Rekonstruktion" größerer Stücke genutzt werden.

15.3 Themenkreise

Die folgenden Themen orientieren sich an übergreifenden Themenkreisen, die bereits in den vorangegangenen Untersuchungen sich als geeignete Rahmen empfohlen haben. Wir haben dort sowohl systematisch als auch didaktisch die Baupraxis in ihren uns geläufigsten Erscheinungsformen (Gebäudebau, Werken) als Leitpraxis für die Verankerung geometrischer Grundbegriffe wahrgenommen. Die Gründe sind offensichtlich: Vor allem die Baupraxis und das Werken bieten für Schüler die Bezüge, die ihnen nahe liegen, und somit am geeignetsten erscheinen. Die für das Lernen nötigen Materialien bzw. Arrangements sind zudem leicht zu realisieren, die neuen Erfahrungen bauen auf Bekanntes auf, die betreffende reale Praxis (z.B. Baustelle, Handwerksbetrieb) ist bei Bedarf gut zugänglich. Hinzukommt, dass auch vielfältige Aspekte daran angeknüpft werden können, sodass breite Themenkreise entstehen.

- **Geometrische Elementarformen**:
  Orthogonalen und Parallelen: Hier kann wie bei der Behandlung von Ebene und
  Gerade vorgegangen werden. Ebenso bei Quadrat-Rechteck, Würfel-Quader.
  Zu dieser operativ orientierten Formenkunde vgl. Krainers Sammlung und das
  Buch von Bender/Schreiber. Natürlich lassen sich hier viele weitere geometri-
  sche Formen, die in Bauten, Apparaten oder in der Kunst verwendet werden,
  operativ erschließen.

- **Schrägbilder bzw. geometrische Zeichnungen**: Hier lassen sich auch Fragen
  nach der Wahrnehmung von Figuren stellen, nach dem Sehen und den opti-
  schen Täuschungen. Das Thema „Zeichnung als Mittel der Kommunikation
  über die Eigenschaften von Figuren in Geometrie und Technik" ist ein breiter
  Themenkreis, der didaktisch von enormer Bedeutung ist. (Dazu können die
  wertvollen Betrachtungen Krainers herangezogen werden.) Durch den Bezug
  auf die Technik und Kunst findet man hier vielfältige zusätzliche, auch historische Ansatzpunkte.

- **Themenkreis Bauwesen**:
  Geschichte der Ziegelbauweise, Herstellung von Ton-Ziegeln heute: Ein sehr
  breites, reizvolles Feld für Studien und selbständige Arbeiten, die unterschiedlich durchgeführt und präsentiert werden können. Die Breite der Thematik
  reicht bis zu Umweltaspekten bei der Rekultivierung von Tonabbaugebieten
  (Volks Anregung).

- Ein anderes reizvolles Thema ist die Frühgeschichte des Bauens (Ägypten, Su-
  merer usw.) oder Gesichtspunkte eines erdbebensicheren Bauens mit unterschiedlich geformten statt regelmäßig geformten Bausteinen.

- Es lässt sich auch in einem Projekt eine Baustelle erkunden: Geradenherstellung
  mit Schnüren, Benutzung von Wasserwaage, Senklot, Eckenansetzen usw. sind
  dann Anlässe für eine Weiterarbeit im Unterricht. Ein Besuch in einer Berufs-
  fachschule kann den Baustellenbesuch gegebenenfalls ersetzen.

- Tunnel-Bau heute und früher: Geschichtliche Studie zum Bau des Eupalinos-
  Tunnel auf Samos (altes Griechenland) der von zwei Seiten gleichzeitig gegra-
  ben wurde. Vergleich mit heutigen Methoden.

- Geometrische Formen in der Architektur: Kritische Betrachtung der Formungen
  in der Architektur, wie in Volks Entwurf. Stilrichtungen, die Geraden und Ebenen meiden (Hundertwasser, Barock).

- **Die Rolle der Ebene und Gerade in der Technik**
  Geschichte der Technik im Hinblick auf die Genauigkeit der Realisierung von
  Ebene, Gerade und Orthogonalität.

- Formungen in der Präzisionstechnik und die Realisierung von Standard-Ebenen
  und Geraden (vielleicht mit Besuch bei einem Eichamt). Das ist ein sehr an-
  spruchsvolles Thema, welches sich für höhere Klassenstufen bzw. für die

Hochschule empfiehlt und zu grundlegenden Fragen über die Genauigkeit von Realisierungen und zur Frage der Standards für physikalische Messungen führt.

- Bauen von Artefakten, Geräten, Apparaten. Eigentlich lässt sich die gesamte technische Praxis als Bezug der Geometrie nutzen.

Bei diesen (und weiteren denkbaren) Themenkreisen geht es darum, geometrische Formen und geometrisches Wissen in den kulturellen Kontext zu stellen und als Kulturleistung mit vielfältigen Bezügen zu erfahren.

15.4 Curriculare Betrachtungen

Ich will nun versuchen zu beschreiben, wie die Behandlung unserer Thematik in den verschiedenen Bildungsstufen aussehen kann, wie sie sich in curricularer Hinsicht darstellt. Dies soll zunächst im Hinblick auf das Geometriecurriculum der Orientierungsstufe, dann bezogen auf das Geometriecurriculum der Schule und schließlich für die Lehrerausbildung bedacht werden.

1. Orientierungsstufe

In der Grundschule und Orientierungsstufe geht es u.a. um das Reden über geometrische Grundphänomene, die Erzeugung und den handelnden Umgang mit Figuren. Die Erörterung der Zweckmäßigkeit von Formungen, also die Berücksichtigung operativer Anliegen, liegt durchaus in den Möglichkeiten der Kinder.

Der Geometrieunterricht in der 5. Klasse scheint von den behandelten Themen her dafür prädestiniert zu sein, damit die Baupraxis und ihr Umfeld (sowie das Werken im Technikunterricht) als durchgängige Bezüge genutzt werden können. Das Bauen kann damit als <u>Leitthema</u> für die 5. Klasse dienen. Daran lässt sich nicht nur Formenkunde treiben. Man kann auch die Grundvorstellungen geometrischer Größen (Länge, Flächeninhalt, Volumen) wunderbar konkret erarbeiten. Es ist nicht nur Volks Entwurf, der dies nahe legt, sondern auch andere Vorschläge, die teilweise dazu komplementär sind im Sinne eines Curriculums, das alle geläufigen Inhalte der Geometrie in Klasse 5 abdeckt (vgl. Zech 1995). Hier besteht auch die große Chance einer fächerverbindenden Integration, die nicht nur aus entwicklungspsychologischer Sicht wünschenswert ist, sondern von der Sache her als dringend nötig erscheint. Der Bezug der Geometrie auf den Technik- und Kunstunterricht ist ja eines der auffälligsten Merkmale operativ orientierter Entwürfe. Aber auch geschichtliche und geographische Gesichtspunkte können hier einbezogen werden.

Jedoch auch dann, wenn nicht im Sinne durchgängiger Bezüge gearbeitet wird: Es erscheint didaktisch angezeigt, wegzukommen von einem Terminologie-Kurs mit eingeschränkten (vorwiegend zeichnerischen) Bezügen und sich um eine breitere Erfahrungsbasis mit dem Ziel einer integrierten Begriffsbildung zu bemühen, so wie es einige Schulbücher versuchen. Es geht darum, Handlungsbereiche zu eröffnen zum Erfahren geometrischer Grundformen als besonderen Gegenständen mit praktisch wirksamen Funktionseigenschaften. Selbstverständlich sollte man tunlichst eine Überforderung der Schüler vermeiden. Doch lässt sich durch konkrete Bezüge bzw. einen engeren Bezug zum Technikunterricht als bisher all das leichter arrangieren. Als geeignete Organisationsform erscheint der Werkstatt-Unterricht, jedoch lassen sich viele Fragen bzw. Aktivitäten auch in einen normalen Unterricht integrieren, z.B.: Zeichnen, Schrägbilder herstellen, einen Flieger basteln, Kunstwerke mit geometrischen Formen herstellen, auf die Geschichte und Technik des Bauens schauen (Lehmbau, Ziegel, Beton), Kombinatorik mit Geraden treiben, Kritik am Städtebau anbringen, Tendenzen zur Vermeidung von geometrischen Formen beispielhaft erörtern (Hundertwasser), u.a.m.

2. Mittelstufe

In dieser Stufe steht gewöhnlich der Ausbau der Handlungsmöglichkeiten bzw. die Erweiterung der Kompetenzen der Schüler im Vordergrund (durch neue Formen, Konstruktionen und Ansätze zum lokalen Ordnen von Begriffen und Sätzen). Hierbei werden die breiten inhaltlichen Voraussetzungen geschaffen, auf die in der Oberstufe bzw. im Studium zurückgegriffen werden kann. In dieser Stufe liegen die Ansatzpunkte der operativen Geometrie in den vielfältigen geometrischen Formen, die Schülern in Unterricht und Leben begegnen.

2. Oberstufe-Lehrerbildung

Erst auf diesen Stufen können die Fragestellungen ansetzen, welche geometrische Grundbegriffe im Sinne einer Vertiefung betreffen. Diese sind: a) Die begriffliche Analyse der geometrischen Terminologie und eine motivierte Axiomatik im Rahmen der Systematisierung geometrischen Wissens sowie b) die Behandlung anspruchsvoller Themenkreise, die einen Bezug zu a) haben, wie etwa die Formungen in der Präzisionstechnik, die Frage der Konstitution von Standards oder theoretische Überlegungen zum Status der Geometrie als theoretisches Wissen (also Fragen der Philosophie der Geometrie). In den vorangegangenen Untersuchungen wurden Zugänge dazu angelegt.

Was die Lehrerbildung betrifft, so können auf der Basis eines soliden geometrischen Wissens alle bisher angesprochenen Gesichtspunkte, vor allem auch diejenigen, die bisher nicht explizit in didaktischer Hinsicht erörtert wurden, angesprochen werden. Hier ist vor allem die bereits rekonstruierte Rede bzw. Anschauung von Figuren als Grenzen oder Schnitte zu nennen. Diese Rede soll natürlich keineswegs außer Acht gelassen werden. Ich versuchte zu zeigen, wie die Vorstellungen, die damit verbunden sind (Figuren decken sich, gleiten in sich usw.) mit unseren praktischen Erfahrungen und Begriffen zusammenhängen. Dieser Zusammenhang lässt sich auf dieser Stufe auf jeden Fall vermitteln (vielleicht sogar früher). Von hier aus können auch Brückenschläge zum Studium des Räumlichen Vorstellungsvermögens erfolgen.

15.5 Kursvorschläge

Ein Minimalprogramm:

Ich setze an das aufgrund der mangelnden Formbestimmung der Geraden entstehende begriffliche Defizit, von dem wir in Teil I ausgegangen sind, an. Dieses Defizit wurde auch in Schulbüchern (Kap. 12) manifest. Ich möchte ein Minimalprogramm als Ergänzung vorhandener Schulbücher (z.B. Welt der Zahl 5) im Umfang von etwa 2 Seiten vorschlagen. Diese Seiten könnten vielleicht mit dem Titel „Zum Nachdenken" oder ähnlich angeboten werden und folgende Themen bzw. Inhalte ansprechen:

1. Seite:
Wie kann man Geraden machen? Was haben Geraden miteinander gemeinsam? Wie unterscheiden sie sich von anderen Linien?

Zum Inhalt: Geraden werden mit dem Lineal gezeichnet. Das ist gut, aber kann man sie auch anders herstellen? Herstellung über Schnüre, Papierfalten, Strecken von Draht usw. werden in der ersten Hälfte der Seite als Anregung zu Aktivitäten der Schüler in Bildern dargestellt. In der zweiten Hälfte werden die so hergestellten Geraden miteinander und mit anderen Linien (Vorschläge in Abbildungen: Visieren, Passungen) verglichen. Die Abbildung eines Schülers zeigt, wie es gemacht wird. *Ergebnis*: Nur Geraden passen in jeder Lage stückweise aufeinander. (Muss nicht unbedingt als Merksatz formuliert werden!)

2. Seite:
Gerade Linien haben gleiche Form.

Zum Inhalt: Diese Seite bietet in der ersten Hälfte Bilder von Aktivitäten, die an die Praxis und Rede mit Formen von Figuren verbunden sind: Sandkastenformen, Ausstechformen, Backformen. Erklärung von Matrize und Kopie im Bild (wie in Technik-Schulbüchern). Ergebnis: Kopien haben gleiche Form.
In der zweiten Hälfte werden Linien (obige Beispiele von Geraden, andere Linien aus Draht) kopiert, sowie diese Kopien und ihre Matrizen miteinander verglichen. *Ergebnis*: Nur bei geraden Linien sind Matrizen und Kopien gleich, haben also gleiche Form, sind austauschbar. Anwendung beim Zeichnen: Jedes Lineal liefert gleich geformte Linien.

Ich will hier bewusst auf eine bildhafte Darstellung verzichten, damit bereits bei der Lehrperson (oder beim Entwurf eines Lehrwerks) die eigene Gestaltungsaktivität vor dem Anbieten eines solchen Minimalprogramms in Gang kommt. Zudem bin ich der Meinung, dass es besser wäre, Aktivitäten, die in den Vorschlägen zuvor enthalten sind, auch in ein Minimalprogramm aufzunehmen.

Kursvorschlag 1: (Orientiert an den vorgestellten Unterrichtsvorschlägen)
Über das Minimalprogramm hinaus ließe sich hier einiges mehr aus den vorgestellten Vorschlägen, die ja aufeinander aufbauen, übernehmen oder einfach nutzen.

Insbesondere könnten die Probleme der Genauigkeit und der Idealität der geometrischen Begriffe behandelt werden, verbunden mit verschiedenen Realisierungsverfahren und unterschiedlichen Ansprüchen der Praxis. Dazu wurde hier kein Vorschlag gemacht, da sich alles dazu erforderliche (für die Orientierungsstufe) bereits im Entwurf Volks findet.

Kursvorschlag 2 (Klasse 5-6):
Dieser Kurs orientiert sich an Volks Entwurf. Ich würde jedoch den Zugang verändern (Anknüpfung an Vorwissen der Schüler, klare Zielorientierung) und Zeichengeräte und die Herstellung der Ebene einbeziehen. Volk zeigt beim Zugang eine stärkere Führung, die hier nicht kritisiert werden soll. Jedoch lässt sich auch sein Anliegen „genauer schauen" dadurch besser erfüllen, indem man die Schüler dort abholt, wo sie sich tatsächlich befinden, und vor allem transparenter gestaltet. Die beiden Grundformen werden hierbei in separaten Anläufen genauer erkundet, nicht in Verbindung zum Bau. Im Anschluss daran kommt man zurück zum Bau (Rechteck, Quader, Mauer).

Die Orientierung dieses Kurses ist zwar operativ, doch sollte man die Einschränkungen der Betrachtung in der Orientierungsstufe erkennen; sie offenbaren aber zugleich die Offenheit des Ansatzes und seine Ausbaufähigkeit. Die Formung der Ziegelsteine verweist nämlich auf verschiedene Bauzwecke. Davon betreffen einige die Form der Steine. Aber die Wahl des Quaders ist auch mit Ideen verbunden (Optimalität, Parkettierung), die erst später in den Fokus kommen. Also ist die Aufgabenstellung an dieser Stelle (Orientierungsstufe) eigentlich nur (!) die operative Klärung der geometrischen Grundbegriffe integriert in einem didaktisch sinnvollen, ausbaufähigen, praktischen Kontext.

<u>Zum Vorgehen</u>: Nach der Erkundung der Form der Ziegelsteine und ihrer Beschreibung mit den schon aus der Grundschule bekannten Begriffen Quader und Rechteck beginnt man genauer hinzuschauen auf die Elemente dieser Formen. Was heißt also „eben", „gerade", „orthogonal", „parallel" und welche Funktionen erfüllen sie beim Bauen? Wie hängen sie mit den Zwecken des Bauens zusammen? Genau das ist der Unterschied eines operativen zum herkömmlichen Lehrgang. (Vernünftige Begriffsbildung, Anwendungsbezug und Systematisierung werden zugleich erfüllt durch den Themenkreis, der verschiedene Aspekte einzubeziehen gestattet). Die Erkundung der beiden Formen kann nun in kleinen Exkursen stattfinden und sich aus den vorgestellten Aktivitäten bzw. Umgebungen bedienen. Darüber hinaus kann man die kritische Diskussion des Entwurfs von Volk in Kapitel 14 nutzen, z.B. die Anregungen zur Einführung der Grundfiguren oder die Erklärung der Orthogonalität berücksichtigen.

Die folgenden Vorschläge betreffen nicht mehr die Orientierungsstufe, sondern die Oberstufe von Gymnasien oder die Lehrerbildung bzw. Kurse an Hochschulen.

Kursvorschlag 3 (Historisch-kritisch orientiert):

Das Ziel dieses Kurses wäre die Klärung des Sinns geometrischer Grundbegriffe, orientiert an den Bemühungen der Tradition seit Euklid bis zur Protogeometrie. Möglicher Kontext: Kurs zur Wissenschaftstheorie bzw. Philosophie der Geometrie.

Zum Vorgehen: Als Leitlinie können die Studien in Teil II genutzt werden: Begonnen wird mit der Lektüre Euklids[191], wobei die Textgrundlage (die Definitionen Euklids) unbedingt auf dem Hintergrund der antiken Philosophie beleuchtet werden sollte. Dann können die Bemühungen erkundet werden, die als Vorläufer der Protogeometrie anzusehen sind (Lobatschewski, Clifford). Wir haben sie hier als Vorschläge zur Lösung von Bezugsproblemen der geometrischen Terminologie gesehen. Einen Schwerpunkt bildet dann die Erkundung der neueren Axiomatik seit Pasch, zu der neben II, Kapitel 10 auch die Ausführungen von I, Kapitel 7 hilfreich wären. Schließlich kann man so zum Kontext der Protogeometrie kommen.

Ein solcher Kursvorschlag (Seminar) ist natürlich nicht in einem Semester umfassend zu erledigen, jedoch auf verschiedenen Anspruchsniveaus oder gezielten Schwerpunktsetzungen sicher gut durchzuführen. Am besten wäre ein Kurs mit anschließendem Seminar zur Vertiefung in speziellen Aspekten (oder gleich als Projekt oder AG). In einer geeignet angepassten Form, etwa aufbauend auf einen Kurs der Orientierungsstufe (wie 1. oder 2.) ließe sich ein solcher Vorschlag auch in der Oberstufe durchführen.

Kursvorschlag 4 (Aus der Geometrie heraus):

Hier kann unmittelbar an die Ausführungen von Henderson, die in III, Kap. 12 erörtert wurden, angeschlossen werden. Die Fragestellungen Hendersons zum Sinn des Prädikats „gerade" für Linien sind den Fragestellungen aus meinen Unterrichtsvorschlägen ähnlich. Henderson geht jedoch sofort auf die geometrisch formulierten Symmetrien der Geraden ein, was aber, didaktisch gesehen, durchaus als Ausgangspunkt dienen kann. Die Fragestellung, wie diese Symmetrien sich auf einer, auch von Henderson angesprochenen, elementaren technischen Ebene darstellen, führt zwangsläufig auf protogeometrische Betrachtungen. Es lässt sich also auch auf diesem Wege eine auch für Mathematiker interessante Variante eines Kurses entwerfen. Auf diese Weise kann man ganz direkt auf die systematischen Probleme kommen und den vollen Umfang der vorgelegten Protogeometrie in den Blick bekommen. Teil I bietet dazu die Vorlage.

---

[191] vgl. auch die Hinweise im nächsten Kapitel.

15.6 Nachbemerkungen

Die Vorschläge in diesem Kapitel sollten einen konstruktiven Beitrag zur Reform an einer Stelle des Geometrieunterrichts oder der Lehre der Geometrie, welche die Grundlagen der Geometrie betrifft, abgeben. Es ging dabei nicht in erster Linie um neue Inhalte, sondern um das Einholen verständnisfördernder Einsichten von der Schule bis zur Hochschule.

Bei allen vorgestellten didaktischen Vorschlägen erschien mir als wichtig, eine durchgängige Problemorientierung in Bezug auf die zugrunde liegenden Fragestellungen aufrechtzuerhalten. Das ist substantiell mehr als die Behandlung von Problemen oder deren bloße Variation. Erst wenn die Orientierung bzw. der genetische, methodische usw. Zusammenhang von Problemstellungen eingesehen ist, können wirkliche, integrierte Erkenntnisse gewonnen werden.-

16. Philosophie und Didaktik der Geometrie

Sie (die Philosophie) kann nicht als kritische Grundlagenforschung von den Wissenschaften abgetrennt werden, und sie kann erst recht nicht etwas sein, was erst nach der Wissenschaft, gleichsam als eine krönende Kuppel des Wissenschaftsgebäudes, kommt. Paul Lorenzen, Methodisches Denken

In diesem Kapitel wird zunächst der operative Ansatz in die historische Tradition der Grundlagen und Didaktik der Geometrie eingeordnet. Dann folgt die Erörterung der bereits in Kapitel 14 angesprochenen, fragwürdigen Haltung der konstruktiven Wissenschaftstheorie, in deren Rahmen die Protogeometrie entstand, zur Didaktik; sie erscheint mir genauso problematisch wie die Einschränkung des operativen Ansatzes auf die Didaktik bei A. Schreiber, die im Kapitel 13 besprochen wurde. Als Ergänzung zur historischen Perspektive wird die Verwandtschaft der in Teil I betriebenen Phänomenologie mit einer zeitgenössischen Bemühung der Didaktik aufgewiesen. Schließlich wird auf der Basis der bisher gewonnenen Einsichten eine integrative Sicht von Grundlagen bzw. Philosophie der Geometrie und Geometriedidaktik vorgeschlagen.

16.1 Das Problem der Vermittlung geometrischen Wissens

Jedes Wissen induziert mit seiner Konstitution als Kulturwissen auch ein Problem seiner Vermittlung von einer Generation auf die nächste. In den Anfängen der Geometrie, wobei sie nur als technisches Wissen vorlag, konnte man es wohl, wie bei jedem Kunsthandwerk, bei einer konkreten Vermittlung von Verfahren und Wissen vom Meister auf die Lehrlinge belassen. Doch bereits in der frühen Kulturgeschichte sind die Aufgabensammlungen aus den bekannten Papyri der Ägypter (Ahmes bzw. Rhind, Moskau) oder aus den Keilschrifttafeln der Babylonier in irgendeiner Form wohl auch zur Unterweisung des Nachwuchses, der Schreiber, Vermesser, Baumeister usw., benutzt worden. Sie bieten vor allem Rezepte zur Lösung von Problemen von Fall zu Fall. Dabei scheint die Einübung von Lösungsprozeduren für konkrete Probleme im Vordergrund gestanden zu haben.

Mit der zunehmenden Ausdifferenzierung und Systematisierung des Lebens und des Wissens wurde irgendwann (spätestens in der alten griechischen Kultur) zwischen einer Unterweisung auf einem höheren Niveau, einem wissenschaftlichen Studium, und der einer Unterweisung von Kindern und Jugendlichen zum Zweck der Allgemeinbildung bzw. zur Vorbereitung auf höhere Studien unterschieden. Es scheint so gewesen zu sein, dass bereits in der Antike für unterschiedliche Adressaten auch unterschiedliche schriftliche Unterlagen und Verfahren des Unterrichts existierten. So kann man davon ausgehen, dass der Elementarunterricht in Geometrie den Umgang mit Figuren und ihren Eigenschaften, nebst Konstruktionen mit Zirkel und Lineal, in propädeutischer Manier pflegte. Für wissenschaftliche (philosophische) Zwecke wurden wohl die Bücher konzipiert, welche bereits vor Euklid geschrieben wurden und in deren Tradition seine Elemente stehen. Daneben scheinen Schriften wie Herons Geometrica ganz in der alten Tradition der konkreten Unterweisungen für die Anwendungen zu stehen.

Nach der Antike, und anscheinend bis ins 20. Jahrhundert hinein, ist das euklidische Werk jedoch auch als Grundlage für den Elementarunterricht genutzt worden, was sicher auf die Ausstrahlung des Werkes und die Tradition der philosophischen Schulen, für welche es eigentlich geschrieben wurde, zurückzuführen ist. Der didaktische Wert der euklidischen Elemente wurde bis zum Ende des Mittelalters kaum hinterfragt, die Ursachen dafür sind wohl vielschichtiger als man zunächst denkt. Sie wurden in der Neuzeit vielfach ediert und kommentiert und dienten bis ins 19. Jahrhundert hinein, ja bis in unsere Zeit, als Lehrbuch für den geometrischen Unterricht.[192]

Pierre de la Ramée (Petrus Ramus) (1515-1572), eine faszinierende Persönlichkeit der europäischen Geistesgeschichte, scheint wohl als Erster sich vehement gegen die Dominanz Euklids im geometrischen Elementarunterricht gewendet zu haben.[193] Er wollte jedoch damit nicht den Euklid abschaffen, sondern nach eigenen Aussagen „korrigieren und verbessern"[194], also eine im besten Sinne kritische Traditionspflege betreiben. Mit Ramus, dessen Einfluss in Frankreich schwer zu überschätzen ist, begann dort eine Tradition der Kritik an Euklid, die in der Logik des Port Royal mit Antoine Arnauld nicht nur auf die Qualität der Elemente als Geometrielehrwerk, sondern auch auf deren Methode zielt. Arnauld kritisiert 1662 dabei die „nicht natürliche" Ordnung des Wissens, die mangelnde Erklärungskraft der Beweise und dass Dinge bewiesen werden, die keines Beweises bedürfen. Bei Ramus (Herausheben

Petrus Ramus

der Bedeutung von technischen Verfahren[195]) und Arnauld (Geometriebuch 1667) macht sich zugleich ein neuzeitlicher Aspekt bemerkbar, die Verbindung der Geometrie mit den „choses extérieurs" oder „choses réelles", der sinnlich wahrnehmbaren Wirklichkeit und der Technik.[196]

---

[192] Dazu Fladt 1955, Servais 1974.

[193] Vgl. dazu wie für das folgende die lesenswerte Arbeit Sander 1982. Auch Klein 1926, Band 2 und Fladt 1955.

[194] Dazu Sander 1982, S. 177. Diese Absicht in kritischer Auseinandersetzung mit Euklid Verbesserungen zu erreichen ist klassisch, auch bei G. Saccheri („Von jedem Mangel befreiter Euklid") wirksam.

[195] Vgl. Sander 1982, S. 176.

[196] Das ist eigentlich kein neuer Aspekt, denn es geht dabei nur um den expliziten Praxisbezug der Geometrie, was ein durchgängiges Merkmal vor allem der vorgriechischen Geometrie darstellte. (Vgl. dazu II, Kapitel 8)

A. C. Clairaut hinterfragt dann 1741 in seinen überaus lesenswerten „Éléments de Géométrie"[197] nochmals den Wert der euklidischen Elemente für die Unterweisung von Anfängern in der Geometrie und spricht die Schwierigkeiten des Unterrichts der Art und Weise der Unterweisung zu. Man fängt, so Clairaut (Vorwort) mit einer großen Anzahl von Definitionen, Postulaten und Axiomen, welche keine interessanten Aspekte zu versprechen scheinen, außer trockene Fakten. Die Sätze, die folgen, scheinen auch keine interessanten Gegenstände anzusprechen, und da sie auch schwer zu verstehen sind, verursachen sie Abschreckung und Übersättigung bei den Anfängern, bevor diese eine Ahnung davon bekommen, was man ihnen lehren will.

Alexis Clairaut

Clairauts Lösung des Problems setzt bei Messungen im Gelände an, welche Gelegenheiten eröffnen, geometrische Tatsachen zu entdecken und problemorientiert vorzugehen. Er legt so mehr Wert auf den Sinn und Zweck der geometrischen Gegenstände und Sätze (bzw. den methodischen Zusammenhang des geometrischen Wissens) als auf die Wahrheit (die Begründung) der Sätze. Aber da sein Buch auch nicht ein Buch über Geodäsie sein will, wie er am Ende des Vorworts explizit ausführt („Geometrie" mit „Geodäsie" zu verwechseln wäre ohnehin fatal, schon in der griechischen Antike wurde hier explizit unterschieden) so tut er auch einiges auf traditionelle Art. Es ist nicht ersichtlich, dass Clairaut in der Folge viel verändert hätte, auch nicht in Frankreich.[198] Trotzdem scheint diese Tradition genetischen Unterrichts vor allem bei den Reformbestrebungen in Bezug auf den geometrischen Unterricht in Frankreich eine wichtige Rolle gespielt zu haben. So ist es auch zu erklären, dass noch eine letzte Ausgabe seiner „Éleménts de Géométrie" 1920 erfolgt ist.[199]

Die Kritik an Euklids Elementen ist natürlich, vgl. Teil II, nicht nur im Hinblick auf seine didaktische Eignung erfolgt. Die didaktisch und methodisch orientierte Kritik in der französischen Tradition setzte aber früher ein als die logisch-begriffliche Kritik. Jene wurde wesentlich später, erst im 19. Jahrhundert (Lobatschewski, Bolzano, Gauß), dabei teilweise auch massiv vorgetragen (Bolzanos „Anti-Euklid"), und betraf die begrifflichen und axiomatischen Defizite der Elemente (das war das Neue in dieser

---

[197] Davon gibt es sogar eine deutsche Übersetzung von Bingel, Clairaut 1773. Das Vorwort ist am besten greifbar in einer modernen Übersetzung in Sander 1982, S. 15-19. Dieser Klassiker verdient auf alle Fälle eine Neuauflage, am besten in einer neuen deutschen Übersetzung!

[198] Servais 1974, S. 24. Voltaires Äußerungen sind als (nachdenkliches) Motto dem 14. Kapitel vorangestellt.

[199] Die neueren Bemühungen zur Erneuerung des geometrischen Unterrichts in der Schule haben durchaus diesen Hintergrund. Vgl. Kleins Vorlesungen, Klein 1926.

Zeit, dass die Elemente auch in der Domäne der Logik kritikwürdig wurden). Trotzdem konnten sie in ihrer Qualität als Referenz für alle Untersuchungen nach wie vor bestehen.

Im Laufe des 19. Jahrhunderts lassen sich nun verschieden motivierte, bemerkenswerte, schließlich auch didaktisch relevante Tendenzen feststellen:

1. Seit der Neuzeit besteht die starke Tendenz die Strenge Euklids in der Geometrie zu verlassen zugunsten einer ungehemmten Methoden- und Ideenvielfalt, bezeichnenderweise in Frankreich. Es bildet sich mit der Formierung der bürgerlichen Gesellschaft langsam auch ein öffentliches Schulwesen heraus und damit natürlich auch eine Diskussion um die Didaktik der Schulfächer.

2. Die Entdeckung der nicht-euklidischen Raumformen und die Kritik an den begrifflichen Grundlagen der Geometrie münden schließlich in eine umfassende Diskussion der Grundlagen der Geometrie, wobei eine Fülle von Orientierungen die Philosophie der Geometrie bestimmt.[200]

3. Die Axiomatisierung der Geometrie ab 1882 (Pasch) bringt eine Revision der Grundlagen der Geometrie, die schließlich mit Hilberts Buch (1899) eine neue Ebene der Diskussion erreichen und als logisch-axiomatische Grundlagen der Geometrie ganz wesentlich über Euklid hinausführen. Hilberts Formalismus führt dann zur Verabschiedung der Mathematik vom Begründungsproblem der Geometrie als Figurentheorie.

4. Die industrielle Revolution, vor allem der Boom der Maschinenindustrie, sowie die Blüte der empirischen Wissenschaften und ihre Emanzipation aus der Philosophie führen nach der Entdeckung nichteuklidischer Raumformen auch zum Nachdenken über die empirischen bzw. die physikalisch-technischen Wurzeln der Geometrie. Aus dieser Quelle kommen auch die Anregungen, die schließlich (über Clifford, Mach, Poincaré) zum Versuch einer operativen Fundierung der euklidischen Geometrie im technischen Umgang mit Körpern bei Dingler führen.

Auf diesem Hintergrund entstehen alle neuen Impulse für die uns interessierenden Fragen, die auch in die von Felix Klein initiierten Reformen des Mathematikunterrichts Eingang finden. Auf dem gleichen Hintergrund wird auch das Programm einer operativen Begründung der Geometrie von Dingler entworfen[201]. Es ist hier jedoch nicht der Ort, diese Entwicklung darzulegen.[202] Es sollen nur die wesentlichen Motive

---

[200] Vgl. Scriba/Schreiber 2000 (8.1: Grundlagen der Geometrie)

[201] Von Felix Klein führt auch eine direkte Linie zu Dingler und seiner Grundlegungsbemühung. Dazu vgl. Dingler 1911, Einleitung, sowie Amiras 1998 (Kap. 2).

[202] Kleins Vorlesungen, Bd. 2 enthalten wertvolle Ausführungen dazu.

der Kritik der Tradition zusammenfasst und mit dem operativ-phänomenalen Ansatz der Protogeometrie verglichen werden.

Die betrachtete Tradition von Ramus bis Clairaut (und Klein) beklagt vor allem die Trockenheit des Stoffes, seine mangelnde „natürliche Ordnung" (methodische Ordnung) sowie die mangelnde ontologische Verankerung der Begriffe. Sie verlangt die Förderung der Intuition, den Bezug zur Wirklichkeit bzw. zur Technik, das Erkennen von Sinn und Zweck des geometrischen Wissens statt nur die Kenntnis seiner logischen Ordnung und sucht nach Abhilfe. Als Ausweg bieten sich Entdeckendes Lernen und eine Problemorientierung anstelle der an Euklid orientierten Fachsystematik an, ein durchgängiger Praxisbezug und bei Clairaut die Orientierung an einem Problemkreis (Landmessung). Diese Kritik geht jedoch genaugenommen tiefer, insofern sie mittelbar auch Aspekte der Methodologie geometrischen Wissens berührt bzw. die Grundlagen der Geometrie.

In dieser Tradition der systematischen bzw. didaktischen Kritik an Euklid erscheint (seit Klein) in der Gegenwart die didaktische Kritik fachsystematisch orientierter Lehrgänge im Geometrieunterricht wie auch der Versuch, die Geometrie als Figurentheorie zu begründen. Auch hierbei ist die klassische Haltung von Ramus nach wie vor (für mich jedenfalls) gültig: Es geht nicht darum, Euklid (und jetzt hinzuzufügen: Hilbert) zu verabschieden, sondern wieder nur um methodologische und didaktische Verbesserungen. Der hier verfolgte operativ-phänomenologische Ansatz versucht, einen „durchgängigen" Bezug der Geometrie auf die Wirklichkeit zu wahren und alle Aspekte zu integrieren, die für ein Verständnis der Geometrie als Kulturleistung (Wissen) erforderlich sind. Es ist unschwer zu erkennen, dass man eine so begründete Geometrie zusammen mit einer pragmatisch orientierten, operativen Geometriedidaktik als Fortsetzung dieser kritischen Verbesserungsbemühungen verstehen kann.

16.2 Methodischer Aufbau der Geometrie - Elimination der Fachdidaktik?

Die Protogeometrie hat ihren Ausgang innerhalb der konstruktiven Wissenschaftstheorie genommen. Diese hat den Tendenzen der Tradition durch einen auf Dingler zurückgehenden (methodisch geprägten) Operationalismus, der technisches Wissen und seine methodische Ordnung im Fokus hat, weitgehend Rechnung zu tragen versucht. Bei Dingler ist die Absicht, über einen Aufbau der Geometrie Einfluss auf den Geometrieunterricht zu nehmen, nur indirekt vorhanden. Die konstruktive Wissenschaftstheorie, die Paul Lorenzen initiiert hat, hat sich aber schon von Anfang an die Aufgabe gestellt, die Vermittlung des Wissens auf der Hochschule zu reformieren, durch den Versuch die Logik und Mathematik (insb. auch die Geometrie), später auch andere Wissensbereiche, von elementaren Handlungsvollzügen der Lebenspraxis her zu begreifen. So wurde vieles als Kritik von Wissensdarstellungen, insbesondere „den ersten Seiten von Lehrbüchern", die Grundlagenprobleme schnell übergehen, vorgetragen.

Für die unsere, die Geometrie betreffende Diskussion scheint jedoch Folgendes bemerkenswert zu sein: Seitens der konstruktiven Wissenschaftstheorie wird nicht weniger behauptet, als dass alle Probleme der Vermittlung der Geometrie durch einen methodischen, begründeten Aufbau der Geometrie gelöst würden. In den Worten Inhetveens (er spricht vom „Credo" seiner Vorschläge und formuliert es allgemein):

> „daß es dann keine eigenen Didaktiken neben den Fachwissenschaften zu geben braucht, wenn diese selbst ordentlich begründet sind. Dies ist ein Grundsatz der konstruktiven Wissenschaftstheorie.." (Inhetveen 1979, S.253)

Die Begründung für diese Behauptung lässt sich so zusammenfassen: Die Grundlegung einer Wissenschaft muss an lebensweltliche Tätigkeiten der Menschen ansetzen, für welche sie als Unternehmung in Gang gesetzt wird, damit die Leistung der Wissenschaft als praxisstützendes Wissen zu fungieren, ersichtlich wird. Von daher erhält der Unterricht in Arithmetik und den anderen Schulfächern, die bei elementaren Lebensvollzügen ansetzen, seine Rechtfertigung. Setzt man nun an diese lebensweltliche Tätigkeiten mit entsprechenden methodischen Absichten an, so lässt sich (so verstehe ich Inhetveen) ein Aufbau der "konstruktiven Geometrie" zugleich als Lehrgang der Geometrie, z.B. in der Schule, verwenden.[203]

Die Grundüberzeugungen, die dazu geführt haben, sind wohl im Fall der Geometrie folgende:

1. Ein methodischer Aufbau der Geometrie wird durch die Axiomatik nicht geleistet. Dieser erfordert die Rekonstruktion des Wissens in der zuvor beschriebenen Form.

2. Ein solcher Aufbau würde eine Reihe von didaktischen Problemen, die auf dem Hintergrund der Orientierung an axiomatische Aufbauten entstanden sind, von sich aus beseitigen.

Es sei hier völlig unbestritten, dass methodische Defizite einer Wissenschaft auch in der Wissensdarstellung durchschlagen. (Auch in der vorliegenden Arbeit wird dies vielfach aufgewiesen.) Mit ihrer Lösung ist aber keineswegs zugleich auch das didaktisch-methodische Problem der Vermittlung dieses Wissens gelöst. Deren Lösung schafft vielmehr eine bessere Grundlage für didaktisch-methodische Überlegungen bzw. Lehrgänge oder Unterrichtsvorschläge, indem sie die Bezüge zur Lebenspraxis explizit werden lässt. Auf welche Art diese Bezüge im Unterricht wirksam werden können, ist eine weitergehende Aufgabe, die aber natürlich dann nicht mehr so weit ist von dem, was in der Theorie explizit hervortritt. So sind auch die Ausführungen und Vorschläge im vorliegenden Werk (wie auch alle Vorschläge aus der operativen Geometriedidaktik) konzipiert.

Die von Inhetveen behauptete Identität von methodisch aufgebautem Wissen und didaktisch gut aufbereitetem Wissen ist eine sehr problematische Aussage, die sich sehr

---

[203] Vgl. dazu Inhetveen 1979b und Inhetveen 1983.

lange und kontrovers diskutieren ließe. Inhetveen verkennt m.E. den grundsätzlichen Unterschied zwischen der wissenschaftlichen Argumentation, deren Adressat die "scientific community" ist, und den Lernerfordernissen von Schülern. Die hier wirksamen Kriterien sind auch nach unserem Vorverständnis unterschiedlich. Der Hauptunterschied ist dadurch gegeben, dass ein Lehrgang nicht von Ergebnissen von Forschungen ausgehen darf (nichts anderes wäre auch ein methodischer Aufbau der Geometrie, welcher die pragmatischen Grundlagen der Geometrie aufzeigen oder aufweisen soll), sondern gerade die Aufgabe hat, Rahmen bzw. Lernarrangements zu gestalten, die Lernenden die Möglichkeit bieten, konstitutive Erfahrungen zu machen und Einsichten selbständig zu gewinnen. In diesem Sinne bemühen sich alle protogeometrisch orientierten Entwürfe einschließlich meiner Vorschläge.

Es geht hierbei nicht um eine Darstellung von Begründungsschritten, um Rekonstruktion einer Wissenschaft aus einem höheren Standpunkt, sondern um die Möglichkeit Geometrie schrittweise zu entdecken, zu erfinden und zu erleben und dabei zu begreifen. Vor allem die in allen Rekonstruktionen (auch der konstruktiven Wissenschaftstheorie) verlangte **Vergegenwärtigung** kann hier nicht vernünftig geleistet werden, da Heranwachsende, und vielfach auch Erwachsene, schlicht die Erfahrungen erst zu machen haben, die andere vergegenwärtigen können. Zudem verfügen Heranwachsende (oder gar Kinder) im Allgemeinen nicht über die erforderlichen begrifflich-logischen Mittel, um einer solchen Darstellung folgen zu können.

Es ist also zumindest eine Anpassung der Rekonstruktion an den Erfahrungshorizont von Schülern unterschiedlicher Jahrgangsstufen erforderlich, die ein bestimmter Aufbau, der zudem für die wissenschaftstheoretische Diskussion bestimmt ist, unmöglich leisten kann. Konkrete Vorschläge für die Schule liegen hier seitens der konstruktiven Wissenschaftstheorie auch nur vereinzelt vor. (Vgl. die Vorschläge Inhetveens in Kap. 14.) An den bisher erörterten Unterrichtsvorschlägen erkennt man unschwer, dass die Protogeometrie (oder ein methodischer Aufbau der Geometrie) nur einen wünschenswerten Hintergrund darstellen kann. Dieser ist jedoch, entgegen der Meinung von A. Schreiber (vgl. dazu Kap. 13 für eine Entgegnung), unverzichtbar und möglich.

Das Credo Inhetveens kann jedoch in anderer Hinsicht noch kritischer gesehen werden. Denn, auf dem Hintergrund der Kritik fachwissenschaftlich orientierter Lehrgänge erscheint nicht nur die Orientierung an der Axiomatik kritisierbar, sondern die Orientierung an jedem System, das fertig vorliegt. Auch systematisch-methodisch orientierte Aufbauten wie die Protogeometrie können nur einen Hintergrund für die Didaktik darstellen, freilich einen der vom Ansatz und Charakter her, wie wir gesehen haben, sehr nah an den Lehrgängen ist.

Die didaktische Kunst besteht trotzdem darin, fachlichen und didaktischen Anforderungen in einer Weise gerecht zu werden, dass ein systematischer Aufbau von Wissen (das Systematisieren) und ein genetisch orientiertes Lernen (das Entdecken) stattfinden können. (Auch das Systematisieren kann man in geeigneten didaktischen Arrangements genetisch lernen.) Das versucht jede vernünftig orientierte Didaktik der Geometrie und wohl auch Clairaut und die französischen Reformer vor ihm. Das ist aber mitnichten bloß ein methodischer Aufbau der Geometrie aus fachwissenschaftlicher Sicht. Die normative Genese der Geometrie ist sicher nicht identisch mit einem genetisch orientierten Unterricht (letzterer hat allen didaktisch relevanten Aspekten Rechnung zu tragen). Der Lehrgang von Volk und Clairauts Buch, aber auch mein Vorgehen, sind schlagende Beispiele dafür.

Das Fazit aus der Diskussion zuvor kann daher nur lauten: Statt das Überflüssig-sein der Didaktik zu behaupten, wäre es angezeigt, Berührungspunkte zu suchen, zu finden und zu nutzen. Dies versucht die operative Geometriedidaktik und die daran orientierten Entwürfe durch Ausnutzen des operativen Ansatzes für didaktische Zwecke. Andererseits ist es kaum sinnvoll, so wurde im Kapitel 13 zuvor gegen Schreibers Absicht argumentiert, den operativen Ansatz (der hier zugleich pragmatisch und phänomenorientiert realisiert wird) auf didaktische Zwecke einzuschränken.

16.3 Operative und didaktische Phänomenologie

In diesem Abschnitt versuche ich, eine sehr naheliegende Verbindung herzustellen, nämlich zwischen meinen Bemühungen um eine **operative Phänomenologie** geometrischer Grundbegriffe und einer verwandten, weit umfangreicheren Bemühung, die sich als „**didaktische Phänomenologie**" bezeichnet und von Hans Freudenthal (1905-1990) in die didaktische Diskussion eingebracht worden ist.

Als **Phänomenologie** wird eine Richtung philosophischer Ansätze bezeichnet, mit ihren Hauptvertretern Hegel, Husserl und Heidegger, die als letztes Stadium einer Reihe von Bemühungen der europäischen idealistischen philosophischen Tradition angesehen werden können, und das Ziel haben, den Übergang vom unmittelbaren, phänomenalen, erfahrungsmäßigen Wissen bzw. dem unmittelbaren Erleben zum abstrakten oder wissenschaftlichen Wissen bzw. zum „Wesen" der Tatsachen zu beschreiben.

Freudenthal nimmt bereits vor seinen Publikationen zur „didaktischen Phänomenologie" in einem Beitrag zu Behnke/Bachmann/Fladt 1967 (Freudenthal/Baur 1967) einen „phänomenologischen Standpunkt" ein und unternimmt eine Analyse der Beziehung geometrischer Unterscheidungen zur Anschauung. Dabei entstehen hilfreiche Überblicke über die anschaulichen Bezüge und Probleme der Begriffsbildung der Geometrie; zugleich werden die verschiedenen Möglichkeiten des Aufbaus einer darauf gegründeten Theorie mit ihrer Axiomatik erläutert.

In einer vorab Veröffentlichung eines ersten Ausschnitts aus dem späteren Buch (Freudenthal 1977) wird der didaktischer Ansatz exemplarisch am Längenbegriff ausgeführt und erläutert.

Dazu werden Phänomene, die zur Konstitution von Unterscheidungen zur Länge beitragen, sowie Aspekte, die das Erlernen dieser Unterscheidungen betreffen, erörtert. Dabei wird auch kritisch zu Untersuchungen der Piaget-Schule Stellung bezogen, die den Erwerb dieser Unterscheidungen ebenfalls zum Thema haben. Dann wird auf die Methode eingegangen, die uns hier vor allem interessiert.

Die folgende Auswahl von Zitaten Freudenthals bietet eine direkte und sofort verständliche Erläuterung seines Verständnisses von didaktischer Phänomenologie und deren Anliegen:

Hans Freudenthal

„Ich gehe vom Gegensatz – wenn das einer ist – aus von *noumenon*, Gedankending, und *phainomenon*, Erscheinung. Die mathematischen Gegenstände sind nooumena, aber ein Stück *Mathematik* kann als phainomenon erfahren werden – Zahlen sind Gedankendinge, aber das Operieren mit Zahlen kann eine Erscheinung sein." (Freudenthal 1977, S. 61)

"Mathematical concepts, structures, and ideas serve to organise phenomena – phenomena from the concrete world as well as from mathematics – ....By means of geometrical figures like triangle, parallelogram, rhombus, or square, one succeeds in organising the world of contour phenomena ; numbers organise the phenomenon of quantity. On a higher level the phenomenon of geometrical figure is organised by means of geometrical constructions and proofs, the phainomenon "number" is organised by means of the decimal system." (Freudenthal 1983, S. 28)

"Phenomenology of a mathematical concept, a mathematical structure, or a mathematical idea means, in my terminology, describing this nooumenon in its relation to the phenomena of which it is the means of organising, indicating which phenomena it is created to organise, and to which it can be extended, how it acts upon these phenomena as a means of organising, and with what power over these phenomena it endows us. If in this relation of nooumenon and phenomenon I stress the didactical element, that is, if I pay attention to how the relation is acquired in a learning process-teaching process, I speak of didactical phenomenology of this nooumenon. If I would replace "learning-teaching process" by "cognitive growth", it would be genetic phenomenology and if "is...in a learning-teaching process" is replaced be "was ...in history", it is historical phenomenology." (Freudenthal 1983, S. 28-29)

"*Phenomenology* of a mathematical concept, structure or idea means describing it in its relation to the phenomena for which it was created, and to which it has been extended in the learning process of mankind, and, as far as this description is concerned with the learning process of the young generation, it is *didactical phenomenology*, a way to show the teacher the places where the learner might step into the learning process of mankind." (Freundenthal 1983, ix)

Angesichts dieser Äußerungen erschiene auch Freudenthal das, was in Teil I der vorliegenden Schrift betrieben worden ist, wohl nichts anderes zu sein als „Phänomenologie" der im letzten Zitat zuerst genannten Art. (Freudenthal nennt diese „reine Phänomenologie" und betrachtet sie und die „didaktische Phänomenologie" als Bemühungen

auf gemeinsamer Basis, die verschiedenen Aspekten gelten.) Ich habe meine Bemühung aus inhaltlichen Gründen und ähnlichen Motiven wie Freudenthal auch so genannt. Im II. Teil der vorliegenden Schrift wurde auch die von ihm angedeutete, kulturelle, ebenso die historische Perspektive einbezogen. Die Bestimmung der Funktion
mathematischer Begriffe, Strukturen und Ideen buchstabieren sich in der Protogeometrie jedenfalls ähnlich, obwohl gerade die pragmatische Rolle von mathematischen
Phänomenen in der Mathematikdidaktik noch ungeklärt ist. Der didaktische Ansatz
Freudenthals ist aus meiner Sicht und erfreulicherweise mit dem von mir hier betriebenen, systematischen Ansatz inhaltlich nicht nur sehr eng verwandt, sondern wohl
dazu komplementär.[204]

Auf dem Hintergrund der in den letzten Kapiteln durchgeführten, eingehenden Diskussion der Behandlung geometrischer Grundbegriffe im Unterricht ist ein Gesichtspunkt
von Interesse, auf dem es Freudenthal ausdrücklich ankommt.

> "In the present book I stress one feature more explicitly: *mental objects* versus *concept attainment*.
> Concepts are the backbone of our cognitive structures. But in everyday matters, concepts are not
> considered as a teaching subject. Though children learn what is a chair, what is food, what is
> health, they are not taught the concepts of a chair, food, health. Mathematics is no different. Chil-
> dren learn what is number, what are circles, what is adding, what is plotting a graph. They grasp
> them as mental objects and carry them out as mental activities..... The didactical scope of mental
> objects and activities and of onset of conscious conceptualisation, if didactically possible, is the
> main theme of this phenomenology." (Freudenthal 1983, x)

Freudenthal wendet sich zu Recht gegen das Unterrichten von Begriffen und den Versuch, diese anschließend zu konkretisieren. Er betont den Unterschied zwischen „Be-
griffslernen" und „begreifen lernen" (Freudenthal spricht u.a. vom Gegensatz zwischen dem Begriff des Raumes und dem begreifenden Zuhause sein im Raume), wobei
man zuerst eine Chance erhält (mittels des breiten Auslegens der Erscheinungen in
einer didaktischen Phänomenologie), mentale Objekte zu konstituieren und auf dieser
Basis Begriffe als Ordnungsmittel zu erkennen und zu handhaben. Analoges kann für
Strukturen und Ideen gesagt werden.

> „Will man „Gruppen" unterrichten, so wird man nicht vom Gruppenbegriff her Konkretisierungen
> aufsuchen und diese unterrichten, sondern man wird nach Erscheinungen suchen, die einen zwin-
> gen, das mentale Objekt „Gruppe" zu konstituieren. Gibt es die für ein gewisses Alter nicht, so soll
> man den Versuch, den Gruppenbegriff zu lehren, verzichten." (Freudenthal 1977, S. 65)

Der Unterschied zwischen der mentalen Konstitution eines Objekts und seiner Be-
griffsexplikation, auf den Freudenthal abzielt, könnte auch mit dem Wort „Intuition"
beschrieben werden, den er explizit vermeidet (wegen des Doppelsinns als „Anschauung" und „Einfall"). Im Endeffekt sind es wohl die Vorstellungen von einer Sache, der

---

[204] Die weitergehende Klärung der Verbindung zwischen der operativen bzw. einer pragmatisch orientierten
Geometriedidaktik (Mathematikdidaktik) zur Bemühung Freudenthals ist eine noch offene Aufgabe.

Zusammenhang von Handlungserfahrungen und der darauf bezogenen Unterscheidungen, auf welche die didaktische Phänomenologie abzielt, insbesondere durch die Herausstellung von Kriterien über deren Bedingtheiten in einem denkbar breiten Kontext.

Das Feld der didaktischen Phänomenologie ist damit das Erlebnisfeld unserer Erfahrungen, so wie sie sich im Laufe unserer Entwicklung konstituieren und damit ist der Horizont dieser Bemühung weit genug, um alle geometriedidaktisch relevanten Phänomene einzubeziehen.[205]

In Bezug auf unseren Kontext, die Sinngebung geometrischer Grundbegriffe, wird im Kapitel 11 des Buches von Freudenthal auf eine Vielfalt von Praxiszusammenhängen eingegangen, in welchen geometrische Objekte (u.a. Ebene, Gerade) eingehen und zahlreiche Unterscheidungen, die damit verbunden sind. Durch Beschreibungen und Analysen damit gegebener didaktischer Phänomene versucht Freudenthal, die Schnittstelle zwischen dem Erleben von Lernenden und der Mathematik auszuloten. Ich kann jedoch an dieser Stelle nicht näher darauf eingehen.[206]

16.4 Integrative Philosophie von Geometrie und Geometriedidaktik

Wir konnten gerade feststellen, dass die pragmatisch-phänomenologische Ausrichtung der hier vorgestellten Protogeometrie ein didaktisches Pendant hat in den phänomenologischen Bemühungen Freudenthals. Zuvor hatten wir jedoch sowohl die Ansicht aus der konstruktiven Wissenschaftstheorie kritisch vernommen, welche die Didaktik der Geometrie quasi für überflüssig erklären würde, wenn ein methodischer Aufbau der Geometrie vorläge, oder, in anderer Lesart, echte, pragmatische Grundlagen[207] der Geometrie zur Verfügung stünden, als auch A. Schreibers Reduktion des operativen Ansatzes auf didaktische Zwecke im Kapitel 13. Auf dem Hintergrund beider Tatbestände bedarf, so scheint mir, auch das Verhältnis von Grundlagen bzw. Philosophie der Geometrie und Didaktik einer grundsätzlicheren Klärung.

Die Diskussion dieses Verhältnisses will ich nur ansatzweise ansprechen, indem ich nach gemeinsamen Anliegen der Grundlagen, oder besser der Philosophie der Geometrie, und der Didaktik der Geometrie frage. Mein Interesse gilt dabei auch der Frage, wie weit eine methodisch aufgebaute (pragmatisch fundierte) Geometrie auf der Basis der Protogeometrie diesen gemeinsamen Anliegen Rechnung trägt, ob sie damit eine wünschenswerte Integration beider Bemühungen darstellen kann, oder zumindest zu einer solchen Integration Wesentliches beiträgt.

---

[205] Kapitel 10 des Buches von Freudenthal (1983) diskutiert z.B. die Phänomene der Orientierung und die Konstitution der darauf bezogenen Unterscheidungen.

[206] Eine vernünftige Diskussion müsste viel weiter ausholen, verwandte oder alternative Bemühungen einbeziehen und so Freudenthals Ansatz kritisch erörtern und sachlich einordnen.

[207] Nach dem Aufbau der Protogeometrie in Teil I wird es schwierig, dem Sprachgebrauch der Mathematik weiterhin undifferenziert zu folgen.

Schaut man sich die Hauptaufgaben beider Disziplinen an, so kann man leicht einen gemeinsamen Gegenstand erkennen: Das geometrische Wissen als Kulturwissen. Die Philosophie der Geometrie fokussiert auf die Begründung und Methodologie geometrischen Wissens, die Explikation grundlegender Aspekte mathematischer Begriffsbildung sowie Bezüge, die relevant sind für das Verständnis der Geometrie als Kulturwissen. Die Didaktik hat die Geometrie und deren Philosophie als Hintergrund und fokussiert auf die Begründung und Methodologie der Vermittlung geometrischen Wissens. Beiden ist daher auch gemeinsam, dass sie auf die pragmatischen Bezüge dieses Wissens theoretisch wie praktisch angewiesen sind. Die Philosophie der Geometrie ist, genauso wie die Didaktik, ohne diese Bezüge wohl kaum etwas für uns wert.

Diese Bezüge zu sichern ist jedoch das, was die neuere Philosophie der Mathematik (zumindest teilweise) durch ihre Orientierung an der Rekonstruktion der pragmatischen Grundlagen der Mathematik versucht. Die Mathematikdidaktik versucht ihrerseits das Gleiche durch eine durchgängige Handlungs- und Problemorientierung. Ein Nachdenken über ein Wissen und ein solches über seine Vermittlung hängen aber notwendigerweise zusammen.

In diesem Punkt vermögen sich also beide Disziplinen zu treffen und, so meine Meinung, voneinander zu profitieren.[208]

Im operativ-phänomenologischen Ansatz, gemäß der vorliegenden Schrift, ist offenbar sehr viel integrierbar. Durch die pragmatische Fundierung der Geometrie rücken zugleich Philosophie und Didaktik der Geometrie näher zusammen.[209] Dies erfolgt durch das Aufzeigen grundsätzlicher Gemeinsamkeiten beider Disziplinen. (Dass Analoges für die Philosophie und Didaktik der Mathematik gilt, ist offensichtlich.) Eine pragmatisch fundierte Geometrie als Figurentheorie auf der Basis der vorgelegten Protogeometrie erscheint durch ihre integrative Kraft eine geeignete, Hintergrundtheorie der Elementar- bzw. Schulgeometrie darzustellen. Sie selbst und ihre Didaktik empfehlen sich aber nach meinen Ausführungen insbesondere für eine tiefer angelegte Integration der Philosophie, Geschichte und Didaktik der Geometrie.[210] Die psychologische Genese geometrischen Wissens, auf welche die Didaktik nicht verzichten kann, vermag nach den Ausführungen Freudenthals auf der didaktischen Phänomenologie aufzusetzen, die historische Genese ist ohnehin integraler Bestandteil der Geometrie als Figurentheorie, welche die Tradition, wie wir in Teil II erkennen konnten, kritisch fortsetzt.

---

[208] Wir konnten in den vorangegangenen Untersuchungen zur Didaktik, auch etwas über die Grundlagen lernen, da dabei die Probleme direkt zugänglich und damit offenbar wurden. Ein Zurückziehen auf eine formale Geometrie ist der Didaktik ja kaum möglich (vgl. die Diskussion von Perron in III, Kap. 12)

[209] Die systematische Verbindung zwischen der pragmatischen (operativen) Begründung der Geometrie und der Geometriedidaktik wird oft nicht gesehen. So auch in der Einleitung zur Ausgabe der Werke Dinglers (vgl. Literaturverzeichnis), in dem meine Arbeit nur in den Kontext der operativen Geometriedidaktik gestellt wird.

[210] Aus Freudenthals obigen Zitaten kann man erkennen, dass seine Orientierungen sich hier zwanglos einordnen lassen.

Die integrative Sicht, die ich mir zu eigen gemacht habe, kann, um den Kreis unserer Betrachtungen zu schließen, auch bei Euklid ansetzen. Die historische Dominanz der Elemente Euklids als Lehrbuch für alle Stufen des geometrischen Unterrichts ist ein Phänomen, welches tiefer zu gehen scheint und viele beschäftigt hat.[211] Kein geringerer als der Herausgeber der maßgeblichen, modernen, kritischen Edition der Elemente Euklids (und profunder Kenner der antiken Mathematik) Thomas L. Heath ist es, der die allgemeine Kritik einer Verwendung der Elemente Euklids für absolute Anfänger in der Geometrie, also Kinder, wenn auch widerwillig „if you must spoonfeed the very young, do so", zu bedenken bereit ist.[212] Aber, nachdem eine gewisse Kenntnis der Geometrie vorhanden ist, erscheint ihm die Einführung in Euklids Elemente in seiner originalen Form unabdingbar, statt sich mit dem „Echo" der gängigen Schulbücher zu begnügen. In seiner Edition der Elemente wird diese Meinung etwas milder, aber immer noch im Grundsatz beibehalten.

Mag nun die Meinung Heaths auch auf die englische, stark an Euklid orientierte Tradition des Unterrichts zurückzuführen sein, so möchten wir hier (nach II, Kap. 8 erst recht) unseren Euklid auch richtig eingeordnet haben! Auf einem höheren („Hochschul-") Niveau lässt sich nun seit einiger Zeit feststellen, dass erneut bemerkenswerte, direkte und frische, aber insbesondere fruchtbare Ansätze zur Auseinandersetzung mit und zur Integration der euklidischen Tradition vorliegen. Ein älteres, wertvolles Buch in dieser Hinsicht ist die „Elementargeometrie der Ebene und des Raumes" von Max Zacharias (Zacharias 1930). Dass Euklids Beitrag und die neuere Tradition der Grundlagen der Geometrie sehr gut zusammen behandelt werden können im Sinne des Verständnisses der Kontinuität der Bemühungen der gesamten Tradition bis heute zeigt richtungsweisend Robin Hartshorne (Hartshorne 1997, 2000). Zu nennen wären in diesem Zusammenhang auch die schöne Elemente-Website und Benno Artmanns Buch (Artmann 1999) zu Euklid. Ich habe in Teil II, hoffentlich, auch mein Scherflein dazu geliefert.

Die Philosophie der Geometrie im erläuterten integrativen Sinn bemüht sich um Orientierungen in der Diskussion der vielfältigen Aspekte von Geometrie als theoretisch hochstilisiertem Wissen im kulturellen Kontext. Mit dieser Orientierung ist das Studium der Mathematik und Mathematikdidaktik in einem gewissen Sinne auch Menschenkunde (Aspekte des Mensch-Seins im Fokus), und mehr kann auch ein Philosoph nicht verlangen.-

---

[211] Verwiesen sei auf die genannten Beiträge von Klein, Fladt und Servais.

[212] Vorwort zu Isaac Todhunters Neuausgabe von Euklid (Heath 1933).

LITERATURVERZEICHNIS

Amiras, L.

1998, *Protogeometrica. Systematisch-kritische Untersuchungen zur protophysikalischen Geometriebegründung.* Dissertation Universität Konstanz. Konstanz.

2002, *Zur Operativen Grundlegung der Geometrie bei H. Dingler.* in: Philosophia naturalis 39, 235-258.

2003, *Die Grundlagen der Geometrie in der Protophysik - kritische Retrospektive und neue Perspektive.* in: Konstanzer-Online-Publikations-System (KOPS), Aufsatz, Fachbereich Philosophie, Konstanz, Februar 2003.

2003a, *Über den produktiv-operativen Ansatz zur Begründung der Geometrie in der Protophysik.* in: Journal for General Philosophy of Science, Heft 1, 133-158.

Arnauld, A.

1972, *Die Logik oder die Kunst des Denkens.* Titel der Originalausgabe: *La Logique ou L'Art de penser.* Sechste Auflage. Amsterdam 1685. Aus dem Französischen übersetzt von Chr. Axelos. Darmstadt.

Artmann, B.

1999, *Euclid. The creation of mathematics* New York.

Balzer, W. / Kamlah, A. (Hrsg.)

1979, *Aspekte der physikalischen Begriffsbildung.* Braunschweig.

Behnke, H./Bachmann, F./Fladt, K. (Hg)

1967, *Grundzüge der Mathematik. Band II. Geometrie. Teil A: Grundlagen der Geometrie. Elementargeometrie.* Göttingen.

Bender, P.

1978, *Umwelterschließung im Geometrieunterricht durch operative Begriffsbildung.* in: Der Mathematikunterricht 5 (1978), S.25-87.

Bender, P./ Schreiber, A.

1980, *The principle of operative concept formation in geometry teaching.* in: Educational studies in mathematics 11 (1980), 59-90.

Bender, P./ Schreiber, A.

1985, *Operative Genese der Geometrie.* Schriftenreihe Didaktik der Mathematik. Universität für Bildungswissenschaften in Klagenfurt. Band 12. Wien / Stuttgart.

Bernays, P.

1928, *Die Grundbegriffe der reinen Geometrie in ihrem Verhältnis zur Anschauung.* in: Die Naturwissenschaften 12, 197 – 203.

1978, Bemerkungen zu Lorenzen's Stellungnahme in der Philosophie der Mathematik. in: Lorenz, K. (Hsg.) 1979, 3-16.

Bigalke, H.-J.; Hasemann, K.

1978, *Zur Didaktik der Mathematik in den Klassen 5 und 6.* 2 Bände. Frankfurt a.M.

Böhme, G. (Hsg.)

1976, *Protophysik. Für und wider eine konstruktive Wissenschaftstheorie der Physik.* Frankfurt a.M.

Bolzano, B.

1967, *Bolzano, Anti-Euklid.* Ed. K. Vecérka. in: Acta historiae rerum naturalium nec non technicarum, Vol. 11, 203-216. Praha.

Bopp, K.

1902, *Antoine Arnauld, der große Arnauld, als Mathematiker.* in: Abhandlungen zur Geschichte der mathematischen Wissenschaften mit Einschluss ihrer Anwendungen. Vierzehntes Heft. Leipzig.

Bopp, E.

1956, *Starrer Körper und euklidische Geräte.,* in: Phil. naturalis 3, 383 - 391.

1958, *Die Existenz der Ebene.,* in: Phil. naturalis 5, 55 - 65.

1969, *Die Enwicklung geometrischer Begriffe aus dem Urbegriff des starren Körpers* in: Der Mathematikunterricht 15, 29 - 43.

Borsuk, K. / Szmielew, W.

1961, *Foundations of Geometry*. Amsterdam.

Boyer, C.B.

1968, *A history of mathematics*. Second edition 1989. Revised by U. Merzbach.
New York.

Clairaut, A. C.

1741, *Éléménts de Géométrie*. Deutsche Übersetzung : *Anfangsgründe der Geometrie*.
Übersetzt von F.J. Bierling. Hamburg 1773.

Clifford, W. K.

1885, *The common sense of the exakt sciences*. Edited with a new preface by K. Pearson. New edited and with an Introduction by J.R. Newman. New York 1965

Dieudonné, J.

1985 *Geschichte der Mathematik 1700 – 1900. Ein Abriß*. Braunschweig/Wiesbaden.

Dingler, H.

1911, *Die Grundlagen der angewandten Geometrie. Eine Untersuchung über den Zusammenhang zwischen Theorie und Erfahrung in den exakten Wissenschaften*.
Leipzig.

1952, *Über die Geschichte und das Wesen des Experimentes*. München.

1964, *Aufbau der exakten Fundamentalwissenschaft*. Hrsg. von P. Lorenzen. München.

1969, *Die Ergreifung des Wirklichen*. Kapitel I - IV. Mit einer Einleitung von K. Lorenz und J. Mittelstraß. Frankfurt a. M.

2004, *Werke auf CD-ROM*. Herausgegeben von U. Weiß. Berlin.

Euklid

1969, *Euclidis Elementa* Vol. I, Libri I - IV. Nach I. L. Heiberg. Hrsg. von E. S. Stamatis. 2. Aufl. Leipzig.

1980, *Die Elemente*. Buch I - XIII. Nach Heibergs Text aus dem Griechischen übersetzt und hrsg. von Clemens Thaer. Darmstadt.

Ewers, M. (Hrsg.)

1979, *Wissenschaftstheorie und Naturwissenschaftsdidaktik.*
Bad Salzdetfurth / Hildesheim.

von Fritz, K.

1955, *Die APXAI in der griechischen Mathematik.* in: Archiv f. Begriffsgeschichte 1,
13 - 103. Wiederabdruck in: von Fritz 1971, 335 - 429.

1958, *Gleichheit, Kongruenz und Ähnlichkeit in der Mathematik bis auf Euklid.*
in: Archiv f. Begriffsgeschichte 4, 7 - 81. Wiederabdruck in: von Fritz 1971, 430 -
508.

1971, *Grundprobleme der Geschichte der antiken Wissenschaft.* Berlin / New York.

Hartshorne, R.

2000, *Geometry. Euklid and beyond.* Berlin/New York.

Fladt, K.

1955, *Los von Euklid oder hin zu Euklid?* in: Der Mathematikunterricht, 1 (1955),
S. 5-10

Freundenthal, H.

1967, *Geometrie-phänomenologisch.* in: Behnke/Bachmann/Fladt (Hg) 1967, 1-29.

1977, *Didaktische Phänomenologie mathematischer Grundbegriffe.* in: MU, Heft 3
(1977), 46-73.

1983, *Didactical phenomenology of mathematical structures.* Dordrecht-Boston-
Lancaster.

Heath, Sir Th.

1926, *The thirteen books of Euclid's Elements.* Translated from the text of Heiberg,
with introduction and commentary. Second edition, revised with additions. 3. Bände.
Republication: New York 1956.

1949, *Mathematics in Aristotle.* Oxford.

Henderson, D.W.

2001, *Experiencing geometry. In Euclidean, spherical, and hyperbolic spaces.* New
Jersey.

Heron Alexandrinus

Heronis que feruntur geometrica. <u>in</u>*: Heronis Alexandrini opera que supersunt omnia.* Vol. IV. Ed. J. L. Heiberg. Leipzig 1912

Hilbert, D.

1899 *Grundlagen der Geometrie.*Leipzig. Zehnte Auflage: Stuttgart 1968 mit Suppl. von Paul Bernays. Zwölfte Auflage: Stuttgart 1977 (Neudruck der 10.Auflage).

Hilbert, D., Cohn-Vossen, S.

1932, *Anschauliche Geometrie.* Berlin. 2. Auflage: Berlin 1996.

Inhetveen, R.

1979, *Die Dinge des dritten Systems...*<u>in</u>: Lorenz, K.(Hsg.) 1979, 266 - 277.

1979a, *Über die Konstitution geometrischer Gegenstände.*<u>in</u>: Diederich, W.(Hsg.) 1979, 42 - 88.

1979b, *Gedanken zu einer Didaktik der konstruktiven Geometrie.* <u>in</u>: Ewers, M.(Hsg.) 1979, 253 - 266.

1983, *Konstruktive Geometrie. Eine formentheoretische Begründung der euklidischen Geometrie.*Mannheim

1985, *Abschied von den Homogenitätsprinzipien?*<u>in</u>: Janich (Hsg.)1985, 132-144.

Janich, P.

1969, *Die Protophysik der Zeit.*Mannheim. Zweite, neubearbeitete Auflage 1980.

1976, *Zur Protophysik des Raumes.*<u>in</u>: Böhme, G.(Hsg.) 1976, 83-130.

1980, *Die Protophysik der Zeit. Konstruktive Begründung und Geschichte der Zeitmessung.*Frankfurt a.M.

1992, *Die technische Erzwingbarkeit der Euklidizität.*<u>in</u>: Janich, P.(Hsg.) 1992, S. 68-84

1992 (Hsg.) *Entwicklungen der methodischen Philosophie.* Frankfurt a.M.

1997, *Das Maß der Dinge. Protophysik von Raum, Zeit und Materie.* Frankfurt a.M.

Janich, P. / Tetens, H.

1985, *Protophysik. Eine Einführung.* in: Janich 1985, 2-21.

Kambartel, F.

1968, *Erfahrung und Struktur. Bausteine zu einer Kritik des Empirismus und Formalismus.* Frankfurt a.M. Zweite Auflage: 197?

1973, *Wie abhängig ist die Physik von Erfahrung und Geschichte? - Zur methodischen Ordnung apriorischer und empirischer Elemente in der Naturwissenschaft.* in: Hübner, K. / Menne, A.(Hsg.) 1973, 154-169. Wiederabdruck in: Kambartel 1976, 151-171.

Kamlah, A.

1976, *Zwei Interpretationen der geometrischen Homogenitätsprinzipien in der Protophysik.* in: Böhme, G.(Hsg.) 1976, 169-218.

Katthage, K.-H.

1979, *Die Eindeutigkeit des Dreiplattenverfahrens. Ein Beitrag zur Diskussion des Eindeutigkeitsproblems in der Protophysik des Raumes.* Dissertation Köln.

1982, *Die Herstellung ebener Flächen nach dem Dreiplattenverfahren. Zur Bedeutung von Henry Maudsley ud Joseph Whitworth für die Entwicklung der Technik und für die theoretische Geometrie.* in: Technikgeschichte 49(1982), 208-222.

Klein, F.

1872, *Vergleichende Untersuchungen über neuere geometrische Forschungen* ("Erlanger Programm"), Erlangen. Reprint der Ausgabe Leipzig, 3. Auflage, Frankfurt a.M. 1977.

1925, *Elementarmathematik vom höheren Standpunkte aus. Zweiter Band: Geometrie.* Dritte Auflage. Nachdruck 1968. Berlin.

Klemm, F.

1954, *Technik. Eine Geschichte ihrer Probleme.* Freiburg/München.

Krainer, K.

1982, *Umwelterschließung im Geometrieunterricht.* Diplomarbeit zur Erlangung des Lehramtes an höheren Schulen. Universität für Bildungswissenschaften Klagenfurt. Klagenfurt.

Lobatschefski, N. I.

1898, Zwei geometrische Abhandlungen. Übers. von F. Engel. Leipzig.

Lobatschefski, N. I.

1829-30, Über die Anfangsgründe der Geometrie. in: Lobatschefski, 1898, 1-66.

1835-37, Neue Anfangsgründe der Geometrie mit einer vollständigen Theorie der Parallellinien. in: Lobatschefski, 1898, 67-236.

Lorenz, K. / Mittelstraß, J.

1969, *Die methodische Philosophie Hugo Dinglers.* in: Dingler, H. 1969, 7-55.

Lorenz, K.

1979, (Hsg.) *Konstruktionen versus Positionen. Beiträge zur Diskussion um die konstruktive Wissenschaftstheorie.*Bd. I : Spezielle Wissenschaftstheorie. Bd. II: Allgemeine Wissenschaftstheorie. Berlin.

Lorenzen, P.

1961, *Das Begründungsproblem der Geometrie als Wissenschaft der räumlichen Ordnung.*
in: Phil.naturalis VI(1961), 415-431. Wiederabruck in: Lorenzen 1969 (MD).

1977, *Eine konstruktive Theorie der Formen räumlicher Figuren.* in: Zentralblatt für Didaktik der Mathematik 9(1977), 95-99,

1977a , *Die drei mathematischen Grunddisziplinen der Physik.* in: Lorenzen 1978, 68-92.

1984, *Elementargeometrie. Das Fundament der analytischen Geometrie.* Mannheim.

Mach, E.

1905, *Erkenntnis und Irrtum.* Leipzig. Nachdruck Darmstadt 1968.

Meschkowski, H.

1981, *Problemgeschichte der Mathematik II.*
Mannheim/Wien/Zürich.

1986, *Problemgeschichte der Mathematik III.*
Mannheim/Wien/Zürich.

Mittelstraß, J.

1973, *Metaphysik der Natur in der Methodologie der Naturwissenschaft. Zur Rolle phänomenaler (Aristotelischer) und instrumentaler (Galileischer) Erfahrungsbegriffe in der Physik.* in: Hübner, K./ Menne, A.(Hsg.) 1973, 63-87.

1974, *Die Möglichkeit von Wissenschaft.* Frankfurt.

ab 1980, (Hsg., in Verbindung mit G.Wolters) *Enzyklopädie Philosophie und Wissensschaftstheorie.*Bd.1: A-G, Bd.2: H-O. Mannheim/Wien/Zürich.

ab 1995, Bd. 3: P-So, Bd. 4: Sp-Z. Stuttgart.

Pasch, M.

1882, *Vorlesungen über neuere Geometrie.* Leipzig. Zweite Auflage mit einem Anhang von Max Dehn. Berlin 1926.

Perron, O.

1962, *Nichteuklidische Elementargeometrie der Ebene.* Stuttgart.

1977, *Die Lehre von den Kettenbrüchen.* Band 1. Stuttgart.

Pickert, G.

1980, *Inzidenz, Anordnung und Kongruenz in Pasch's Grundlegung der Geometrie.* in: Mitteilungen aus dem Mathem. Seminar Giessen, Heft 146. Giessen.

Poincaré, H.

1902, *La Science et l' hypothése.* Paris. Deutsch: *Wissenschaft und Hypothese.* Leipzig 1914.

1908, *Science et méthode.* Paris. Deutsch: *Wissenschaft und Methode.* Autorisierte deutsche Ausgabe mit erläuternden Annmerkungen von F. und L. Lindemann. Leipzig und Berlin 1914.

Proklos Diadochos

1873, *Procli Diadochi in primum Euclidis Elementorum librum Commentarii.* Ed. G. Friedlein. Leipzig.

1945, *Kommentar zum ersten Buch von Euklids „Elementen".* Aus dem Griechischen ins Deutsche übertragen und mit textkritischen Anmerkungen versehen von P.Leander Schönberger. Gesamtedition besorgt von M.Steck. Halle a.d.Saale.

Riekher, R.

1957, *Fernrohre und ihre Meister. Eine Entwicklungsgeschichte der Fernrohrtechnik.* Berlin.

Rohr, H.

1959, *Das Fernrohr für jedermann.* Zürich und Stuttgart.

Sander, H.-J.

1982, *Die Lehrbücher „Éleménts de Géométrie" und „Éleménts d'Algèbre" von Alexis-Claude-Clairaut. Eine Untersuchung über die Anwendung der heuristischen Methode in zwei mathematischen Lehrbüchern des 18. Jahrhunderts.* Dissertation Universität Dortmund. Dortmund.

Schreiber, A.

1978, *Die operative Genese der Geometrie nach Hugo Dingler und ihre Bedeutung für den Mathematikunterricht.* in: Der Mathematikunterricht 24/5 (1978), 7-24.

1984, *Rezension* zu Inhetveen 1983. in: Zentralblatt für Didaktik der Mathematik 5 (1984), 171-173.

2011, *Begriffsbestimmungen. Aufsätze zur Heuristik und Logik mathematischer Begriffsbildung.* Berlin.

Stäckel, P./ Engel, F.

1895, *Die Theorie der Parallellinien von Euklid bis auf Gauss.* Leipzig.

Schwartze, K.

1984, *Elementarmathematik aus didaktischer Sicht.* Bd. 2: Geometrie. Bochum.

Schwabhäuser, W., Szmielew, W., Tarski, A.

1983, *Metamathematische Methoden in der Geometrie.* Berlin-Heidelberg-New York-Tokyo.

Scriba, C. J., Schreiber, P.

2000, *5000 Jahre Geometrie. Geschichte-Kulturen-Menschen.* Berlin/Heidelberg/New York.

Servais, W.

1974, *A Comprehensive and Modern Teaching of Geometry.* in: Proceedings of theICMI-IDM Conference on the Teaching of Geometry, S. 23-63. Bielefeld, 16.-20. September 1974. Schriftenreihe des IDM 3/1974. Bielefeld.

Serra, M.

2003, *Discovering Geometry. An Investigative Approach.* Third Edition. Key Curriculum Press. Emeryville CA.

Sprengel, H.

1969, *Anschaulicher Raumlehreunterricht. Techniken-Übungen-Anregungen.* Hannover.

Steiner, F.

1971, *Über den Aufbau der Geometrie mit Hilfe von Homogenitätsprinzipien.* Math. Diplomarbeit. Erlangen

Steiner, H.G. .

1966 *Vorlesungen über Grundlagen und Aufbau der Geometrie in didaktischer Sicht.* Münster.

Strohal, R.

1925, *Die Grundbegriffe der reine Geometrie in ihrem Verhältnis zur Anschauung.* Untersuchungen zur psychologischen Vorgeschichte der Definitionen, Axiome und Postulate. Leipzig und Berlin.

Torretti, R.

1978, *Hugo Dingler's Philosophy of geometry.* in: Dialogos 32 (1978), 85-128.

1978a , *Philosophy of geometry from Riemann to Poincaré.*Dordrecht/Boston/London.

Veblen, O.

1955, *The foundations of geometry.* in: Young 1955, 3-51.

van der Waerden, B.L.

1983, *Geometry and Algebra in Ancient Civilizations.* Berlin-Heidelberg-New York-Tokyo.

Volk, D.

1980, *Zur Wissenschaftstheorie der Mathematik. Handlungsorientierte Unterrichtslehre*. Band B. Bensheim.

1984, *Geometrie aus dem Handwerk. Genauer hinschauen beim Mauern und Häuserbauen*. Göttingen.

Vollrath, H.-J. (Hsg.)

1979, *Die Bedeutung von Hintergrundtheorien für die Bewertung von Unterrichtssequenzen*. <u>in</u>: MU 5 (1979), 77-89.

1984, *Methodik des Begriffslehrens in Mathematikunterricht*. Stuttgart

Wenske, K.

1967, *Spiegeloptik. Entwurf und Herstellung astronomischer Spiegelsysteme*. Mannheim.

Winter, H.

1976, *Die Erschließung der Umwelt im Mathematikunterrricht der Grundschule*. <u>in</u>: Beiträge zum Mathematikunterricht 1976, 262-279. Hannover.

1983, *Entfaltung begrifflichen Denkens*. <u>in</u>: Journal für Mathematikdidaktik 4, Heft 3 (1983), 175-204.

Whitworth, J.

1841, *On plane metallic surfaces und the proper mode of preparing them*. <u>in</u>: The Mechanics Magazine 34(1841), 39-42.

Young, J.W.A.

1955, (ed.) *Monographs on topics of modern mathematics*. New York.

Zacharias, M.

1930, *Elementargeometrie der Ebene und des Raumes*. Berlin und Leipzig.

Zech, F.

1995, *Mathematik erklären und Verstehen*. Berlin

Schulbücher

Welt der Zahl 5, Schrödel 1984

Gamma 5, Klett 1997

Einblicke Mathematik 5, Klett 1998.

Index